教育部　财政部职业院校教师素质提高计划职教师资培养资源开发项目

发电厂及变电站电气设备

主　编　赵艳雷　张正团
副主编　黄桂春　聂　兵

机 械 工 业 出 版 社

本书共分八个项目，主要内容包括：发电厂及变电站基本认知，电气主系统设计与运行，发电厂及变电站自用电系统运行，载流导体与绝缘子运行，高压开关电器运行，互感器运行，电气安装识图，发电厂和变电站监控。

本书采用理实一体化（工作过程系统化）教学方法，重点培养学生电气主接线设计选择，电气一次设备的选择、运行异常和故障检修，电气安装图的识绘，电气二次回路的安装接线等专业能力。在内容选择上，以岗位分析为基础，以课程标准为依据，以能力培养为核心，引入国家标准、行业标准和职业规范，科学合理地设计任务或项目，通过项目化（工作过程系统化）教学手段，在有限的教学时间内，让学生掌握发电厂及电力系统设计、运行、检修、安装调试等岗位所需的职业基本技能，具备分析问题、解决问题的能力。

本书主要用于职教师资本科电气工程及其自动化专业，也可以作为电气工程技术人员的参考书。

图书在版编目（CIP）数据

发电厂及变电站电气设备/赵艳雷，张正团主编．—北京：机械工业出版社，2017.8（2024.7重印）
教育部财政部职业院校教师素质提高计划职教师资培养资源开发项目
ISBN 978-7-111-56785-1

Ⅰ.①发…　Ⅱ.①赵…②张…　Ⅲ.①发电厂-电气设备-师资培训-教材②变电所-电气设备-师资培训-教材　Ⅳ.①TM62②TM63

中国版本图书馆CIP数据核字（2017）第099866号

机械工业出版社（北京市百万庄大街22号　邮政编码100037）
策划编辑：王雅新　责任编辑：王雅新　张利萍　王小东
责任校对：刘志文　封面设计：马精明
责任印制：郜　敏
中煤（北京）印务有限公司印刷
2024年7月第1版第4次印刷
184mm×260mm · 18印张 · 437千字
标准书号：ISBN 978-7-111-56785-1
定价：39.80元

凡购本书，如有缺页、倒页、脱页，由本社发行部调换

电话服务	网络服务
服务咨询热线：010-88379833	机工官网：www.cmpbook.com
读者购书热线：010-88379649	机工官博：weibo.com/cmp1952
	教育服务网：www.cmpedu.com
封面无防伪标均为盗版	金书网：www.golden-book.com

出版说明

《国家中长期教育改革和发展规划纲要（2010—2020年）》颁布实施以来，我国职业教育进入加快构建现代职业教育体系、全面提高技能型人才培养质量的新阶段。加快发展现代职业教育，实现职业教育改革发展新跨越，对职业学校“双师型”教师队伍建设提出了更高的要求。为此，教育部明确提出，要以推动教师专业化为引领，以加强“双师型”教师队伍建设为重点，以创新制度和机制为动力，以完善培养培训体系为保障，以实施素质提高计划为抓手，统筹规划，突出重点，改革创新，狠抓落实，切实提升职业院校教师队伍整体素质和建设水平，加快建成一支师德高尚、素质优良、技艺精湛、结构合理、专兼结合的高素质专业化的“双师型”教师队伍，为建设具有中国特色、世界水平的现代职业教育体系提供强有力的师资保障。

目前，我国共有60余所高校正在开展职教师资培养，但由于教师培养标准的缺失和培养课程资源的匮乏，制约了“双师型”教师培养质量的提高。为完善教师培养标准和课程体系，教育部、财政部在“职业院校教师素质提高计划”框架内专门设置了职教师资培养资源开发项目，中央财政划拨1.5亿元，系统开发用于本科专业职教师资培养标准、培养方案、核心课程和特色教材等系列资源。其中，包括88个专业项目、12个资格考试制度开发等公共项目。该项目由42家开设职业技术师范专业的高等学校牵头，组织近千家科研院所、职业学校、行业企业共同研发，一大批专家学者、优秀校长、一线教师、企业工程技术人员参与其中。

经过三年的努力，培养资源开发项目取得了丰硕成果。一是开发了中等职业学校88个专业（类）职教师资本科培养资源项目，内容包括专业教师标准、专业教师培养标准、评价方案，以及一系列专业课程大纲、主干课程教材及数字化资源；二是取得了6项公共基础研究成果，内容包括职教师资培养模式、国际职教师资培养、教育理论课程、质量保障体系、教学资源中心建设和学习平台开发等；三是完成了18个专业大类职教师资资格标准及认证考试标准开发。上述成果，共计800多本正式出版物。总体来说，培养资源开发项目实现了高效益：形成了一大批资源，填补了相关标准和资源的空白；凝聚了一支研发队伍，强化了教师培养的“校—企—校”协同；引领了一批高校的教学改革，带动了“双师型”教师的专业化培养。职教师资培养资源开发项目是支撑专业化培养的一项系统化、基础性工程，是加强职教教师培养培训一体化建设的关键环节，也是对职教师资培养培训基地教师专业化培养实践、教师教育研究能力的系统检阅。

自2013年项目立项开题以来，各项目承担单位、项目负责人及全体开发人员做了大量深入细致的工作，结合职教教师培养实践，研发出很多填补空白、体现科学性和前瞻性的成果，有力推进了“双师型”教师专门化培养向更深层次发展。同时，专家指导委员会的各位专家以及项目管理办公室的各位同志，克服了许多困难，按照两部对项目开发工作的总体要求，为实施项目管理、研发、检查等投入了大量时间和心血，也为各个项目提供了专业的咨询和指导，有力地保障了项目实施和成果质量。在此，我们一并表示衷心的感谢。

编写委员会

2016年3月

项目专家指导委员会

前言

“十二五”期间，教育部、财政部启动了“职业院校教师素质提高计划本科专业职教师资培养资源开发项目”，其指导思想为：以推动教师专业化为引领，以高素质“双师型”师资培养为目标，完善职教师资本科培养标准及课程体系。

本书是“职教师资本科电气工程及其自动化专业培养标准、培养方案、核心课程和特色教材开发项目”的成果之一，是根据电气工程及其自动化专业以及中等职业学校教师岗位的职业性和师范性特点，在现代教育理念指导下，经过广泛的国内调研与国际比较，吸取国内外近年来的研究与改革成果，充分考虑到我国职业教育教师培养的现实条件、教师基本素养和专业教学能力，以职教师资人才成长规律与教育教学规律为主线，以中等职业学校“双师型”教师职业生涯可持续发展的实际需求为培养目标，按照开发项目中“发电厂及变电站电气设备”课程大纲，经过反复讨论编写而成的。

全书共分如下八个部分：

项目 1“发电厂及变电站基本认知”，主要熟悉各类发电厂的电能生产过程、变电站的基本类型，初步了解发电厂和变电站电气设备的分类及作用，建立电力系统的整体概念；介绍电力系统发展概况、发展战略以及前景；最后给出一个综合性设计项目——“220kV 降压变电站电气一次部分初步设计”，学习后续项目时以该设计项目的部分工作作为综合实训。

项目 2“电气主系统设计与运行”，介绍电气主接线的基本形式及其运行、主变压器的选择、限制短路电流的措施、发电厂和变电站的电气主接线设计方法，完成电气主接线设计任务；本项目还包括发电厂和变电站中的一个日常重要任务——电气倒闸操作。

项目 3“发电厂及变电站自用电系统运行”，介绍自用电负荷特性及分类、自用电电源引接、自用电接线设计、厂用变压器的选择、厂用电动机自起动校验。

项目 4“载流导体与绝缘子运行”，介绍载流导体的长期发热和短时发热理论、短路的电动力效应，导体和绝缘子的选择，导体和绝缘子的巡检与异常或故障处理。

项目 5“高压开关电器运行”，介绍开关电器中的电弧理论，高压断路器和隔离开关的结构原理、选择及巡检与异常或故障处理。

项目 6“互感器运行”，讲述电流互感器和电压互感器的原理、分类与结构、接线、选择、巡检与异常或故障处理；还对智能变电站中出现的电子式互感器做了重点介绍。

项目 7“电气安装识图”，讲述配电装置的基本要求、分类及配电装置图识图，配电装置实例设计并分析配电装置主要图样，典型发电厂和变电站的电气总平面布置图设计，达到“懂配电装置，会选择配电装置，能识绘配电装置各类图样”的目的；电气二次回路图的分类、表示方法、编号原则及识图，并以“10kV 线路过电流保护”为例，绘制出归总式原理接线图、展开接线图、安装接线图等二次接线图，以期获得从事变电检修所必需的识图技能。

项目8“发电厂和变电站监控”，介绍发电厂和变电站的控制方式，完成断路器的控制与信号回路接线分析、中央信号系统工作过程分析任务，最后是火电厂和变电站计算机监控系统的初步认知。

本书项目1、4、5由赵艳雷、张正团编写，项目6、7由张正团、谭博学编写，项目2、3由黄桂春编写，项目8由聂兵编写，全书由张正团统稿。此外，何柏娜、万隆、卢世萍也做了部分编写工作。

在项目评审过程中，专家指导委员会刘来泉（中国职业教育技术协会）、姜大源（教育部职业技术教育中心研究所）、沈希（浙江农林大学）、吴全全（教育部职业技术教育中心研究所教师资源研究室）、张元利（青岛科技大学）、韩亚兰（佛山市顺德区梁銶琚职业技术学校）、王继平（同济大学职业技术教育学院）对本教材的编写提出了最宝贵意见，在此表示最诚挚的敬意和感谢！另外，本书在编写过程中参考了相关资料和教材，在此向这些文献的作者表示衷心的感谢！

限于编写组的理论水平和实践经验，书中不妥之处，敬请广大读者批评指正。

编　者

目录

项目1 发电厂及变电站基本认知

到目前为止，人类所认识的能量有如下形式：机械能、热能、化学能、辐射能、核能和电能等。

能源，顾名思义是能量的来源或源泉，即指人类取得能量的来源，包括已经开发可供直接使用的自然资源和经过加工或转换的能量来源，而尚未开发的自然资源称为能源资源。按获得方法的不同，能源可分为一次能源和二次能源，一次能源是指直接由自然界采用的能源，如煤、石油、天然气、水利资源、核原料等；二次能源是由一次能源经加工转换而获得的另一种形态的能源，如电力、煤气、蒸汽、焦炭等。

电能作为一种二次能源，被广泛应用于现代工农业、交通运输、科学技术、国防建设及人民生活中，是现代社会中最方便、最洁净和最重要的能源。电能有许多优点：第一，电能便于大规模生产和远距离输送。用于生产电能的一次能源广泛，它可以由煤、石油、天然气、核能、水能等多种能源转换而成，便于大规模生产，电能运送简单，便于远距离传输和分配。第二，电能方便转换和易于控制。电能可方便地转换成其他形式的能，如机械能、热能、光能、声能、化学能及粒子的动能等，同时使用方便，易于实现有效而精确的控制。第三，损耗小。输送电能时损耗要比输送机械能和热能都小得多。第四，效率高。电能替代其他能源可以提高能源利用效率，被称之为“节约的能源”，如用电动机替代柴油机，用电气机车替代蒸汽机车，用电炉替代其他加热炉等，可提高效率20%~50%。第五，电能在使用时无污染、噪声小，如用电瓶车替代汽车、柴油车、蒸汽机车等，成为“无公害车”，因此电能被称为“清洁能源”。电力工业的发展水平已成为衡量一个国家综合国力和现代化水平的重要标志。

电力系统由发电厂、变电站、输配电线路及电力用户构成。发电厂是将一次能源转换为二次能源即电能的工厂。变电站是变换电压和分配电能的场所，从发电厂向电力用户供电的过程中，为了提高供电的可靠性、经济性和安全性，广泛采用升压、降压变电站。

【知识目标】

1. 认知火力、水力、核能、风力、太阳能等各类发电厂的生产过程；
2. 认知变电站在电力系统中的地位、作用及工作过程；
3. 认知发电厂、变电站的一、二次设备。

【能力目标】

1. 能叙述发电厂类型及其生产过程；
2. 能叙述变电站类型及生产过程；
3. 能叙述发电厂和变电站中常用电气设备的作用并能用图形及文字符号表示。

任务1.1　发电厂认知

【任务描述】

认知火力、水力、核能、风力、太阳能等各类发电厂的生产过程及发展。

【任务实施】

参观发电厂或观看关于发电厂的录像片。

【知识链接】

发电厂是把各种一次能源转换成二次能源（即电能）的工厂。按照发电厂所消耗一次能源的不同，发电厂分为火力发电厂（以煤、石油、天然气等为燃料）、水力发电厂（将水的位能和动能转换成电能）、核能发电厂以及太阳能发电厂、风力发电厂、地热发电厂、潮汐发电厂、生物质能发电厂及垃圾电厂等。此外，还有直接将热能转换成电能的磁流体发电厂等。

1.1.1　火力发电厂

火力发电厂简称火电厂，是利用煤、石油、天然气作为燃料生产电能的工厂，其能量的转换过程是：燃料的化学能→热能→机械能→电能。

1. 火电厂的分类

（1）按燃料分类：①燃煤发电厂，即以煤作为燃料的发电厂；②燃油发电厂，即以石油（实际是提取汽油、煤油、柴油后的渣油）为燃料的发电厂；③燃气发电厂，即以天然气、煤气等可燃气体为燃料的发电厂；④余热发电厂，即用工业企业的各种余热进行发电的发电厂。此外还有利用垃圾及工业废料作为燃料的发电厂。

（2）按原动机分类：凝汽式汽轮机发电厂、燃气轮机发电厂、内燃机发电厂和蒸汽-燃气轮机发电厂等。

（3）按输出能源分类：①凝汽式发电厂，即只向外供应电能的电厂，其效率较低，只有30%～40%；②热电厂，即同时向外供应电能和热能的电厂，其效率较高，可达60%～70%。

（4）按蒸汽压力和温度分类：①中低压发电厂，其蒸汽压力在3.92MPa、温度为450℃的发电厂，单机功率小于25MW；②高压发电厂，其蒸汽压力一般为9.9MPa、温度为540℃的发电厂，单机功率小于100MW；③超高压发电厂，其蒸汽压力一般为13.83MPa、温度为540/540℃的发电厂，单机功率小于200MW；④亚临界压力发电厂，其蒸汽压力一般为16.77MPa、温度为540/540℃的发电厂，单机功率为300～1000MW不等；⑤超临界压力发电厂，其蒸汽压力大于22.11MPa、温度为550/550℃的发电厂，机组功率为600MW、800MW及以上；⑥超超临界压力发电厂，其蒸汽压力为26.25MPa、温度为600/600℃的发电厂，机组功率为1000MW及以上。

（5）按发电厂总装机容量的大小分类：①小容量发电厂，其装机总容量在100MW以下的发电厂；②中容量发电厂，其装机总容量在100～250MW范围内的发电厂；③大中容量发电厂，其装机总容量在250～1000MW范围内的发电厂；④大容量发电厂，其装机总容量在1000MW及以上的发电厂。

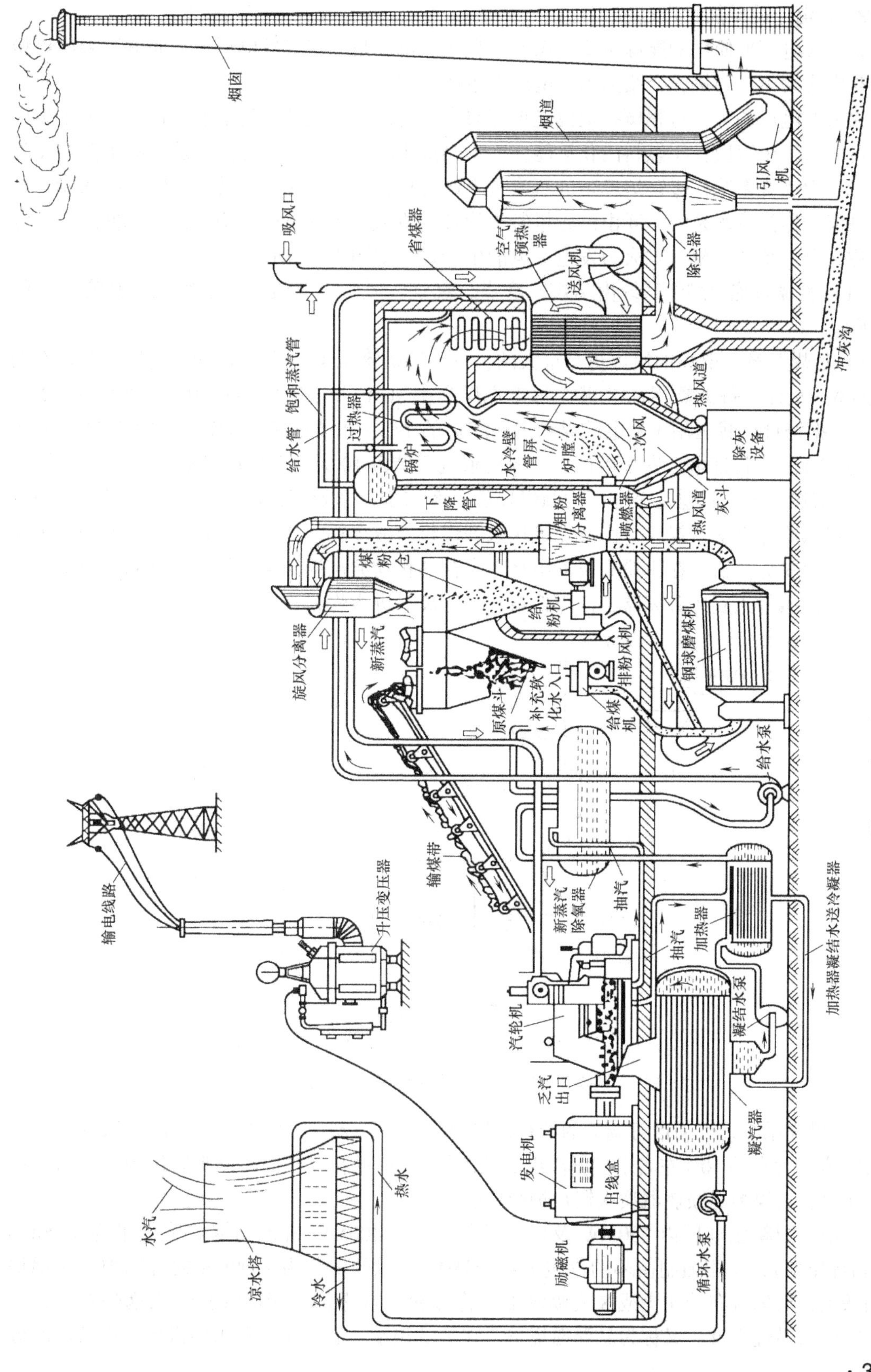

图 1-1 凝汽式火电厂生产过程示意图

2. 火电厂的电能生产过程

我国火电厂所使用的能源主要是煤炭，且主力电厂是凝汽式发电厂。下面就以采用煤粉炉的凝汽式火电厂为例，介绍火力发电厂的生产过程。

火力发电厂的生产过程概括地说是把煤炭中含有的化学能转变为电能的过程，整个生产过程可分为三个阶段：①燃料的化学能在锅炉燃烧中转变为热能，加热锅炉中的水使之变为蒸汽，称为燃烧系统；②锅炉产生的蒸汽进入汽轮机，推动汽轮机的转子旋转，将热能转变为机械能，称为汽水系统；③由汽轮机转子旋转的机械能带动发电机旋转，把机械能变为电能，称为电气系统。凝汽式火力发电厂电能生产过程如图 1-1 所示。

（1）燃烧系统。燃烧系统由运煤、磨煤、燃烧、风烟、灰渣等环节组成，其流程如图 1-2 所示。

1）运煤系统。电厂的用煤量是很大的，一座装机容量 4×30 万 kW 的发电厂，煤耗率按 360g/kW · h 计，每天需用标准煤（每千克煤产生 7000 卡热量）$360\times10^{-3}\times120\times10^{4}\times24=10368$t。据统计，我国用于发电的煤约占总产量的 1/2，主要靠铁路运输，约占铁路全部运输量的 40%。为保证电厂安全生产，一般要求电厂储备 10 天以上的用煤量。

2）磨煤系统。将煤运至电厂的储煤场后，经初步筛选处理，用输煤带送到锅炉间的原煤仓；煤从原煤仓落入煤斗，由给煤机送入磨煤机磨成煤粉，并经空气预热器来的一次风烘干并带至粗粉分离器；在粗粉分离器中将不合格的粗粉分离返回磨煤机再行磨制，合格的细煤粉被一次风带入旋风分离器，使煤粉与空气分离后进入煤粉仓。

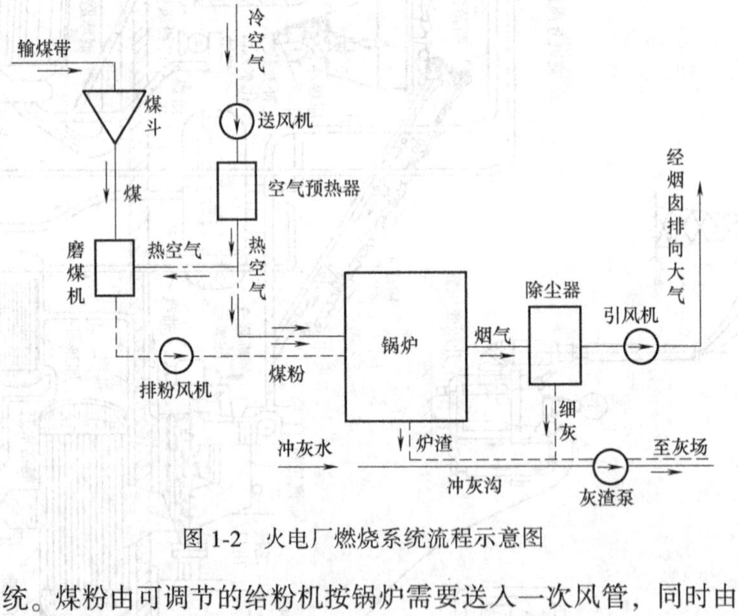

图 1-2 火电厂燃烧系统流程示意图

3）燃烧系统。煤粉由可调节的给粉机按锅炉需要送入一次风管，同时由旋风分离器送来的气体（含有约 10%左右未能分离出的细煤粉），由排粉风机提高压头后作为一次风将进入一次风管的煤粉经喷燃器喷入锅炉炉膛内燃烧。

目前我国新建电厂以 300MW 及以上机组为主。300MW 机组的锅炉蒸发量为 1000t/h（亚临界压力），采用强制循环的汽包炉；600MW 机组的锅炉为 2000t/h 的直流炉。在锅炉的四壁上，均匀分布着 4 支或 8 支喷燃器，将煤粉（或燃油、天然气）喷入锅炉炉膛，火焰呈旋转状燃烧上升，又称为悬浮燃烧炉。在炉的顶端，有贮水、贮汽的汽包，内有汽水分离装置，炉膛内壁有彼此紧密排列的水冷壁管，炉膛内的高温火焰将水冷壁管内的水加热成汽水混合物上升进入汽包，而炉外下降管则将汽包中的低温水靠自重下降至水连箱与炉内水冷壁管接通。靠炉外冷水下降而炉内水冷壁管中热水自然上升的锅炉叫自然循环汽包炉，而当压力高到16.66~17.64MPa时，水、汽重度差变小，必须在循环回路中加装循环泵，即称为强制循环锅炉。当压力超过18.62MPa时，应采用直流锅炉。

4）风烟系统。送风机将冷风送到空气预热器加热，加热后的气体一部分经磨煤机、排粉风机进入炉膛，另一部分经喷燃器外侧套筒直接进入炉膛。炉膛内燃烧形成的高温烟气沿烟道经过热器、省煤器、空气预热器逐渐降温，再经除尘器除去90%~99%（电除尘器可除去99%）的灰尘，经引风机送入烟囱，排向大气。

5）灰渣系统。炉膛内煤粉燃烧后生成的小灰粒，经除尘器收集的细灰排入冲灰沟，燃烧中因结焦形成的大块炉渣，下落到锅炉底部的渣斗内，经碎渣机破碎后也排入冲灰沟，再经灰渣水泵将细灰和碎炉渣经冲灰管道排往灰场。

（2）汽水系统。火电厂的汽水系统由锅炉、汽轮机、凝汽器、除氧器、加热器等设备及管道构成，包括给水系统、循环水系统和补充给水系统，如图1-3所示。

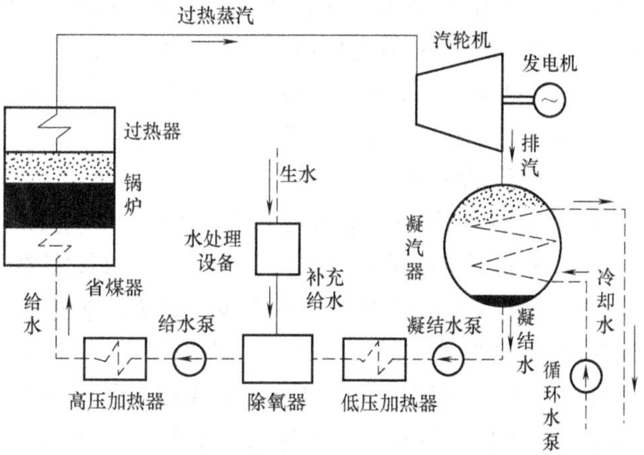

图1-3 火电厂汽水系统流程示意图

1）给水系统。由锅炉产生的过热蒸汽沿主蒸汽管道进入汽轮机，高速流动的蒸汽冲动汽轮机叶片转动，带动发电机旋转产生电能。在汽轮机内做功后的蒸汽，其温度和压力大大降低，最后排入凝汽器并被冷却水（循环水）冷却凝结成水（称为凝结水），汇集在凝汽器的热水井中。凝结水由凝结水泵打至低压加热器中加热，再经除氧器除氧并继续加热。由除氧器出来的水（称为锅炉给水），经给水泵升压和高压加热器加热，最后送入锅炉汽包。在现代大型机组中，一般都从汽轮机的某些中间级抽出做过功的部分蒸汽（称为抽汽），用以加热给水（叫作给水回热循环），或把做过一段功的蒸汽从汽轮机某一中间级全部抽出，送到锅炉的再热器中加热后再引入汽轮机的以后几级中继续做功（叫作再热循环）。

2）补充给水系统。在汽水循环过程中总难免有汽、水泄漏等损失，为维持汽水循环的正常进行，必须不断地向系统补充经过化学处理的软化水，这些补给水一般补入除氧器或凝汽器中，即是补充给水系统。

3）循环水系统。为了将汽轮机中做功后排入凝汽器中的乏汽冷却凝结成水，需由循环水泵从凉水塔抽取大量的冷却水送入凝汽器，冷却水吸收乏汽的热量后再回到凉水塔冷却，冷却水是循环使用的。这就是循环水系统。

（3）电气系统。发电厂的电气系统，包括发电机、励磁装置、厂用电系统和升压变电所等，如图1-4所示。

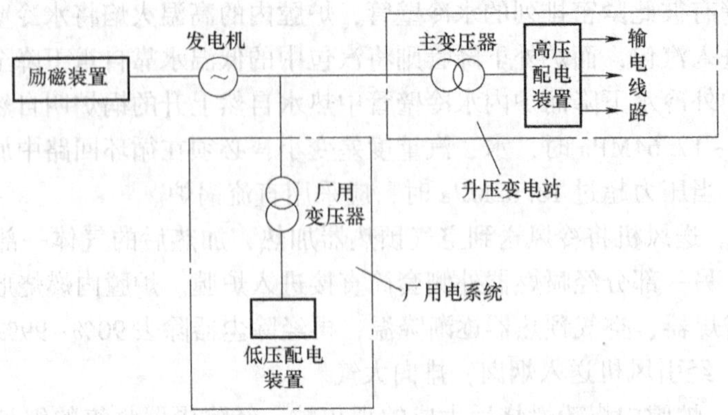

图 1-4　发电厂电气系统示意图

发电机的机端电压和电流随着容量的不同而各不相同，一般额定电压在 10~27kV 之间，而额定电流可达 20kA 及以上。发电机发出的电能，其中一小部分（占发电机容量的 4%~8%）由厂用变压器降低电压后，经厂用配电装置由电缆供给水泵、送风机、磨煤机等各种辅机和电厂照明等设备用电，称为厂用电（或自用电）。其余大部分电能，由主变压器升压后，经高压配电装置、输电线路送入电力系统。

3. 火电厂的特点

火电厂与水电厂和其他类型的电厂相比，具有以下特点：

（1）火电厂布局灵活，装机容量的大小可按需要决定。

（2）火电厂的一次性建造投资少，仅为同容量水电厂的一半左右。火电厂建造工期短，2 台 300MW 机组，工期为 3~4 年。发电设备年利用小时数较高，约为水电厂的 1.5 倍。

（3）火电厂耗煤量大，目前发电用煤约占全国煤炭总产量的 50%，加上运煤费用和大量用水，其单位电量发电成本比水力发电要高出 3~4 倍。

（4）火电厂动力设备繁多，发电机组控制操作复杂，厂用电量和运行人员都多于水电厂，运行费用高。

（5）燃煤发电机组由停机到开机并带满负荷需要几小时到十几小时，并附加耗用大量燃料。例如，一台 300MW 发电机组起停一次耗煤可达 60t 之多。

（6）火电厂担负急剧升降的负荷时，还必须付出附加燃料消耗的代价。例如，据统计某电力系统火电平均煤耗 400g/kW · h，而参与调峰煤耗将增至 468~511g/kW · h，平均增加 22%~29%。

（7）火电厂担负调峰、调频或事故备用时，相应的事故增多，强迫停运率增高，厂用电率增高。据此，从经济性和供电可靠性考虑，火电厂应当尽可能担负较均匀的负荷。

（8）火电厂的各种排放物（如烟气、灰渣和废水）对环境的污染较大。

1.1.2　水力发电厂

水力发电厂简称水电厂，又称水电站，是把水的位能和动能转换成电能的工厂。它的基本生产过程是：从河流较高处或水库内引水，利用水的压力或流速推动水轮机旋转，将水能转变成机械能，然后由水轮机带动发电机旋转，将机械能转换成电能。

因为水的能量与其流量和落差（水头）成正比，所以利用水能发电的关键是集中大量的水和造成大的水位落差。我国是世界上水能最丰富的国家，蕴藏量为 6.76 亿 kW，年发电量 1.92×10^4 亿 kW · h。优先开发水电，这是一条国际性的经验，是发展能源的客观规律。

举世瞩目的三峡工程总库容量为 393 亿 m^3，装机容量为 2240 万 kW，年平均发电量为 1000 亿 kW · h。巴西的伊泰普水电厂（位于南美洲巴西和巴拉圭交界处的巴拉那河中游）总库容 290 亿 m^3，装机容量 1260 万 kW，年发电量 700 亿 kW · h。

由于天然水能存在的状况不同，开发利用的方式也各异，因此，水电厂的型式也是多种多样的。

1. 水电厂的分类

（1）按集中落差大小的不同，可分为坝式水电站和引水式水电站两大类。

1）坝式水电站。在河流的适当位置建筑拦河坝，形成水库，抬高上游水位，使坝的上、下游形成大的水位差，这种水电站称为坝式水电站。坝式水电站适宜建在河道坡降较缓且流量较大的河段。这类水电站按厂房与坝的相对位置不同又可细分为以下 6 种：

① 坝后式厂房。坝后式水电站如图 1-5 所示。其厂房建在拦河坝非溢流坝段的后面（下游侧），不承受水的压力，压力管道通过坝体，适用于高、中水头，如三峡电厂、刘家峡电厂（总装机容量 122.5 万 kW，最大水头 114m）。

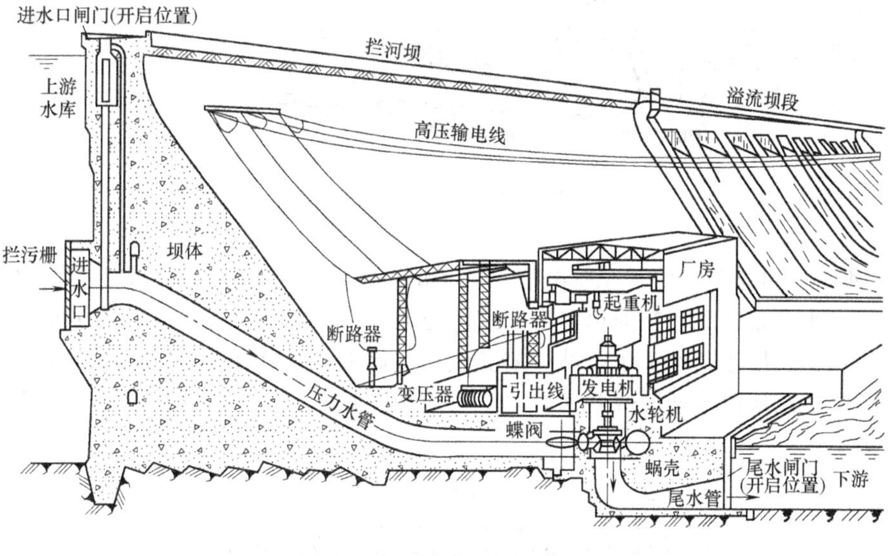

图 1-5 坝后式水电站示意图

② 溢流式厂房。溢流式厂房建在溢流坝段后（下游侧），泄洪水流从厂房顶部越过泄入下游河道，适用于河谷狭窄、水库下泄港人洪水量大、溢洪与发电厂分区布置有一定困难的情况，如浙江的新安江水电站（总装机容量 66.25 万 kW，最大水头 84.3m）及贵州的乌江渡水电站（总装机容量 63 万 kW，最大水头 134.2m）。

③ 岸边式厂房。岸边式厂房建在拦河坝下游河岸边的地面上，引水道及压力管道明铺于地面或埋设于地下，如松花江上游的白山水电站（总装机容量 150 万 kW，最大水头 126m）的二期厂房（一期厂房为地下式）。

④ 地下式厂房。地下式厂房的引水道和厂房都建在坝侧地下，如四川雅砻江下游的二

滩水电站（总装机容量 330 万 kW，最大水头 189m）。

⑤ 坝内式厂房。坝内式厂房的压力管道和厂房都建在混凝土坝的空腔内，且常设在溢流坝段内，适用于河谷狭窄、下泄洪水流量大的情况。

⑥ 河床式厂房。河床式厂房的水电站如图 1-6 所示。其厂房与拦河坝相连接，成为坝的一部分，厂房承受水的压力，适用于水头小于 50m 的水电站。图 1-6 中的溢洪坝、溢洪道是为了宣泄洪水、保证大坝安全而设的泄水建筑物，如葛洲坝水电厂。

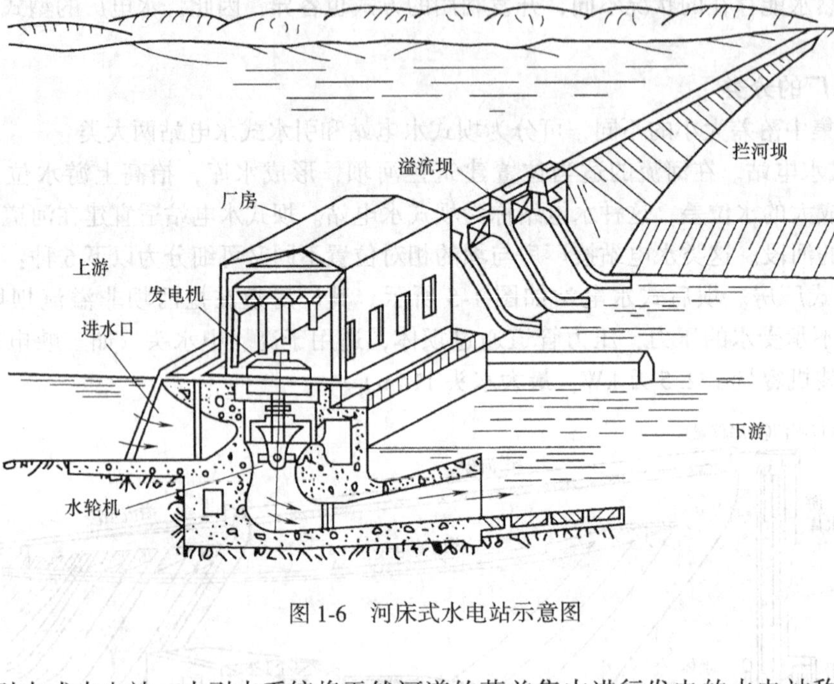

图 1-6　河床式水电站示意图

2）引水式水电站。由引水系统将天然河道的落差集中进行发电的水电站称为引水式水电站。引水式水电站适宜建在河道多弯曲或河道坡降较陡的河段，用较短的引水系统可集中较大的水头；也适用于高水头水电站，避免建设过高的挡水建筑物。引水式水电站如图 1-7 所示。在河流适当地段建低堰（挡水低坝），水经引水渠和压力水管引入厂房，从而获得较大的水位差。

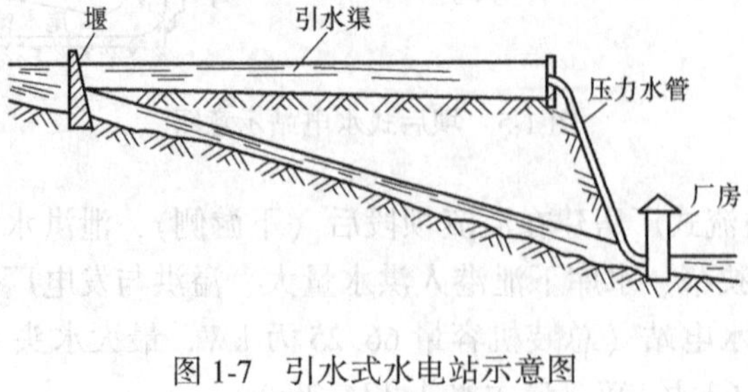

图 1-7　引水式水电站示意图

小河流上的引水式水电站如云南省北部以礼河上的 4 个梯级水电站（总装机容量32. 15 万 kW，最大水头：一级 77m，二级 79m，三、四级均为 629m）。大河流上的引水式水电站如红水河上天生桥二级水电站（总装机容量 132 万 kW，最大水头 204m）；湖北省清江上的隔河岩水电站（总装机容量 120 万 kW，最大水头 121.5m）。

3）混合式水电站。在适宜开发的河段拦河筑坝，坝上游河段的落差由坝集中，坝下游河段的落差由压力引水道集中，而水电站的水头则由这两部分落差共同形成，这种集中落差的方式称为混合开发模式，由此而修建的水电站称为混合式水电站，它兼有坝式和引水式两种水电站的特点。

（2）按径流调节的程度，可分为无调节水电厂和有调节水电厂。

1）无调节水电厂。河川径流在时间上的分布往往与水电厂的用水要求不相一致。如果水电厂取水口上游没有大的水库，就不能对径流进行调节以适应用水要求，这种水电厂称为无调节水电厂或径流式水电厂。例如，引水式水电厂、水头很低的河床式水电厂，多属此种类型。这种水电厂出力变化主要取决于天然水流量，往往是枯水期水量不足，出力很小，而洪水期流量很大，产生弃水。

2）有调节水电厂。如果在水电厂取水口上游有较大的水库，能按照发电用水要求对天然来水流量进行调节，这种水电厂称为有调节水电厂。例如，堤坝式水电厂、混合式水电厂和有日调节池的引水式水电站，都属此类。

根据水库对径流的调节程度，又可将有调节水电厂分为以下类型：

① 日调节水电厂。日调节水电厂库容较小，只能对一日的来水量进行调节，以适应水电厂日出力变化对流量的要求。

② 年调节水电厂。年调节水电厂有较大的水库，能对天然的河流中一年的来水量进行调节，以适应水电厂年出力变化（包括日出力变化）和其他用水部门对流量的要求。它能将丰水期多余水量存储于库中供枯水期使用，以增大枯水期流量，提高水电厂的出力和发电量。

③ 多年调节水电厂。多年调节水电厂一般有较高的堤坝和很大的库容，能改变天然河流一个或几个丰、枯水年循环周期中流量变化规律，以适应水电厂和其他用水部门对流量的要求。完全的多年调节水库弃水很少，可使水电厂的枯水期出力和年发电量得到很大提高。

2. 水电厂的特点

水电厂与火电厂和其他类型的发电厂相比，具有以下特点：

（1）可综合利用水能资源。水电厂除发电以外，还有防洪、灌溉、航运、供水、养殖及旅游等多方面综合效益，并且可以因地制宜，将一条河流分为若干河段，分别修建水利枢纽，实行梯级开发。

（2）发电成本低、效率高。水电厂利用循环不息的水能发电，可以节省大量燃料。因不用燃料，也省去了运输、加工等多个环节，运行维护人员少，厂用电率低，发电成本仅是同容量火电厂的 1/4~1/3 或更低。

（3）运行灵活。由于水电厂设备简单，易于实现自动化，机组起动快，水电机组从静止状态到带满负荷运行只需 4~5min，紧急情况只用 1min 即可起动。水电厂能适应负荷的急剧变化，适合于承担系统的调峰、调频和作为事故备用。

（4）水能可储蓄和调节。电能的发、输、用是同时完成的，不能大量储存，而水能资源则可借助水库进行调节和储蓄，而且可兴建抽水蓄能电厂，扩大利用水的能源。

（5）水力发电不污染环境。相反，大型水库可以调节空气的温度和湿度，改善自然生态。

(6) 水电厂建设投资较大，工期较长。

(7) 水电厂建设和生产都受到河流的地形、水量及季节气象条件限制，因此发电量也受到水文气象条件的制约，有丰水期和枯水期之别，因而发电不均衡。

(8) 由于水库的兴建、淹没土地、移民搬迁，给农业生产带来一些不利，还可能在一定程度上破坏自然界的生态平衡。

3. 抽水蓄能电厂

(1) 工作原理。抽水蓄能电厂以一定水量作为能量载体，通过能量转换向电力系统提供电能，如图1-8所示。为此，其上、下游均需有水库以容蓄能量转换所需的水量。

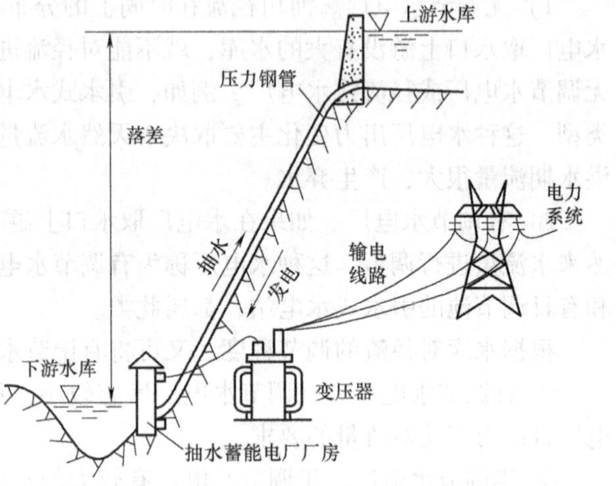

图1-8　抽水蓄能电厂示意图

在抽水蓄能电厂中，必须兼备抽水和发电两类设施。在电力负荷低谷时（或丰水时期），利用电力系统待供的富余电能（或季节性电能），将下游水库中的水抽到上游水库，以位能形式储存起来；待到电力系统负荷高峰时（或枯水时期），再将上游水库中的水放下，驱动水轮发电机组发电，并送往电力系统，这时，用以发电的水又回到下游水库。显而易见，抽水蓄能电厂既是一个吸收低谷电能的电力用户（抽水工况），又是一个提供峰荷电力的发电厂（发电工况）。

(2) 抽水蓄能电厂在电力系统中的作用。

1) 调峰。电力系统峰荷的上升与下降变动比较剧烈，抽水蓄能机组响应负荷变动的能力很强，能够跟踪负荷的变化，在白天适合担任电力系统峰荷中的尖峰部分。例如，我国广东从化抽水蓄能电厂，装机容量为8×300MW，在电力系统调峰中发挥了重要作用。

2) 填谷。在夜间或周末，抽水蓄能电厂利用电力系统富余电能抽水，使火电机组不必降低出力（或停机）和保持在热效率较高的区间运行，从而节省燃料，并提高电力系统运行的稳定性。填谷作用是抽水蓄能电厂独具的特色，常规水电厂即使是调峰性能最好的，也不具备填谷作用。

3) 备用。缺水蓄能机组起动灵活、迅速，从停机状态起动至带满负荷仅需1~2min，而由抽水工况转到发电工况也只需3~4min，因此抽水蓄能电厂宜于作为电力系统事故备用。

4) 调频。抽水蓄能机组跟踪负荷变化的能力很强，承卸负荷迅速灵活。当电力系统频率偏离正常值时，它能立即调整出力，使频率维持在正常值范围内，而火电机组却远远适应不了负荷陡升陡降。

5) 调相。抽水蓄能发电厂的同步发电机在没有发电和抽水任务时可用来调相。由于抽水蓄能电厂距离负荷中心较近，控制操作方便，对改善系统电压质量十分有利。

(3) 抽水蓄能发电厂的功能。

1) 降低电力系统燃料消耗。电力系统中的大型高温高压热力机组，包括燃煤机组和核电机组，不适于在低负荷下工作，在强迫压低负荷后，燃料消耗、厂用电和机组磨损都将增加。抽水蓄能机组与燃煤机组和核电机组联合运行后，可以保持这些热力机组在额定出力下稳定运行，从而提高运行效率和减少电力燃料消耗。

2）提高火力设备利用率。以抽水蓄能电厂替代电力系统中的热力机组调峰，或者使大型热力机组不压负荷或少压负荷运行，均可减少热力机组频繁开、停机所导致的设备磨损，减少设备故障率，从而提高热力机组的设备利用率和使用寿命。

3）可作为发电成本低的峰荷电源。抽水蓄能电厂的抽水耗电量大于其发电量。运行实践经验证明，抽水用 4kW·h 换取尖峰电量 3kW·h 是合算的。抽水蓄能电厂在负荷低谷期间抽水所用电能来运行费用较低的腰荷机组（运行位置恰处于基荷之上），在负荷高峰期间发电替代了运行费用较高的机组，峰荷、腰荷热力机组在经济性上差别越大，则抽水蓄能电厂的经济效益越显著。

4）对环境没有污染且可美化环境。抽水蓄能电厂有上游和下游两个水库。纯抽水蓄能电厂的上游水库建在较高的山顶上，如在风景区，还会美化环境增辉添色。

5）抽水蓄能电厂可用于蓄能。电能的发、输和用是同时完成的，不能大量储存而水能可借助上游水库储蓄，应用抽水蓄能机组将下游水库中的水抽到上游水库，以位能储存起来，便可以实现较大规模的蓄能。

总之，抽水蓄能电站优点较多，却存在致命弱点，即转换效率不是百分之百，因此该型电站单从运营的角度看绝对是亏本的，一般没有特殊需要，不会建造该型电站。

1.1.3　核能发电厂

20 世纪最激动人心的科学成果之一就是核裂变的利用。实现大规模可控核裂变链式反应的装置称为核反应堆，简称反应堆，它是向人类提供核能的关键设备。核能最重要的应用是核能发电。

核能发电厂简称核电厂是利用反应堆中核燃料裂变链式反应所产生的热能，再按火电厂的发电方式将热能转换为机械能，再转换为电能，它的核反应堆相当于火电厂的锅炉。

核能能量密度高，1g 铀 235 全部裂变时所释放的能量为 8×10^{10}J，相当于 2.7t 标准煤完全燃烧时所释放的能量。作为发电燃料，其运输量非常小，发电成本低。例如，一座 1000MW 的火电厂，每年需 300 万~400 万 t 原煤，同样容量的核电厂若采用天然铀作燃料只需 130t，采用 3%的浓缩铀-235 作燃料则仅需 28t。利用核能发电还可避免化石燃料燃烧所产生的日益严重的温室效应。作为电力工业主要燃料的煤、石油和天然气都是重要的化工原料。基于以上原因，世界各国对核电的发展都给予了足够的重视。

我国自行设计和建造的第一座核电厂——浙江秦山核电厂（1×300MW）于 1991 年并网发电，广东大亚湾核电厂（2×900MW）于 1994 年建成投产，在安装调试和运行管理方面，都达到了世界先进水平。

1. 核电厂的分类

目前世界上使用最多的是轻水堆核电厂，分为压水堆核电厂和沸水堆核电厂。

（1）压水堆核电厂。图 1-9 所示为压水堆核电厂示意图。压水堆核电厂最大特点是整个系统分成两大部分，即一回路系统和二回路系统。一回路系统中压力为 1.5MPa 的高压水被冷却剂主泵送进反应堆，吸收燃料元件的释热后，进入蒸汽发生器下部的U形管内，将热量传给二回路系统的水，再返回冷却剂主泵入口，形成一个闭合回路。二回路系统的水在U形管外部流过，吸收一回路系统的水的热量后沸腾，产生的蒸汽进入汽轮机的高压缸做功；高压缸的排汽经再热器再热提高温度后，再进入汽轮机的低压缸做功；膨胀做功后的蒸汽在凝汽器中被凝结成水，再送回蒸汽发生器，形成一个闭合回路。一回路系统和二回路系统是彼此隔绝的，万一燃料元件的包壳破损，只会使一回路系统的水的放射性增加，而不致影响二回路系统的水的品质。这样就大大增加了核电厂的安全性。

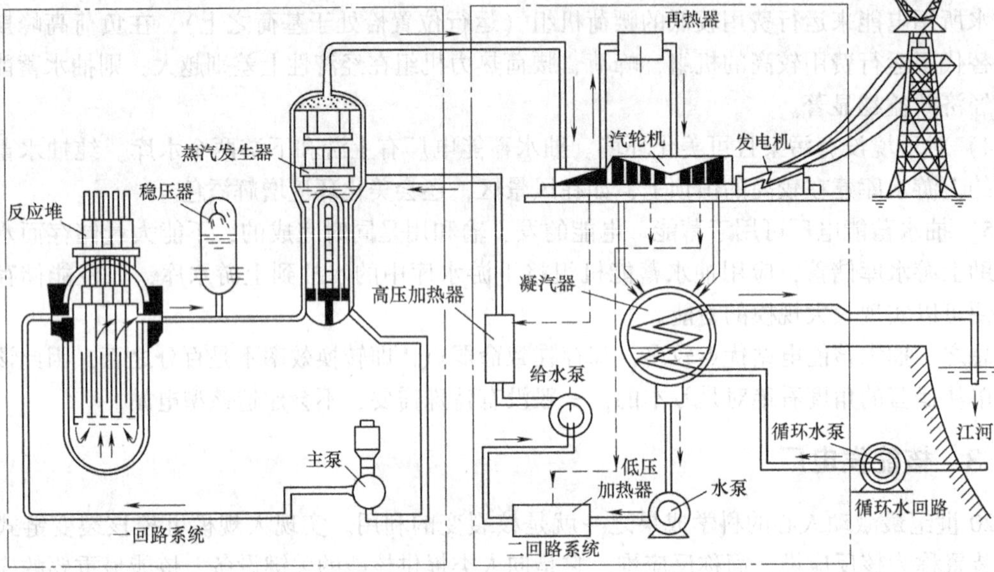

图1-9 压水堆核电厂示意图

稳压器的作用是使一回路系统的水的压力维持恒定。它是一个底部带电加热器，顶部有喷水装置的压力容器，其上部充满蒸汽，下部充满水。如果一回路系统的压力低于额定压力，则接通电加热器，增加稳压器内的蒸汽，使系统的压力提高。反之，如果系统的压力高于额定压力，则喷水装置起动，喷冷却水，使蒸汽冷凝，从而降低系统压力。

通常一个压水堆有2~4个并联的一回路系统（又称环路），但只有一个稳压器，每一个环路都有一台蒸汽发生器和1~2台冷却剂主泵。压水堆核电厂的主要参数见表1-1。

表1-1 压水堆核电厂的主要参数

主要参数	环路数		
	2	3	4
堆热功率/MW	1882	2905	3425
净电功率/MW	600	900	1200
一回路压力/MPa	15.1	15.5	15.5
反应堆入口水温/℃	287.5	292.4	291.9
反应堆出口水温/℃	324.3	327.6	325.8

（续）

主要参数	环路数		
	2	3	4
压力容器内径/m	3.35	4	4.4
燃料装载量/t	49	72.5	89
燃料组件数	121	157	193
控制棒组件数	37	61	61
一回路冷却剂流量/(t/h)	42300	63250	84500
蒸汽量/(t/h)	3700	5500	6860
蒸汽压力/MPa	6.3	6.71	6.9
蒸汽含湿量(%)	0.25	0.25	0.25

压水堆核电厂由于以轻水作慢化剂和冷却剂，反应堆体积小，建设周期短，造价较低；加之一回路系统和二回路系统分开，运行维护方便，需处理的放射性废气、废液、废物少，因此，它在核电厂中占主导地位。

（2）沸水堆核电厂。图1-10所示为沸水堆核电厂的示意图。在沸水堆核电厂中，堆芯产生的饱和蒸汽经分离器和干燥器除去水分后直接送入汽轮机做功。与压水堆核电厂相比，省去了既大又贵的蒸汽发生器，但有将放射性物质带入汽轮机的危险。由于沸水堆芯下部含汽量低，堆芯上部含汽量高，因此，下部核裂变的反应性高于上部。为使堆芯功率沿轴向分布均匀，与压水堆不同，沸水堆的控制棒是从堆芯下部插入的。

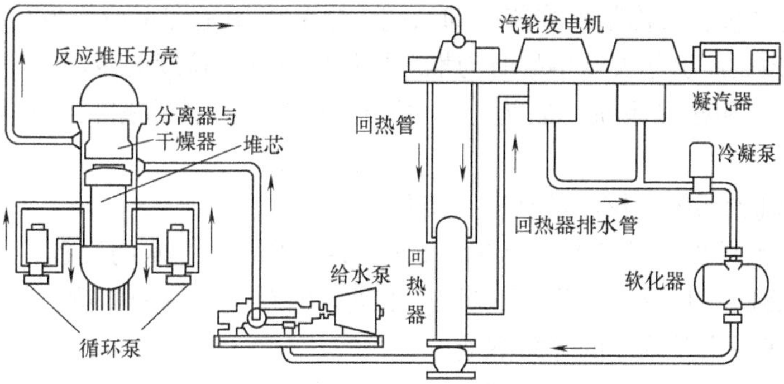

图1-10　沸水堆核电厂的示意图

在沸水堆核电厂中，反应堆的功率主要由堆芯的含汽量来控制，因此，需在沸水堆中配备一组喷射泵。通过改变堆芯的再循环率来控制反应堆的功率。当需要增加功率时，可通过增加堆芯水的再循环率，将气泡从堆芯中扫除，从而提高反应堆的功率。万一发生事故，如冷却循环泵突然断电时，堆芯的水还可以通过喷射泵的扩压段对堆芯进行自然循环冷却，保证堆芯的安全。

由于沸水堆中作为冷却剂的水在堆芯中会产生沸腾，因此，设计沸水堆时一定要保证堆芯的最大热流密度低于所谓沸腾的“临界热流密度”，以防止燃料元件因传热恶化而烧毁。沸水堆核电厂的主要参数见表1-2。

表 1-2 沸水堆核电厂的主要参数

主要参数名称	参数值	主要参数名称	参数值
堆热功率/MW	3840	控制棒数目/根	193
净电功率/MW	1310	一回路系统数目	4
净效率(%)	34.1	压力容器内水的压力/MPa	7.06
燃料装载量/t	147	压力容器的直径/m	6.62
燃料元件尺寸(外径×长度)/(mm×mm)	12.5×3760	压力容器的总高/m	22.68
燃料元件的排列	8×8	压力容器的总重/t	785
燃料组件数	784		

2. 核电厂的系统

核电厂是一个复杂的系统工程，集中了当代的许多高新技术。核电厂的系统由核岛和常规岛组成。为了使核电厂能稳定、经济地运行，以及一旦发生事故时能保证反应堆的安全和防止放射性物质外泄，核电厂还设置有各种辅助系统、控制系统和安全设施。以压水堆核电厂为例，它由以下主要系统组成。

(1) 核岛的核蒸汽供应系统。核蒸汽供应系统包括以下子系统：

1) 一回路系统，包括压水机堆、冷却剂主泵、蒸汽发生器和稳压器等。

2) 化学和容积控制系统，用于实现一回路冷却剂的容积控制和调节冷却剂中的硼浓度，以控制压水堆的反应性变化。

3) 余热排出系统，又称停堆冷却系统。它的作用是在反应堆停堆、装卸料或维修时，用以导出燃料元件发出的余热。

4) 安全注射系统，又称紧急堆芯冷却系统。它的作用是在反应堆发生严重事故时，如一回路系统管道破裂而引起失水事故时为堆芯提供应急的和持续的冷却。

5) 控制、保护和检测系统，它为上述 4 个系统提供检测数据，并对系统进行控制和保护。

(2) 核岛的辅助系统。核岛的辅助系统包括以下子系统：

1) 设备冷却水系统。用于冷却所有位于核岛内的带放射性水的设备。

2) 硼回收系统。用于对一回路系统的排水进行储存、处理和监测，将其分离成符合一回路系统水质要求的水及浓缩的硼酸溶液。

3) 反应堆的安全壳及喷淋系统。核蒸汽供应系统大都置于安全壳内，一旦发生事故，安全壳既可以防止放射性物质外泄，又能防止外来袭击，如飞机坠毁等；安全壳喷淋系统则保证事故发生引起安全壳内的压力和温度升高时能对安全壳进行喷淋冷却。

4) 核燃料的装换料及储存系统，用于实现对燃料元件的装卸和储存。

5) 安全壳及核辅助厂房通风和过滤系统。它的作用是实现安全壳和核辅助厂房的通风，同时防止放射性物质外泄。

6) 柴油发电机组，为核岛提供应急电源。

(3) 常规岛的系统。常规岛的系统与火电厂的系统相似，它通常包括以下部分：

1) 二回路系统，又称汽轮发电机系统，由蒸汽系统、汽轮发电机组、凝汽器、蒸汽排放系统、给水加热系统及辅助给水系统等组成。

2) 循环冷却水系统。

3）电气系统及厂用电设备。

3. 核电厂的运行

核电厂运行的基本原则和常规火电厂一样，都是根据电厂的负荷需要量来调节供给的热量，使得热功率与电负荷相平衡。由于核电厂由反应堆供热，因此，核电厂的运行和火电厂相比有以下一些新的特点。

（1）在火电厂中，可以连续不断地向锅炉供给燃料，而压水堆核电厂的反应堆却只能对反应堆堆芯一次装料，并定期停堆换料。因此，在堆芯换新料后的初期，过剩反应性很大。为了补偿过剩反应性，除采用控制棒外，还需在冷却剂中加入硼酸，并通过硼浓度的变化来调节反应堆的反应性，反应堆冷却性中含有硼酸以后，就会给一回路系统及其辅助系统的运行和控制带来一定的复杂性。

（2）反应堆的堆芯内，核燃料发生裂变反应释放核能的同时，也放出瞬发中子和瞬发 γ 射线，由于裂变产物的积累，以及反应堆的堆内构件和压力容器等因受中子的辐照而活化，所以反应堆不管是在运行中或停闭后，都有很强的放射性，这就给电厂的运行和维修带来了一定的困难。

（3）反应堆在停闭后，运行过程中积累起来的裂变碎片和 β、γ 衰变将继续使堆芯产生余热（又称衰变热）。因此，反应堆停闭后不能立即停止冷却，还必须把这部分余热排出去，否则会出现燃料元件因过热而烧毁的危险；即使核电厂在长时间停闭情况下，也必须除去衰变热；当核电厂发生停电、一回路管道破裂等重大事故时，事故电源、应急堆芯冷却系统应立即自动投入，做到在任何事故工况下，保证对反应堆进行冷却。

（4）核电厂在运行过程中会产生气态、液态和固态的放射性废物，对这些废物必须遵照核安全的规定进行妥善处理，以确保工作人员和居民的健康，而火电厂中这一问题是不存在的。

（5）与火电厂相比，核电厂的建设费用高，但燃料所占费用较便宜。为了提高核电厂的运行经济性，极为重要的是要维持较高的发电设备利用率，为此，核电厂应在额定功率或尽可能在接近额定功率的工况下带基本负荷连续运行，并尽可能缩短核电厂反应堆的停闭时间。

压水堆核电厂实际上是用核反应堆和蒸汽发生器代替了一般火电厂的锅炉。反应堆中通常有100~200个燃料组件。在主循环水泵（又称压水堆冷却剂泵或主泵）的作用下，压力为15.2~15.5MPa、温度为290℃左右的蒸馏水不断在左回路（称一回路，有2~4条并联环路）中循环，经反应堆时被加热到320℃左右，然后进入蒸汽发生器，并将自身的热量传给右回路（称二回路）的给水，使之变成饱和或微过热蒸汽，蒸汽沿管道进入汽轮机膨胀做功，推动汽轮机转动并带动发电机发电。二回路的工作过程与火电厂相似。

压水堆的快速变化反应性控制，主要是通过改变控制棒（内装银-铟-镉材料的中子吸收体）在堆芯中的位置来实现的。

左回路中稳压器（带有安全阀和卸压阀）的作用是在电厂起动时用于系统升压（力），在正常运行时用于自动调节系统压力和水位，并提供超压保护。

沸水堆核电厂是以沸腾轻水为慢化剂和冷却剂并在反应堆内直接产生饱和蒸汽，通入汽轮机做功发电；汽轮机的排汽冷凝后，经软化器净化、加热器加热，再由给水泵送入反应堆。

1kg 铀-235 裂变与 2400t 标准煤燃烧所发出的能量相当。地球上已探明的易开采的铀储量所能提供的能量，已大大超过煤炭、石油和天然气储量之和。利用核能可大大减少燃料开采、运输和储存的困难及费用，发电成本低；核电厂不释放 CO_2、SO_2 及 NO_x，有利于环境保护。

1.1.4 新能源发电

1. 风力发电

流动空气所具有的能量称为风能。全球可利用的风能约为 2×10^6 万 kW。至 2006 年底，全世界风力发电总装机容量达 7500 万 kW，其中德国 2062.6 万 kW，美国为 1195 万 kW，西班牙为 1161.5 万 kW，分别居世界第一、二、三位，我国已开始在甘肃河西走廊建设大容量风力发电厂。

风能属于可再生能源，又是一种过程性能源，不能直接储存，而且具有随机性，这给风能的利用增加了技术上的复杂性。

将风能转化为电能的发电方式称为风力发电。风力发电装置如图 1-11 所示。

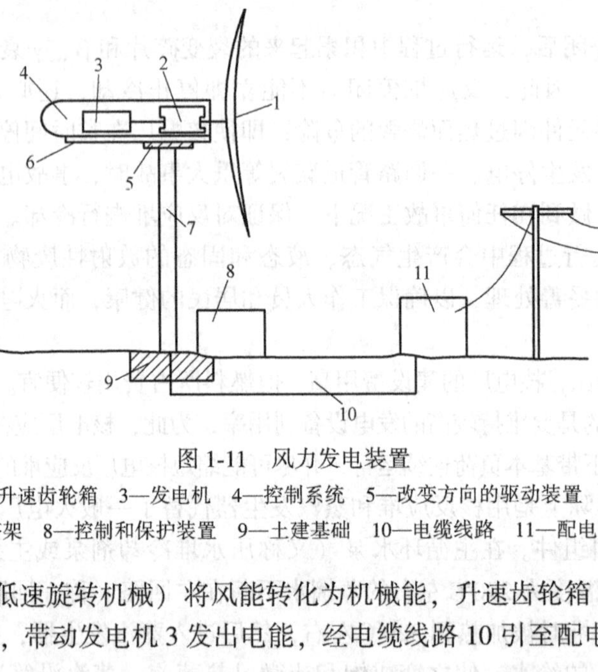

图 1-11 风力发电装置

1—风力机 2—升速齿轮箱 3—发电机 4—控制系统 5—改变方向的驱动装置 6—底板和外罩 7—塔架 8—控制和保护装置 9—土建基础 10—电缆线路 11—配电装置

风力机 1（属于低速旋转机械）将风能转化为机械能，升速齿轮箱 2 将风力机轴上的低速旋转变为高速旋转，带动发电机 3 发出电能，经电缆线路 10 引至配电装置 11，然后送入电网。

风力机的叶片（2~3 叶）多数由聚酯树脂增强玻璃纤维材料制成，升速齿轮箱一般为 3 级齿轮传动，风力发电机组的单机容量为几十瓦至几兆瓦，100kW 以上风力发电机为同步发电机或异步发电机，塔架 7 由钢材制成（锥形筒状式或桁架式），大、中型风力发电机组皆配有微控制器或可编程序控制器（PLC）组成的控制系统，以实现控制、自检、显示等功能。

在风能丰富的地区，按一定的排列方式成群安装风力发电机组，组成集群，称为风力发电场。其机组可达几十台、几百台甚至数千台，是大规模开发利用风能的有效形式。

2. 太阳能发电

太阳能是从太阳向宇宙空间发射的电磁辐射能，到达地球表面的太阳能为 8.2×10^9 万

kW，能量密度为 $1kW/m^2$ 左右。太阳能发电有热发电和光发电两种方式。

（1）太阳能热发电。太阳能热发电是将吸收的太阳辐射热能转化成电能的装置，其基本组成与常规火电设备类似。它又分为集中式和分散式两类。

集中式太阳能热发电又称塔式太阳能热发电，其热力系统流程如图 1-12 所示。它是在很大面积的场地上整齐地布设大量的定日镜（反射镜）阵列，且每台都配有跟踪系统，准确地将太阳光反射集中到一个高塔顶部的吸热器（又称接收器）上，把吸收的光能转换成热能，使吸热器内的工质（水）变成蒸汽，经管道送到汽轮机，驱动机组发电。

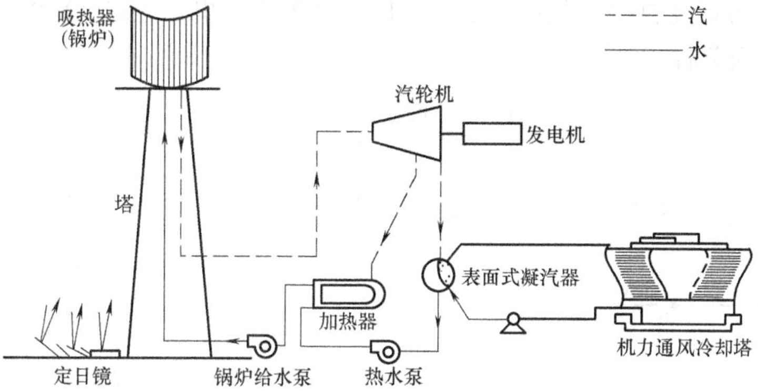

图 1-12　塔式太阳能电站热力系统流程

美国于 1982 年在加州南部建成的塔式太阳能电站，总功率为 10000kW，塔高 91.5m，接收器直径 7m，共有定日镜 1818 块，实际运行时所发出的最大功率达 1.31 万 kW。

分散式太阳能热发电是在大面积的场地上安装许多套结构相同的小型太阳能集热装置，通过管道将各套装置所产生的热能汇集起来，进行热电转换，发出电力。

（2）太阳能光发电。太阳能光发电是不通过热过程而直接将太阳能的光能转换成电能的，有多种发电方式，其中光伏发电方式是主流。光伏发电是把照射到太阳电池（也称光伏电池，是一种半导体器件，受光照射会产生伏打效应）上的光直接变换成电能输出。

美国加州的一座太阳能光伏电站总功率达 6500kW，是当今世界上最大的太阳能光伏电站；总功率为 5 万 kW 的太阳能光伏电站正在希腊的克里特岛建设。

目前由于生产技术的限制，太阳能光伏板转换效率较低，因此，太阳能发电还没有大面积推广应用。

任务 1.2　变电站认知

【任务描述】

认知电力系统中变电站的类型及其在系统中的地位、作用；认知发电厂、变电站的一次设备和二次设备的分类和作用。

【任务实施】

参观变电站或观看关于变电站的录像片。

1.2.1 变电站的类型

变电站是联系发电厂和电力用户的中间环节，起着变换电压和分配电能的作用。电力系统的变电站可分为发电厂的变电站和电力网的变电站两大类，发电厂的变电站又称为发电厂的升压站。

变电站有多种分类方法，可以根据电压等级、升压或降压及在电力系统中的地位不同分类。图 1-13 所示为某电力系统的原理接线图，系统中接有大容量的水电厂和火电厂，其中水电厂发出的电力超过 500kV 超高压输电线路送至枢纽变电站，220kV 电力网构成三角环形，可提高供电可靠性。

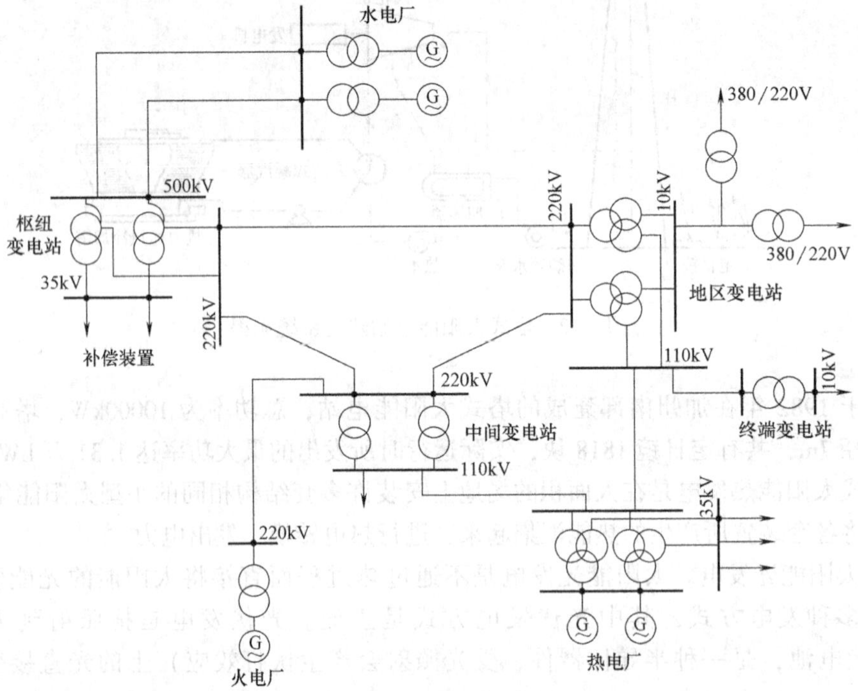

图 1-13 各类变电站原理接线示意图

根据变电站在电力系统中的地位、作用与供电范围，可以将其分为以下几类：

1. 枢纽变电站

枢纽变电站位于电力系统的枢纽点，连接电力系统高、中压的几个部分，汇集有多个电源和多回大容量联络线，变电容量大，电压（指其高压侧，以下同）为 330kV 及以上，全站停电时，将引起系统解列甚至瘫痪。随着系统的不断发展，原先的枢纽变电站可能变为非枢纽变电站。

2. 中间变电站

中间变电站一般位于系统的主要环路线路中或系统主要干线的接口处，汇集有 2、3 个电源，高压侧以交换潮流为主，同时又降压供给当地用户，主要起中间环节作用，电压为 220~330kV。全站停电时，将引起区域电网解列。

3. 地区变电站

地区变电站以对地区用户供电为主，是一个地区或城市的主要变电站，电压一般为110~220kV。全站停电时，仅使该地区中断供电。

4. 终端变电站

终端变电站位于输电线路终端，接近负荷点，经降压后直接向用户供电，不承担功率转送任务，电压为110kV及以下。全站停电时，仅使其所供的用户中断供电。

5. 开关站

在超高压远距离输电线路的中间，用断路器将线路分段和增加分支线路的工程设施称开关站。开关站与变电站的区别在于：①没有主变压器；②进出线属同一电压等级；③站用电的电源引自站外其他高压或中压线路。开关站的主要功能是：①将远距离输电线路分段，以降低工频过电压和操作过电压水平；②当线路发生故障时，由于在开关站的两侧都装设了断路器，所以仅使一段线路被切除，系统阻抗增加不多，既提高了系统的稳定性，又缩小了事故范围；③超/特高压远距离输电，空载时线路电压随线路长度增加而提高，为了保证电压质量，全线需分段并设开关站安装无功补偿装置（电抗器）来吸收容性充电无功功率；④开关站可增设主变压器扩建为变电站。

1.2.2 发电厂及变电站电气设备

为了满足电能的生产、转换、输送和分配的需要，发电厂和变电所中安装有各种电气设备。电气设备按电压等级可分为高压设备（1kV及以上）和低压设备，按其作用可分为一次设备和二次设备。

1. 电气一次设备

直接生产、转换、传输、分配和使用电能的设备称为一次设备，主要有以下几种。

（1）生产和转换电能的设备：包括同步发电机、变压器和电动机，它们都是按电磁感应原理工作的，统称为电机。

（2）开关电器：作用是接通或断开电路，主要有以下几种。

1）断路器（俗称开关）：用来接通或断开电路的正常工作电流、过负荷电流或短路电流，有灭弧装置，是电力系统中最重要的控制和保护电器。

2）隔离开关（俗称刀闸）：用来在检修设备时隔离电压，进行电路的切换操作及接通和断开小电流电路。它没有灭弧装置，一般只能切断小电流电路或等电位电路。在各种电气设备中，隔离开关的使用量是最多的。

3）熔断器（俗称保险）：用来断开电路的过负荷电流或短路电流，保护电气设备免受过载和短路电流的危害。熔断器不能用来接通或断开正常工作电流，必须与其他电器配合使用。

此外，开关电器还有负荷开关、重合器、分段器、组合开关和刀开关等。

（3）限流电器：包括普通电抗器和分裂电抗器，其作用是限制短路电流，使发电厂和变电站能选择轻型开关电器和选用小截面的导体，提高经济性。

（4）载流导体：包括母线、架空线和电力电缆。母线用来汇集和分配电能或将发电机、变压器与配电装置相连，根据使用位置的不同分为敞露母线和封闭母线；根据形状的不同，分为矩形母线、槽型母线、管型母线、绞线圆形软母线等。架空线和电力电缆用来传输电能。

（5）补偿设备：包括调相机、电力电容器、消弧线圈和并联电抗器。调相机是一种不带机械负荷运行的同步电动机，主要用来向系统输出感性无功功率，以调节电压控制点或地区的电压；电力电容器分并联补偿和串联补偿两类，并联补偿是将电容器与用电设备并联，它发出容性无功功率，供给本地区需要，避免长距离输送无功，减少线路电能损耗和电压损耗，提高系统供电能力；串联补偿是将电容器与线路串联，抵消系统的部分感抗，提高系统的电压水平，也相应地减少系统的功率损失；消弧线圈用来补偿小接地电流系统的单相接地电容电流，以利于熄灭电弧；并联电抗器一般装设在330kV及以上超高压配电装置的某些线路侧，其作用主要是吸收过剩的无功功率，改善沿线电压分布和无功分布，降低有功损耗，提高输电效率。

（6）仪用电流互感器：包括电流互感器和电压互感器。电流互感器是将一次侧交流大电流变成小电流（5A、1A或0.5A），供测量仪表和继电保护装置的电流线圈；电压互感器是将一次交流高电压变成低电压（100V、$100/\sqrt{3}$V或5V），供测量仪表和继电保护装置的电压线圈。它们能使测量仪表和保护装置标准化和小型化，使测量仪表和保护装置等二次设备与一次高压部分隔离，且互感器二次侧均应一点接地，保证了设备和工作人员的安全。

（7）过电压防护设备：包括避雷线（架空地线）、避雷器、避雷针、避雷带和避雷网等。避雷线将雷电流引入大地，保护输电线路免受雷击；避雷器可防止雷电过电压及内部过电压对电气设备的危害；避雷针、避雷带和避雷网可防止雷电直接击中配电装置的电气设备或建筑物。

（8）绝缘子：包括线路绝缘子、电站绝缘子和电器绝缘子。绝缘子用来支持和固定载流导体，并使载流导体与地绝缘或使装置中不同电位的载流导体间绝缘。

（9）接地装置：包括接地体和接地线。接地装置用来保证电力系统正常工作或保护人身安全。前者称工作接地，后者称保护接地。

常用一次设备的图形及文字符号见表1-3。

2. 电气二次设备

对一次设备进行监察、测量、控制、保护、调节以及为运行、维护人员提供运行工况或产生指挥信号所需要的辅助设备，称为二次设备。

（1）测量表计：包括电流表、电压表、功率表、电能表、频率表、设备表等。用来监视、测量电路的电流、电压、功率、电能、频率及设备的温度等参数。

（2）绝缘监察装置：包括交流绝缘监察装置和直流绝缘监察装置，用来监察交、直流电网的绝缘状况。

（3）控制和信号装置：主要是指采用手动（通过控制开关或按钮）或自动（通过继电保护或自动装置）方式通过操作回路实现配电装置中断路器的合、跳闸。断路器都有位置信号灯，有些隔离开关有位置指示器。主控制室设有中央信号装置用来反映电气设备的正常、异常或事故状态。

（4）继电保护及自动装置：当一次设备发生故障时，继电保护装置作用于断路器跳闸，自动切除故障元件；当出现异常情况时发出信号。自动装置的作用是实现发电厂的自动并列、发电机自动调节励磁、电力系统频率自动调节、按频率起动水轮机组；实现发电厂或变电所的备用电源自动投入、输电线路自动重合闸、变压器分接头自动调整及按事故频率自动减负荷等。

表 1-3　常用一次设备的图形及文字符号

名称	图形符号	文字符号	名称	图形符号	文字符号
交流发电机		G	电容器	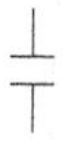	C
双绕组变压器	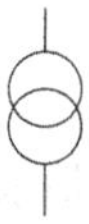	T	三绕组自耦变压器	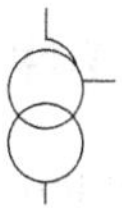	T
三绕组变压器	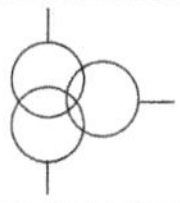	T	电动机		M
隔离开关		QS	断路器		QF
熔断器		FU	调相机	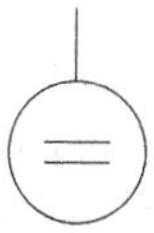	G
普通电抗器		L	消弧线圈		L
分裂电抗器	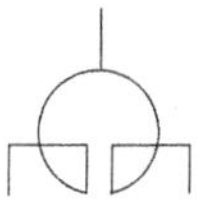	L	双绕组、三绕组电压互感器	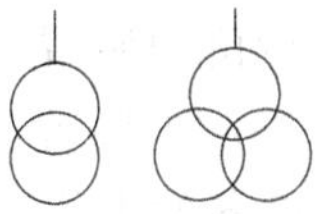	TV
负荷开关		Q	具有两个铁心和两个二次绕组、一个铁心和两个二次绕组的电流互感器	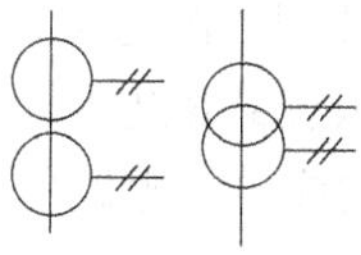	TA
接触器的主动合、主动断触点	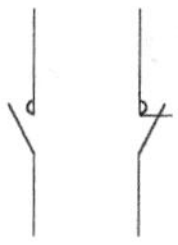	K	避雷器		F
母线、导线和电缆		W	火花间隙		F
电缆终端头	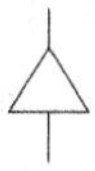	—	接地		E

（5）直流电源设备：包括蓄电池组和硅整流装置，用作开关电器的操作、信号、继电保护及自动装置的直流电源，以及事故照明和直流电动机的备用电源。

（6）塞流线圈（又称高频阻波器）：电力载波通信设备中必不可少的组成部分，它与耦合电容器、结合滤波器、高频电缆、高频通信机等组成电力线路高频通信通道。塞流线圈起到阻止高频电流向变电站或支线泄漏、减小高频能量损耗的作用。

1.2.3 电气接线和配电装置

在发电厂和变电站中，各种电气设备必须用导体按一定的要求连成一个整体，并与必要的辅助设备一起安装，构成通路，实现发供电，这就是电气接线和配电装置。电气接线分为电气主接线和二次接线。

1. 电气主接线

由电气设备通过连接线，按其功能要求组成接受和分配电能的线路，称为电气主接线。主接线表明电能的生产、汇集、转换、分配关系和运行方式，是运行操作、切换电路的依据，又称一次接线、一次电路、主系统或主电路。用国家规定的图形和文字符号表示主接线中的各个元件，并依次连接起来的单线图，称电气主接线图。

发电厂和变电站的主接线，是根据容量、电压等级、负荷等情况设计，并经过技术经济比较，而后选出的最佳方案。

2. 配电装置

按电气主接线图，由母线、开关电器、保护电器、测量电器及必要的辅助设备组建成接受和分配电能的装置，称为配电装置。配电装置是发电厂和变电站的重要组成部分。

配电装置按电气设备的安装地点不同可分为以下两类：

（1）屋内配电装置：全部设备都安装在屋内。

（2）屋外配电装置：全部设备都安装在屋外（即露天场地）。

按电气设备的组装方式不同，配电装置可分为以下两类：

（1）装配式配电装置：电气设备在现场（屋内或屋外）组装。

（2）成套式配电装置：制造厂预先将各单元电路的电气设备装配在封闭和不封闭的金属柜中，构成单元电路的分间。成套配电装置大部分为屋内型，也有屋外型。

任务 1.3 我国电力工业发展概况及前景

【任务描述】

了解中国电力工业发展概况、发展战略及前景。

【任务实施】

参观变电站或观看关于变电站的录像片。

【知识链接】

新中国成立 60 多年来，中国电力工业经历了在不断探索中奋进并获得发展的 30 年（1949—1978 年），经历了改革开放形势下快速发展并取得巨大成就的 30 年（1979—2008 年）。60 多年来，中国广大电业职工和电力科技工作者坚持“人民电业为人民”的宗旨，为中国电力的发展做出了杰出的贡献，使电力工业走上了快速、健康和科学发展之路，步入了大机组、大电厂、超高压、大电网、自动化和信息化全面发展的时代。

1.3.1　电力工业加速发展，我国装机容量突破13亿kW

1949年新中国成立时，全国发电装机容量仅有185万kW，年发电量为43亿kW·h。新中国成立后，尤其是改革开放以来，为满足经济社会发展对电力不断增长的需求，电力工业呈现了加速发展的态势。

1987年，全国发电装机容量达1亿kW，全年发电量4973亿kW·h。

1995年，全国发电装机容量达2亿kW，全年发电量1万亿kW·h。

1996年，全国发电装机容量达2.37亿kW，全年发电量10794亿kW·h，跃居世界第二位。

2000年，全国发电装机容量达3亿kW，全年发电量13685亿kW·h。

2005年，全国发电装机容量达5亿kW，全年发电量24975亿kW·h。

2008年，全国发电装机容量达7.93亿kW，全年发电量34510亿kW·h。

2012年，全国发电装机容量达11.4亿kW，全年发电量4.94万亿kW·h。

2013年，全国发电装机容量达12.5亿kW，全年发电量5.25万亿kW·h，跃居世界第一位。

2014年，全国发电装机容量达13.6亿kW，全年发电量5.55万亿kW·h。

中国装机容量及发电量的增长如图1-14所示（注：统计数字未包括港、澳、台地区，下同）。

电气化程度的持续提高不仅为经济发展提供了必要的动力，而且促进了社会的技术进步和生产效率的提高，为人民生活质量的改善和现代化建设提供了物质基础。

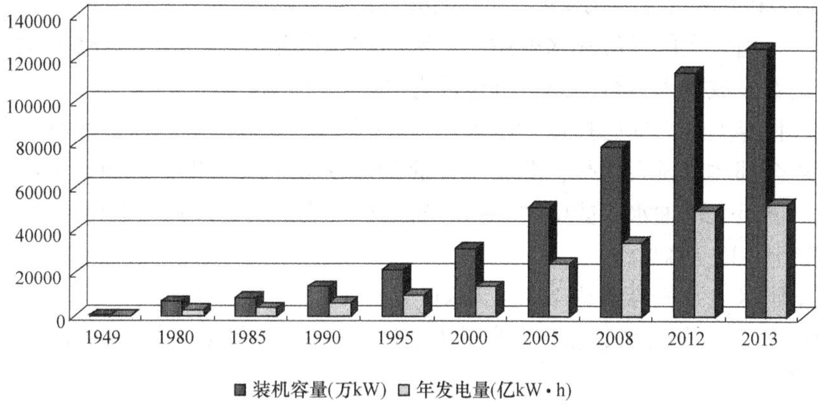

图1-14　中国装机容量及发电量的增长对比图

1.3.2　发展大机组，建设大电厂

1. 发展高参数、大容量机组

发展高参数、大容量火电机组是我国火电建设的一项重要技术政策，是优化发展火电的主要措施之一。1949年我国最大的火电机组是北京石景山发电厂的2.5万kW机组。新中国建立以来，国产火电机组的单机容量逐步提高。

1959 年，首台国产 5 万 kW 机组在辽宁电厂投产运行。

1964 年，首台国产 10 万 kW 机组在高井电厂投产运行。

1969 年，首台国产 12.5 万 kW 超高压机组在吴泽电厂投产运行。

1972 年，首台国产 20 万 kW 超高压机组在朝阳电厂投产运行。

1974 年，首台国产 30 万 kW 亚临界机组在望亭电厂投产运行。

改革开放以来，火力发电技术得到了更快的发展。

1987 年，首台国产化引进型 30 万 kW 亚临界机组在山东石横电厂投入运行。

1992 年，首台国产化引进型 60 万 kW 超临界机组在华能石洞口二厂投入运行。

2007 年，首台 100 万 kW 超超临界机组在华能玉环电厂投入运行。

优化后的 30 万 kW 和 60 万 kW 国产化机组达到了国际同类机组的先进水平，这些机组的批量投产使火力发电的主力机组由 20 世纪 80 年代的 10 万~30 万 kW 机组过渡为 90 年代的 30 万~60 万 kW 机组。进入 21 世纪，我国在大力发展 60 万 kW 超临界机组的同时，还投产了 11 台百万千瓦的超超临界机组。截至 2008 年年底，我国投运的 30 万 kW 及以上大机组共计 893 台，其容量占火电总装机容量的 62%；与此同时，百万千瓦以上的火电厂达 212 座，最大的火电厂——大唐托克托电厂装机容量达到 540 万 kW。

2. 水电建设在优化发电结构中发挥的重要作用

建国以来，我国一直十分重视水电发展。1949 年全国水电装机容量只有 16.3 万 kW，2008 年全国水电装机容量达到 1.73 亿 kW，年发电量达到 5655.5 亿 kW·h。

1957 年，我国首座自主设计、自制设备、自行施工的新安江水电站开工兴建，1965 年竣工，1977 年投入运行，总装机容量为 66.25 万 kW。

1958 年，我国首座百万 kW 级水电站——刘家峡水电站开工兴建，1974 年全部建成并投入运行，总装机容量 122.5 万 kW，单机容量 22.5 万 kW。

1970 年，全国最大的径流式水电站——葛洲坝水电站开工兴建，1981 年第一台机组投运，1988 年全部建成投入运行，总装机容量为 271.5 万 kW。

1994 年，世界上最大的已投运的水电站——三峡水电站开工兴建，2003 年第一台机组投运，2008 年全部建成投入运行，总装机容量 2240 万 kW，单机容量 70 万 kW。

2000 年全国最大的抽水蓄能电站——广州抽水蓄能电站建成投入运行，总装机容量 240 万 kW，单机容量 30 万 kW。

2004 年全国水电装机容量达 10524 万 kW。

截至 2014 年底，全国水电总装机容量为 3 亿 kW，居世界第一位，拥有百万千瓦以上的水电厂 40 余座。

3. 适当发展核电

我国第一座自行设计、建造的工业示范性电站——秦山核电站于 1985 年开工建设，1994 年投入商业运行，装机容量 30 万 kW。秦山核电站的全面运行标志着我国无核电力的结束。

1987 年我国第一座百万千瓦级核电站——大亚湾核电站开工建设，1994 年投入商业运行，总装机容量 180 万 kW，单机容量 90 万 kW。

进入 21 世纪，我国核电建设加快，建成了岭澳、秦山三核、秦山二核、田湾等数座百万千瓦级的核电站。

2014年底，我国核电总装机容量已达2031万kW，投入商业运行的核电机组共22台，在建核电总装机容量已达2590万kW，但由于受1986年4月26日前苏联切尔诺贝利核电站泄漏事故及2011年3月11日日本福岛核电站泄漏事故的影响，目前我国核电建设稳步推进。

4. 以风电为主的可再生能源发电发展迅速

我国风电建设从20世纪80年代起步，在近年得到了快速发展，2000年全国风电装机容量34.4万kW，2005年增长到126.6万kW，2012年装机容量达6237万kW。风电厂已遍布全国20多个省（市、自治区），风电装机容量超过百万千瓦的省区有内蒙古、甘肃、新疆、辽宁、河北、吉林等，2013年1月内蒙古风电装机容量达1004万kW，甘肃风电装机容量643万kW；到2015年底，内蒙古风电装机容量将达3300万kW，甘肃风电装机容量将达1700万kW。

2009年9月，位于上海近海地区的我国第一座海上风电场首批3台3MW机组并网发电，该风电场安装34台风电机组，总装机容量将达10.2万kW。

风电等可再生能源的快速发展将对我国发电结构的进一步优化发挥重要作用。

1.3.3 发展特高压、建设大电网，全国联网格局基本形成

新中国成立以来，随着电源建设的发展，特别是大型水电工程建设，输电电压等级逐步提高，电网规模不断扩大。目前，我国正运行着世界上最高电压等级（1000kV）的输电线路和系统总容量达6亿kV·A的大型互联电网，互联的6大区域电网中，有3大区域电网的系统容量超过1亿kV·A。

1954年新中国首条220kV高压线路——松东李线（丰满—虎石台—李李石寨）投入运行。

1972年我国第一条330kV超高压输电线路——刘天关线（刘家峡—天水—关中）投入运行。

1981年我国第一条500kV超高压输电线路——平武线（平顶山—武汉）投入运行。

1990年我国第一条±500kV超高压直流输电线路——葛上线（葛洲坝—上海）投入双极运行。

1999年我国第一条500kV紧凑型输电线路——昌房线（昌平—房山）投入运行。

2005年9月我国第一条750kV超高压交流示范工程官兰线（官亭—兰州）750kV输电线路在西北电网投入运行。

2009年1月我国第一条1000kV晋东南（长治）—南阳—荆门特高压交流试验示范工程正式投入商业运行。

2009年6月世界首条±800kV云南—广东特高压直流输电工程建成投入运行。

2010年7月向家坝—上海特高压直流±800kV输电工程建成投入运行。

交、直流输电技术的发展为大电网建设以及实现“西电东送”和全国联网发挥了重要作用。从1990年±500kV葛上线投运实现华中和华东两大区域电网的非同期互联，到2001年东北和华北电网通过了500kV交流线路实现同步互联；从2004年到2005年，三广直流工程（三峡—广东）和灵宝“背靠背”工程的分别投运实现了华中与南方电网以及西北与华中电网的非同期互联，到2009年华北电网与华中电网通过1000kV特高压交流线路实现互

联，全国联网的格局基本形成。全国联网并优化资源配置的作用日益明显。

灵活交流输电技术（FACTS）取得突破、实现国产化并在电网中得到实际应用，提高了线路输送能力，增强了对大电网的控制能力。2004 年 12 月，碧成线 220kV 可控串补投入运行。2007 年 10 月，伊冯线 500kV 可控串补投入运行。

1.3.4 电网保护、控制、自动化技术进入国际行列

在输变电技术和大电网不断发展的同时，电网二次系统建设不断加强。20 世纪 80 年代以来，继电保护、电力通信和电网安全监控等技术迅速发展，具有原创性和自主知识产权的 LEP-200 系列输电线路成套保护装置已在全国 220～500kV 系统中广泛应用，其保护性能处于国际领先水平；我国自主研发的 CSC2000 型分布式变电站自动化系统已在全国 35～500kV 变电站中得到广泛应用，有效提高了变电站自动化水平。

1997 年，我国推出了新一代开放型分布式能量管理系统 OPEN-2000，此平台既可集成 EMS 的 AGC、AVC、PAS 和 DTS 等应用，又可集成电能计量系统、电力市场技术支持系统、水调系统、MIS 和 DMS 等。自 1998 年起，具有国际先进水平的 CC-2000 开放式、面向对象的 EMS/DMS 已在国家电力调度中心及网、省电网等调度中心陆续投入运行。我国已建成了包括 SCADA、EMS/DMS、AGC、AVC 等系统在内的电力调度自动化系统，100%实现了国调、网调、省调三级调度自动化。我国电力自动化已达到国际先进水平。

随着通信技术和计算机网络技术的发展，2000 年全国电力调度数据网（SPDnet）和全国电力计算机广域网（SPInet）分别建成和投运，目前全国 220kV 以上电力系统通信网已全部实现了光纤通信。计算机技术的广泛应用使生产过程自动化和管理信息化的水平不断提高。电力生产过程自动化由发电厂和变电站的控制发展到电网调度的自动化和配电自动化，企业管理信息化则从单一的 MIS 发展为包括地理管理信息系统、企业资产管理信息系统、ERP 系统和地理市场技术支持系统、营销系统在内的多功能管理信息系统，显著提高了电力企业的管理和服务水平。

电网运行和控制技术的现代化为大型互联电网的安全运行提供了有力的技术支撑。

电能是国民经济发展的基础，是一种无形的、不能大量储存的二次能源。电能的发、变、输、配和用电几乎是在同一瞬间完成的，且需随时保持功率平衡，因此，做好电力规划，加强电网建设、运行、调度、监控和维护就显得尤为重要。

任务 1.4 “发电厂及变电站电气设备”课程工作过程组织实施

本着增强学习过程的具体性和驱动性的原则，结合本课程的特点，本书以“220kV 降压变电站电气一次部分初步设计”任务为线索，将该设计任务需要掌握的知识和技能分解成后续七个项目来讲述，各个项目又包括几个具体的子任务，最后于书末附录中做集中组合设计。

“220kV 降压变电站电气一次部分初步设计”任务书如下。

1.4.1 设计题目

设计题目：220kV 降压变电站电气一次部分初步设计。

1.4.2　待建变电站基本资料

（1）设计变电所在城市近郊，向开发区的炼钢厂供电，在变电所附近还有地区负荷。

（2）确定本变电所的电压等级为220/110/10kV，220kV是本变电所的电源电压，110kV和10kV是二次电压。

（3）待设计变电所的电源，由双回220kV线路送到本变电所；在中压侧110kV母线，送出2回线路；在低压侧10kV母线，送出12回线路；在本所220kV母线有3回输出线路。给变电所的所址，地势平坦，交通方便。

1.4.3　110kV和10kV用户负荷统计资料

110kV和10kV用户负荷统计资料见表1-4和表1-5。

最大负荷利用小时数 $T_{max}=5500h$，同时率取0.9，线路损耗取5%。

表1-4　110kV用户负荷统计资料

用户名称	最大负荷/kW	$\cos\varphi$	回路数	重要负荷百分数（%）
炼钢厂	42000	0.95	2	65

表1-5　10kV用户负荷统计资料

序号	用户名称	最大负荷/kW	$\cos\varphi$	回路数	重要负荷百分数（%）
1	矿机厂	1800	0.95	2	62
2	机械厂	900	0.95	2	
3	汽车厂	2100	0.95	2	
4	电机厂	2400	0.95	2	
5	炼油厂	2000	0.95	2	
6	饲料厂	600	0.95	2	

1.4.4　待设计变电所与电力系统的连接情况

待设计变电所与电力系统的连接情况如图1-15所示。

1.4.5　设计任务

（1）选择本变电所主变的台数、容量和类型。

（2）设计本变电所的电气主接线，选出数个电气主接线方案进行技术经济比较，确定一个较佳方案。

（3）进行必要的短路电流计算。

（4）选择和校验所需的电气设备。

（5）设计和校验母线系统。

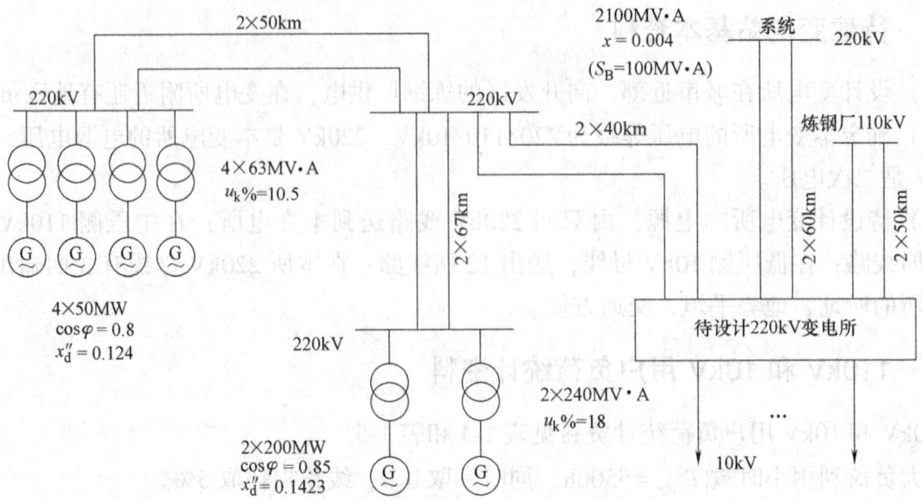

图 1-15　待设计变电所与电力系统的连接电路图

1.4.6　图样要求

（1）绘制变电所电气主接线图。

（2）绘制 220kV 或 110kV 高压配电装置平面布置图。

（3）绘制 220kV 或 110kV 高压配电装置断面图。

思考题与习题

1-1　人类所认识的能量形式有哪些？说明其特点。

1-2　能源分类方法有哪些？简述电能的特点及其在国民经济中的地位和作用。

1-3　试述火力发电厂的分类、电能生产过程及其特点。

1-4　试述水力发电厂的分类、电能生产过程及其特点。

1-5　试述抽水蓄能电厂在电力系统中的作用及其效益。

1-6　试述核能发电厂的电能生产过程及其特点。

1-7　变电站的基本类型有哪些？

1-8　什么是一次设备和二次设备？它们各包含哪些内容？

1-9　本课程的主要目的和任务是什么？

项目2 电气主系统设计与运行

电气主系统也称为电气主接线或电气一次接线，它是由电气一次设备按电力生产的顺序和功能要求连接而成的接受和分配电能的电路，是发电厂和变电站电气部分的主体，也是电力网络的重要组成部分。本项目讲述电气主系统的基本要求、基本接线形式、设计程序及方案比较选择方法，学习电气主接线的倒闸操作。

【知识目标】

1. 掌握电气主接线的概念、电气主接线图的表示方法及对电气主接线的基本要求；
2. 熟悉各种电气主接线基本形式的绘制、运行方式、特点和应用场合；
3. 了解各类发电厂和变电站常见接线形式；
4. 了解限制短路电流的措施及其限流原理；
5. 熟悉电气主接线设计程序；
6. 熟悉电气倒闸操作原则。

【能力目标】

1. 掌握发电厂和变电站中主变压器的选择方法；
2. 发电厂电气主系统初步设计；
3. 填写电气操作票。

任务2.1　电气主系统基本认知

【任务描述】

本任务讲述电气主接线的概念、电气主接线图的表示方法及对电气主接线的基本要求，为电气主接线基本接线形式的理解打下基础。

【任务实施】

发电厂、变电站仿真实验室。

2.1.1　电气主系统的概念

电气主系统也称为电气主接线或电气一次接线，它是由电气一次设备按电力生产的顺序和功能要求连接而成的接受和分配电能的电路，是发电厂和变电站电气部分的主体，也是电力网络的重要组成部分。电气主接线反映了发电机、变压器、线路、断路器和隔离开关等有关电气设备的数量、各回路中电气设备的连接关系及发电机、变压器和输电线路及负荷间以怎样的方式连接。电气主接线直接关系到电力系统运行的可靠性、灵活性和安全性，直接影响发电厂、变电站电气设备的选择，配电装置的布置，保护与控制方式选择和检修的安全与方便性，也是运行人员进行各种倒闸操作和事故处理的重要依据。只有了解、熟悉和掌握变电站的电气主接线，才能进一步了解其中各种设备的用途、性能、维护检查项目和运行操作步骤。所以电气主接线是电力设计、运行、检修部门以及有关技术人员必须深入掌握的主要内容。

电气主接线图就是用国家规定的电气设备图形与文字符号，详细表示电气主接线组成的电路图。电气主接线图一般用单线图表示（即用单相接线表示三相系统），但对三相接线不完全相同的局部图面（如各相中电流互感器的配置）则应画成三线图。绘制电气主接线图时，一般断路器、隔离开关画为不带电、不受外力的状态，但在分析主接线运行方式时，通常按断路器、隔离开关的实际开合状态绘制。

电气主接线图不仅能表明电能输送和分配的关系，也可据此制成主接线模拟图屏，以表示电气部分的运行方式，可供运行操作人员进行模拟操作。

2.1.2 电气主接线的基本要求

1. 可靠性

供电可靠性是电力生产和电能分配的首要任务，是电气主接线应满足的最基本要求。电力系统的发电、输电、配电、用电是同时完成的，并且在任意时刻都保持平衡关系，无论哪部分发生故障，都将影响整个电力系统的正常运行。

电气主接线的可靠性主要是指当主电路发生故障或电气设备检修时，主接线在结构上能够将故障或检修所带来的不利影响限制在一定范围内，以提高供电的能力。目前，对主接线的可靠性的评估不仅可以定性分析，而且可以进行定量的可靠性计算。一般从以下方面对主接线的可靠性进行定性分析：

（1）断路器检修时是否影响供电。

（2）设备、线路故障或检修时，停电线路数量的多少和停电时间的长短，以及能否保证对重要用户的供电。

（3）有没有使发电厂或变电站全部停止工作的可能性。

（4）大机组、超高压电气主接线应满足可靠性的特殊要求。

2. 灵活性

（1）调度灵活。能按照调度的要求，方便而灵活地投切机组、变压器和线路，调配电源和负荷，以满足在正常、事故、检修等运行方式下的切换操作要求。

（2）检修安全、方便。可以方便地停运断路器、母线及其二次设备进行检修，而不致影响电网的运行和对其他用户的供电。应尽可能地使操作步骤少，便于运行人员掌握，不易发生误操作。

（3）扩建方便。能根据扩建的要求，方便地从初期接线过渡到远期接线；在不影响连续供电或停电时间最短的情况下，投入新机组、变压器或线路而不互相干扰，对一次设备和二次设备的改造为最少。

3. 经济性

可靠性和灵活性是主接线设计在技术方面的要求，它与经济性往往发生矛盾，即若使主接线可靠、灵活，将可能导致投资增加。所以两者必须综合考虑，在满足技术要求的前提下，做到经济合理。

电气主接线的经济性是指投资省、年运行费用少、占地面积小三个方面。

（1）投资省。电气主接线应力求简单，以节省断路器、隔离开关等一次设备的投资；要尽可能地简化继电保护和二次回路，以节省二次设备和控制电缆；应采取限制短路电流的措施，以便选择轻型的电器和小截面的载流导体。

（2）年运行费用少。年运行费用包括电能损耗费、折旧费及维修费。其中电能损耗主要由变压器引起，因此，应合理地选择主变压器的型式、容量和台数，以减少变压器的电能损耗。

（3）占地面积小。设计电气主接线要为配电装置的布置创造条件，以节约用地和节省有色金属、钢材和水泥等基建材料。

任务2.2 电气主接线的基本接线形式

【任务描述】

本任务学习各种电气主接线基本形式的绘制、运行方式、特点和应用。

【任务实施】

发电厂、变电站仿真实验室。

【知识链接】

电气主接线的基本形式可分为有汇流母线和无汇流母线两大类。

有汇流母线接线形式的基本环节是电源、母线和出线。母线是中间环节，其作用是汇集和分配电能。采用母线把电源和进出线进行连接，不仅有利于电能交换，而且可使电气主接线简单清晰，运行、检修灵活方便，有利于安装和扩建。

有汇流母线的主接线形式包括单母线和双母线接线两大类。单母线接线又分为单母线不分段接线、单母线分段接线、单母线带旁路母线接线、单母线分段带旁路母线接线等形式；双母线接线又分为一般双母线、双母线分段、双母线带旁路母线、3/2 断路器（又称一台半断路器）接线等多种形式。

无汇流母线的主接线形式主要有单元接线、桥形接线和角形接线等。与有母线的接线相比，无汇流母线的接线使用的开关电器较少，配电装置占地面积较小，适用于进出线较少，不再扩建和发展的发电厂或变电站。

2.2.1 单母线不分段接线

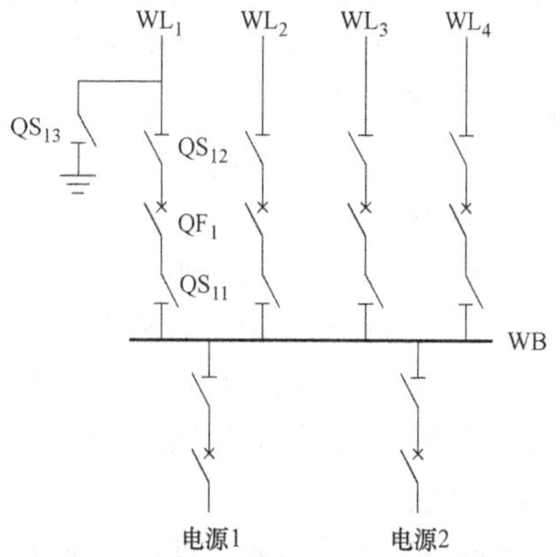

图 2-1 单母线不分段接线

图 2-1 所示为单母线不分段接线，各电源和出线都接在同一条公共母线 WB 上，其供电电源在发电厂是发电机或变压器，在变电站是变压器或高压进线。母线既可以保证电源并列工作，又能使任一条出线都可以从任意电源获得电能。

1. 电气回路中开关电器的配置原则

电气回路中的开关电器包括断路器和隔离开关，紧靠母线侧的隔离开关（如 QS_{11}）称作母线隔离开关，靠近线路侧的隔离开关（如 QS_{12}）称为线路隔离开关。由于断路器具有很强的灭弧能力，因此，各电气回路中（除电压互感器回路外）均配置了断路器，用来作为接通或切断电路的控制电器和在故障情况下切除短路故障的保护电器。当线路或高压配电装置检修时，需要有明显可见的断口，以保证检修人员及设备的安全，故在电气回路中，在断路器可能出现电源的一侧或两侧均应配置隔离开关。若馈线的用户侧没有电源，则可以不装设线路隔离开关。但是由于隔离开关费用不大，为了阻止雷击过电压的侵入或用户侧起动自备柴油机发电机的误倒送电，也可以装设。若电源是发电机，则发电机与出口断路器之间可以不装隔离开关。但有时为了便于对发电机单独进行调整和试验，也可以装设隔离开关或设置可拆卸点。

为了安全、可靠及方便地接地，往往采用带接地开关（又称接地刀闸，如 QS_{13}）的线路隔离开关，接地开关替代接地线。当电压在 110kV 及以上时，断路器两侧的隔离开关和线路隔离开关的线路侧均应配置接地隔离开关。对 35kV 及以上的母线，在每段母线上亦应设置 1~2 组接地开关，以保证电器和母线检修时的安全。

断路器和隔离开关的操作顺序为：接通电路时，先合上断路器两侧的隔离开关（先合上母线隔离开关，再合线路隔离开关），再合上断路器；切断电路时，先断开断路器，再拉开两侧的隔离开关（先拉开线路隔离开关，再拉开母线隔离开关）。也就是说，断路器与隔离开关间的操作顺序必须保证隔离开关“先通后断”（在等电位状态下，隔离开关也可以单独操作），这种断路器与隔离开关间的操作顺序必须严格遵守，绝不能带负荷拉隔离开关，否则将造成误操作，产生电弧而导致严重的后果；母线隔离开关与线路隔离开关间的操作顺序必须保证母线隔离开关“先通后断”，即接通电路时，先合母线隔离开关，后合线路隔离开关；切断电路时，先断开线路隔离开关，后断开母线隔离开关，以避免万一断路器的实际开合状态与指示状态不一致时，误操作发生在母线隔离开关上，产生的电弧会引起母线短路，使事故扩大。为了防止误操作，除严格按照操作规程实行操作制度外，还应在隔离开关和相应的断路器之间加装电磁闭锁、机械闭锁或电脑钥匙等闭锁装置。

例如，当检修断路器 QF_1 时，可先断开 QF_1，再依次拉开其两侧的隔离开关 QS_{12}、QS_{11}，然后在 QF_1 两侧挂上接地线，以保证检修人员的安全；当 QF_1 恢复送电时，应先合上 QS_{11}、QS_{12}，后合 QF_1。

2. 优点

（1）简单清晰、设备少、投资小。

（2）运行操作方便，有利于扩建。

（3）隔离开关仅在检修电气设备时作隔离电源用，不作为倒闸操作电器，从而能够避免因用隔离开关进行大量倒闸操作而引起的误操作事件。

3. 缺点

单母线接线的主要缺点是可靠性、灵活性差。

（1）母线或母线隔离开关检修时，连接在母线上的所有回路都需停止工作。

（2）当母线或母线隔离开关上发生短路故障或断路器靠母线侧绝缘套管损坏时，所有断路器都将自动断开，造成全部停电。

（3）检修任意电源或出线断路器时，该回路必须停电。

4. 适用范围

这种接线只适用于小容量和用户对供电可靠性要求不高的发电厂或变电站中。6~10kV配电装置，出线回路数不超过5回；35~63kV配电装置，出线回路数不超过3回；110~220kV配电装置，出线回路数不超过2回。

当采用成套配电装置时，由于它的工作可靠性较高，也可用于重要用户。

为了克服以上缺点，可采用将母线分段或加旁路母线的措施。

2.2.2 单母线分段接线

图2-2所示为单母线分段接线，利用分段断路器 QF_d 将母线分成两段，当可靠性要求不高时，也可利用分段隔离开关 QS_d 进行分段。根据电源的数目和容量大小，母线可分为2~3段。段数分得越多，故障时停电范围越小，但使用的断路器数量越多，其配电装置和运行也就越复杂，所需费用就越高。

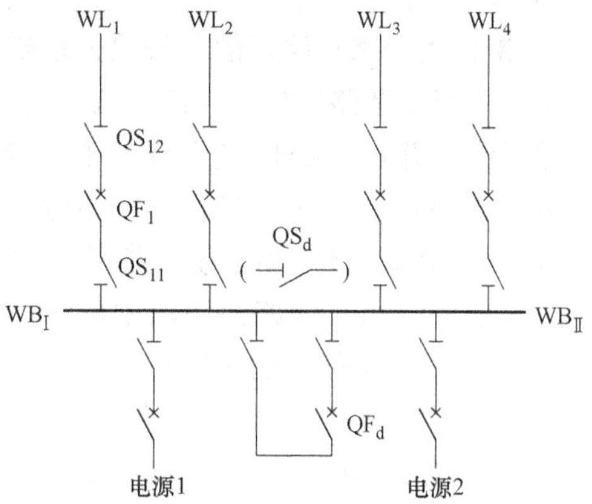

图2-2 单母线分段接线

1. 优点

母线分段后，提高了供电的可靠性和灵活性。

（1）在正常运行时，分段断路器 QF_d 可以接通也可以断开运行。当 QF_d 接通运行时，任一段母线发生短路故障时，在继电保护作用下，QF_d 和接在故障段上的电源回路断路器便自动断开，这时非故障段母线可以继续运行，缩小了母线故障的停电范围。当 QF_d 断开运行时，分段断路器除装有继电保护装置外，还应装有备用电源自动投入装置。当某段电源回路故障而使其断路器断开时，备用电源自动投入装置使 QF_d 自动接通，可保证全部出线继续供电。另外，QF_d 断开运行有利于限制短路电流。

（2）对重要用户，可以采用双回路供电，即从不同段上分别引出馈电线路，有两个电源供电，以保证供电可靠性。

（3）任一段母线或母线隔离开关检修时，只停该段，其他段可继续供电，减少了停电范围。

2. 缺点

（1）增加了分段开关设备的投资和占地面积。

（2）某段母线或母线隔离开关故障或检修时，仍有停电问题。

（3）任一出线断路器检修时，该回路必须停止工作。

3. 适用范围

单母线分段接线虽然较单母线接线提高了供电可靠性和灵活性，但当电源容量较大和出线数目较多，尤其是单回路供电的用户较多时，其缺点更加突出。因此，一般认为单母线分段接线应用在6~10kV，出线在6回及以上时，每段所接容量不宜超过25MW；用于35~63kV时，出线回路不宜超过8回；用于110~220kV时，出线回路不宜超过4回。

在可靠性要求不高，或者在工程分期实施时，为了降低设备费用，也可使用一组或两组隔离开关进行分段，任一段母线故障时，将造成两段母线同时停电，在判别故障后，拉开分段隔离开关，完好段即可恢复供电。

2.2.3 单母线分段带旁路母线的接线

由于断路器经过一段工作时间后，要进行检修。在前述的主接线中，当检修断路器时，将迫使用户停电，尤其电压为35kV以上的线路，输送功率大，断路器检修需用时间较长，如110kV少油断路器平均每年检修时间为5天，220kV少油断路器平均每年检修时间为7天。检修断路器时中断用户供电，会带来较大的经济损失，为此可增设旁路母线。

1. 带专用旁路断路器的单母线分段带旁路母线接线

带专用旁路断路器的单母线分段带旁路母线接线如图2-3所示，在工作母线外侧增设一组旁路母线，并经旁路隔离开关引接到各线路的外侧。另设一组旁路断路器（两侧带隔离开关）跨接于工作母线与旁路母线之间。电源回路也可以接入旁路，如图中虚线所示，进出线均接入旁路称全旁路方式。

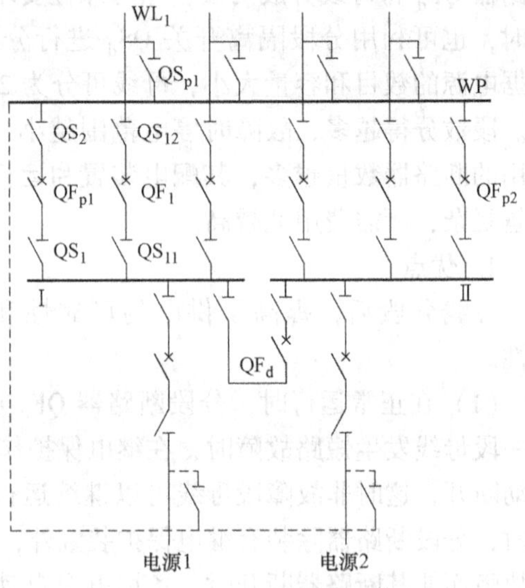

图2-3 带专用旁路断路器的单母线分段带旁路母线接线

当任一回路的断路器需要停电检修时，该回路可经旁路隔离开关（如WL_1回路的QS_{p1}）绕道旁路母线，再经旁路断路器（QF_{p1}）及其两侧的隔离开关QS_1和QS_2从工作母线取得电源。此途径即为“旁路回路”或简称“旁路”。而旁路断路器就是各回路断路器的公共备用断路器。但应注意，旁路断路器在同一时间里只能替代一个线路断路器工作。这种仅起到代替进出线断路器作用的旁路断路器（QF_{p1}和QF_{p2}），称为专用旁路断路器。

平时旁路断路器和旁路隔离开关均处于分闸位置，旁路母线不带电。当需检修某线路断路器时，其倒闸操作程序如下。

先合上旁路断路器两侧的隔离开关→合上旁路断路器向旁路母线空载升压，检查旁路母线是否完好，若旁路母线断路器不跳闸，则证明旁路母线完好（若旁路母线断路器跳闸，则证明旁路母线有故障，需先检修旁路母线）→合上该线路的旁路隔离开关（等电位操作）→断开该出线断路器及其两侧的隔离开关，这样就由旁路断路器代替了该出线断路器工作→给待检回路挂接地线，准备检修。

可见，设置旁路提高了供电可靠性和灵活性，但增加了很多旁路设备，增加了投资和占地面积，接线较为复杂。

2. 分段断路器兼作旁路断路器的单母线分段带旁路母线接线

在工程实践中，为了减少投资，可不专设旁路断路器，而用母线分段断路器兼作旁路断路器，常用的接线如图2-4所示。

在正常工作时，靠旁路母线侧的隔离开关QS_3、QS_4断开，而隔离开关QS_1、QS_2和断

路器 QF_d 处于合闸位置（QS_d 断开），主接线系统按单母线分段方式运行。当需要检修某一出线断路器（如 WL_1 回路的 QF_1）时，可通过倒闸操作，将分段断路器作为旁路断路器使用，即由 QS_1、QF_d、QS_4 从Ⅰ母线接至旁路母线，或经 QS_2、QF_d、QS_3 从Ⅱ母线接至旁路母线，再经过 QS_{p1} 构成向 WL_1 供电的旁路。此时，分段隔离开关 QS_d 是接通的，以保持两段母线并列运行。

例如，当检修 QF_1 时，QF_1 由运行转为冷备用的操作步骤为：合上 QS_d（合上前 QS_d 两侧等电位）→断开 QF_d→拉开 QS_2→合上 QS_4→合上 QF_d，检查 WP 充电正常→合上 QS_{p1}，检查 QF_d 确已分流→断开 QF_1→拉开 QS_{12}→拉开 QS_{11}。

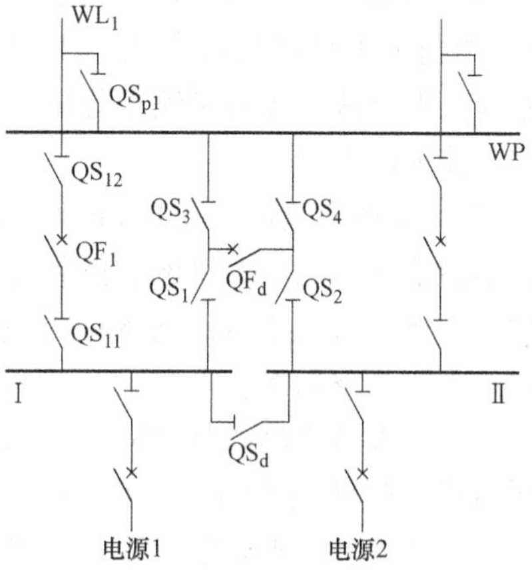

图 2-4 分段断路兼作旁路断路器的接线

3. 分段断路器兼作旁路断路器的其他接线形式

分段断路器兼作旁路断路器的其他接线形式如图 2-5 所示。其中，图 2-5a 装有母线分段隔离开关。正常运行时，母线分段隔离开关断开；在用分段断路器代替出线断路器时，母线分段隔离开关闭合，两分段并列运行。另外此接线形式只有Ⅰ段母线可带旁路母线。图 2-5b 因正常运行时断路器作分段断路器，所以旁路母线带电，在用分段断路器代替出线断路器时，只能从Ⅰ段母线供电，即只有Ⅰ段母线可带旁路母线。图 2-5c 与图 2-5b类似，但在用分段断路器代替出线断路器时，两段母线均可带旁路母线，两分段分列运行。

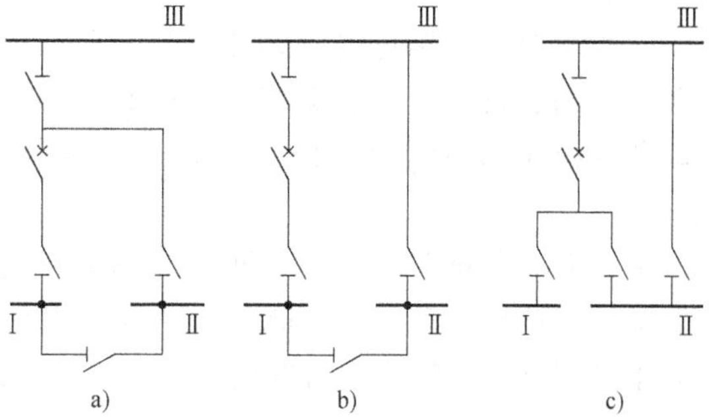

图 2-5 分段断路器兼作旁路断路器的其他接线形式

应当指出，随着高压断路器制造技术和质量的提高，近年来旁路母线（包括后述的各种带旁路母线的接线形式）的应用越来越少。

2.2.4 普通双母线接线

图 2-6 所示为普通双母线接线。它有两组母线：一组为工作母线；另一组为备用母线。每一电源和每一出线都经一台断路器和两组隔离开关分别与两组母线相连，任一组母线都可以作为工作母线或备用母线。两组母线之间通过母线联络断路器 QF_c（简称母联断路器）连接。

1. 优点

采用两组母线后，运行的可靠性和灵活性大为提高，其优点如下：

（1）运行方式灵活，可以采用两组母线并列运行方式（母联断路器闭合），相当于单母分段运行；也可以采用两组母线分列运行方式（母联断路器断开）；或采用任一组母线工作，另一组母线备用的运行方式（母联断路器断开），相当于单母线运行方式。工程中多采用第一种方式，因母线故障时可缩小停电范围，且两组母线的负荷可以调配。

（2）检修母线时，电源和出线都可以继续工作，不会中断对用户的供电。例如需要检修工作母线时，可将所有回路转移到备用母线上工作，即倒母线。具体步骤如下：

首先检查备用母线是否完好。为此，先合上母联断路器 QF_c 两侧的隔离开关，然后接通母联断路器 QF_c，向备用母线充电。若备用母线完好，继续后面步骤。

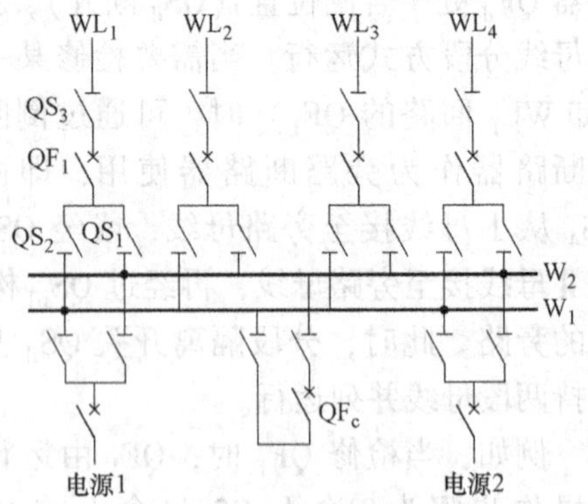

图 2-6　普通双母线接线

将所有回路切换至备用母线。先取下母联断路器 QF_c 的直流操作熔断器，然后依次接通所有回路备用母线侧的母线隔离开关，依次断开工作母线侧的隔离开关。

合上母联断路器 QF_c 的直流操作熔断器，断开 QF_c 及其两侧的隔离开关，则原工作母线即可检修。

（3）检修任一回路母线隔离开关时，只需中断该回路的供电。例如，需要检修母线隔离开关 QS_1 时，首先断开出线 WL_1 的断路器 QF_1 及其两侧的隔离开关，然后将电源及其余出线转移到第Ⅰ组母线上工作，则 QS_1 即完全脱离电源，便可检修，此时，出线 WL_1 要停电。

（4）工作母线故障时，所有回路能迅速恢复工作。当工作母线发生短路故障时，各电源回路的断路器便自动跳闸。此时，断开各出线回路的断路器和工作母线侧的母线隔离开关，合上各回路备用母线侧的母线隔离开关，再合上各电源和出线回路的断路器，各回路就能迅速地在备用母线上恢复工作。

（5）检修任一出线断路器时，可用母联断路器代替其工作。以检修 QF_1 为例，其操作步骤是：先将其他所有回路切换到另一组母线上，使 QF_c 与 QF_1 通过其所在母线串联起来。接着断开 QF_1 及其两侧的隔离开关，然后将 QF_1 两侧两端接线拆开，并用临时载流用的"跨条"将缺口接通，再合上跨条两侧的隔离开关及母联断路器 QF_c。这样，出线 WL_1 就由母联断路器 QF_c 控制。在操作过程中，WL_1 仅出现短时停电。类似地，当发现某运行中的出线断路器出现异常现象（如故障、拒动、不允许操作）时，可将其他所有回路切换到另一组母线上，使 QF_c 与该断路器通过其所在母线形成串联供电电路，再断开 QF_c，然后拉开该断路器两侧的隔离开关，使该断路器退出运行。

（6）便于扩建，双母线接线可以任意向两侧延伸扩建，不影响母线的电源和负荷分配，扩建施工时不会引起原有回路停电。

2. 缺点

以上均为双母线接线较单母线接线的优点，但双母线接线也有一些缺点，主要表现在以下方面：

（1）在倒母线的操作过程中，需使用隔离开关切换所有负荷电流回路，操作过程比较复杂，容易造成误操作。

（2）工作母线故障时，将造成短时（切换母线时间）全部进出线停电。

（3）在任一线路断路器检修时，该回路仍需停电或短时停电（用母联断路器代替线路断路器之前）。

（4）使用的母线隔离开关数量较多，同时也增加了母线的长度，使得配电装置结构复杂，投资和占地面积增大。

为了弥补上述缺点，提高双母线接线的可靠性，可对其接线形式进行改进。

3. 适用范围

当母线上的出线回路数或电源数较多、输送和穿越功率较大、母线或母线设备检修时不允许对用户停电、母线故障时要求迅速恢复供电、系统运行调度对主接线的灵活性有一定要求时一般采用双母线接线，根据运行经验，一般在下列情况时宜采用双母线接线，即

（1）6~10kV 配电装置，当短路电流较大、出线需带电抗器时。

（2）35~63kV 配电装置，当出线回路数超过 8 回或连接的电源较多、负荷较大时。

（3）110~220kV 配电装置，当出线回路数超过 5 回及以上或配电装置在系统中居重要地位、出线回路数为 4 回及以上时。

2.2.5 双母线分段接线

普通双母线接线在母联断路器故障或一组母线检修，另一组运行母线故障时，有可能造成严重的或全厂（站）停电事故，难以满足大型电厂和变电站对主接线可靠性的要求。为了提高大型电厂和变电站对主接线可靠性，防止全厂（站）停电事故的发生，可采用双母线分段接线，就是用断路器将其中一组母线分段，构成双母线三分段接线，或将两段母线都分段，构成双母线四分段接线。

1. 双母线三分段接线

图 2-7 所示为双母线三分段接线，用分段断路器将一组母线分为两段，每段用母联断路器与另一组母线相连。该接线有两种运行方式。

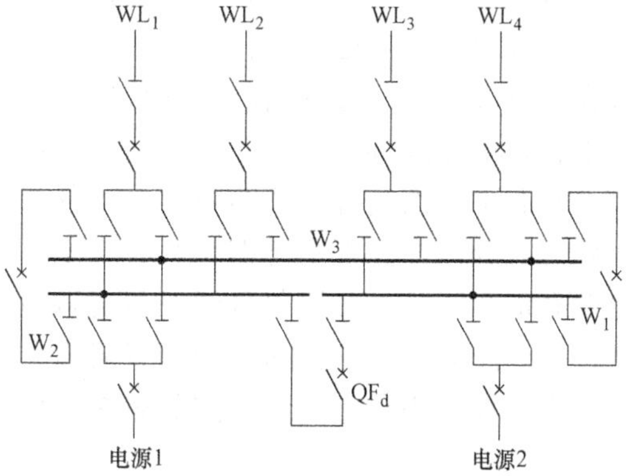

图 2-7 双母线三分段接线

（1）上面一组母线作为备用母线，下面两段分别经一台母联断路器与备用母线相连。正常运行时，电源、线路分别接于两个分段上，分段断路器 QF_d 闭合，两台母联断路器均断开，相当于单母线分段运行。这种方式又称为工作母线分段的双母线接线，具有单母线分段和双母线接线的特点，有较高的供电可靠性与运行灵活性。

例如，当工作母线的一段检修或发生故障时，可以把该段全部回路倒换到备用母线上，仍可通过母联断路器维持两部分并列运行。这时如果再发生母线故障也只影响一半的电源和负荷。

（2）上面一组母线也作为一个工作段，电源和负荷均分在三个分段上运行，母联断路器的一个和分段断路器均闭合，这种接线方式在一段母线故障时，停电范围只有 1/3。

在中小型发电厂的 6~10kV 配电装置中，为限制 6~10kV 系统中的短路电流，常采用图 2-8 所示的用叉接电抗器分段的双母线接线形式。由图可见，在分段处装设有分段断路器 QF_d，母线分段电抗器 L 及 4 台隔离开关。为了使任一工作母线停运时，电抗器仍能起到限流作用，母线分段电抗器可以经分段断路器及隔离开关交叉接至备用母线上。正常运行方式时，W_1 和 W_2 两段母线经分段电抗器、断路器及隔离开关并列运行，W_3 备用，任一段母线发生短路故障时，分段电抗器都能起到限制短路电流的作用。检修母线 W_1（或 W_2）时，仍可通过倒闸操作使母线 W_2（或 W_1）、W_3 两段经过分段断路器 QF_d 及分段电抗器保持并列运行。当一台及以上发电机退出运行，母线系统短路电流减小，不需电抗器限流时，可将分段电抗器断开，利用母联断路器使母线 W_1（或 W_2）与备用母线 W_3 并列运行，以消除分段电抗器中的功率损耗与电压损耗，使两段母线电压均衡。

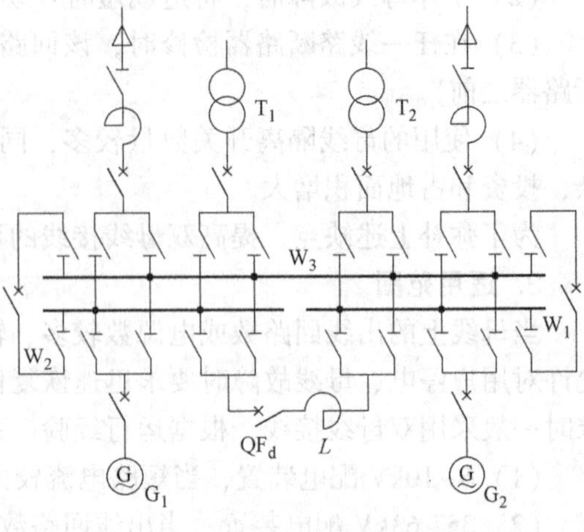

图 2-8 用叉接电抗器分段的双母线接线

2. 双母线四分段接线

当采用双母线同时运行方式时，可用分段断路器将双母线中的两组母线各分为两段，并设置两台母联断路器，即为双母线四分段接线，如图 2-9 所示。正常运行时，电源和线路大致均分在 4 段母线上，母联断路器和分段断路器均合上，4 段母线同时运行，当任一段母线故障时，只有 1/4 的电源和负荷停电；当任一母联断路器或分段断路器故障时，只有 1/2 左右的电源和负荷停电（分段单母线及普通双母线接线都会全停电）。但这种接线的断路器及配电装置投资更大，用于进出线回路数较多的配电装置。

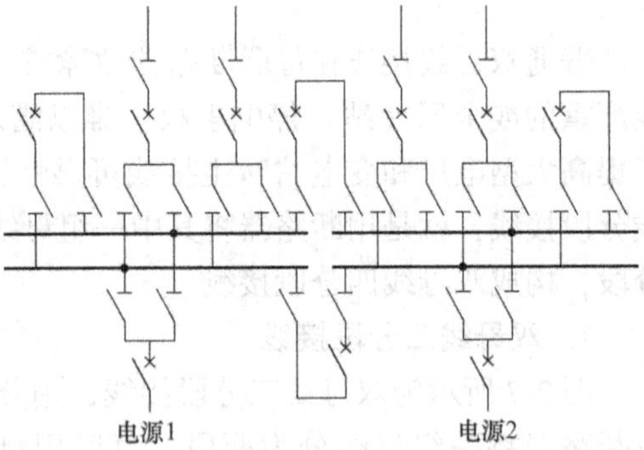

图 2-9 双母线四分段接线

以上双母线或双母线分段接线，当检修某回路出线断路器时，则该回路停电，或短时停电后再用“跨条”恢复供电。

2.2.6 双母线带旁路母线接线

采用双母线带旁路母线接线的目的是不停电检修任一回进出线断路器。

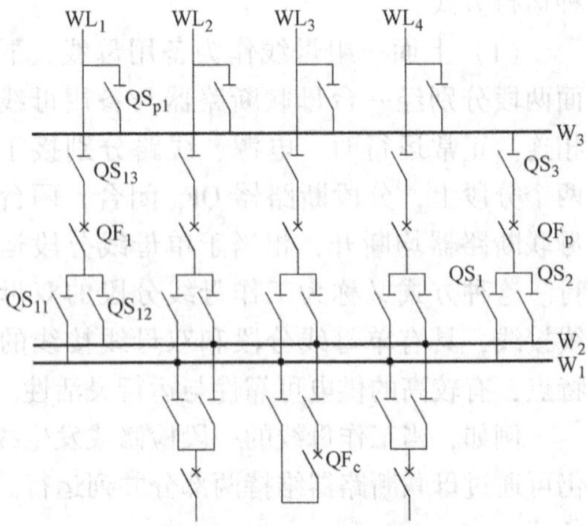

图 2-10 具有专用旁路断路器的双母线带旁路母线接线

图 2-10 所示为双母线带旁路母线接线。图

中 W_3 为旁路母线，QF_p 为专用的旁路断路器。当电源回路断路器要求不停电检修时，也可如图 2-3 一样接入旁路。

双母线带旁路接线，其供电可靠性和运行灵活性都很高，但所用设备较多、占地面积大，经济性较差。因此，一般规定当 220kV 线路有 4 回及以上出线、110kV 线路有 6 回及以上出线时，可采用有专用旁路断路器的双母线带旁路接线。

当出线回路数较少时，为了减少断路器的数目，可不设专用的旁路断路器，也可采用如图 2-11 所示母联断路器兼作旁路断路器的双母线带旁路接线。

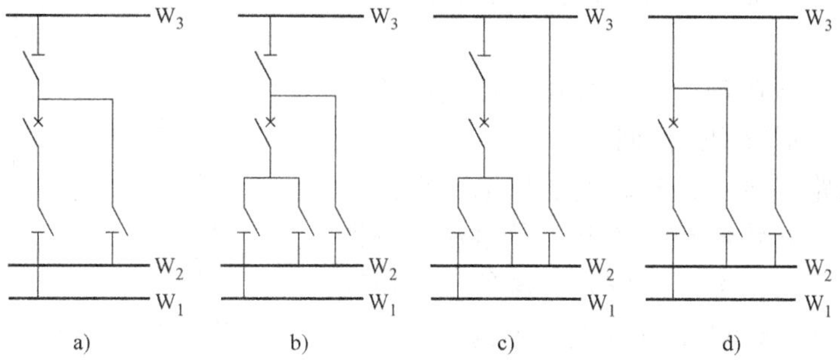

图 2-11 母联断路器兼作旁路断路器的双母线带旁路母线接线

对进出线回路数较多的线路，也可采用双母线三分段带旁路接线或双母线四分段带旁路接线，双母线四分段带旁路接线如图 2-12 所示。

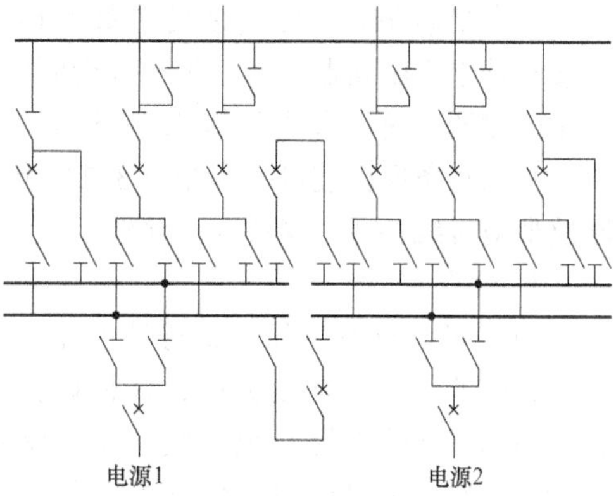

图 2-12 双母线四分段带旁路接线

双母线分段或带旁路母线的双母线接线的适用范围如下：

（1）发电机电压配电装置，每段母线上的发电机容量或负荷为 25MW 及以上时。

（2）220kV 配电装置，当进出线回路数为 10~14 回时，采用双母线三分段带旁路母线接线；当进出线回路数为 15 回及以上时，采用双母线四分段带旁路母线接线。两种情况均装设两台母联兼旁路断路器。

过于复杂的主接线固然供电可靠性较高，运行也较为灵活，但也给运行操作带来麻烦，容易导致误操作。随着设备制造水平的不断提高，设备检修的概率大大降低，因此，过于复杂的主接线并非理想的设计方案，目前设计者都趋向于设计较为简单的主接线，以利于运行人员的操控性及方便性。

2.2.7 双母线双断路器接线

双母线双断路器接线如图 2-13 所示。每个回路内，无论是进线（电源）、出线（负荷），都通过两台断路器与两组母线相连。正常运行时，母线、断路器及隔离开关全部投入运行。这种接线方式的主要优点如下：

（1）任何一组母线或任何一台断路器因检修而退出工作时，都不会影响系统的供电，操作程序简单。可以同时检修任一组母线上的所有母线隔离开关，而不会影响任一回路的工作。

(2) 隔离开关不用来倒闸操作，减少了误操作引起事故的可能性。

(3) 各回路可以任意地分配在任一组母线上，所有切换均用断路器来进行。

(4) 继电保护容易实现。

(5) 任何一台断路器拒动时，只影响一个回路。

(6) 母线发生故障时，与故障母线相连的所有断路器自动断开，不影响任何回路运行。

双母线双断路器接线具有高度的供电可靠性和运行灵活性，但是断路器和隔离开关及电流互感器用量大，设备投资大，经济性较差。这种接线在我国的特高压变电站1000kV配电装置中有应用。

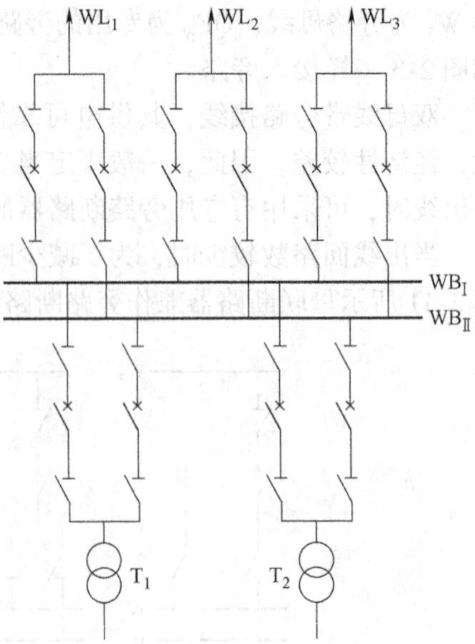

图2-13　双母线双断路器接线

2.2.8　一台半断路器双母线及4/3台断路器双母线接线

一台半断路器双母线接线如图2-14所示。两组母线之间接有若干串断路器，每一串有3台断路器，中间一台称作联络断路器，每两台之间接入一条回路，每串共有两条回路，平均每条回路装设一台半（3/2）断路器，故称一台半断路器双母线接线，又称3/2接线。

1. 优点

(1) 可靠性高。任一组母线发生故障时，只是与故障母线相连的断路器自动分闸，任何回路都不会停电，甚至在一组母线检修、另一组母线故障的情况下，仍能继续输送功率；在保证对用户不停电的前提下，可以同时检修多台断路器。

(2) 运行灵活性好。正常运行时，两条母线和所有断路器都同时工作，形成多环路供电方式，运行调度十分灵活。

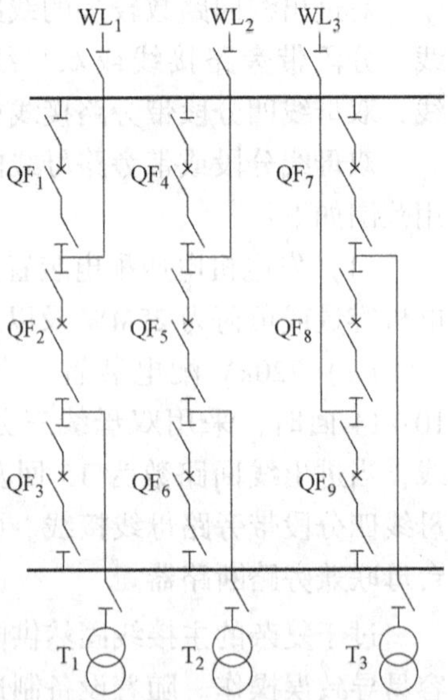

图2-14　一台半断路器双母线接线

(3) 操作检修方便。隔离开关只用作检修时隔离电源，不做倒闸操作。另外，当检修任一组母线或任一台断路器时，各个进出线回路都不需切换操作。

在一台半断路器接线中，一般应采用交叉配置的原则，即同名回路应接在不同串内，电源回路宜与出线回路配合成串。此外，同名回路还宜接在不同侧的母线上。

表2-1给出了有8回进出线采用一台半断路器接线设备故障时的停电回路数。

2. 缺点

这种接线方式的缺点是所用断路器、电流互感器等设备多，投资较大；继电保护及二次回路的设计、调整、检修等比较复杂；接线至少配成3串才能形成多环状供电。

表 2-1 8 回进出线采用一台半断路器接线设备故障时的停电回路数

运行情况	故障类型	停电回路数
有一台断路器检修	母线侧断路器故障	1~2
	母线故障	0~2
	联络断路器故障	2
一组母线检修	母线侧断路器故障	2
	母线故障	0~2
	联络断路器故障	2
无设备检修	母线侧断路器故障	1
	母线故障	0
	联络断路器故障	2

3. 适用范围

一台半断路器双母线接线用于大型发电厂和 330kV 及以上、进出线回路数为 6 回及以上的配电装置中，是国内外大机组、超高压电气主接线中广泛采用的一种典型接线形式。

4. 4/3 台断路器双母线接线

4/3 台断路器双母线接线是指每 3 条回路共用 4 台断路器。正常运行时，两组母线和全部断路器都投入工作，形成多环状供电，因此也具有很高的可靠性和灵活性。与 3/2 接线相比，投资较省，但可靠性有所降低，布置比较复杂，且要求同串的 3 个回路中，电源和负荷容量相匹配。4/3 台断路器双母线接线用于电源多于出线的大型水电厂，其他采用较少，目前加拿大的皮斯河叔姆水电厂和我国雅砻江下游的二滩水电站有采用。

2.2.9 变压器—母线组接线

变压器—母线组接线如图 2-15 所示。由于超高压系统的主变压器均采用质量可靠、故障率很低的产品，所以可以直接将主变压器经隔离开关接到两组母线上。

万一主变（如 T_1）故障时，即相当于与之相连的母线（WB_I）故障，则所有靠近该母线的断路器均会跳闸，但并不影响各出线的供电。主变用隔离开关断开后，母线即可恢复运行。

当出线数为 5 回及以上时，各出线均可经双断路器分别接到两组母线上，可靠性很高，如图中的 WL_1、WL_2、WL_3。

当出线数为 6 回及以上时，部分出线可以采用一台半断路器接线形式，可靠性也很高，如图中的 WL_4、WL_5。

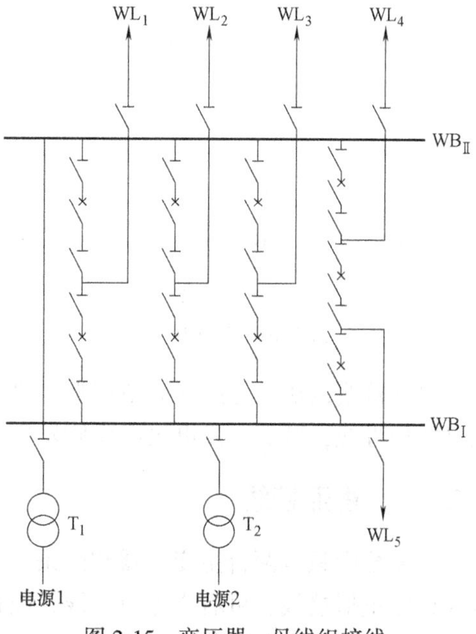

图 2-15 变压器—母线组接线

变压器—母线组接线所用的断路器台数比一台半断路器接线少，投资较省；它也是一种多环路供电系统，整个接线也具有较高的可靠性、运行调度灵活性和扩建的便利性。

2.2.10 单元接线

单元接线是无母线接线中最简单的方式，也是所有主接线基本形式中最简单的一种。

单元接线如图2-16所示，发电机与变压器直接连接成一个单元，组成发电机—变压器组，称为单元接线。其中，图2-16a是发电机—双绕组变压器单元接线，发电机出口处除了接有厂用电分支外，不设母线，也不装出口断路器，发电机和变压器的容量相匹配，二者必须同时工作，发电机发出的电能直接经过主变压器送往升高电压电网。发电机出口处可装一组隔离开关，以便单独对发电机进行试验。200MW及以上的发电机由于采用分相封闭母线，不宜装设隔离开关，但应有可拆连接点。图2-16b是发电机—三绕组变压器（或自耦变压器）单元接线，为了在发电机停止工作时，变压器高压和中压侧仍能保持联系，发电机与变压器之间应装设断路器和隔离开关。图2-16c是发电机—变压器—线路组单元接线，应用在只有一台变压器和一条出线的场合，即发电厂内不设升压站，把电能直接送到附近的枢纽变电站，节约了投资与占地面积，只有机—炉—电单元控制室，没有网络控制室。

为了减少变压器及其高压侧断路器的台数，节约投资与占地面积，可采用图2-17所示的扩大单元接线。图2-17a是两台发电机与一台双绕组变压器的扩大单元接线；图2-17b是两台发电机与一台低压分裂绕组变压器的扩大单元接线，这种接线可限制变压器低压侧的短路电流。扩大单元接线的缺点是运行灵活性较差。

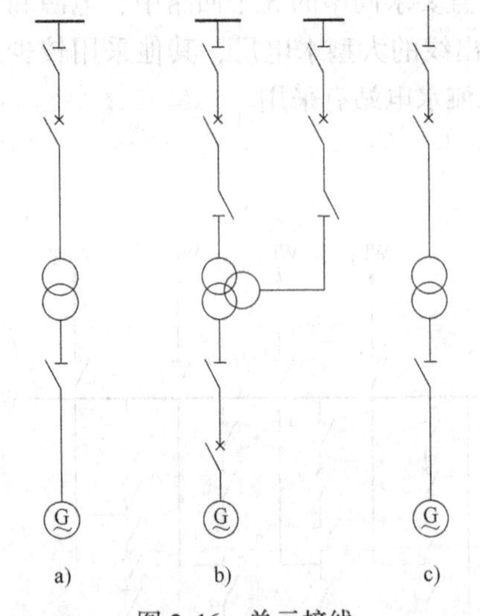

图2-16 单元接线

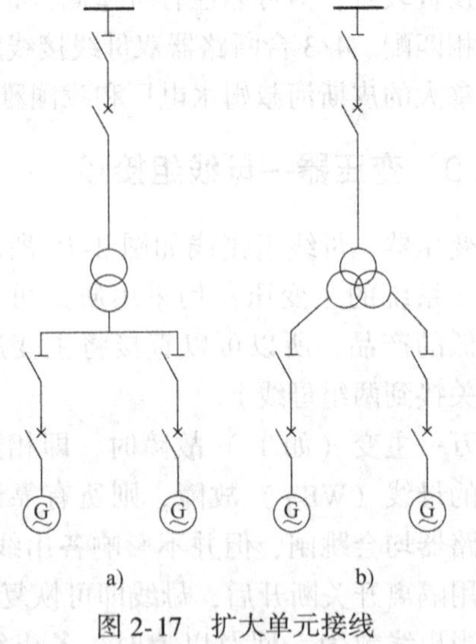

图2-17 扩大单元接线

单元接线的优点是接线简单清晰、投资小、占地少、操作方便、经济性好；由于不设发电机电压母线，减少了发电机电压侧发生短路故障的概率。

2.2.11 桥形接线

当系统中只有两台主变压器和两条线路时，可以采用如图2-18所示的接线方式。这种接线称为桥形接线，可看作是单母线分段接线的变形，即去掉线路侧断路器或主变压器侧断路器后的接线；也可看作是变压器—线路单元接线的变形，即在两组变压器—线路单元接线的高压侧增加一横向连接桥臂后的接线。

桥形接线的桥臂由断路器及其两侧隔离开关组成，正常运行时处于接通状态。根据桥臂的位置不同又可分为内桥接线和外桥接线两种形式。

1. 内桥接线

内桥接线如图 2-18a 所示，桥臂置于线路断路器的内侧。其特点如下：

（1）线路发生故障时，仅故障线路的断路器跳闸，其余三条支路可继续工作，并保持相互间的联系。

（2）变压器发生故障时，联络断路器及与故障变压器同侧的线路断路器均自动跳闸，使未故障线路的供电受到影响，需经倒闸操作后，方可恢复对该线路的供电（例如 T_1 故障时，WL_1 受到影响）。

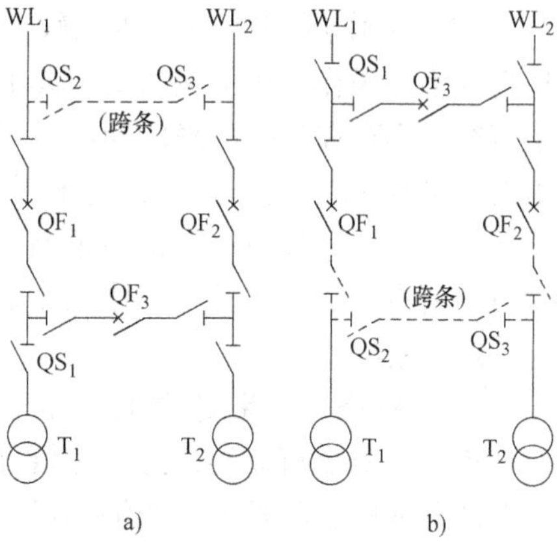

图 2-18 桥形接线

a）内桥接线 b）外桥接线

（3）正常运行时变压器操作复杂。如需切除变压器 T_1，应首先断开断路器 QF_1 和联络断路器 QF_3，再拉开变压器侧的隔离开关，使变压器停电，然后，重新合上断路器 QF_1 和联络断路器 QF_3，恢复线路 WL_1 的供电。

内桥接线适用于输电线路较长、线路故障率较高、穿越功率少和变压器不需要经常改变运行方式的场合。

2. 外桥接线

外桥接线如图 2-18b 所示，桥臂置于线路断路器的外侧。其特点如下：

（1）变压器发生故障时，仅故障变压器支路的断路器跳闸，其余三条支路可继续工作并保持相互间的联系。

（2）线路发生故障时，联络断路器及与故障线路同侧的变压器支路的断路器均自动跳闸，需经倒闸操作后，方可恢复被切除变压器的工作。

（3）线路投入与切除时，操作复杂，并影响变压器的运行。

这种接线适用于线路较短、故障率较低、主变压器需按经济运行要求经常投切以及电力系统有较大的穿越功率通过桥臂回路的场合。

在桥式接线中，为了在检修断路器时不影响其他回路的运行，减少系统开环机会，可以考虑增加跨条，见图 2-18 中的虚线部分，正常运行时跨条断开。

桥式接线简单清晰、设备少、造价低，也易于发展过渡为单母线分段或双母线接线。但因内桥接线中变压器的投入与切除要影响到线路的正常运行，外桥接线中线路的投入与切除要影响到变压器的运行，而且要改运行方式时需利用隔离开关作为操作电器，故桥式接线的工作可靠性和灵活性较差。

2.2.12 角形接线

角形接线又称环形接线，其接线形式如图 2-19 所示。角形接线中，断路器数等于回路数，且每条回路都与两台断路器相连接，即接在“角”上。

1. 优点

（1）经济性较好。这种接线平均每回路需设一台断路器，投资少。

(2) 工作可靠性与灵活性较高，易于实现自动远动操作。角形接线属于无汇流母线的主接线，不存在母线故障的问题。每回路均可由两台断路器供电，可不停电检修任一断路器，而任一回路故障时，都不影响其他回路的运行。所有的隔离开关不用作操作电器。

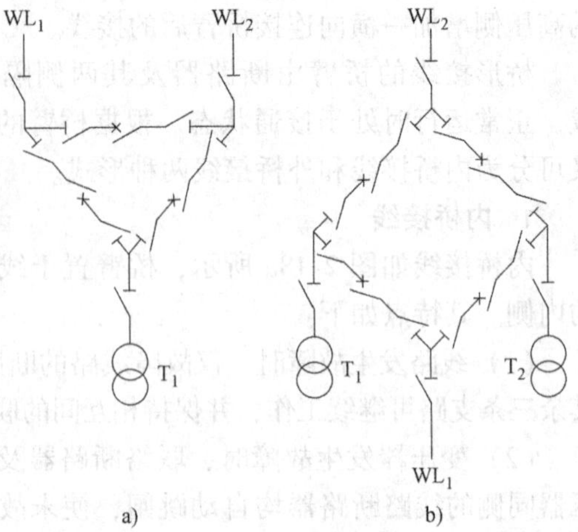

图 2-19　角形接线

a) 三角形接线　b) 四角形接线

2. 缺点

(1) 检修任一断路器时，角形接线变成开环运行，降低可靠性。此时若恰好又发生另一断路器故障，将造成系统解列或分成两部分运行，甚至造成停电事故。为了提高可靠性，应将电源与馈线回路按照对角原则相互交替布置。

(2) 角形接线在开环和闭环两种运行状态时，各支路所通过的电流差别很大，可能使电气设备的选择出现困难，并使继电保护复杂化。

(3) 角形接线闭合成环，其配电装置难于扩建发展。

因此，角形接线适用于最终规模较明确，进、出线数为 3~5 回的 110kV 及以上配电装置中，不宜用于有再扩建可能的发电厂、变电站中。一般以采用三角或四角形为宜，最多不要超过六角形。

上述的主接线基本形式，从原则上讲它们分别适用于各种发电厂和变电站。由于发电厂和变电站的类型、容量、地理位置、在电力系统中的地位、作用、馈线数目、负荷性质、输电距离及自动化程度等不同，所采用的主接线形式也不同，但同一类型的发电厂或变电站的主接线仍具有某些共同特点。下面仅对不同类型的发电厂和变电站的典型主接线方案做一简单的分析介绍。

2.2.13　火电厂典型电气主接线方案分析

1. 中小型火电厂的电气主接线

中小型火电厂的单机容量为 200MW 及以下，总装机容量在 1000MW 以下，一般建在工业企业或城镇附近，需以发电机电压将部分电能供给本地区用户（如钢铁基地、大型化工、冶炼企业及大城市的综合用电等），有时兼供热，所以可分为凝汽式电厂和热电厂。中小型火电厂的电气主接线特点如下：

(1) 设有发电机电压母线。

① 根据地区电网的要求，其电压采用 6kV 或 10kV，发电机单机容量为 100MW 及以下。当发动机容量为 12MW 及以下时，一般采用单母线分段接线；当发动机容量为 25MW 及以上时，一般采用双母线分段接线。一般不装设旁路母线。

② 出线回路较多（有时多达数十回），供电距离较短（一般不超过 20km），为避免雷击线路直接威胁发电机，一般多采用电缆供电。

③ 当发动机容量较小时，一般仅装设母线电抗器就足以限制短路电流；当发动机容量较大时，一般需同时装设母线电抗器及出线电抗器。

④ 通常用2台及以上主变压器与升高压级联系，以便向系统输送剩余功率或从系统倒送不足的功率。

（2）当发电机容量为125MW及以上时，采用单元接线。当原接于发动机电压母线的发电机已满足地区负荷的需要时，虽然后面扩建的发电机容量小于125MW，但也采用单元接线，以减小发电机电压母线的短路电流。

（3）升高电压等级不多于两级（一般为35~220kV），其升高电压部分的接线形式与电厂在系统中的地位、负荷的重要性、出线回路数、设备特点、配电装置型式等因素有关，可能采用单母线、单母线分段、双母线、双母线分段。当出线回路数较多时，可考虑增设旁路母线；当出线不多、最终接线方案已明确时，可以采用桥形、角形接线。

（4）从整体上看，中小型火电厂主接线较复杂，且一般屋内和屋外配电装置并存。

图2-20所示为某中型火电厂的电气主接线。它有4台发电机，两台100MW机组与双绕组变压器组成单元接线，将电能送入110kV电网；两台25MW机组直接接入10kV发电机电压母线，机压母线采用母线电抗器分段的双母线分段接线形式，以10kV电缆馈线向附近用户供电。由于短路容量比较大，为保证出线能选择轻型断路器，在10kV馈线上还装设出线电抗器。110kV出线回路较多，所以采用带专用旁路断路器的双母线带旁路母线接线形式。

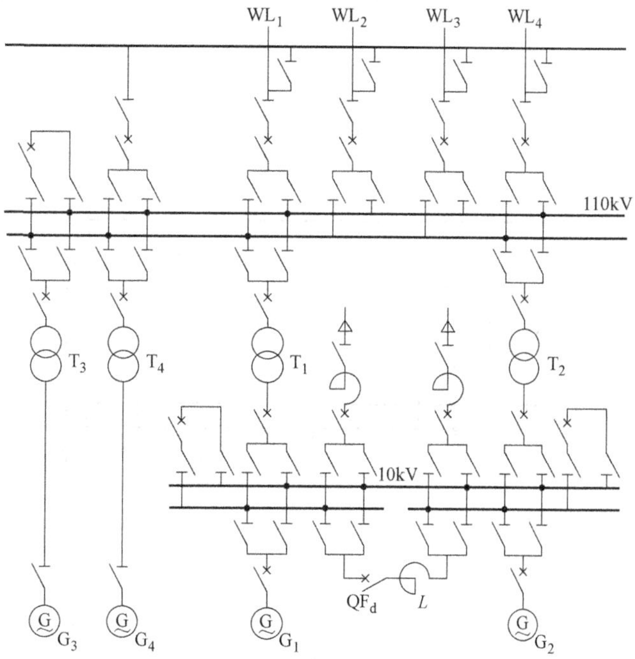

图2-20 某中型火电厂的电气主接线

2. 大型火电厂的电气主接线

大型火电厂单机容量为200MW及以上，总装机容量为1000MW及以上，主要用于发电，多为凝汽式火电厂。其主接线特点如下：

（1）在系统中地位重要，主要承担基荷，负荷曲线平稳，设备利用小时数高，发展可能性大，对主接线可靠性要求较高。

（2）不设发电机电压母线，发电机与主变压器（双绕组变压器或分裂低压绕组变压器）采用简单可靠的单元接线，发电机出口至主变压器低压侧之间采用封闭母线。除厂用电负荷外，绝大部分电能直接用220kV及以上升高电压送入系统。附近用户则由地区供电系统供电。

（3）升高电压部分为220kV及以上。220kV配电装置一般采用双母线、双母线带旁路母线、双母线分段带旁路母线接线，接入220kV配电装置的单机容量一般不超过300MW；330~500kV配电装置，当进出线数为6回及以上时，采用3/2接线；220kV与330~500kV配电装置之间一般采用自耦变压器联络。

（4）从整体上看，这类电厂的主接线较简单、清晰，一般均采用屋外配电装置。

某大型火电厂的电气主接线如图 2-21 所示。该厂有 2 台 300MW 和 2 台 600MW 大型凝汽式汽轮发电机组，均采用发电机—双绕组变压器单元接线形式，其中 2 台 300MW 机组单元接入带专用旁路断路器的 220kV 双母线带旁路母线接线。2 台 600MW 机组单元接入 500kV 的 3/2 接线。500kV 与 220kV 配电装置之间，经一台自耦变压器联络，变压器的第三绕组上接有厂用高压起动/备用变压器。每台发电机的出口接有厂用工作变压器，220kV 母线接有厂用备用变压器。在 500kV 超高压远距离输电线路上装设有并联电抗器，以吸收线路的充电功率。因大容量机组的出口电流大，相应的断路器制造困难、价格昂贵，并考虑到我国目前 200MW 机组均承担基荷、起停操作不频繁，所以不装设发电机出口断路器。但为了防止发电机引出线路发生短路故障，应采用分相封闭母线。

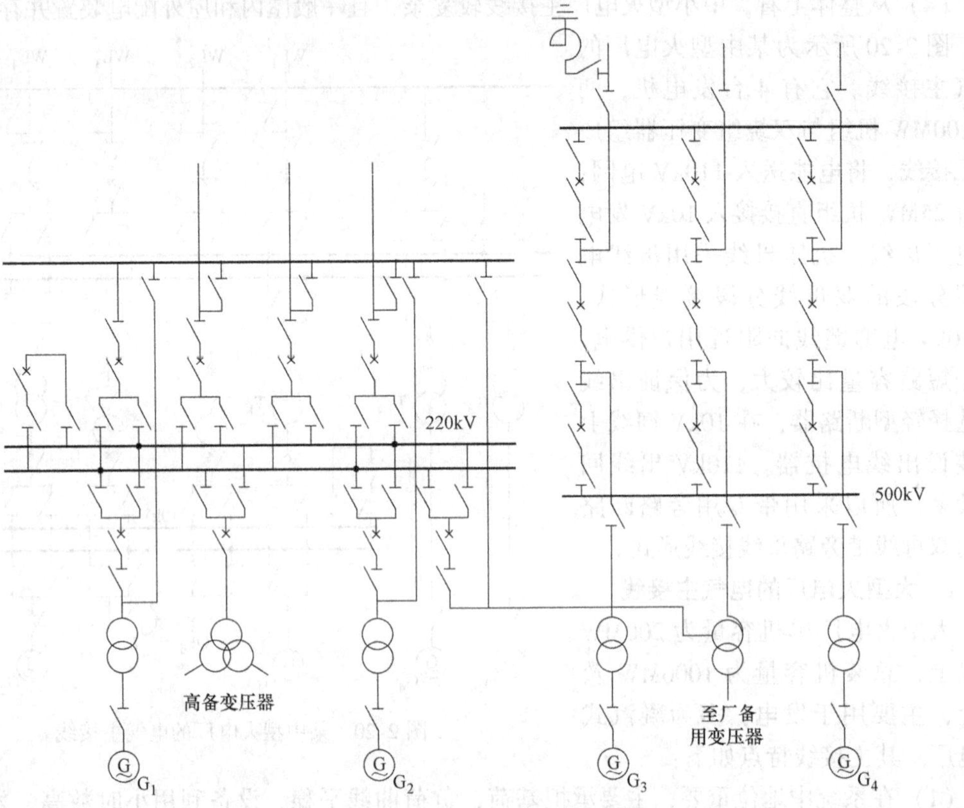

图 2-21 某大型火电厂的电气主接线

2.2.14 水电厂典型电气主接线方案分析

水电厂以水能为能源，通常建设在水力资源丰富的江河湖泊峡谷处，厂址较为狭窄，建设规模比较明确。一般远离负荷中心，附近用户少，甚至完全没有用户，因此，其主接线有类似于大型火电厂主接线的特点：

(1) 不设发电机电压母线，除厂用电外，绝大部分电能用 1、2 种升高电压送入系统。

(2) 装机台数及容量是根据水能利用条件一次确定的，因此，其主接线、配电装置及厂房布置一般不考虑扩建。但常因设备供应、负荷增长情况及水工建设工期较长等原因而分期施工，以便尽早发挥设备的效益。

（3）由于山区峡谷中地形复杂，为缩小占地面积、减少土石方的开挖和回填量，主接线尽量采用简化的接线形式，以减少设备数量，使配电装置布置紧凑。

（4）由于水电厂生产的特点及所承担的任务，也要求其主接线尽量采用简化的接线形式，以避免繁琐的倒闸操作。

本轮发电机组起动迅速、灵活方便，生产过程容易实现自动化和远动化，一般从起动到带满负荷只需4~5min，事故情况下可能不到1min。因此，水电厂在枯水期常常被用作系统的事故备用、检修备用或承担调峰、调频、调相等任务；在丰水期则承担系统的基本负荷以充分利用水能，节约火电厂的燃料。可见，水电厂的负荷曲线变动较大，开、停机次数频繁，相应设备投、切频繁，设备利用小时数较火电厂小。因此，其主接线应尽量采用简化的接线形式。

（5）由于水电厂的特点，其主接线广泛采用单元接线，特别是扩大单元接线。大容量水电厂的主接线形式与大型火电厂相似；中、小容量水电厂的升高电压部分在采用一些固定的、适合回路数较少的接线形式（如桥形、多角形、单母线分段等）方面，比火电厂用得更多。

（6）从整体上看，水电厂的主接线较火电厂简单、清晰，一般均采用屋外配电装置。

某大型水电厂的电气主接线如图2-22所示。该厂有6台发电机，G_1~G_4与分裂绕组变压器T_1、T_2接成扩大单元接线，将电能送到500kV配电装置；G_5、G_6与双绕组变压器T_3、T_4接成单元接线，将电能送到220kV配电装置；500kV配电装置采用3/2接线，220kV配电装置采用有专用旁路断路器的双母线带旁路母线接线，并且只有出线进旁路；220kV系统与500kV系统采用自耦变压器T_5联络，其低压侧作为厂用备用电源。

2.2.15　变电站典型电气主接线方案分析

变电站电气主接线的设计原则基本上与发电厂相同，即根据变电站的地位、负荷性质、出线回路数、设备特点等情况，选择合理的主接线形式。

330kV及以上配电装置可能的接线形式有一台半断路器接线、双母线分段（三分段或四分段）带旁路母线接线、变压器—母线组接线等；220kV配电装置可能的接线形式有双母线带旁路、双母线分段（三分段或四分段）带旁路及一台半断路器接线等；110kV配电装置可能的接线形式有不分段单母线、分段单母线、分段单母线带旁路、双母线、双母线带旁路、变压器—线路组及桥形接线等；35~63kV配电装置可能的接线形式有不分段单母线、分段单母线、双母线、分段单母线带旁路（分段兼旁路断路器）、变压器—线路组及桥形接线等；6~10kV配电装置常采用分段单母线，有时也采用双母线接线，以便于扩建。6~10kV馈线应选用轻型断路器，若不能满足开断电流及动、热稳定要求，应采取限制短路电流措施，例如，使变压器分列运行或在低压侧装设电抗器、在出线上装设电抗器等。

图2-23所示为某500kV枢纽变电站主接线，为方便500kV与220kV侧的功率交换，安装两台大容量自耦主变压器。220kV侧有多回向大型工业企业及城市负荷供电的出线，供电可靠性要求高，由于采用了六氟化硫断路器，故不设置旁路母线，为提高可靠性，采用双母线分段接线形式。500kV配电装置采用一台半断路器接线形式，主变压器采用交叉换位布置方式，主变压器的第三绕组上引接无功补偿设备以及站用变压器。

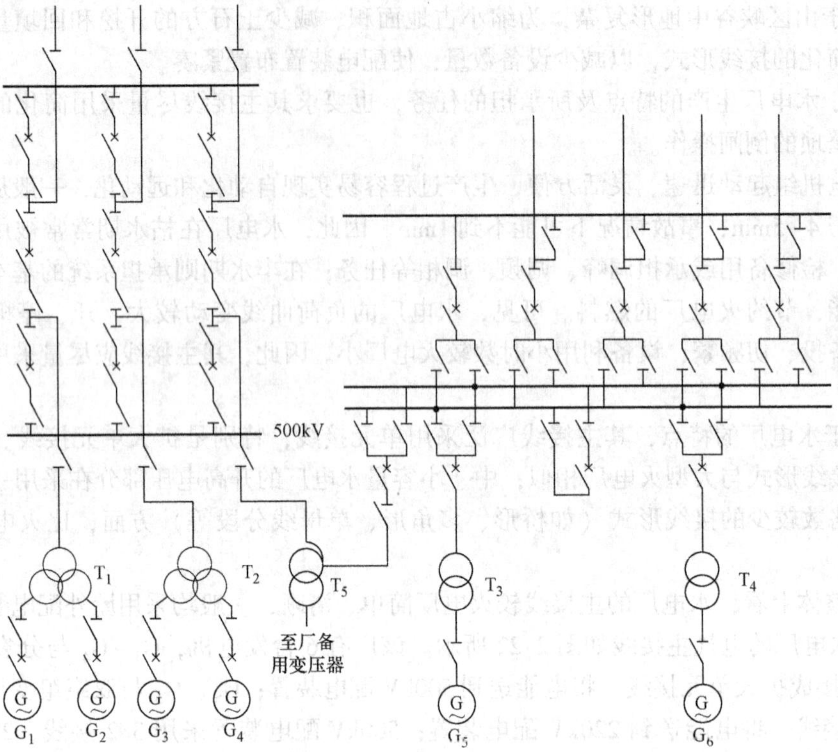

图 2-22 某大型水电厂的电气主接线

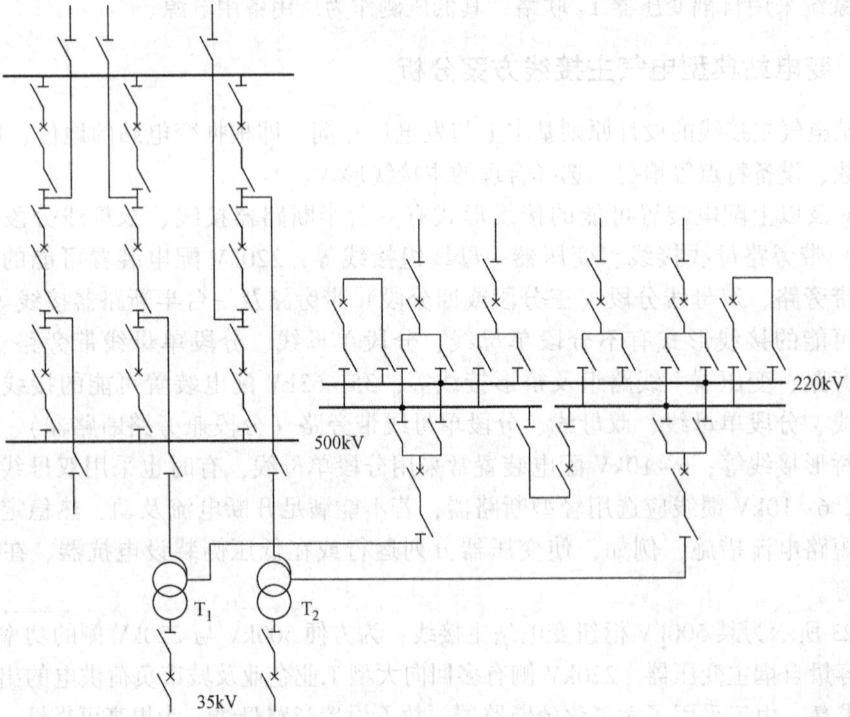

图 2-23 某 500kV 枢纽变电站主接线

任务 2.3 限制短路电流的措施

【任务描述】

本任务学习电力系统中限制短路电流的措施及其限流原理。

【任务实施】

发电厂、变电站仿真实验室。

【知识链接】

短路是电力系统中常发生的故障。短路电流直接影响电气设备的选择和安全运行。某些情况下，短路电流能够达到很大的数值，例如，在大容量发电厂中，当多台发电机并联运行于发电机电压母线时，短路电流可达几万至几十万安。这时按照电路额定电流选择的电器可能承受不了短路电流的冲击，从而不得不加大设备型号，即选用重型电器（额定电流比所控制电路的额定电流大得多的电器），这是不经济的。为此，在设计主接线时，应根据具体情况采取限制短路电流的措施，以便在发电厂和用户侧均能合理地选择轻型电器（即其额定电流与所控制电路的额定电流相适应的电器）和截面积较小的母线及电缆。

2.3.1 加装限流电抗器

在发电厂和变电站 20kV 及以下的某些回路中加装限流电抗器是广泛采用的限制短路电流的方法。

1. 加装普通电抗器

普通电抗器由三个单相的空心线圈构成，采用空心结构是为了避免短路时，由于电抗器饱和而降低对短路电流的限制作用。因为没有铁心，因此，其伏安特性是线性的；又因为电抗器的导线电阻很小，所以在运行中的有功损耗可忽略不计。

按安装地点和作用，普通电抗器可分为母线电抗器和线路电抗器两种。

（1）母线电抗器。母线电抗器装于母线分段上或主变压器低压侧回路中，如图 2-24 的电抗器 L_1。无论是厂内（见图 2-24 中的 k_1、k_2 点）还是厂外（见图 2-24 中的 k_3 点）发生短路时，母线电抗器均能起到限制短路电流的作用。可以使发电机出口断路器、母联断路器、分段断路器及主变压器低压侧断路器都能按各自回路的额定电流选择，不因短路电流过大而使容量升级。当电厂系统容量较小，而母线电抗器的限流作用足够大时，线路断路器也可按相应线路的额定电流选择，这种情况下可以不装设线路电抗器。

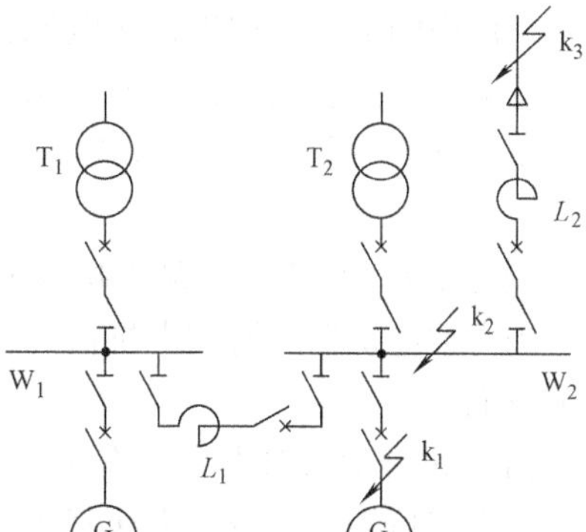

图 2-24 电抗器的接法

L_1—母线电抗器 L_2—线路电抗器

由于正常情况下母线分段处往往是电流最小，在此装设电抗器所产生的电压损失和功率损耗最小，因此，在设计主接线时应首先考虑装设母线电抗器，同时，为了有效地限制短路电流，母线电抗器的百分电抗值可选得大一些，一般为 8%~12%。

（2）线路电抗器。当电厂和系统容量较大时，除装设母线电抗器外，还要装设线路电抗器。在馈线上加装的电抗器见图2-24中的L_2。

线路电抗器主要是用来限制6~10kV电缆馈线的短路电流。这是因为，电缆的电抗值很小且有分布电容，即使在馈线末端短路，其短路电流也和在母线上短路相近。装设线路电抗器后，可限制该馈线电抗器后发生短路（如图2-24中的k_3点短路）时的短路电流，使发电厂引出端和用户处均能选用轻型电器，减小电缆截面积；由于短路时电压降主要产生在电抗器中，因而母线能维持较高的剩余电压（或称残压，一般都大于$65\%U_N$），对提高发动机并联运行稳定性和连接于母线上的非故障用户（尤其是电动机负荷）的工作可靠性极为有利。通常线路电抗器的百分电抗值选择3%~6%，具体值由计算确定。

对于架空馈线，一般不装设电抗器，因为其本身的电抗较大，足以把本线路的短路电流限制到装设轻型电器的程度。

2. 加装分裂电抗器

分裂电抗器在结构上与普通电抗器相似，只是在线圈中间有一个抽头作为公共端，将线圈分为两个分支（称为两臂）。两臂间有互感耦合，而且在电气上是连通的。分裂电抗器的图形符号、等效电路如图2-25所示。

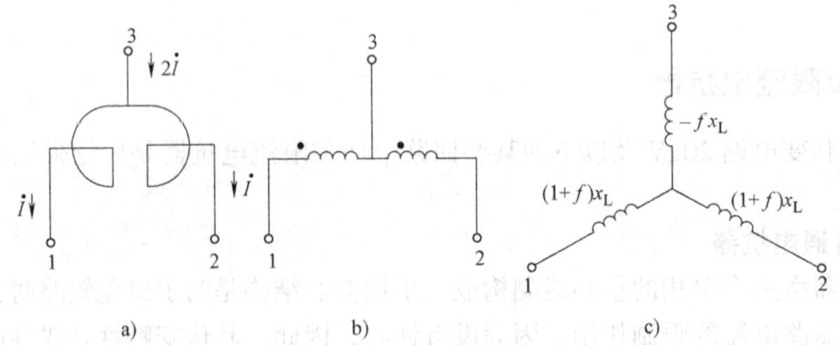

图2-25 分裂电抗器

a）图形符号 b）单相接线 c）等效电路

一般中间抽头3用来连接电源，两臂1、2用来连接大致相等的两组负荷。

两臂的自感相同，即$L_1=L_2=L$，一臂的自感电抗$x_L=\omega L$。若两臂的互感为M，则互感电抗$x_M=\omega M$。耦合系数f为$f=M/L$，即

$$x_M=fx_L \tag{2-1}$$

耦合系数f取决于分裂电抗器的结构，一般为0.4~0.6。

当分裂电抗器一臂的电抗值与普通电抗器相同时，有比普通电抗器突出的优点，表现为以下方面。

（1）正常运行时电压损失小。设正常运行时两臂的电流相等，均为I，则由图2-25所示等效电路可知，每臂的电压降为

$$\Delta U=\Delta U_{31}=\Delta U_{32}=I(1-f)x_L \tag{2-2}$$

若取$f=0.5$，则$\Delta U=Ix_L/2$，即正常运行时，电流所遇到的电抗为分裂电抗器一臂电抗的1/2，电压损失比普通电抗器小。

（2）短路时有限流作用。当分支1的出线短路时，流过分支1的短路电流I_k比分支2的负荷电流大得多，若忽略分支2的负荷电流，则

$$\Delta U_{31} = I_k x_L \tag{2-3}$$

即短路时，短路电流所遇到的电抗为分裂电抗器一臂电抗 x_L，与普通电抗器的作用一样。

（3）分裂电抗器比普通电抗器多供一倍的出线，减少了电抗器的数目。

但是，在正常运行时，当一臂的负荷变动时，会引起另一臂母线的电压波动；当一臂母线短路时，也会引起另一臂母线电压升高。这两种情况均与分裂电抗器的电抗百分值有关。

一般分裂电抗器的电抗百分值取 8%～12%。

分裂电抗器的装设地点如图 2-26 所示。其中，图 2-26a 为装于直配电缆馈线上，每臂可以接一回或几回出线；图 2-26b 为装于发电机回路中，此时它同时起到母线电抗器和出线电抗器的作用；图 2-26c 为装于变压器低压侧回路中，可以是主变压器或厂用变压器回路。

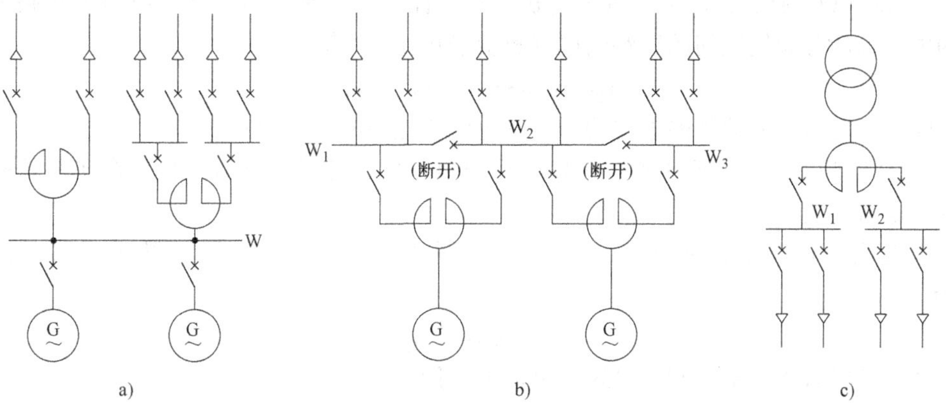

图 2-26 分裂电抗器的装设地点

a）装于直配电缆馈线 b）装于发电机回路 c）装于变压器低压侧回路

2.3.2 采用低压分裂绕组变压器

低压分裂绕组变压器是一种将低压绕组分裂成为相同容量的两个绕组的变压器，其电路图形符号及等效电路如图 2-27 所示。它常用于发电机—变压器扩大单元接线（如图 2-27a 所示），限制发电机出口短路时的短路电流；或作为大容量机组的高压厂用变压器（如图

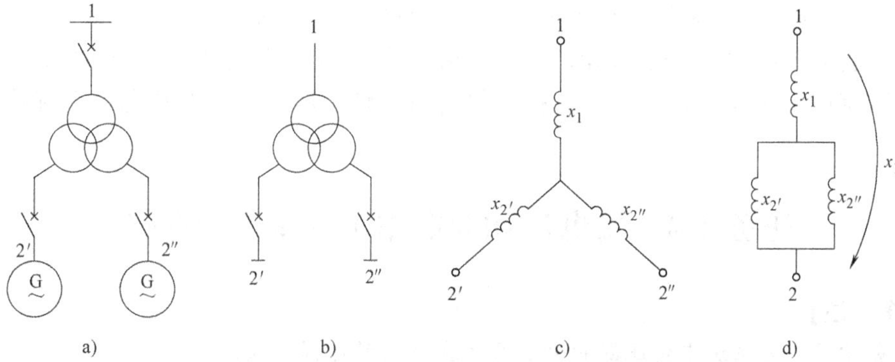

图 2-27 低压分裂绕组变压器及其等效电路

a）发电机—变压器扩大单元接线 b）高压厂用变压器 c）等效电路 d）正常运行时的等效电路

2-27b 所示)，以限制厂用电系统的短路电流。两个低压分裂绕组在电气上彼此不相连接，容量相同（一般为额定容量的 50%~60%）、阻抗相等。其等效电路与三绕组变压器相似，如图 2-27c 所示。其中 x_1 为高压绕组漏抗，$x_{2'}$、$x_{2''}$为两个低压分裂绕组漏抗，可以由制造部门给出的穿越电抗 x_{12}（高压绕组与两个低压绕组间的等效电抗）和分裂系数 K_f 求得。在设计制造时，有意使两个分裂绕组的磁联系较弱，因而 $x_{2'}$、$x_{2''}$都较 x_1 大得多。

(1) 正常工作电流所遇到的电抗小。正常工作时的等效电路如图 2-27d 所示，设正常运行时流过高压绕组的电流为 I，则流过每个低压绕组的电流为 $I/2$，则高低压绕组正常工作时的等效电抗（穿越电抗）为

$$x_{12}=x_1+x_{2'}/2\approx x_{2'}/2 \tag{2-4}$$

(2) 短路电流所遇到的电抗大，有显著的限流作用。

① 设高压侧开路，低压侧一台发电机出口短路，这时来自另一台发电机的短路电流所遇到的电抗为两分裂绕组间的短路电抗（称分裂电抗），有

$$x_{2'2''}=x_{2'}+x_{2''}=2x_{2'}\approx 4x_{12} \tag{2-5}$$

即短路时，短路电流所遇到的电抗约为正常电流所遇到的电抗的 4 倍。

② 设高压侧不开路，低压侧一台发电机出口短路，这时来自另一台发电机的短路电流所遇到的电抗仍为 $x_{2'2''}$。

来自系统的短路电流所遇到的电抗（与图 2-27b 所示厂用低压母线短路时情况相同）为

$$x_1+x_{2'}\approx 2x_{12} \tag{2-6}$$

这些电抗都很大，能起到限制短路电流的作用。

分裂绕组变压器较普通变压器贵 20%左右，但由于它的优点，分裂绕组变压器在我国大型电厂中得到了广泛应用。

2.3.3 选择适当的主接线形式和运行方式

为了减小短路电流，可采用计算阻抗大的接线和减少并联设备、并联支路的运行方式，以增大电源至短路点的等效电抗。例如：①适当限制接入发电机电压母线的发电机台数和容量；②对适合采用单元接线的机组，尽量采用单元接线；③在降压变电站中，采用变压器低压侧分列运行方式；④具有双回线路的用户采用线路分开运行方式，或在负荷允许时，采用单回运行；⑤对环形供电网络，在环网中穿越功率最小处开环运行。

以上方法中③~⑤将会降低供电的可靠性和灵活性，且增加电压损失和功率损耗。所以选用这些限流措施时应综合评估对主接线供电可靠性、运行灵活性及电力系统稳定性的影响。

任务 2.4 发电厂和变电站主变压器的选择

【任务描述】

本任务学习电力系统中变压器的分类及主变压器的选择方法。

【任务实施】

发电厂、变电站仿真实验室。

【知识链接】

在发电厂和变电站中，用于向电力系统或用户输送功率的变压器称为主变压器；用于两种电压等级之间交换功率的变压器称为联络变压器；只供本厂（站）用电的变压器称为厂（站）用变压器或称为自用变压器。主变压器是主接线的中心环节。

2.4.1 主变压器容量和台数的选择

主变压器容量和台数直接影响主接线的形式和配电装置的结构。它的选择除依据基础材料外，主要取决于输送功率的大小、与系统联系的紧密程度、运行方式及负荷的增长速度等因素，并至少要考虑5年内负荷的发展需要。如果容量选得过大、台数过多，则会增加投资、占地面积和运行电能损耗，不能充分发挥设备的效益，并增加运行和检修的工作量；如果容量选得过小、台数过少，则可能“封锁”发电厂剩余功率的输送，或限制变电站负荷的需要，影响系统不同电压等级之间的功率交换及运行的可靠性等。因此，应合理选择其容量和台数。

1. 单元接线的主变压器

单元接线中的主变压器容量 S_N(MV · A) 应按发电机额定容量扣除本机组的厂用负荷后，留有10%的裕度选择，即

$$S_N \approx 1.1P_{NG}(1-K_p)/\cos\varphi_G \tag{2-7}$$

式中 P_{NG}——发电机容量，在扩大单元接线中为两台发电机容量之和（MW）；

$\cos\varphi_G$——发电机额定功率因数；

K_p——厂用电率。

每单元的主变压器为一台。

2. 具有发电机电压母线接线的主变压器

接于发电机电压母线与升高电压母线之间的主变压器容量 S_N 按下列条件选择。

（1）当发电机电压母线上的负荷最小时（特别是发电厂投入运行初期，发电机电压负荷不大），应能将发电厂最大剩余功率送至系统，计算中不考虑稀有的最小负荷情况。即

$$S_N \approx \left[\sum P_{NG}(1-K_p)/\cos\varphi_G - P_{min}/\cos\varphi\right]/n \tag{2-8}$$

式中 $\sum P_{NG}$——发电机电压母线上的发电机容量之和（MW）；

P_{min}——发电机电压母线上的最小负荷（MW）；

$\cos\varphi$——负荷功率因数；

n——发电机电压母线上的主变压器台数。

（2）若发电机电压母线上接有2台及以上主变压器，当负荷最小且其中容量最大的一台变压器退出运行时，其他主变压器应能将发电厂最大剩余功率70%以上送至系统。

$$S_N \approx \left[\sum P_{NG}(1-K_p)/\cos\varphi_G - P_{min}/\cos\varphi\right]\times 70\%/(n-1) \tag{2-9}$$

（3）当发电机电压母线上的负荷最大且其中容量最大的一台机组退出运行时，主变压器应能从系统倒送功率，满足发电机电压母线上最大负荷的需要。即

$$S_N \approx \left[P_{max}/\cos\varphi - \sum P'_{NG}(1-K_p)/\cos\varphi_G\right]/n \tag{2-10}$$

式中 $\sum P'_{NG}$——发电机电压母线上除最大一台机组外，其他发电机容量之和（MW）；

P_{max}——发电机电压母线上的最大负荷（MW）。

对式（2-8）~式（2-10）计算结果进行比较，取其中最大者。

接于发电机电压母线上的主变压器一般说来不少于2台，但主要向发电机电压供电的地方电厂、系统电源作为备用时，可以只装1台。

3. 变电站主变压器

变电站主变压器的容量一般按变电站建成后5~10年的规划负荷考虑，并应按照其中一台停用时其余变压器能满足变电站最大负荷 S_{max} 的60%~70%（35~110kV变电站为60%；220~500kV变电站为70%）或全部重要负荷（当Ⅰ、Ⅱ类负荷超过上述比例时）选择。即

$$S_N \approx (0.6\sim0.7)S_{max}/(n-1) \tag{2-11}$$

式中 n——变电站主变压器台数。

为了保证供电的可靠性，变电站一般装设2台主变压器；枢纽变电站装设2~4台；地区性孤立的一次变电站或大型工业专用变电站可装设3台。

变压器是一种静止电器，实践证明它的工作比较可靠，事故率很低，每10年左右大修一次（可安排在低负荷季节进行），所以，可不考虑设置专用的备用变压器。但大容量单相变压器组是否需要设置备用相，应根据系统要求经过技术经济比较后确定。

2.4.2 主变压器型式和结构的选择

1. 相数的确定

在330kV及以下的发电厂和变电站中，一般都选用三相式变压器。因为一台三相式变压器较同容量的3台单相式变压器投资小、占地少、损耗小，同时配电装置结构较简单，运行维护较方便。如果受到制造、运输等条件（如桥梁负重、隧道尺寸等）限制，则可选用两台容量较小的三相变压器，在技术经济合理时，也可选用单相变压器组。

在500kV及以上的发电厂和变电站中，应按其容量、可靠性要求、制造水平、运输条件、负荷和系统情况等，经技术经济比较后确定。

2. 绕组数的确定

（1）只有一种升高电压向用户供电或与系统连接的发电厂以及只有两种电压的变电站，可以采用双绕组变压器。

（2）有两种升高电压向用户供电或与系统连接的发电厂以及有三种电压的变电站，可以采用双绕组变压器或三绕组变压器（包括自耦变压器）。具体方法如下：

当最大机组容量为125MW及以下，而且变压器各侧绕组的通过容量均达到变压器额定容量的15%及以上时（否则绕组利用率太低），应优先考虑采用三绕组变压器。因为两台双绕组变压器才能起到联系三种电压级的作用，而一台三绕组变压器的价格、所用的控制电器及辅助设备比两台双绕组变压器少，运行维护也较方便。但一个电厂中的三绕组变压器一般不超过两台。当送电方向主要由低压侧送向中、高压侧，或由低、中压侧送向高压侧时，优先采用自耦变压器。

当最大机组容量为125MW及以下，但变压器某侧绕组的通过容量小于变压器额定容量的15%时，可采用发电机—双绕组变压器单元加双绕组联络变压器。

当最大机组容量为200MW及以上时，采用发电机—绕组变压器单元加联络变压器。其联络变压器宜选用三绕组（包括自耦变压器），低压绕组可作为厂用备用电源或启动电源，

也可用来连接无功补偿装置。

当采用扩大单元接线时，应优先选用低压分裂绕组变压器，以限制短路电流。

在有三种电压的变电站中，如变压器各侧绕组的通过容量均达到变压器额定容量的15%及以上，或低压侧虽无负荷，但需在该侧装无功补偿设备时，宜采用三绕组变压器。当变压器需要与110kV及以上的两个中性点直接接地系统相连接时，可优先选用自耦变压器。

3. 绕组联结组标号的确定

变压器的绕组连接方式必须使得其线电压与系统线电压相位一致，否则不能并列运行。电力系统变压器采用的绕组连接方式有星形“Y”和三角形“D”两种。我国电力变压器的三相绕组所采用的连接方式为：110kV及以上电压侧均为“YN”，即由中性点引出并直接接地；35kV作为高、中压侧时都可能采用“Y”，其中性点不接地或经消弧线圈接地，作为低压侧时可能用“Y”，或“D”；35kV以下电压侧（不含0.4kV及以下）一般为“D”，也有“Y”方式。

变压器绕组联结组标号（即各侧绕组连接方式的组合）一般考虑系统或机组同步并列要求及限制三次谐波对电源的影响等因素。联结组标号的一般情况如下。

（1）6~500kV均有双绕组变压器，其联结组标号为“Yd11”或“YNd11”、“YNy0”或“Yyn0”。数字0和11分别表示该侧的线电压与前一侧的线电压相位差0°和330°（下同）。联结组标号“Ⅰ Ⅰ0”表示单相双绕组变压器，用在500kV系统。

（2）110~500kV均有三绕组变压器，其联结组标号为“YNy0d11”“YNyn0d11”，“YNyn0y0”“YNd11—d11”（表示有两个“D”联结的低压分裂绕组）及“YNa0d11”（表示高、中压侧为自耦方式）等。组别“ⅠI0I0”及“Ia0I0”表示单相三绕组变压器，用在500kV系统。

4. 变压器阻抗的选择

三绕组变压器各绕组之间的阻抗由变压器的三个绕组在铁心上的相对位置决定。故变压器阻抗的选择实际上是结构形式的选择。三绕组变压器分升压型和降压型两种类型，如图2-28所示。双绕组变压器的阻抗一般按标准规定值选择。普通型三绕组变压器、自耦型变压器各侧阻抗按升压型或降压型确定。

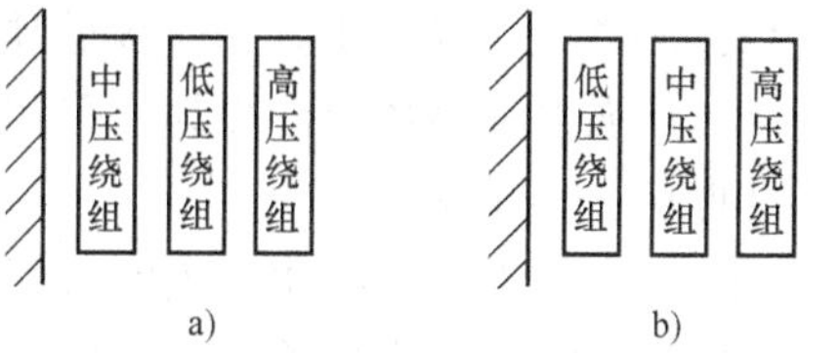

图2-28　三绕组变压器绕组与铁心的相对位置图

a）升压型变压器　b）降压型变压器

升压型变压器的绕组排列为铁心—中压绕组—低压绕组—高压绕组，变压器的高、中压绕组间距离远、阻抗大、传输功率时损耗大。降压型变压器的绕组排列为铁心—低压绕组—中压绕组—高压绕组，变压器的高、低压绕组间距离远、阻抗大、传输功率时损耗大。从电力系统稳定和供电电压质量及减小传输功率时的损耗考虑，变压器的阻抗越小越好，但阻抗偏小又会使短路电流增大，低压侧电气设备选择遇到困难。

接发电机的三绕组变压器为低压侧向高中压侧输送功率，应选升压型；变电站的三绕组变压器，如果以高压侧向中压侧输送功率为主，则选用降压型；如果以高压侧向低压侧输送功率为主，则可选用升压型，但如果需要限制6~10kV系统的短路电流，可以优先考虑采用降压结构变压器。

5. 调压方式的确定

变压器的电压调整是用分接开关切换变压器的分接头，从而改变其电压比来实现的。无励磁调压变压器的分接头较少，调压范围只有10%（±2×2.5%），且分接头必须在停电状态下才能调节；有载调压变压器的分接头较多，调压范围可达30%，且分接头可在带负载情况下调节，但其结构复杂、价格贵。

发电厂在以下情况时，宜选用有载调压变压器。

(1) 当潮流方向不固定，且要求变压器二次电压维持在一定水平时。

(2) 具有可逆工作特点的联络变压器，要求母线电压恒定时。

(3) 发电机经常在低功率因数下运行时。

变电站在以下情况时，宜选用有载调压变压器。

(1) 电网电压可能有较大变化的220kV及以上的降压变压器。

(2) 电力潮流变化大和电压偏移大的110kV变电所的主变压器。

(3) 地方变电站、工厂变电站经常出现日负荷变化幅度很大的情况时，若要求满足电能电压质量，往往需要装设有载调压变压器。

6. 冷却方式的选择

电力变压器的冷却方式随其型式和容量不同而异，主要有以下几种类型：

(1) 自然风冷却。无风扇，仅借助冷却器（又称散热器）热辐射和空气自然对流，额定容量在10000kV·A及以下。

(2) 强迫空气冷却。强迫空气冷却简称风冷式，在冷却器间加装数台电风扇，使油迅速冷却，额定容量在8000kV·A及以上。

(3) 强迫油循环风冷却。采用潜油泵强迫油循环，并用风扇对油管进行冷却，额定容量在40000kV·A及以上。

(4) 强迫油循环水冷却。采用潜油泵强迫油循环，并用水对油管进行冷却，额定容量在120000kV·A及以上。由于铜管质量不过关，这种冷却方式在国内已很少应用。

(5) 强迫油循环导向冷却。采用潜油泵将油压入线圈之间、线饼之间和铁心预先设计好的油道中进行冷却。

(6) 水内冷。将纯水注入空心绕组中，借助水的不断循环，将变压器的热量带走。

此外，变压器的选择内容还有：变压器的容量比、绝缘和绕组材料等的选择。目前国内外尚有六氟化硫气体变压器，其冷却方式与油浸式相似。另外干式变压器因容量较小，一般为自然风或风扇冷却两种方式。

任务2.5 设计电气主接线

【任务描述】

本任务在讲述电气主接线设计程序的基础上，完成发电厂电气主接线初步设计。

【任务实施】

发电厂、变电站仿真实验室。

【知识链接】

电气主接线是发电厂、变电站电气设计的首要部分，也是构成电力系统的重要环节。主接线的确定与电力系统及发电厂、变电站本身运行的可靠性、灵活性和经济性密切相关，并对电气设备选择和布置、继电保护和控制方式等都有较大的影响。因此，必须处理好各方面的关系，综合分析有关影响因素，经过技术、经济比较，合理确定主接线方案。

2.5.1 电气主接线的设计原则

电气主接线设计的基本原则是以设计任务书为依据，以国家经济建设的方针、政策、技术规范和标准为准则，结合工程实际情况，使主接线满足可靠性、灵活性、经济性和先进性要求。

设计任务书是根据国家经济发展及电力负荷增长率的规划，在进行大量的调查研究和资料搜集工作的基础上，对系统负荷进行分析及电力电量平衡，从宏观的角度论证建厂（站）的必要性、可能性和经济性，明确建设目的、依据、负荷及所在电力系统情况、建设规模、建厂条件、地点和占地面积、主要协作配合条件、环境保护要求、建设进度、投资控制和筹措、需要研制的新产品等，并经上级主管部门批准后提出的，因此，它是设计的原始资料和依据。

国家建设的方针、政策、技术规范和标准是根据电力工业的技术特点、结合国家实际情况而制定的，它是科学、技术条理化的总结，是长期生产实践的结晶，设计中必须严格遵循，特别应贯彻执行资源综合利用、保护环境、节约能源和水源、节约用地、提高综合经济效益和促进技术进步的方针。

2.5.2 电气主接线的设计程序

电气主接线设计包括可行性研究、初步设计、技术设计和施工设计4个阶段。下达设计任务书之前所进行的工作属可行性研究阶段。初步设计主要是确定建设标准、各项技术原则和总概算。在学校里进行的课程设计和毕业设计，在内容上相当于实际工程中的初步设计，其中，部分可达到技术设计要求的深度。电气主接线的具体设计步骤和内容如下。

1. 分析原始资料

（1）工程情况。工程情况包括发电厂类型、规划装机容量（近期、远景）、单机容量及台数、可能的运行方式及年最大负荷利用小时数等。

总装机容量及单机容量标志着电厂的规模和在电力系统的地位及作用。当总装机容量超过系统总容量的15%时，该电厂在系统中的地位和作用至关重要。单机容量不宜大于系统总容量的10%，以保证在该机检修或事故情况下系统供电的可靠性。另外，为使生产管理及运行、检修方便，一个发电厂内单机容量以不超过两种为宜，台数以不超过6台为宜，且同容量的机组应尽量选用同一型式。

运行方式及年最大负荷利用小时数直接影响主接线的设计。例如，核电厂及单机容量200MW以上的火电厂主要是承担基荷，年最大负荷利用小时数在5000h以上，其主接线应以保证供电可靠性为主要依据进行选择；水电厂有可能承担基荷（如丰水期）、腰荷和峰荷，年最大负荷利用小时数在3000~5000h，其主接线应以保证供电调度的灵活性为主要依据进行选择。

（2）电力系统情况。电力系统情况包括系统的总装机容量、近期及远景（5~10年）发展规划、归算到本厂高压母线的电抗、本厂（站）在系统中的地位和作用、近期及远景与系统的连接方式及各电压级中性点接地方式等。

电厂在系统中处于重要地位时，对其主接线要求较高。系统的归算电抗在这些设计中主要用于短路计算，以便选择电气设备。电厂与系统的连接方式也与其地位和作用相适应，例如，中、小型火电厂通常靠近负荷中心，常有6~10kV地区负荷，仅向系统输送不大的剩余功率，与系统之间可采用单回弱联系方式；大型发电厂通常远离负荷中心，其绝大部分电能向系统输送，与系统之间则采用双回或环网强联系方式。

电力系统中性点接地方式是一个综合性问题。我国对35kV及以下电网中性点采用非直接接地（不接地或经消弧线圈、接地变压器接地等），又称小接地电流系统；对110kV及以上电网中性点均采用直接接地，又称大接地电流系统。电网的中性点接地方式决定了主变压器中性点的接地方式。发电机中性点采用非直接接地，其中125MW及以下机组的中性点采用不接地或经消弧线圈接地，200MW及以上机组的中性点采用经接地变压器接地（其二次侧接有一电阻）。

（3）负荷情况。负荷情况包括负荷的地理位置、电压等级、出线回路数、输送容量、负荷类别、最大及最小负荷、功率因数、增长率、年最大负荷利用小时数等。

对于Ⅰ类负荷，必须有两个独立电源供电（如用双回路接于不同的母线段）；Ⅱ类负荷一般也要有两个独立电源供电；Ⅲ类负荷一般只需一个电源供电。

负荷的发展和增长速度受政治、经济、工业水平和自然条件等因素的影响。负荷的预测方法有多种，需要时可参考有关文献。粗略地，可以认为负荷在一定阶段内的自然增长率按如下指数规律变化：

$$L=L_0\mathrm{e}^{mt} \tag{2-12}$$

式中 L_0——初期负荷（MW）；

m——年负荷增长率，由概率统计确定；

t——年数，一般按5~10年规划考虑；

L——由负荷为L_0的某年算起，经t年后的负荷（MW）。

（4）环境条件。环境条件包括当地的气温、湿度、覆冰、污秽、风向、水文、地质、海拔及地震等因素，对主接线中电气设备的选择、厂房和配电装置的布置等均有影响；对330kV及以上电压的电气设备和配电装置，要遵循《电磁辐射防护规定》，严格控制噪声、静电感应的场强水平及电晕无线电干扰；对高电压大容量重型设备的运输条件亦应充分考虑。

（5）设备供货情况。为使所设计的主接线具有可行性，必须对主要设备的性能、制造能力、价格和供货等情况进行汇集、分析、比较，以保证设计的先进性、经济性和可行性。

2. 主接线方案的拟定

根据设计任务书的要求，在分析原始资料的基础上，可拟定出若干个可行的主接线方案。因为对发电机连接方式的考虑、主变压器的台数、容量及型式的考虑、各电压级接线形式的选择等不同，会有多种主接线方案（近期和远期）。

3. 对各方案进行技术论证

根据主接线的基本要求，从技术上论证各方案的优、缺点，对地位重要的大型发电厂或变电所要进行可靠性的定量计算、比较，淘汰一些明显不合理的、技术性较差的方案，保留2、3个技术上相当的、满足任务书要求的方案。

4. 对所保留的方案进行经济比较

对所保留的2、3个技术上相当的方案进行经济计算，并进行全面的技术、经济比较，确定最优方案。经济比较主要是对各个参加比较的主接线方案的综合总投资和年运行费两大项进行综合效益比较。比较时，一般只需计算各方案不同部分的综合总投资和年运行费，详细计算可参考有关资料。

对于重要发电厂或变电站的电气主接线还应进行可靠性的定量计算，可参考有关资料。

5. 短路电流计算和选择电气设备

对选定的电气主接线进行短路电流计算，并选择合理的电气设备。

6. 绘制电气主接线图

对最终确定的电气主接线，按工程要求绘制施工图。

7. 编制工程概算

对于工程设计，无论哪个设计阶段，概算都是必不可少的组成部分。它不仅反映工程设计的经济性与可靠性的关系，而且为合理地确定和有效控制工程造价创造条件，为工程付诸实施、投资包干、招标承包、正确处理有关各方的经济利益关系提供基础。

概算的编制是以设计图为基础，以国家颁布的《工程建设预算费用构成及计算标准》、《全国统一安装工程预算定额》、《电力工程概算指标》以及其他文件和具体规定为依据，并按国家定价与市场调整或浮动价格相结合的原则进行。

概算的构成主要有以下内容：

（1）主要设备器材费，包括设备原价、主要材料（钢材、木材、水泥等）费、设备运杂费（含成套服务费）、备品备件购置费、生产器具购置费等。除设备及材料费外，其他费用均按规定在器材费上乘一系数而定。该系数由国家和地区随市场经济在某一时期内下达指定定额。

（2）安装工程费，包括直接费、间接费及税金等。直接费指在设备安装过程中直接消耗在该设备上的有关费用，如人工费、材料费和施工机械使用费等；间接费指安装设备过程中为全工程项目服务，而不直接耗用在特定设备上的有关费用，如施工管理费、临时设施费、劳动保险基金和施工队伍调遣费用等；税金是指国家对施工企业承包安装工程的营业收入所征收的营业税、教育附加和城市维护建设税。

（3）其他费用，指以上未包括安装建设费用，如建设场地占用及清理费、研究试验费、工程设计费及预备费等。所谓预备费是指在各设计阶段用以解决设计变更（含施工过程中工程量增减、设备改型、材料代用等）而增加的费用，一般自然灾害造成的损失和预防自然灾害所采取的措施费用，以及预计设备费用上涨价差补偿费用等。

根据国家现阶段下达的定额、价格、费率，结合市场经济现状，对上述费用逐项计算，列表汇总相加，即为该工程的概算。

2.5.3　电气主接线的设计举例

根据如下某火力发电厂的原始资料设计其电气主系统：

该厂装机4台，分别为供热式机组2×50MW，$U_N=10.5$kV，凝汽式机组2×300MW，$U_N=15.75$kV，厂用电率6%，机组年利用小时$T_{max}=6500$h。

系统规划部门提供的电力负荷及与电力系统连接情况资料如下：

（1）10.5kV电压级最大负荷20MW，最小负荷15MW，$\cos\varphi=0.8$，电缆馈线10回。

（2）220kV电压级最大负荷250MW，最小负荷200MW，$\cos\varphi=0.85$，$T_{max}=4500$h，架空线5回。

(3) 500kV 电压级与容量为3500MW 的电力系统连接，系统归算到本电厂 500kV 母线上的电抗标幺值 $x_S^*=0.021$（基准容量为 100MV · A），500kV 架空线 4 回，备用线 1 回。

此外，尚有相应的地理环境、气候条件及其他相应资料。

1. 对原始资料的分析

设计电厂为大、中型火电厂，其容量为 2×50MW+2×300MW=700MW，占电力系统总容量 700/(3500+700)×100%=16.7%，超过了电力系统的检修备用容量 8%~15%和事故备用容量 10%的限额，说明该厂在未来电力系统中的作用和地位至关重要，且年利用小时数为6500h，远远大于电力系统发电机组的平均最大负荷利用小时数（如 2012 年我国电力系统发电机组年最大负荷利用小时数为 5080h）。该厂为火电厂，在电力系统中将主要承担基荷，从而该厂主接线设计务必着重考虑其可靠性。

从负荷特点及电压等级可知，10.5kV 电压等级上的地方负荷容量不大，共有 10 回电缆馈线，与 50MW 发电机的机端电压相等，采用直馈线为宜。15.75kV 电压为 300MW 发电机出口电压，既无直配负荷，又无特殊要求，拟采用单元接线形式，可节省价格昂贵的发电机出口断路器，又利于配电装置的布置；220kV 电压级出线回路数为 5 回，为保证检修出线断路器不致对该回路停电，拟采取带旁路母线接线形式；500kV 电压级与系统有 4 回馈线，呈强联系形式并送出本厂最大可能的电力为 700MW-15MW-200MW-700MW×6%=443MW。可见，该厂 500kV 级的接线对可靠性要求应当很高。

2. 主接线方案的拟定

根据对原始资料的分析，现将各电压级可能采用的较佳方案列出，进而以优化组合方式组成最佳可比方案。

(1) 10kV 电压级。鉴于 10kV 出线回路多，且发电机单机容量为 50MW，远大于有关设计规程对选用单母线分段接线每段不宜超过 12MW 的规定，应确定为双母线分段接线形式，2 台 50MW 机组分别接在两段母线上，剩余功率通过主变压器送往高一级电压 220kV。考虑到 50MW 机组为供热式机组，通常“以热定电”，机组年最大负荷小时数较低，即 10kV 电压级与 220kV 电压之间按弱联系考虑，只设 1 台主变压器；同时，由于 10kV 电压最大负荷为 20MW，远小于 2×50MW 发电机组装机容量，即使在发电机检修或升压变压器检修的情况下，也可保证该电压等级负荷要求。由于 2 台 50MW 机组均接于 10kV 母线上，有较大短路电流，为选择合适的电气设备，应在分段处加装母线电抗器，各条电缆馈线上装设线路电抗器。

(2) 220kV 电压级。出线回路数大于 4 回，为使其出线断路器检修时不停电，应采用单母线分段带旁路接线或双母线带旁路接线，以保证其供电的可靠性和灵活性。其进线仅从 10kV 送来剩余容量 2×50MW-[(100×6%)+20]MW=74MW，不能满足 220kV 最大负荷 250MW 的要求。为此，拟以 1 台 300MW 机组按发电机—变压器单元接线形式接至 220kV 母线上，其剩余容量或机组检修时不足容量由联络变压器与 500kV 接线相连，相互交换功率。

(3) 500kV 电压级。500kV 负荷容量大，其主接线是本厂向系统输送功率的主要接线方式，为保证可靠性，可能有多种接线形式，经定性分析筛选后，可选用的方案为双母线带旁路接线和一台半断路器接线，通过联络变压器与 220kV 连接，并通过一台三绕组变压器联系 220kV 及 10kV 电压，以提高可靠性，一台 300MW 机组与变压器组成单元接线，直接将功率送往 500kV 电力系统。

根据以上分析、筛选、组合，可保留两种可能接线方案：方案Ⅰ如图 2-29 所示；方案

Ⅱ为500kV侧采用双母线带旁路母线接线，220kV侧采用单母线带旁路母线接线，示意图略。

3. 主接线最终方案的确定

通常，经过经济比较计算出年费用最小方案者，即为经济上的最优方案；然而，主接线最终方案的确定还必须从可靠性、灵活性等多方面综合评估，包括大型电厂、变电站对主接线可靠性若干指标的定量计算，最后确定最终方案。

通过定性分析和可靠性及经济计算，在技术上（可靠性、灵活性）方案Ⅰ明显占优势，这主要是由于一台半断路器接线方式的高可靠性指标，但在经济上则不如方案Ⅱ。鉴于大、中型发电厂大机组应以可靠性和灵活性为主，所以经综合分析，决定选图2-29所示的方案Ⅰ为设计最终方案。

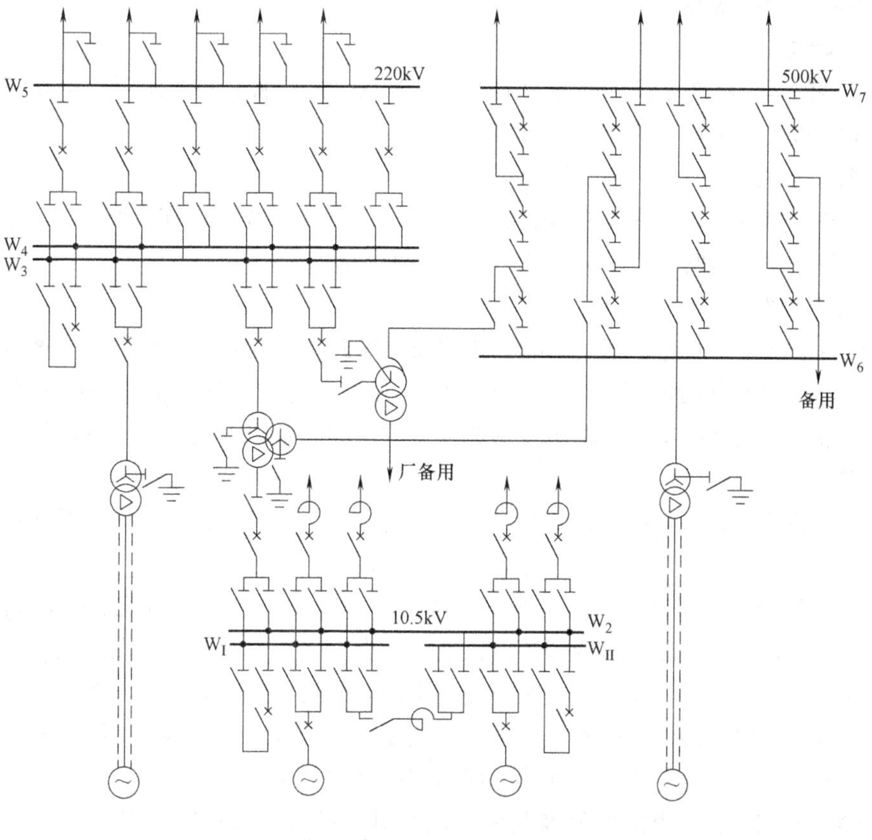

图2-29 拟设计的火电厂主接线方案Ⅰ简图

任务2.6 电气倒闸操作

【任务描述】

本任务讲述电气倒闸操作的基础知识，要求掌握典型倒闸操作票的填写。

【任务实施】

发电厂、变电站仿真实验室。

2.6.1 电气设备的状态

运行中的电气设备，是指全部带有电压或一部分带有电压以及一经操作即带有电压的电气设备。所谓一经操作即带有电压的电气设备，是指现场停用或备用的电气设备，它们的电气连接部分和带电部分之间只用断路器或隔离开关断开，并无拆除部分，一经合闸即带有电压。因此，运行中的电气设备具体指的是现场运行、备用和停用的设备。如电气设备某一部分已从电气连接部分拆下，并已拆离原来的安装位置而远离带电部分，则不属于运行中的电气设备。现场中全部带有电压的设备即处于运行状态，而其中一部分带有电压或一经操作才带有电压的设备是处于备用状态或停用状态或检修状态。

在发电厂或变电站中，运行中的电气设备有运行状态、热备用状态、冷备用状态和检修状态四种不同的运行状态。

1. 运行状态

电气设备的运行状态是指断路器及隔离开关都在合闸位置，将电源至受电端间的电路接通（包括辅助设备如电压互感器、避雷器等）。

2. 热备用状态

电气设备的热备用状态是指断路器的断开位置，而隔离开关仍在合闸位置，其特点是：没有明显的断开点，断路器一经合闸即可将设备投入运行。

3. 冷备用状态

电气设备的冷备用状态是指设备的断路器及隔离开关均在断开位置，其显著特点是该设备（如断路器）与其他带电部分之间有明显的断开点。电气设备冷备用根据工作性质可分为断路器冷备用、线路冷备用、电压互感器与避雷器的冷备用以及母线冷备用等。

4. 检修状态

电气设备的检修状态是指设备的断路器和隔离开关均已断开，装上接地线或合上接地闸刀。电气设备检修根据工作性质又可分为以下几种情况：

（1）断路器检修是指设备的断路器与其两侧隔离开关均拉开，断路器的控制回路熔丝已取下或断开断路器，在断路器两侧装设接地线或合上接地刀开关，并做好安全措施。

检修的断路器若与两侧隔离开关之间接有电压互感器（或变压器），则该电压互感器的隔离开关应拉开或取下高低压熔丝，高压侧无法断开时则取下低压熔丝或断开断路器。

断路器连接到母差保护的电流互感器回路应断开并短接。

（2）线路检修是指线路断路器及其两侧隔离开关拉开，并在线路出线端挂好接地（或合上线路接地刀开关）。若有线路电压互感器（或变压器），应将其隔离开关拉开或取下高低压熔丝或断开断路器。

（3）主变压器检修是指断开变压器各侧断路器及各断路器两侧隔离开关，断开变压侧各侧中性点接地刀开关，并在变压器各侧接地线或合上接地刀开关，同时断开变压器相关辅助设备。

（4）母线检修是指断开与母线相连的所有断路器和隔离开关（包括母联或分段回路），母线上电压互感器和避雷改为冷备用或检修状态；并在母线上挂好接地线（或合上母线接地刀开关）。

2.6.2 倒闸操作的概念和分类

将电气设备由一种状态转变到另一种状态的过程叫倒闸，所进行的操作称为倒闸操作。

倒闸操作必须根据设备状态按照：运行→热备用→冷备用→检修的顺序进行设备状态的转移，一般不允许前一个状态未操作完成即向下一个状态操作。

倒闸操作一般有如下几种分类方法。

1. 按操作人员类型分类

（1）监护操作。监护操作是由两人进行同一项的操作。监护操作时，其中一人对设备较为熟悉者做监护。特别重要和复杂的合闸操作，由熟练的运行人员操作，运行值班负责人监护。

（2）单人操作。单人操作是由一人完成的操作。单人值班的变电站操作时，运行人员根据下令人用调度电话传达的操作指令填用操作票，复诵无误。实行单人操作的设备、项目及运行人员需经设备运行管理单位批准，人员应通过专项考核。

室内高压设备符合下列条件者，可由单人操作：室内高压设备的隔离室设有遮栏，遮栏的高度在1.7m以上，安装牢固并加锁者；室内高压断路器的操动机构用墙或金属板与该断路器隔离或装有远方操动机构者。

单人操作不得进行登高或登杆操作。

（3）检修人员操作。检修人员操作是由检修人员完成的操作。

经设备运行管理单位培训、考试合格、批准的本企业的检修人员，可进行220kV及以下电气设备上热备用至检修或由检修至热备用的监护操作，监护人应是同一单位的检修人员。

检修人员进行操作的接、发令程序及安全要求应由设备运行管理单位总工程师（技术负责人）审定，并报相关部门和调度机构备案。

2. 按操作手段分类

（1）就地操作。就地操作是指在一次设备的端子箱、汇控箱上进行的操作。

（2）遥控操作。遥控操作是指从调度端或集控站发出远方操作指令，以微机监控系统或以变电站的RTU（Remote Terminal Unit，远程终端装置）当地功能为技术手段，在远方的变电站实现的操作。

（3）程序操作。程序操作是遥控操作的一种，但程序操作时发出的远方操作指令是批指令。

实施程序化操作，只需要变电站内运行人员或监控中心运行人员根据操作要求选择一条程序化操作命令（比如说将某线路运行状态改为检修）。操作票的选择、执行和操作过程的校验由变电站操作系统自动完成，实现“一键操作”。一方面大大降低了操作中的人为因素，提高了操作的可靠性；另一方面也大大缩短了操作时间和系统运行方式变换时间，提高了操作效率和系统可靠性。

遥控操作和程序操作应该满足倒闸操作基本要求，满足电网运行方式的需求，满足五防要求，同时程序操作应该满足以下要求：

所有参与遥控、程序操作的一次设备需要实现电动化操作，并且具有较高的可靠性。

为了使母线倒排等工作可以进行程序操作，母联开关控制电源、电压互感器并列装置、母差保护软压板均必须具备遥控功能。

为了使设备及线路检修可以进行遥控、程序操作，各出线必须安装验电器，并将相关节点列入遥信。同时出线压变二次侧与保护装置之间必须增加出线开关或开关的辅助节点（避免倒送电）。条件允许的话可以考虑各开关直流控制电源、线路压变二次侧断路器具备遥控功能。

一旦出现反应事故的“事故总信号”“保护动作”等信号，必须可靠闭锁并停止遥控、程序操作。

3. 按操作目的分类

（1）正常计划停电检修和试验的操作。

（2）调整负荷及改变运行方式的操作。

（3）异常及事故处理的操作。

（4）设备投运的操作。

4. 变电站常见的设备操作类型

（1）断路器的停送电操作。

（2）变压器的停送电操作。

（3）倒母线及母线停送电操作。

（4）线路的停送电操作。

（5）发电机的解并列操作。

（6）电网的解合环操作。

2.6.3 倒闸操作的基本原则及规定

为了保证倒闸的安全顺利进行，倒闸操作有如下基本原则及技术管理规定。

1. 倒闸操作的基本原则

（1）必须使用断路器切断或接通回路电流。因此送电操作时必须先合隔离开关，后合断路器；停电操作时与此顺序相反。

（2）拉合隔离开关前检查断路器在开位。

（3）设备送电前必须将有关继电保护启用，没有继电保护或不能自动跳闸的断路器不准送电。

（4）高压断路器不允许带电压手动合闸，运行中的手车断路器不允许打开机械闭锁手动分闸。

（5）在操作过程中，发现误合隔离开关时，不允许将误合的隔离开关再拉开；发现误拉隔离开关时，不允许将误拉的隔离开关再重新合上。

2. 倒闸操作的一般规定

（1）正常倒闸操作必须根据调度值班人员的指令进行操作。

（2）正常倒闸操作必须填写操作票。

（3）倒闸操作应由两人进行。

（4）正常倒闸操作应尽量避免在下列情况下操作：交接班时间内；负荷处于高峰时段；系统稳定性薄弱期间；雷雨、大风等天气；系统发生事故时；有特殊供电要求。

（5）电气设备操作后必须检查确认实际位置。

(6) 下列情况下，值班人员不经调度下令或许可可直接操作，操作后须汇报调度：将直接对人员生命有威胁的设备停电；确定在无来电可能的情况下，将已损坏的设备停电；确认母线失电，拉开连接在失电母线上的所有断路器。

(7) 事故处理时操作可不填写操作票，但不能违反安全操作规定。

2.6.4 防止电气误操作的措施

倒闸操作过程中，发生电气误操作不仅会导致设备损坏、系统停电，甚至会发生人身伤亡事故，危害极大。典型的电气误操作归纳起来包括以下五种，防止这五种误操作的措施简称“五防”：防带负荷拉、合隔离开关；防带地线合闸；防带电挂接地线（或带电合接地开关）；防误拉、合断路器；防误入带电间隔。

防止电气误操作的措施包括组织措施和技术措施两个方面。

1. 防止误操作的组织措施

防止误操作的组织措施就是建立一整套操作制度，并要求各级值班人员严格贯彻执行。组织措施有：操作命令和操作命令复诵制度；操作票制度；操作监护制度；操作票管理制度。

(1) 操作命令和操作命令复诵制度。操作命令和操作命令复诵制度系指值班调度员或值班负责人下达操作命令，受令人重复命令的内容无误后，按照下达的操作命令进行倒闸操作。

(2) 操作票制度。凡改变电力系统运行方式的倒闸操作及其他较复杂操作项目，均必须填写一个操作任务。操作票的格式及内容应统一按照有关规定执行。

(3) 操作监护制度。倒闸操作必须在接到上级调度的命令后执行。值班人员在接受调度下达的操作任务时，受令人应复诵无误，若有疑问，应及时提出。

监护操作时，其中一人对设备较为熟悉者做监护。特别重要和复杂的倒闸操作，由熟练的运行人员操作，运行值班负责人监护。

(4) 操作票管理制度。操作票管理制度首先要把住执行前的审核关，考核重点应放在执行过程中，严禁无票作业、无票操作。

2. 防止误操作的技术措施

实践证明，单靠防止误操作的组织措施，还不能最大限度地防止误操作事故的发生，还必须采取有效的防止误操作技术措施。防止误操作技术措施是多方面的，其中最重要的是采用防止误操作闭锁装置。防误闭锁装置是利用自己既定的程序闭锁功能，装设在高压电气设备上以防止误操作的机械装置。防误装置包括：微机防误、电气闭锁、电磁闭锁、机械联锁、机械程序锁和带电显示装置等。一般的电气设备系统可采用机械闭锁、机械程序闭锁和电气闭锁。开关柜可选用具有“五防”功能的设备，已运行的开关柜应通过改造实现“五防”功能。对接线比较复杂的设备系统（如双母线带旁路且进出线较多）采用机械程序锁难以实现闭锁的，可采用微机闭锁装置。

由于微机防误闭锁应用了微机技术，使用数字编码，能实现精确智能控制，准确达到电气“五防”功能，并具有安装和操作方便以及编码可以无限扩展和自由更换等优点，在电力系统中得到广泛应用，并成为电气防误闭锁的发展方向。

2.6.5 开关类设备停送电操作

1. 断路器运行状态的转换

（1）断路器的运行状态。如图 2-30a 所示，断路器 QF 与两侧的隔离开关 QS_1、QS_2 均在合闸位置。

（2）断路器的热备用状态。断路器由图 2-30a 运行状态操作到图 2-30b 热备用状态：拉开断路器 QF。断路器由图 2-30b 热备用操作到图 2-30a 运行状态：在两侧隔离开关均合上的基础上合上断路器 QF。

（3）断路器的冷备用状态。断路器由图 2-30b 热备用状态操作到图 2-30c 冷备用状态：先拉开线路侧隔离开关 QS_2，再拉开母线侧隔离开关 QS_1。断路器由图 2-30c 冷备用操作到图 2-30b 热备用状态：先合上母线侧隔离开关 QS_1，再合上线路侧隔离开关 QS_2。

（4）断路器的检修状态。断路器由图 2-30c 冷备用状态操作到图 2-30d 检修状态：在冷备用的基础上在断路器 QF 两侧合上接地开关或者挂上接地线，做好其他安全措施，并断开断路器的控制回路。断路器由图 2-30d 检修状态操作到图 2-30c 冷备用状态：断开 QF 两侧的接地开关或拆除接地线及其他安全措施，并接通断路器的控制回路。

断路器的停送电操作就是按以上四个状态从一个状态操作到另一个状态，断路器和隔离开关的操作顺序不能更改，在断路器转为检修状态，合接地开关或挂接地线前应先验电。

2. 出线断路器由运行转检修操作

【操作票的填写】电气主接线如图 2-31 所示。

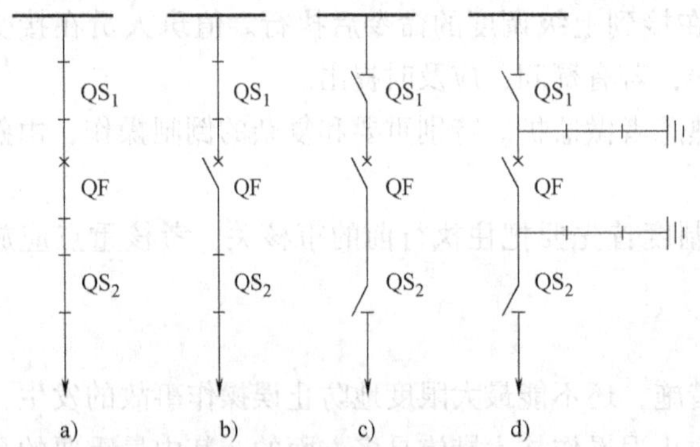

图 2-30 断路器的四个状态

a）运行状态 b）热备用状态 c）冷备用状态 d）检修状态

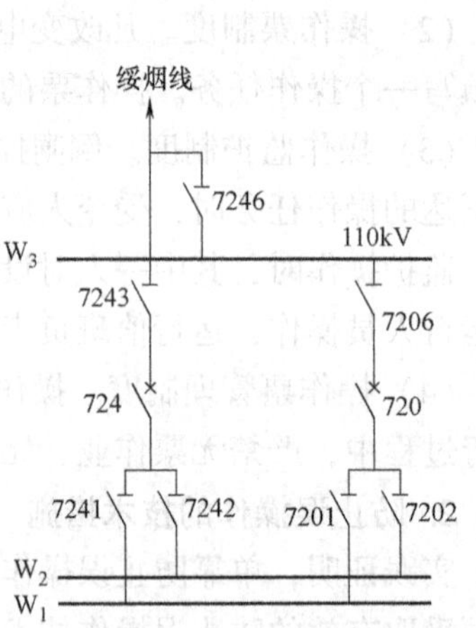

图 2-31 电气主接线

操作任务：绥烟线 724 断路器运行于 W_1 母线转检修。

操作项目（按操作顺序填写与执行）：

1）拉开 724 断路器。

2）检查 724 断路器确在分闸位置。

3）拉开 7243 隔离开关，检查分闸良好。

4）检查 7242 隔离开关在断位。

5）拉开 7241 隔离开关，检查分闸良好。

6）检查 724 断路器确在冷备用状态。

7）取下 724 断路器操作电源熔断器。

8）拉开 724 断路器信号电源小隔离开关。

9）取下 724 断路器合闸电源熔断器。

10）在 724 断路器与 7241 隔离开关之间验明三相确无电压后挂接地线一组（1 号）。

11）在 724 断路器与 7243 隔离开关之间验明三相确无电压后挂接地线一组（2 号）。

注：在第 2）步检查 724 断路器确在分闸位置时，若是分相机构，则要分别检查三相位置；又由于断路器的动静触头无法看到，所以要求进行间接检查，要有 2 个及以上不同原理的条件，位置指示为机械条件，还要求有电量条件（可以通过电流指示为零作为电量条件）。

执行完第 5）步，此设备已由运行状态转为冷备用状态，后续步骤为根据安全措施进行的相关操作。

3. 10kV 线路 112 手车断路器由检修转运行操作

手车断路器（如图 2-32）由于没有隔离开关的动静触头也不能直接看到，需要间接检查，因此手车断路器除了前述四个状态以外，还有表示手车断路器所处位置的位置指示灯，即“工作位”“试验位”“检修位”。工作位是指开关小车的上下触头均插入开关柜体内的静触头，并接触良好；试验位是指开关小车的上下触头离开开关柜体内的静触头一定距离，并在轨道规定位置进行闭锁，二次插头插上，获得操作电源，断路器可以进行合闸、分闸操作，断路器与一次设备没有联系，可以进行各项操作试验；检修位是指开关小车从中置柜移到了检修平台，开关小车与一次设备（母线）没有联系，失去操作电源（二次插头已经拔下），可以对小车和断路器进行检修。

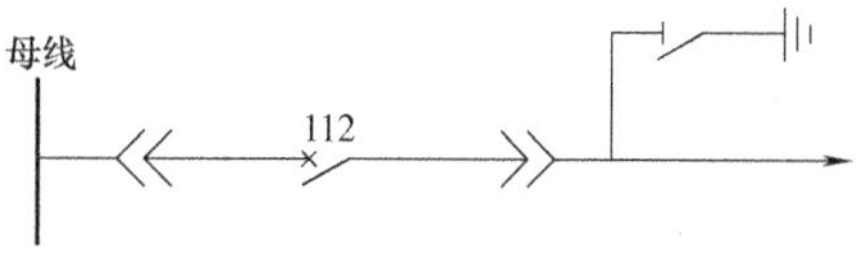

图 2-32　手车断路器

（1）将 112 手车断路器由检修转冷备用。将 112 手车断路器由“检修位”推入“试验位”，此时接上手车断路器控制电缆航空插头可以看到“试验位”指示灯亮。

（2）将 112 手车断路器由冷备用转热备用。将 112 手车断路器由“试验位”推入“工作位”，可以看到“工作位”指示灯亮，表明手车两侧隔离插头已完全合上。

（3）将 112 手车断路器由热备用转运行。通过手车上操作把手合上 112 手车断路器，并检查断路器确已合上。

思考题与习题

2-1　什么是电气主接线？对它有哪些基本要求？电气主接线的基本形式有哪些？

2-2　隔离开关与断路器的主要区别是什么？它们的操作程序应如何正确配合？

2-3　主母线和旁路母线各起什么作用？以单母线带旁路接线为例，说明检修出线断路器时如何操作。

2-4　何为一台半断路器接线？它有哪些优缺点？一台半断路器接线中的交叉布置有何意义？

2-5　一台半断路器接线与双母线带旁路接线相比较，两种接线各有何利弊？

2-6　在发电机—变压器单元接线中，如何确定是否装设发电机出口断路器？

2-7　桥形接线中，内、外桥接线各适用于什么场合？

2-8 角形接线有何特点？

2-9 电气主接线中为什么要限制短路电流？通常采用哪些方法？

2-10 选择主变压器时应考虑哪些因素？其容量、台数、型式等应根据哪些原则来选择？

2-11 某220kV系统的重要变电站，装置2台120MV·A的主变压器；220kV侧有4回进线，110kV侧有10回出线且均为Ⅰ、Ⅱ类负荷，不允许停电检修出线断路器，应采用何种接线方式为好？画出接线图并简要说明。

2-12 画出具有2回电源进线、4回出线并设置专用旁路断路器的双母线带旁路母线的电气主接线，并说明用旁路断路器代替出线断路器的倒闸操作步骤（电源进线不接入旁路）。

2-13 电气设备有几种运行状态？

2-14 倒闸操作的概念是什么？倒闸操作的基本类型有哪些？倒闸操作的基本原则是什么？

2-15 防误操作的措施有哪些？

2-16 断路器的四个运行状态的转换是如何操作的？

2-17 试分析图2-6中在检修母线时，倒闸操作过程中QF_c的运行状态。

项目3 发电厂及变电站自用电系统运行

所谓自用电是指发电厂或变电站在生产过程中，自身所使用的电能，也称厂（站）用电。自用电供电安全与否，将直接影响发电厂和变电站的安全、经济运行。发电厂和变电站的自用电源引接、电气设备的选择和接线，应考虑运行、检修和施工的需要，以满足确保机组安全、技术先进、经济合理的要求。

【知识目标】

1. 掌握厂用电及厂用电率的概念、厂用电负荷分类及供电要求；
2. 掌握厂用电接线中工作电源、备用电源、启动电源、事故保安电源的引接方式；
3. 熟悉自用电典型接线形式及特点；

【能力目标】

1. 正确区分厂用电接线中工作电源、备用电源、启动电源、事故保安电源；
2. 掌握厂用变压器的选择；
3. 厂用电动机的选择和自起动校验。

任务3.1 自用电基本认知

【任务描述】

本任务讲述厂用电及厂用电率的概念、厂用电负荷分类及供电要求，厂用电电压等级及应用。

【任务实施】

发电厂、变电站仿真实验室。

3.1.1 厂用电及厂用电率

发电厂在起动、运转、停役、检修过程中，有大量以电动机拖动的机械设备，用以保证机组的主要设备（如锅炉、汽轮机或水轮机、发电机等）和输煤、碎煤、除灰、除尘及水处理的正常运行。这些电动机以及全厂的运行、操作、试验、检修、照明等用电设备都属于厂用负荷，总的耗电量，统称为厂用电。厂用电绝大部分使用交流电，少量使用直流电。

发电厂在生产电能的过程中，一方面向系统输送电能；另一方面发电厂本身也在消耗电能。厂用电的电量大都由发电厂本身供给，且为重要负荷。其耗电量的高低与电厂类型、机械化和自动化程度、燃料种类及其燃烧方式、蒸汽参数等因素有关。厂用电耗电量占同一时

期内全厂总发电量的百分数，称为“厂用电率”。厂用电率可表示为

$$K_p = \frac{A_p}{A} \times 100\% \tag{3-1}$$

式中 A_p——厂用电耗电量（kW·h）；

A——同一时期内全厂总发电量（kW·h）。

我国凝汽式火电厂的厂用电率为5%~8%，热电厂为8%~10%，水电厂为0.3%~2%。厂用电率是发电厂的主要运行经济指标之一，降低厂用电率不仅降低了发电成本，同时也相应地增大了对电力系统的供电量。

3.1.2 厂用电负荷分类

1. 按重要性分类

厂用电负荷，根据其在生产过程中的作用和突然中断供电所造成的危害程度，其重要性可分为以下几类：

（1）Ⅰ类负荷。凡短时停电（包括手动操作恢复供电所需的时间）会造成设备损坏、危及人身安全、主机停运或出力明显下降的厂用负荷，如火电厂的给水泵、凝结水泵、循环水泵、引风机、给粉机等以及水电厂的调速器、润滑油泵等负荷，都属于Ⅰ类负荷。对于Ⅰ类负荷，通常设置双套机械，互为备用，并分别接到有两个独立电源的母线上，当一个电源失去后，另一个电源应立即自动投入。除此之外，还应保证Ⅰ类负荷的电动机能够可靠自起动。

（2）Ⅱ类负荷。允许短时停电（不超过数分钟），经运行人员及时操作后恢复供电，不致造成生产混乱的厂用负荷，如疏水泵、灰浆泵、输煤设备等均属于Ⅱ类负荷。对Ⅱ类负荷，一般应由两段母线供电，并可采用手动切换。

（3）Ⅲ类负荷。Ⅲ类负荷是指较长时间停电而不直接影响电能生产的厂用负荷，如修配车间、油处理设备等负荷，一般由一个电源供电。

（4）0Ⅰ类负荷（交流不间断供电负荷）。在机组运行期间以及正常或事故停机过程中，甚至在停机后的一段时间内，需要连续供电并具有恒频恒压特性的负荷称为不间断供电负荷，如实时控制的计算机、热工保护、自动控制和调节装置等。不间断供电负荷一般采用由蓄电池供电的电动发电机组或配备数控的静态逆变装置。

（5）0Ⅱ类负荷（直流保安负荷）。发电厂的继电保护和自动装置、信号设备、控制设备以及汽轮机和给水泵的直流润滑油泵、发电机的直流氢密封油泵等，是由直流系统供电的直流负荷，称为直流保安负荷，或称为0Ⅱ类负荷。这类负荷要求由独立的、稳定的、可靠的蓄电池组或整流装置供电。

（6）0Ⅲ类负荷（交流保安负荷）。在200MW及以上机组的大容量电厂中，自动化程度较高，要求在停机过程中及停机后的一段时间内，仍必须保证供电，否则可能引起主要设备损坏、自动控制失灵或危及人身安全等严重事故的厂用负荷，称为交流保安负荷，或称为0Ⅲ类负荷。如盘车电动机、交流润滑油泵、交流氢密封油泵、消防水泵等。平时由交流厂用电源供电，一旦失去厂用工作电源和备用电源，交流保安电源应自动投入。通常，由快速自起动柴油发电机组且有自动投入装置功能，或燃气轮机组，或具有可靠的外部独立电源等作为交流保安电源。

2. 按运行方式分类

运行方式是指用电设备使用机会的多少和每次使用时间的长短。

（1）按使用机会可分为两类：①“经常”使用的设备（负荷），即在生产过程中，除了本身检修和事故外，每天都投入使用的用电设备（负荷）；②“不经常”使用的设备，指只在机组检修、事故、机组起停期间使用，或两次使用间隔时间很长的用电设备。

（2）按每次使用时间的长短分为三类：①“连续”工作，即每次使用时，连续运转2h以上者；②“短时”工作，即每次使用时，连续带负荷运行10~120min者；③“断续”工作，即每次使用时，从运行到停止，反复周期性地运行，每一周期时间不超过10min者。

3.1.3 对厂用电接线的基本要求

厂用电接线设计必须贯彻国家的技术经济政策，同时要考虑全厂发展规划和分期建设的情况，以达到安全可靠、经济适用、符合国情的要求，在设计中要积极慎重地采用经过运行考验并通过鉴定的新技术、新设备。

具体来讲，厂用电接线应满足下列要求：

（1）供电可靠，运行灵活。厂用负荷的供电除了正常情况下有可靠的工作电源外，还应保证异常或事故情况下有可靠的备用电源，并可实现自动切换。另外，由于厂用电系统负荷种类复杂、供电回路多，电压变化频繁，波动大，运行方式的变化多样，要求无论在正常、事故、检修以及机组起停情况下均能灵活地调整运行方式，可靠、不间断地实现厂用负荷的供电。

（2）各机组的厂用电系统应是独立的。特别是200MW及以上机组应做到这一点。在任何运行方式下，一台机组故障停运或其辅机电气故障，不应影响另一台机组的运行，并要求受厂用电故障影响而停运的机组应能在短期内恢复运行。

（3）全厂性公用负荷应分散接入不同机组的厂用母线或公用负荷母线。在厂用电系统接线中，不应存在可能导致切断多于一个单元机组的故障点，更不应存在导致全厂停电的可能性，应尽量缩小事故的影响范围。

（4）充分考虑发电厂正常、事故、检修、起动等运行方式下的供电要求，尽可能地使切换操作简便，启动（备用）电源能在短时间内投入。

（5）供电电源应尽量与电力系统保持紧密的联系。当机组无法取得正常的工作电源时，应尽量从电力系统取得备用电源，这样可以保证其与电气主接线形成一个整体，一旦机组故障，便可从系统倒送厂用电。

（6）充分考虑电厂分期建设和连续施工过程中厂用电系统的运行方式，特别要注意对公用负荷供电的影响，要便于过渡，尽量减少改变接线和更换设置。

3.1.4 厂用电的电压等级

厂用电的电压等级是根据发电机额定电压、厂用电动机的电压和厂用电供电网络等因素，相互配合，经过技术经济综合比较后确定的。

为了简化厂用电接线，且使运行维护方便，厂用电电压等级不宜过多。在发电厂中，低压厂用电压常采用380V，高压厂用电压有3kV、6kV、10kV等。在满足技术要求的前提下，优先采用较低的电压，以获得较高的经济效益；大容量的电动机采用较低电压时往往并不经济。为了正确选择高压厂用电的电压等级，需进行技术经济论证。

1. 按发电机容量、电压确定高压厂用电压等级

（1）发电机组容量在60MW及以下时，发电机电压为10.5kV，可采用3kV作为高压厂用电压；发电机电压为6.3kV，可采用6kV作为高压厂用电压。

（2）当容量在100~300MW时，宜选用6kV作为高压厂用电压。

（3）当容量在600MW以上时，经技术经济比较，可采用6kV一级电压，也可采用3kV和10kV两级电压作为高压厂用电压。

2. 按厂用电动机容量、厂用电供电网络确定高压厂用电压等级

发电厂中拖动各种厂用机械设备的电动机，容量相差悬殊，从数千瓦到数千千瓦不等。在满足技术要求的前提下，优先采用较低电压的电动机，以获得较高的经济效益。这是因为，高压电动机制造容量大、绝缘等级高、磁路较长、尺寸较大、价格高、空载和负载损耗均较大，效率较低。但是，结合厂用电供电网络综合考虑，电压等级较高时，可选择截面积较小的电缆或导线，不仅节省有色金属，还能降低供电网络的投资。

火力发电厂采用3kV、6kV和10kV作为高压厂用电压，其特点分述如下：

（1）3kV电压：①3kV电动机效率比6kV电动机高1%~15%，价格约低20%；②将100kW及以上的电动机接到3kV电压母线上，100kW以下的电动机一般采用380V，可使低压厂用变压器容量和台数减少；③由于减少了380V电动机数量，使较大截面积的电缆数量减少，从而减少了有色金属消耗量。

（2）6kV电压：①6kV电动机的功率可制造得较大，200kW以上的电动机采用6kV电压供电，以满足大容量负荷要求；②6kV厂用电系统与3kV厂用电系统相比，不仅节省有色金属及费用，而且短路电流亦较小；③发电机电压若为6kV，可以省去高压厂用变压器，直接由发电机电压母线经电抗器供厂用电，以防止厂用电系统故障直接威胁主系统并限制其短路电流。

（3）10kV电压：①10kV电动机的功率可制造得更大一些，以满足大容量负荷，例如2000kW以上大容量电动机的要求；②1000kW以上的电动机采用10kV电压供电，比较经济合理；③适用于300MW以上大容量发电机组，但不能为单一的高压厂用电压，因为它不能满足全厂所有高压电动机的要求。

3. 厂用电压等级的应用

（1）300MW汽轮发电机组的厂用电压分为两级，高压为6kV，低压为380V。

（2）600MW汽轮发电机组的厂用电压，综合国内若干电厂的设置情况有如下两种方案：

方案1——采用6kV和380V两个电压等级。200kW及以上的电动机采用6kV电压供电，200kW以下的电动机采用380V电压供电。

方案2——采用10kV、3kV和380V三个电压等级。1800kW以上的电动机采用10kV电压供电，200~1800kW的电动机由3kV电压供电，200kW以下的电动机采用380V电压供电。

上述方案1采用一个6kV等级的厂用高压，而方案2采用10kV和3kV两个等级的厂用高压。原则上前者可使厂用电系统简化，设备较少，但许多2000kW以上大容量电动机接在6kV母线上，也会带来设备选择和运行方面的问题。600MW机组厂用电压等级采用何种方案，应经过综合比较后确定。

（3）1000MW汽轮发电机组的高压厂用电压等级。目前在建和已建的1000MW机组中，可归纳出以下4种方案：方案1（6kV一级电压）；方案2（10kV和6 kV两级电压）；方案

3（10kV 和 3kV 两级电压）；方案 4（10kV 一级电压）。高压厂用电压等级采用上述 4 种方案中的哪一种，在设计时应经过短路电流计算、电动机起动电压校验、变压器阻抗选择以及经济比较后确定。在上述 4 种方案中，低压厂用电压等级均采用 380V。

（4）水力发电厂的厂用电压等级。对于水力发电厂，由于水轮发电机组辅助设备使用的电动机容量均不大，通常只设 380V 一种厂用电压等级，由动力和照明公用的三相四线制系统供电。大型水力发电厂中，在坝区和水利枢纽装设有大型机械，如船闸或升船机、闸门启闭装置等，这些设备距主厂房较远，需在那里设专用变压器，采用 6kV 或 10kV 供电。

任务 3.2　厂用电源及厂用电接线的基本形式

【任务描述】

本任务讲述厂用电接线中工作电源、备用电源、起动电源、事故保安电源的引接方式。

【任务实施】

发电厂、变电站仿真实验室。

3.2.1　厂用电源及其引接方式

发电厂的厂用电源必须供电可靠，且能满足各种工作状态的要求，除应具有正常的工作电源外，还应设置备用电源、起动电源和事故保安电源。一般电厂中，都以启动电源兼作备用电源。

1. 厂用工作电源及其引接方式

发电厂（或变电站）的工作电源是保证发电厂（或变电站）正常运行的基本电源，要保证其可靠性、独立性和具有对应供电性，现代发电厂一般都投入系统并列运行。若从发电机电压回路通过高压厂用变压器（或电抗器）取得高压厂用工作电源，即使发电机组全部停止运行，仍可从电力系统倒送功率供给厂用电源。这种引接方式，供电可靠、操作简单、调度方便、投资和运行费都比较省，常被广泛使用。

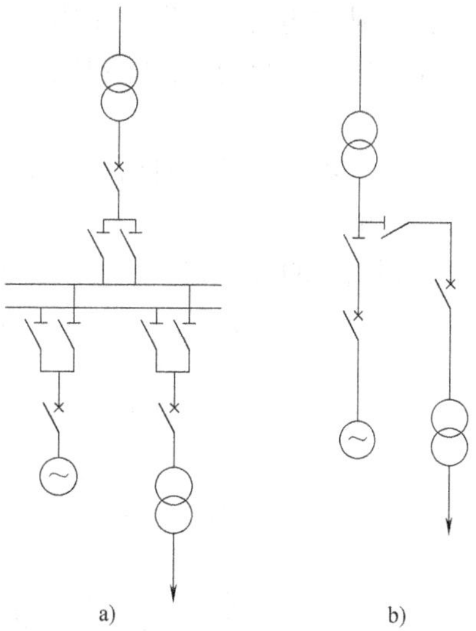

图 3-1　高压厂用工作电源的引接方式
a）从发电机电压母线上引接
b）从主变压器低压侧引接

高压厂用工作电源从发电机回路的引接方式与主接线形式有密切联系。当主接线具有发电机电压母线时，则高压厂用工作电源（厂用变压器或厂用电抗器）一般直接从该机组所连接的母线上引接，如图 3-1a所示；当发电机和主变压器为单元接线时，则厂用工作电源从主变压器的低压侧引接，如图 3-1b 所示。

厂用分支上一般都应装设高压断路器。该断路器应按发电机端短路进行选择，其开断电流可能比发电机出口处断路器的还要大，对大容量机组可能选不到合适的断路器，可加装电抗器或选低压分裂绕组变压器，以限制短路电流。若仍选不出时，对125MW及以下机组，一般可在厂用分支上按额定电流装设断路器、隔离开关或连接片，此时若发生故障，应立刻停机；对于200MW及以上的机组，厂用分支都采用分相封闭母线，故障率较小，可不装断路器和隔离开关，但应有可拆连接点，以供检修和调试用，这时，在变压器低压侧务必装设断路器。

低压厂用工作电源，由高压厂用母线通过低压厂用变压器引接。若高压厂用电设有10kV和3kV两个电压等级，则低压厂用工作电源一般从10kV厂用母线引接。

2. 备用电源和起动电源及其引接方式

厂用备用电源用于工作电源因事故或检修而失电时替代工作电源，起后备作用。备用电源应具有独立性和足够的供电容量，最好能与电力系统紧密联系，在全厂停电情况下仍能从系统取得厂用电源。

起动电源一般是指机组在起动或停运过程中，工作电源不可能供电的工况下为该机组的厂用负荷提供电源。因此，起动电源实质上也是一个备用电源。我国目前对200MW以上大型发电机组，为了确保机组安全和厂用电的可靠才设置厂用起动电源，且以起动电源兼作事故备用电源，统称起动/备用电源。

起动/备用电源的引接应保证其独立性，并且具有足够的供电容量，以下是最常用的引接方式：

（1）从发电机电压母线的不同分段上，通过厂用备用变压器（或电抗器）引接。

（2）从发电厂联络变压器的低压绕组引接，但应保证在机组全停情况下，能够获得足够的电源容量。

（3）从与电力系统联系紧密、供电最可靠的一级电压母线引接。这样，有可能因采用电压比比较大的起动/备用变压器，增大高压配电装置的投资而致经济性较差，但可靠性较高。

（4）当技术经济合理时，可由外部电网引接专用线路，经过变压器取得独立的备用电源或启动电源。

厂用电源的备用有“明备用”和“暗备用”两种方式，如图3-2所示。

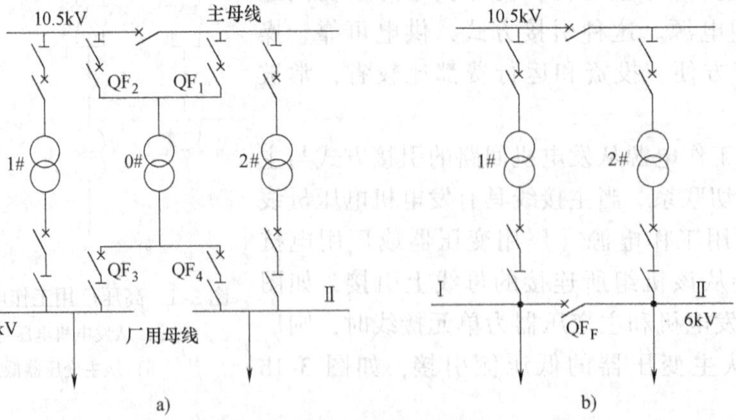

图3-2 厂用电源的两种备用方式

a）明备用 b）暗备用

暗备用方式，是指不另设专门的备用变压器，工作变压器之间互为备用。这种备用方式，厂用工作变压器台数少，但需要将每台工作变压器的容量加大，正常运行时均处于轻载状态下。厂用负荷较小，厂用工作变压器的容量也较小时可采用这种方式，如水电厂和变电站通常采用暗备用方式。

明备用方式，是指设有专门的备用变压器，当某个厂用工作电源故障退出后，备用电源自动投入，恢复对该厂用母线段的供电。这种备用方式，厂用变压器台数多，但不需要加大每台工作变压器的容量，备用电源容量应等于最大一台工作变压器的容量。大型火电厂厂用负荷很大，厂用工作变压器的容量也很大，通常采用明备用方式。

3. 事故保安电源

对200MW及以上的大容量机组，当厂用工作电源和备用电源都消失时，为确保在严重事故状态下能安全停机，事故消除后又能及时恢复供电，应设置事故保安电源，以保证事故保安负荷，如润滑油泵、密封油泵、热工仪表及自动装置、盘车装置、顶轴油泵、事故照明和计算机等设施的连续供电。

事故保安电源必须是一种独立而又十分可靠的电源，通常采用快速自动程序起动的柴油发电机组、蓄电池组以及逆变器将直流变为交流作为交流事故保安电源。对200MW及以上机组还应由附近110kV及以上的变电站或发电厂引入独立可靠专用线路，作为事故备用保安电源。

图3-3为某电厂200MW发电机组的事故保安电源接线示意图。交流保安电源通常都采用380/220V电压，每台机组设置一段事故保安母线，采用单母线接线。每2台发电机组设置1台柴油发电机组作为事故保安电源。热工仪表和自动装置等要求不间断供电的负荷，则由直流逆变器（每台机组设置一段）供电，其电压为220V。

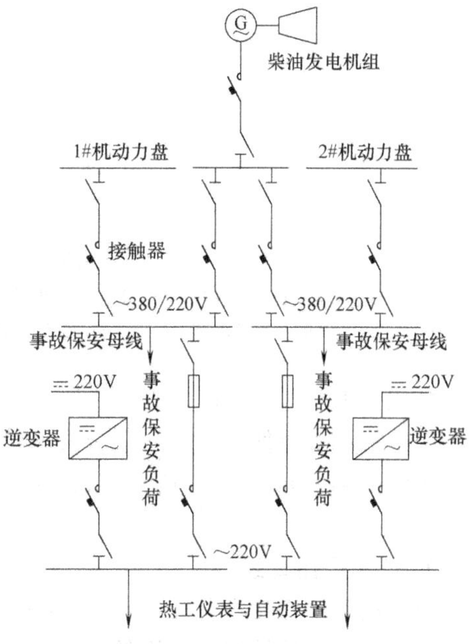

图3-3 某电厂200MW发电机组的事故保安电源接线示意图

对于1000MW发电机组，每台机组设置一台快速起动的柴油发电机组，作为本机的事故保安电源。每台机组设置两段380V事故保安母线，正常运行时分别由低压工作电源供电，事故时由柴油发电机组供电。

3.2.2 厂用电接线的基本形式

厂用电接线通常都采用单母线（或称单母线独立分段）接线形式，一段母线故障不影响其他母线段，并多以成套配电装置接受和分配电能。

1. 高压厂用母线

火电厂的高压厂用母线一般都采用“按炉分段”的接线原则，即将高压厂用母线按锅炉台数分成若干独立段。这是因为火电厂的厂用电负荷较大，分布面广，尤其锅炉的耗电量很大，约占厂用电量的60%以上，为了保证厂用电系统的供电可靠性与经济性，以及便于运行、检修，以使故障影响范围局限在一机一炉，不致影响正常运行的完好机炉。当锅炉容量为400t/h以下时，每炉设一段；当锅炉容量为400t/h及以上时，每炉的高压厂用母线至少设两段（双套辅机设备），两段母线可由一台高压厂用变压器供电。高压厂用母线分段的各种情况如图3-4所示。

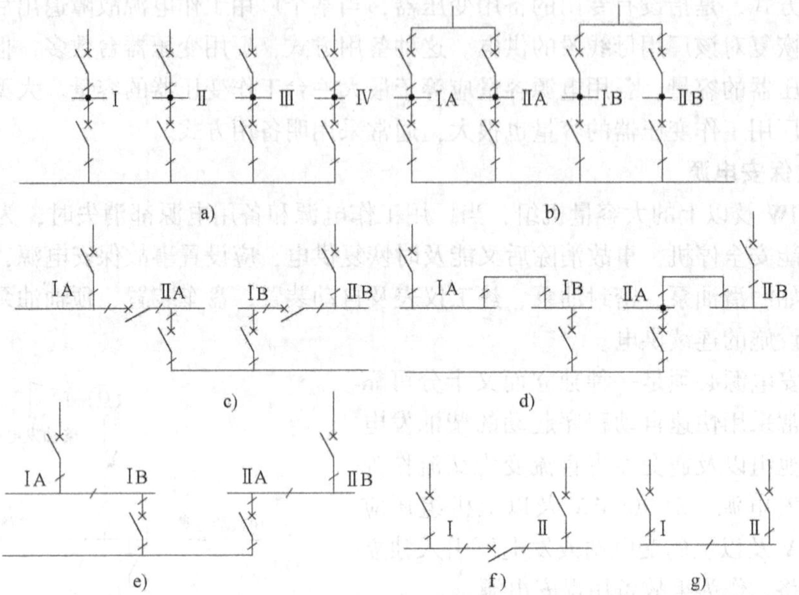

图3-4　高压厂用母线分段

a）一炉一段，有专用备用电源　b）一炉两段，同一变压器　c）采用断路器分段　d）采用隔离开关分段　e）采用一组隔离开关分段　f）两段母线经断路器连接，互为备用　g）两段经隔离开关连接

采用按炉分段接线的优点：①同一台锅炉的厂用电动机接在同一段母线上，既便于管理又方便检修；②可使厂用母线事故影响范围局限在一机一炉，不致过多干扰正常机组运行；③厂用电回路故障时，短路电流较小，可使厂用电系统采用成套的高、低压开关柜或配电箱。

2. 低压厂用母线

大型火电厂亦按炉分段；水电厂按水轮发电机组分段；在中、小型发电厂和变电站中，则根据电厂的具体情况，厂用低压负荷的大小和重要程度，全厂可分为二段或三段。低压厂用母线分段方式与高压厂用母线基本相似。

大容量机组新型的低压厂用电系统采用动力中心—电动机控制中心的组合方式，即在一个单元机组中设有若干个动力中心（PC，即低压厂用变压器的低压侧直接供电的部分），直接供电给容量较大的电动机和容量较大的静态负荷；由PC引接若干个电动机控制中心（MCC），供电给容量较小的电动机和容量较小的杂散负荷，其保护、操作设备集中，取消了就地动力箱；再由MCC引接车间就地配电屏（PDP），供电给本车间小容量的杂散负荷。一般情况是：容量为75kW以上的电动机由PC直接供电，75kW以下的电动机组由MCC供电。各PC一般均设两段母线，每段母线由一台低压厂用变压器供电，两台低压厂用变压器分别接至厂用高压母线的不同分段上，其备用方式可以是明备用或暗备用。PC和MCC均采用抽屉式开关柜。

3. 厂用公用母线段

全厂公用性负荷，应根据负荷功率及可靠性的要求，分别接在各段母线上，做到尽量均匀分配，相对集中。对于200MW及以上的大型机组，如厂用公用负荷较多，容量也较大，当采用集中供电方式合理时，可设置公用母线段。正常运行时，可由起动/备用变压器向公用母线段供电。

4. 厂用电动机的供电方式

厂用电动机的供电方式有个别供电和成组供电两种方式。如图3-5所示。

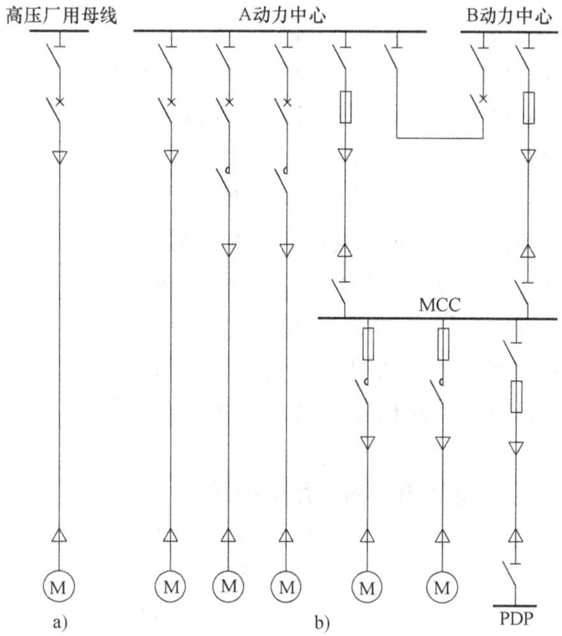

图3-5 厂用电动机供电方式

a）高压电动机 b）低压电动机

个别供电方式是指每台电动机由一条馈电线路直接接在相应电压（高压或低压）的厂用母线段上。所有高压厂用电动机和容量较大的低压电动机都采用这种供电方式。

成组供电方式是指若干台电动机只在厂用配电装置中占用一回馈线，待送到电动机控制中心（MCC）或车间就地配电屏（PDP）以后，再分别引至各电动机。成组供电方式一般仅适用于低压电动机。

任务3.3 自用电典型接线分析

【任务描述】

本任务讲述自用电典型接线形式及特点。

【任务实施】

发电厂、变电站仿真实验室。

【知识链接】

随着发电厂和变电站类型和容量的不同，其自用电接线差异也很大。下面以几个自用电典型接线来分析说明其特点。

3.3.1 火力发电厂的厂用电接线

厂用电接线方式合理与否，对机、炉、电的辅机以及整个发电厂的运行可靠性有很大影响。厂用电接线应保证厂用供电的连续性，使发电厂能安全满负荷发电，并满足运行安全可靠、灵活方便等要求。下面分别介绍小容量火电厂、中型热电厂及大型火电厂的厂用电接线，大型火电厂的发电机组单机容量都在200MW及以上。

1. 小容量火电厂的厂用电接线

图3-6所示为小容量火电厂的厂用电接线。该发电厂装设有二机二炉。发电机电压为

6.3kV，发电机电压母线采用分段单母线接线，通过主变压器与110kV系统相联系。因机组容量不大，大功率的厂用电动机数量很少，所以不设高压厂用母线，少量的大功率厂用电动机，直接接在发电机电压母线上。小功率的厂用电动机及照明负荷，由380/220V低压厂用母线供电。380/220V低压厂用母线按炉分段，每段低压厂用母线由一台厂用工作变压器供电，引接至发电机电压母线上。该厂厂用电的备用电源采用明备用方式，备用变压器接在与电力系统有联系的发电机电压主母线段上。

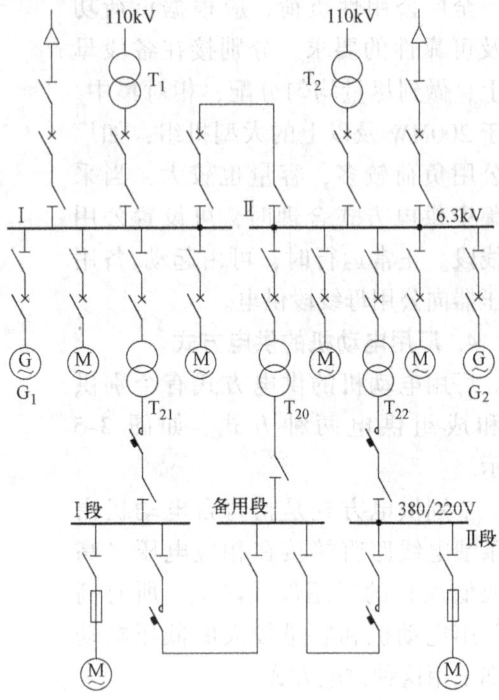

图3-6 小容量火电厂的厂用电接线

2. 中型热电厂的厂用电接线

图3-7所示为中型热电厂的厂用电接线。该电厂装设有二机三炉（母管制供汽）。

发电机电压为10.5kV，发电机电压母线采用双母线分段接线，通过两台主变压器与110kV电力系统相联系。

厂用高压采用6kV，按锅炉台数设置三段高压厂用母线，通过高压厂用工作变压器T_{11}、T_{12}和T_{13}分别接于主母线的两个分段上；高压备用电源采用明备用方式，备用变压器T_{10}也接在发电机电压主母线上。

厂用低压电压采用380/220V。由于机组容量不大，负荷较小，厂用低压母线只设两段（每段又使用隔离开关分为两个半段），分别由接于高压厂用母线Ⅰ段和Ⅲ段上的低压厂用工作变压器T_{21}和T_{22}供电。厂用低压备用电源采用明备用方式，由接于高压厂用母线Ⅱ段（该段上未接厂用低压工作变压器）上的厂用低压备用变压器T_{20}供电。

5.5kW及以上的Ⅰ类厂用负荷和40kW以上的Ⅱ、Ⅲ类厂用重要机械的电动机，均采用个别供电方式。对一般不重要机械的小电动机和距离厂用配电装置较远的车间（如中央水泵房）电动机，则采用成组供电方式最为适宜。

3. 200~300MW汽轮发电机组的高压厂用电接线

200~300MW汽轮发电机组的高压厂用电系统常用的有两种接线方案，如图3-8所示。

图3-8a所示方案Ⅰ，不设6kV公用负荷母线段，将全厂公用负荷（如输煤、除灰、化水等）分别接在各机组A、B段母线上。此方案的优点是高压厂用公用负荷分接于不同机组的高压厂用母线段上，供电可靠性高，投资省；其不足是由于高压厂用公用负荷分接于不同机组的高压厂用母线段上，机组的高压厂用工作母线清扫时，将影响公用负荷的备用。另外，由于公用负荷分接于两台机组的工作母线上，因此，在机组G_1发电时，必须也安装好机组G_2的6kV厂用配电装置，并由起动/备用变压器供电。

而图3-8b所示方案Ⅱ，单独设置二段公用负荷母线，集中供全厂公用负荷用电，该公用负荷母线段正常由起动/备用变压器供电。其优点是公用负荷集中，无过渡问题，各单元

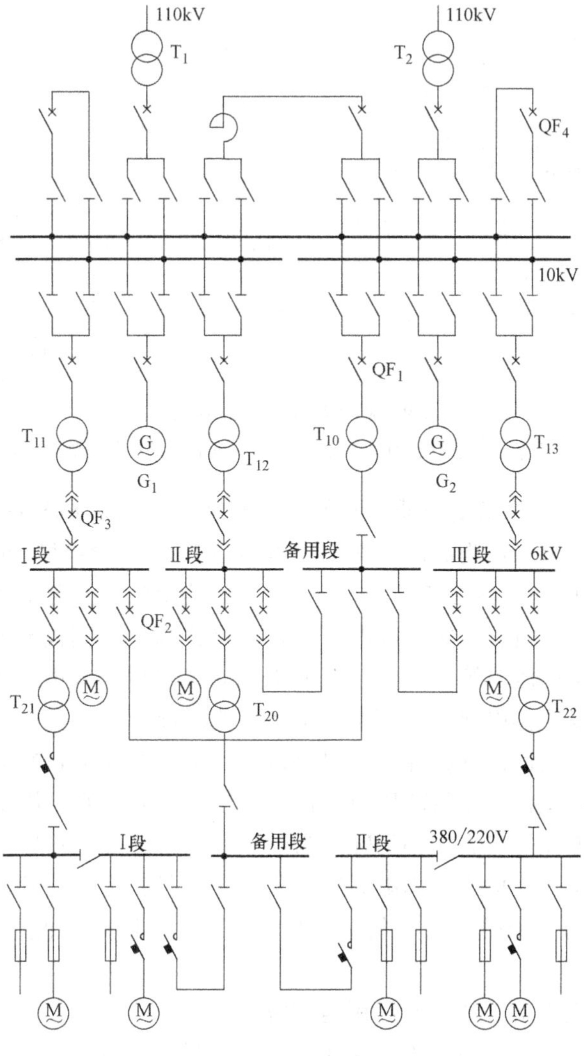

图 3-7　中型热电厂的厂用电接线

机组独立性强，便于各机组厂用母线清扫；其缺点是由于公用负荷集中，并因起动/备用变压器要用工作变压器作备用（若无第二台起动/备用变压器作备用时），故工作变压器也要考虑在起动/备用变压器检修或故障时带公用负荷母线段运行。因此，起动/备用变压器和工作变压器均较方案Ⅰ变压器分支的容量大，配电装置也增多，投资较大。

可见，两种方案各有优缺点，需根据工程具体情况，经技术经济比较后选定。

300MW 汽轮发电机组厂用电接线举例如图 3-9 所示。该厂厂用电压共分两级，高压为 6kV，低压为 380/220V，高压厂用电系统不设全厂 6kV 公用厂用母线。

由图 3-9 可见，每台 300MW 汽轮发电机从各单元机组的变压器低压侧接引一台高压厂用工作变压器作为 6kV 厂用电系统的工作电源。为了限制厂用电系统的短路电流，以便使 6kV 系统能采用轻型断路器，并能保证电动机自起动时母线电压水平和满足厂用电缆截面积不大于 150 mm^2 等技术经济指标要求，高压厂用工作变压器选用容量为 40/25-25MV · A、

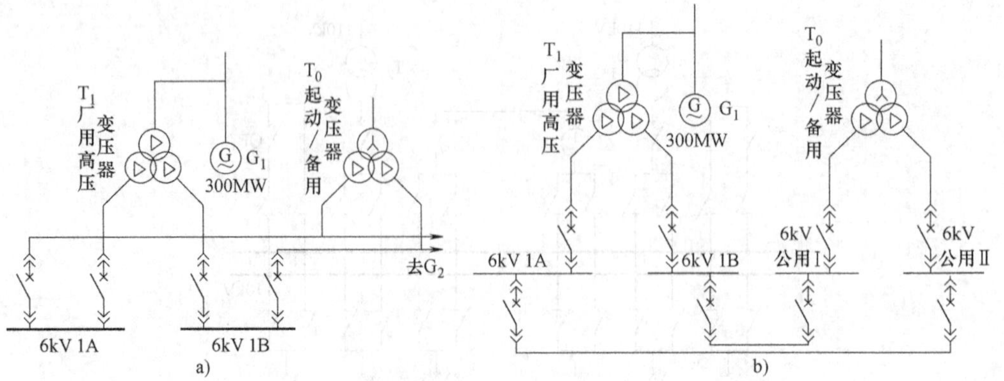

图 3-8　高压厂用电系统接线方案

a）方案Ⅰ—不设公用负荷母线　b）方案Ⅱ—设置公用负荷母线

短路电压 $U_k\%=15$ 的分裂绕组变压器，其低压分裂绕组分别供 6kV 两个分段厂用母线。为满足机组起动时厂用供电和作为高压工作变压器的备用，每两台机组配备一台容量为 40/25-25MV·A、短路电压 $U_k\%=18$ 的起动/备用变压器。起动/备用变压器引自升高电压用线，采用明备用方式。当发电机有两级升高电压并在两级升高电压间设有联络变压器时，起动/备用变压器可接在联络变压器第三绕组上。考虑到升高电压母线电压变化大，起动/备用变压器采用带负荷调压变压器以保证厂用电安全经济地运行。

由于高压厂用工作变压器支接在发电机出口，厂用分支接线上短路电流很大，且因采用封闭母线结构，故高压工作变压器高压侧不设断路器和隔离开关。若高压厂用工作变压器发生故障，将由发电机变压器组高压侧切除。为满足检修与试验，需要在厂用分支母线上设置连接片，供必需时拆接。为提高厂用电系统工作的可靠性，高压厂用工作变压器和起动/备用变压器的 6kV 低压分支母线均采用共箱式封闭母线，厂用 6kV 配电装置采用全封闭手车式成套开关柜。

4. 600MW 汽轮发电机组的高压厂用电接线

600MW 机组单元高压厂用电系统的接线，与采用的电压等级数、厂用工作变压器的型式和台数、起动/备用变压器的型式和台数、起动/备用变压器平时是否带公用负荷等因素有关。

600MW 机组通常都为一机一炉单元设置，采用机、炉、电为一单元的控制方式，因此，厂用电系统也必须按单元设置，各台机组单元（包括机、炉、电）的厂用电系统必须是独立的，而且采用单母线多分段（两段或四段）接线供电。

600MW 机组高压厂用电系统有下述两种接线形式。

方案Ⅰ：高压厂用电采用 6kV 一个电压等级。如图 3-10 所示，高压厂用电压采用 6kV，设置一台高压厂用三相三绕组（或分裂绕组）工作变压器 T_{1AB}、两台三相双绕组起动/备用变压器 T_{fa1}、T_{fa2}，起动/备用变压器平时带公用负荷。其主要特点如下：

（1）机组单元（机、炉、电）厂用负荷由两段高压厂用母线（1A 和 1B）分担。正常运行时由高压厂用工作变压器供电，将双套或更多套设备均匀地分接在两段母线上，以提高供电可靠性。高压厂用工作变压器不带公用负荷，故其容量较小。

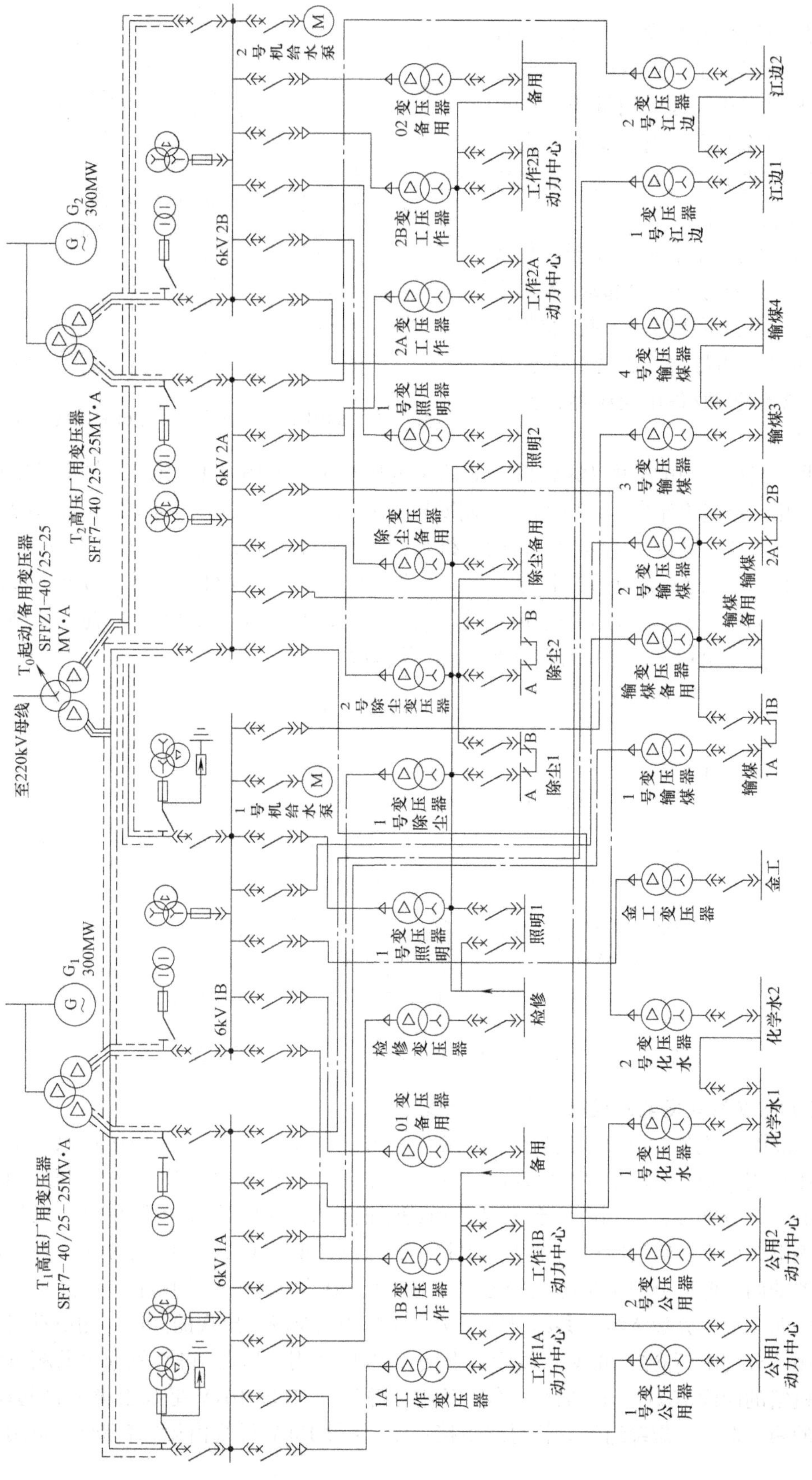

图3-9 300MW汽轮发电机组厂用电系统接线

（2）公用负荷由两段厂用公用母线（C_1 和 C_2）分担。正常运行时，两台起动/备用变压器各带一段公用母线（亦称公用段），两段公用母线分开运行。由于起动/备用变压器常带公用负荷，故又称其为公用备用变压器。

（3）当一台起动/备用变压器停役或由于其他设备有异常使一台起动/备用变压器不能运行时，可由另一台起动/备用变压器带两段公用母线。因此，对公用负荷而言，2 台起动/备用变压器是互为备用的电源。

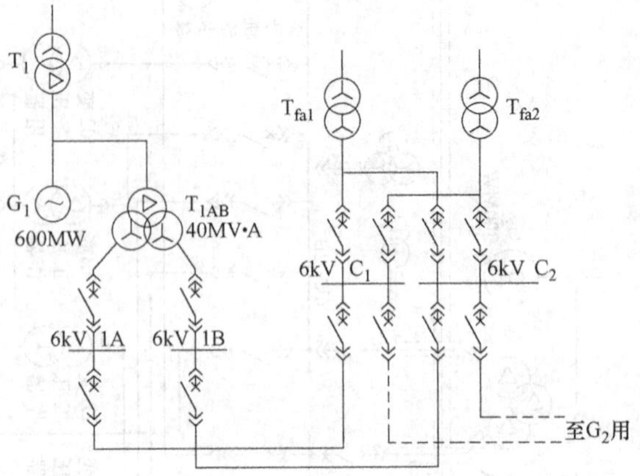

图 3-10　600MW 机组高压厂用电 6kV 系统接线

方案Ⅱ：高压厂用电采用 10kV 和 3kV 两个电压等级。如图 3-11 所示，每个机组单元设置 2 台三相三绕组工作变压器（高压厂用变压器）T_{1A}、T_{1B}，分接至四段高压厂用母线，既带机组单元负荷，又带公用负荷。每两台机组设公用的 2 台三绕组变压器作起动/备用变压器 T_{12A}、T_{12B}，平时不带负荷。其特点是：工作电源经 2 台三绕组变压器分接至四段高压厂用母线，既带机组单元负荷又带公用负荷，而起动/备用变压器平时不带负荷。这种接线形式也可用于仅采用 6kV 一个电压等级的高压厂用电系统。

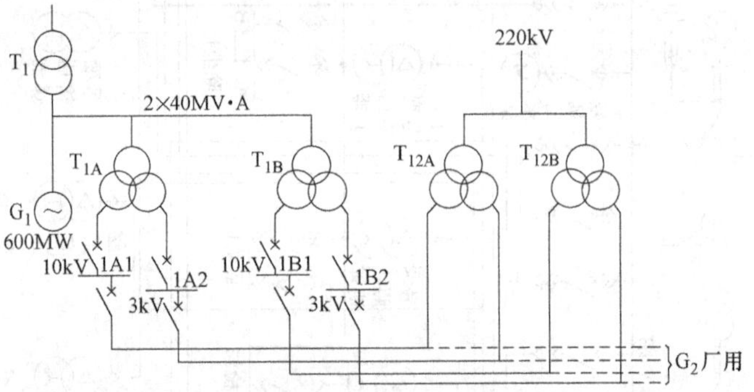

图 3-11　600MW 机组高压厂用电 10kV 和 3kV 系统接线

5. 1000MW 汽轮发电机组高压厂用电接线

某厂 1000MW 汽轮发电机组高压厂用电系统接线，如图 3-12 所示。由图可以看出，高压厂用电压采用 10kV，高压厂用电系统采用单母线接线，每台机组设置 10kV 高压厂用工作母线 A、B、C、D 四段，分别由两台分裂低压绕组的高压厂用工作变压器供电。工作变压器的高压侧电源由本机组发电机引出线上引接，其中 A、B 段 10kV 母线由第一台高压厂用工作变压器的两个低压分裂绕组经共箱母线引接；C、D 段 10kV 母线由第二台高压厂用工作变压器的两个低压分裂绕组经共箱母线引接。互为备用及成对出现的高压厂用电动机及低压厂用变压器分别由不同的 10kV 母线段上引接。起动/备用变压器 10kV 侧通过共箱母线连接到每台机组的四段 10kV 工作母线上作为备用电源，A、B 段 10kV 母线由第一台起动/备用变压器的两个低压分裂绕组经共箱母线引接；C、D 段 10kV 母线由第二台起动/备用变压器的两个低压分裂绕组经共箱母线引接。厂用高压变压器、起动/备用变压器低压中性点采用低电阻接地方式，接地电阻为 60Ω。两台起动/备用变压器分别由 220kV 升压站各引接一回电源，确保在一台起动/备用电源检修或其他情况下，可保证有一台起动/备用变压器投入工作。高压厂用工作变压器与起动/备用变压器装有备用电源快速切换装置。

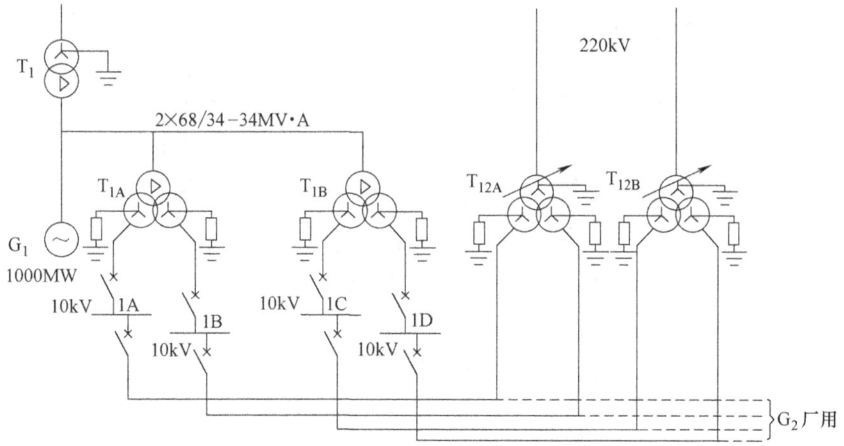

图 3-12 1000MW 机组高压厂用电 10kV 系统接线

这种高压厂用电系统接线的特点是，高压厂用母线设 4 段，互为备用的负荷接入两台厂用变压器的两个低压分裂绕组上；可与起动/备用变压器组成一对一的接线方式，任何一台厂用变压器停运，只要投入相应的起动/备用变压器即可供电，可靠性极高，调度也非常灵活。

3.3.2 水力发电厂的厂用电接线

对水电厂来说，厂用电负荷属最重要负荷之一。水电厂厂用机械的数量、容量及重要程度等与机组容量有关，并受水头、流量和水轮机型式以及运行方式等条件影响。一般水电厂最基本的厂用负荷是水轮机调速系统和润滑系统油泵、压缩空气系统的空气压缩机、发电机冷却系统和润滑系统的水泵、全厂辅助机械系统的电动机、闸门启闭设备、照明及水利枢纽等设施用电。

水电厂的厂用电接线也都采用单母线分段形式。中、小型水电厂的厂用母线通常只分为两段，由两台厂用变压器以暗备用方式给两段厂用母线供电；大容量水电厂，厂用母线则按机组台数分段，每段由单独厂用变压器供电，并设置专用备用变压器。为了供给厂外坝区闸门及水利枢纽防洪、灌溉取水、船闸或升船机、筏道、鱼梯等设施用电，可设专用坝区变压器，按其距主厂房远近、负荷大小以及发电机电压等条件，可采用 6kV 或 10kV 电压供电，其余厂用电负荷均以 380/220V 供电。

图 3-13 为一大型水电厂的厂用电系统接线示例。该水电厂有 4 台大容量机组，均采用发电机—双绕组变压器组单元接线，其中发电机 G_2 和 G_3 的出口处只设隔离开关，在发电机 G_1 和 G_4 的出口处装设断路器和隔离开关。该厂装有 4 台发电机组，具有 6kV 大容量电动机拖动的坝区机械设备，且距厂房较远，同时水库还兼有防洪、航运等任务，因此厂用电采用 6kV 及 380V 两级电压。为保证厂用供电可靠，采取机组自用电负荷与厂用公用负荷分

开供电方式，既节省电缆，减小公用负荷变压器容量，又能保证机组安全可靠运行。

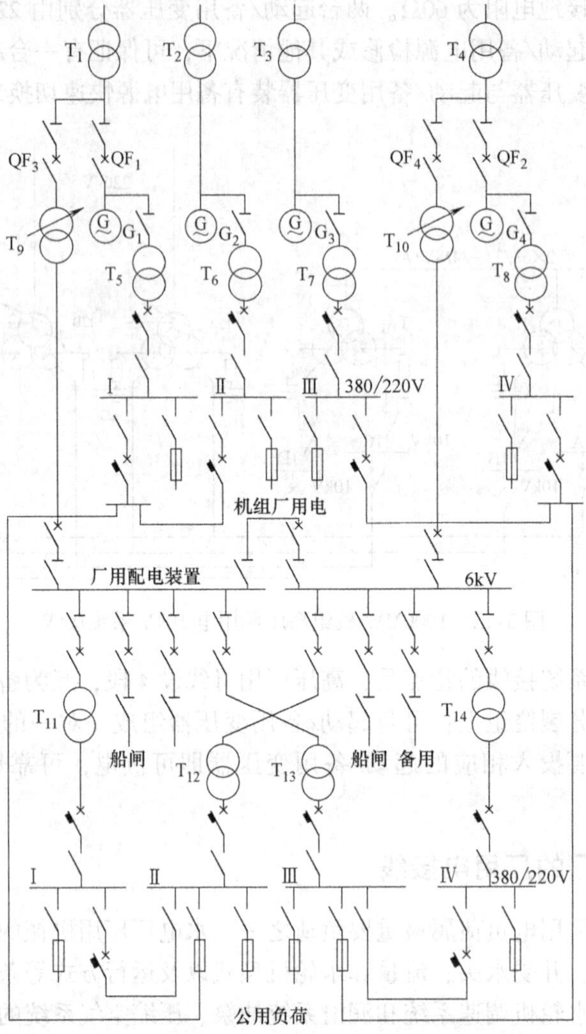

图 3-13　大型水电厂的厂用电系统接线

低压厂用电系统按机组台数分段，分别由接自发电机出口的厂用变压器 $T_5 \sim T_8$ 供电。各段的备用电源（明备用方式）由公用母线段引接。

6kV 公用系统为单母线分段接线，由高压厂用变压器 T_9 和 T_{10} 供电，备用方式为暗备用方式。分别由 1#和 4#机组的主变压器 T_1 或 T_4 的低压侧引接。这样，在发电厂首次起动或全厂停电时，仍可由系统通过主变压器倒送功率向厂用电系统供给电能。

3.3.3　变电站的站用电接线

变电站的主要站用电负荷是变压器冷却装置，直流系统中的充放电装置和晶闸管整流设备，照明、检修及供水和消防系统，对 500kV 变电站，还包括高压断路器和隔离开关的操作机构电源。尽管这些负荷的容量并不太大，但由于 500kV 变电站在电力系统中的枢纽地位，出于运行安全的考虑，其站用电系统必须具有高度的可靠性。

小型变电站，大多只装一台站用变压器，从变电站低压母线上引接，站用变压器二次侧为380/220V中性点直接接地的三相四线制系统。对于中型变电站或装有调相机的变电站，通常都装设2台站用变压器，分别接在变电站低压母线的不同分段上，380V站用电母线采用低压断路器进行分段，并以低压成套配电装置供电。

500kV变电站必须装设2台或2台以上的站用工作变压器。当有可靠的外接电源时，一般设置1台与站用工作变压器容量相同的备用变压器作为备用电源，并且装设备用电源自动投入装置，以保证工作变压器因故退出运行时，备用变压器能自动投入运行；当无可靠的外接电源时，可设1台自起动的柴油发电机组作为备用电源，其容量应至少满足主变压器的冷却装置负荷和断路器及隔离开关的操动机构电源的需要。

500kV变电站的站用电源引接方式，有下述三种：

（1）由变电站内主变压器第三绕组引接，站用变压器高压侧要选用较大断流容量的开关设备，否则要加限流电抗器。

（2）当站内有较低电压母线时，一般由这类电压母线上引接2个站用电源，这种站用电源引接方式具有经济性好和可靠性高的特点。

（3）500kV变电站的外接站用电源多由附近的发电厂或变电站的低压母线引接。

图3-14所示为500kV变电站的站用电接线示意图。

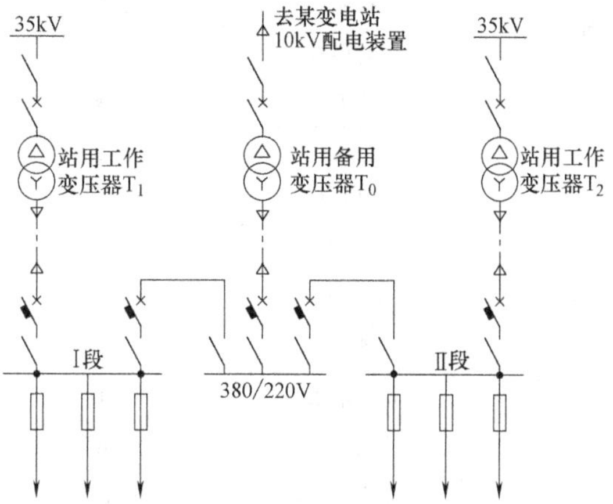

图3-14 500kV变电站的站用电接线示意图

任务3.4 厂用变压器的选择

【任务描述】

本任务讲述火电厂的厂用电负荷类型、厂用电负荷统计方法及厂用变压器的选择方法。

【任务实施】

发电厂、变电站仿真实验室。

【知识链接】

厂用变压器的选择主要考虑厂用高压工作变压器和起动/备用变压器的选择，其选择内容包括变压器的台数、型式、额定电压、容量和阻抗。为了正确选择厂用变压器容量，首先应对厂用主要用电设备的容量、数量及运行方式有所了解，并予以分类和统计，最后确定厂用变压器容量。

3.4.1 火电厂的主要厂用电负荷

火电厂的厂用电负荷包括全厂炉、机、电、燃运等用电设备，面大量广，且随各电厂机组类型、容量、燃料种类、供水条件等因素影响而有较大的差异。例如：高温高压电厂比同容量的中温中压电厂的给水泵容量大；大容量机组的辅助设备比中、小型机组要多且功率大；开式循环冷却方式比闭式冷却方式的耗电量要小；各种燃料的发热量不同，需要的风量不同，风机容量也不同，同时除灰设备也不尽一样。

一般火电厂主要厂用负荷及其类别见表 3-1。

表 3-1　火电厂主要厂用负荷及其类别

分类	名称	负荷类别	运行方式	备注
锅炉负荷	引风机	Ⅰ	经常、连续	
	送风机	Ⅰ	经常、连续	
	排粉机	Ⅰ或Ⅱ	经常、连续	用于送粉时为Ⅰ
	磨煤机	Ⅰ或Ⅱ	经常、连续	无煤粉仓时为Ⅰ
	给煤机	Ⅰ或Ⅱ	经常、连续	无煤粉仓时为Ⅰ
	给粉机	Ⅰ	经常、连续	
汽轮机负荷	射水泵	Ⅰ	经常、连续	用汽动给水泵时无给水泵项
	凝结水泵	Ⅰ	经常、连续	
	循环水泵	Ⅰ	经常、连续	
	给水泵	Ⅰ	经常、连续	
	备用给水泵	Ⅰ	不经常、连续	
电气及公共负荷	充电机	Ⅱ	不经常、连续	
	浮充电装置	Ⅱ或保安	经常、连续	
	空压机	Ⅱ	经常、短时	
	变压器冷却风机	Ⅱ	经常、连续	
	通信电源	Ⅰ	经常、连续	
事故保安负荷	盘车电动机	保安	不经常、连续	
	顶轴油泵	保安	不经常、短时	
	交流润滑油泵	保安	不经常、连续	
	浮充电装置	保安	经常、连续	
	机炉自控电源	保安	经常、连续	
输煤负荷	输煤带	Ⅱ	经常、连续	
	碎煤机	Ⅱ	经常、连续	
	筛煤机	Ⅱ	经常、连续	
出灰负荷	灰浆泵	Ⅱ	经常、连续	
	碎渣机	Ⅱ	经常、连续	
	电气除尘器	Ⅱ	经常、连续	
厂外水工负荷	中央循环水泵	Ⅰ	经常、连续	与工业水泵合用时生活水泵负荷类别为Ⅱ
	消防水泵	Ⅰ	不经常、短时	
	生活水泵	Ⅱ或Ⅲ	经常、短时	
	冷却塔通风机	Ⅱ	经常、连续	

（续）

分类	名称	负荷类别	运行方式	备注
辅助车间负荷	化学水处理室	Ⅰ或Ⅱ	经常（或短时）、连续	大于300MW机组时，化学水处理室负荷类别为Ⅰ
	中央修配间	Ⅲ	经常、连续	
	电气试验室	Ⅲ	不经常、短时	
	起重机械	Ⅲ	不经常、断续	

3.4.2　厂用电负荷计算

为了合理正确地选择厂用变压器容量，需对每段母线上引接的电动机台数和容量进行统计和计算。

1. 厂用电负荷的计算原则

（1）经常连续运行的负荷应全部计入。如引风机、送风机、给水泵、排粉机、循环水泵、凝结水泵、真空泵等用的电动机。

（2）连续而不经常运行的负荷亦应计入。如充电机、备用励磁机、事故备用油泵、备用电动给水泵等用的电动机。

（3）经常而断续运行的负荷亦应计入。如疏水泵、空气压缩机等用的电动机。

（4）短时断续而又不经常运行的负荷一般不予计算。如行车、电焊机等。但在选择变压器时，变压器容量应留有适当裕度。

（5）由同一台变压器供电的互为备用的设备，只计算同时运行的台数。

（6）对于分裂绕组变压器，其高压绕组、低压绕组的负荷应分别计算。

2. 换算系数法

厂用电负荷的计算方法常采用换算系数法，按下式计算，即

$$S=\sum(KP) \tag{3-2}$$

$$K=\frac{K_m K_L}{\eta\cos\varphi} \tag{3-3}$$

式中　S——厂用母线上的计算负荷（kV·A）；

P——电动机的计算功率；

K——换算系数，可取表3-2所列的数值；

K_m——同时系数；

K_L——负荷率；

η——效率；

$\cos\varphi$——功率因数。

表3-2　换算系数

机组容量/MW	≤125	≥200
给水泵及循环水泵电动机	1.0	1.0
凝结水泵电动机	0.8	1.0
其他高压电动机及低压厂用变压器/kV·A	0.8	0.85
其他低压电动机	0.8	0.7

电动机的计算功率 P 应根据负荷的运行方式及特点确定。

(1) 对经常、连续运行的设备和连续而不经常运行的设备，即连续运行的电动机，均应全部计入，即

$$P=P_N \tag{3-4}$$

式中 P_N——电动机额定功率（kW）。

(2) 对经常短时及经常断续运行的电动机，应按下式计算，即

$$P=0.5P_N \tag{3-5}$$

(3) 对不经常短时及不经常断续运行的设备，一般可不予计算，即

$$P=0 \tag{3-6}$$

这类负荷如行车、电焊机等。在选择变压器容量时由于留有裕度，同时亦考虑到变压器具有较大的过载能力，所以该类负荷可以不予计入。但是，若经电抗器供电时，因电抗器一般为空气自然冷却，过载能力很小，这些设备的负荷均应全部计算在内。

(4) 对修配厂的用电负荷，通常按下式计算，即

$$P=0.14P_{\Sigma}+0.4P_{\Sigma5} \tag{3-7}$$

式中 P_{Σ}——全部电动机额定功率总和（kW）；

$P_{\Sigma5}$——其中最大5台电动机的额定功率之和（kW）。

(5) 煤场机械负荷中，对大型机械应根据机械工作情况具体分析确定。对中、小型机械，则按下式计算：

$$P=0.35P_{\Sigma}+0.6P_{\Sigma3} \tag{3-8}$$

翻斗机

$$P=0.22P_{\Sigma}+0.5P_{\Sigma5} \tag{3-9}$$

轮斗机

$$P=0.13P_{\Sigma}+0.3P_{\Sigma5} \tag{3-10}$$

式中 $P_{\Sigma3}$——其中最大3台电动机的额定功率之和（kW）。

(6) 对照明负荷计算式为

$$P=K_dP_A \tag{3-11}$$

式中 K_d——需要系数，一般取0.8~1.0；

P_A——安装容量（kW）。

3. 轴功率法

厂用电负荷也可用轴功率法进行计算。轴功率法的算式为

$$S=K_m\sum\frac{P_{max}}{\eta\cos\varphi}+\sum S_L \tag{3-12}$$

式中 K_m——同时率，新建电厂取0.9，扩建电厂取0.95；

P_{max}——最大运行轴功率（kW）；

$\cos\varphi$——对应于轴功率的电动机功率因数；

η——对应于轴功率的电动机效率；

S_L——低压厂用计算负荷之和（kV·A）。

3.4.3 厂用变压器的选择

1. 额定电压

厂用变压器的额定电压应根据厂用电系统的电压等级和电源引接处的电压确定，变压器

一、二次额定电压必须与引接电源电压和厂用网络电压相一致。

2. 工作变压器的台数和型式

工作变压器的台数和型式与厂用高压母线的段数有关，而母线的段数又与厂用高压母线的电压等级有关。当只有6kV或10kV一种电压等级时，一般分2段；200MW以上机组可分4段；当10kV与3kV电压等级同时存在时，则分4段（2段10kV和2段3kV）。当只有6kV或10kV一种电压等级时，高压厂用工作变压器可选用1台全容量的低压分裂绕组变压器，两个分裂支路分别供2段母线，或选用2台50%容量的双绕组变压器，分别供2段母线。对于200MW以上机组，高压厂用工作变压器可选用2台低压分裂绕组变压器，分别供4段母线；当出现10kV和3kV两种电压等级时，高压厂用工作变压器可选用2台50%容量的三绕组变压器，分别供4段母线。

3. 厂用变压器的容量

厂用变压器的容量必须满足厂用电机械从电源获得足够的功率。因此，对高压厂用工作变压器的容量应按高压厂用计算负荷的110%与低压厂用计算负荷之和进行选择；而低压厂用工作变压器的容量应留有10%左右的裕度。

（1）高压厂用工作变压器容量。当为双绕组变压器时按下式选择容量：

$$S_T \geqslant 1.1S_H + S_L \tag{3-13}$$

式中　S_H——高压厂用计算负荷之和（kV·A）；

S_L——低压厂用计算负荷之和（kV·A）。

当选用分裂绕组变压器时，其各绕组容量应满足：

高压绕组

$$S_{1N} \geqslant \sum S_C - S_r \tag{3-14}$$

分裂绕组

$$S_{2N} \geqslant S_C \tag{3-15}$$

$$S_C = 1.1S_H + S_L$$

式中　S_{1N}——厂用变压器高压绕组额定容量（kV·A）；

S_{2N}——厂用变压器分裂绕组额定容量（kV·A）；

S_C——厂用变压器分裂绕组计算负荷（kV·A）；

S_r——分裂绕组两分支重复计算负荷（kV·A）。

（2）高压厂用备用变压器容量。高压厂用备用变压器或起动变压器应与最大一台高压厂用工作变压器的容量相同；低压厂用备用变压器的容量应与最大一台低压厂用工作变压器容量相同。

（3）低压厂用工作变压器容量。可按下式选择变压器容量：

$$K_\theta S \geqslant S_L \tag{3-16}$$

式中　S——低压厂用工作变压器容量（kV·A）；

K_θ——变压器温度修正系数，一般对装于屋外或由屋外进风小间内的变压器，可取$K_\theta=1$，但宜将小间进出风温差控制在10℃以内，对由主厂房进风小间内的变压器，当温度变化较大时，随地区而异，应当考虑时温度进行修正。

厂用变压器容量的选择，除了考虑所接负荷的因素外，还应考虑：①电动机自起动时的电压降；②变压器低压侧短路容量；③留有一定的备用裕度。

4. 厂用变压器的阻抗

变压器的阻抗是厂用工作变压器的一个重要指标。厂用工作变压器的阻抗要求比一般电力变压器的阻抗大，这是因为要限制变压器低压侧的短路容量，否则将影响到开关设备的选择，一般要求阻抗应大于10%；但是，阻抗过大又将影响厂用电动机的自起动。厂用工作变压器如果选用分裂绕组变压器，则能在一定程度上缓解上述矛盾，因为分裂绕组变压器在正常工作时具有较小阻抗，而分裂绕组出口短路时则具有较大的阻抗。

3.4.4 厂用变压器容量选择实例

某发电厂有2台300MW汽轮发电机组，每台机组厂用电从各自单元机组的变压器低压侧引接一台厂用高压工作变压器，试选择该厂用高压变压器。

解：选用分裂低压绕组变压器，电压比为18/6-6kV，短路电压为$U_k\%=15$，容量比为40/20-20MV · A。有关6kV各分段母线厂用负荷计算及厂用高压变压器容量的选择，见表3-3。

表3-3 6kV各分段母线厂用负荷计算及厂用高压变压器容量选择

设备名称	额定容量/kW	Ⅰ号厂用高压变压器					Ⅱ号厂用高压变压器				
		ⅠA段		ⅠB段		重复容量/kW	ⅡA段		ⅡB段		重复容量/kW
		台数	容量/kW	台数	容量/kW		台数	容量/kW	台数	容量/kW	
电动给水泵	5500	1	5500				1	5500			
循环水泵	1250	1	1250	2	2500		1	1250	2	2500	
凝结水泵	315	1	315	1	315	315	1	315	1	315	315
$\sum P_1$			7065		2815	315		7065		2815	315
引风机	2240	1	2240	1	2240		1	2240	1	2240	
送风机	1000	1	1000	1	1000		1	1000	1	1000	
一次风机	300	1	300	1	300		1	300	1	300	
排粉机	680	2	1360	2	1360		2	1360	2	1360	
磨煤机	1000	2	2000	2	2000		2	2000	2	2000	
凝结水升压泵	630	1	630	1	630	630	1	630	1	630	630
主汽机调速油泵	350	1									
碎煤机	320			1	320				1	320	
喷射水泵	260	1	260						1	260	
1号传送带机	300	1	300						1	300	
4号传送带机	300	1	300						1	300	
$\sum P_2$			8390		7850	630		7530		8710	630
$S_H=\sum P_1+0.85\sum P_2$(kV · A)			14196.5		9487.5	850.5		13465.5		10218.5	850.5
机炉变压器/kV · A	1600	1	1600	1	1600	1600	1	1600	1	1600	1600
电除尘变压器/kV · A	1250	1	1250	1	1250	1250	1	1250	1	1250	1250
化水变压器/kV · A	1000			1	1000				1	1000	
公用变压器/kV · A	1000	1	1000	1	1000		1	1000			
输煤变压器/kV · A	1000	1	1000	1	1000				1	1000	
灰浆泵变压器/kV · A	1000			1	1000						
负压风机房变压器/kV · A	1000								1	1000	
污水变压器/kV · A	315			1	315				1	315	
修配变压器/kV · A	800			1	800						
水源地变压器/kV · A	1000			1	1000				1	1000	
照明变压器/kV · A	315			1	315				1	315	
$\sum S$			4850		9280	2850		3850		7480	2850

（续）

设备名称	额定容量/kW	Ⅰ号厂用高压变压器					Ⅱ号厂用高压变压器				
		ⅠA段		ⅠB段		重复容量/kW	ⅡA段		ⅡB段		重复容量/kW
		台数	容量/kW	台数	容量/kW		台数	容量/kW	台数	容量/kW	
$S_L=0.85\sum S$(kV·A)			4122.5		7888	2422.5		3272.5		6358	2422.5
分裂绕组负荷($S_C=1.1S_H+S_L$)/kV·A			19738.6		18324	3358		18084.5		17598	3358
高压绕组负荷($S_{1N}\geqslant\sum S_C-S_r$)/kV·A			19738.6+18324-3358=34704.6					18084.5+17598-3358=32324.5			
选择分裂绕组变压器/kV·A			40000/20000-20000					40000/20000-20000			

任务3.5 厂用电动机的选择和自起动校验

【任务描述】

本任务讲述厂用机械特性、厂用电动机的类型及特点、厂用电动机的选择原则及厂用电动机的自起动校验方法。

【任务实施】

发电厂、变电站仿真实验室。

【知识链接】

厂用设备所使用的拖动电动机简称厂用电动机。在发电厂中有大量的厂用机械设备及相应的厂用电动机，它们是厂用电的主要负荷。

3.5.1 厂用机械特性和电力拖动运动方程

发电厂中厂用机械设备的负载转矩特性可归纳为两种类型，如图3-15所示。

其一，恒转矩负载特性，即它的负载转矩（又称阻转矩）M_m 与转速 n 无关，M_m 是个常数，$M_m=f(n)$ 特性为一水平直线，如图3-15中曲线1所示。当转速变化时，负载转矩 M_m 保持常数，火电厂中的磨煤机、碎煤机、输煤传送带、绞车、起重机等属于这类机械。

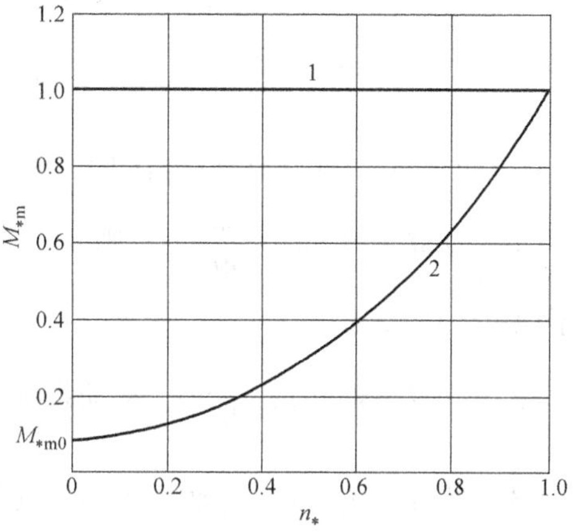

图3-15 厂用机械负载转矩特性

M_{*m}—以机械设备在额定转速时的负载转矩为基准值的标幺值 n_*—转速的标幺值

其二，非线性负载转矩特性，它们的负载转矩与转速的二次方或高次方成比例，如图3-15中曲线2所示。非线性负载转矩特性可表示为

$$M_{*m}=M_{*m0}+(1-M_{*m0})n_*^a \qquad (3\text{-}17)$$

式中 M_{*m0}——与转速无关的摩擦起始负载转矩标幺值，一般取0.15；

a——指数，与机械设备型式有关。

如火电厂中的引风机、送风机、油泵以及

工作时没有静压头的离心式水泵等，负载转矩与转速的二次方成比例，其转矩特性为$M_{*m}=0.15+(1-M_{*m0})n_*^2$；工作时没有静压头的离心式水泵等机械设备，例如给锅炉送水的给水泵工作时，要克服锅炉压力和管道中水的重量所引起的静压力以及水在管道中流动的阻力，其负载转矩与转速的高次方成比例，因此水泵的流量随频率的变化而急剧地改变。

由电动机和厂用机械设备组成的电力拖动系统是一个机械运动系统，其中有能量、功率和转矩的传递。代表运动特征的量是转速 n、转矩 M、角速度 Ω 以及时间 t 等。电动机产生的电磁拖动转矩 M_e，用以克服机械负荷的阻转矩 M_m 后的剩余转矩，就会使机械传动系统产生加速运动，其旋转运动的方程式为

$$M_e-M_m=J\frac{d\Omega}{dt} \tag{3-18}$$

式中 M_e——电动机产生的电磁拖动转矩（N·m）；

M_m——机械负载转矩，或称阻转矩（N·m）；

$J\frac{d\Omega}{dt}$——惯性转矩，或称加速转矩（N·m）；

J——包括电动机在内的整个机组的转动惯量（$kg\cdot m^2$）；

Ω——机组旋转角速度（rad/s），$\Omega=\frac{2\pi n}{60}$。

机组的转动惯量 J（$kg\cdot m^2$）是机组旋转部分惯性的量度，在电力拖动计算中常采用飞轮惯量 GD^2，二者关系式为

$$J=\frac{1}{4g}GD^2 \tag{3-19}$$

式中 g——重力加速度，$g=9.81m/s^2$；

GD^2——飞轮惯量（$N\cdot m^2$），可由产品目录中查得。

将式（3-19）及 $\Omega=\frac{2\pi n}{60}$关系代入式（3-18）中，即得实用计算运动方程式为

$$M_e-M_m=\frac{GD^2}{375}\frac{dn}{dt} \tag{3-20}$$

由式（3-20）可分析电动机的工作状态如下：

（1）当 $M_e=M_m$ 时，$\frac{dn}{dt}=0$，则 $n=0$ 或 $n=$常数，即电动机静止或等速旋转，拖动系统处于稳定运行状态。

（2）当 $M_e>M_m$ 时，$\frac{dn}{dt}>0$，拖动系统处于加速状态。

（3）当 $M_e<M_m$ 时，$\frac{dn}{dt}<0$，拖动系统处于减速状态。

加速或减速过程统称为动态运动状态。

3.5.2 厂用电动机的类型及其特点

发电厂中各种厂用机械设备所使用的厂用电动机有异步电动机、同步电动机和直流电动

机三类。其中使用最多的是异步电动机，特别是笼型异步电动机。三类电动机的特点和适用范围如下。

1. 异步电动机

异步电动机结构简单、运行可靠、操作维护方便、过载能力强，且价格便宜，但起动电流大、调速困难。

异步电动机的机械特性是指电动机的电磁转矩 M_e 与转速 n 的关系，即 $M_{*e}=f(n_*)$，如图 3-16 所示（以标幺值示出）。若将异步电动机的特性曲线与被拖动的机械设备的负载转矩特性曲线 $M_{*m}=f(n_*)$绘于一张图上，则如图 3-16 所示。由图可见，该拖动系统初始时电动机转动的起动转矩 M_{*e0}必须大于被拖动机械在 $n_*=0$时的起始负荷转矩 M_{*m0}，并且在起动过程中，任一转速下都应有 $M_{*e}>M_{*m}$，使剩余转矩为正，才能顺利地把机械设备拖动到稳定运行状态。图 3-16 中以竖条示出电动机对于 M_{*m}等于定值的设备剩余转矩。只有当电动机 $M_{*e}=f(n_*)$ 与厂用负荷 $M_{*m}=f(n_*)$ 相等，即工作在两条曲线的交点上（2 或 1）时，拖动系统才能稳定运行。

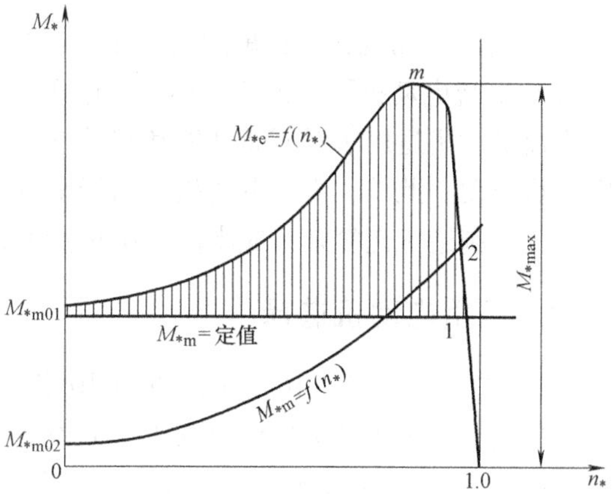

图 3-16 异步电动机和机械设备的机械特性曲线

异步电动机的起动，一般不需要特殊设备，而采用直接起动方式，起动时的转矩为额定起动转矩，起动时间短，但是起动电流可达额定电流的 4~7 倍，这不仅使电源电压在起动时发生显著下降，而且更会引起电动机发热，特别在机组转动惯量较大、剩余转矩较小、起动缓慢的情况下更为严重。因此，对起动困难的厂用机械设备如引风机、磨煤机、排粉机等相配套的电动机，必要时需进行起动校验。

在发电厂中广泛使用的笼型异步电动机有三种结构形式，即单笼式、深槽式和双笼式。后两种具有起动转矩大、起动电流较小等较好的起动性能。

绕线转子异步电动机的最大特点是可以在一定范围内均匀地无级调速，如采用转子电路内引入感应电动势的串级调速；也可以在转子电路串接电阻进行调整，即借助调节串接电阻值的大小使其在一定范围内改变转速、起动转矩和起动电流。

2. 同步电动机

同步电动机具有以下特点：

（1）同步电动机采用直流励磁，可以工作在功率因数“超前”或“滞后”的不同运行状态。当工作在“超前”运行状态时，它可以提高厂用电系统的功率因数，同时减小厂用电系统的损耗和电压损失。

（2）同步电动机结构比较复杂，并需附加一套励磁系统。

（3）同步电动机对电压波动不十分敏感，因其转矩与电压成正比，而异步电动机的转矩与电压的二次方成正比，并且装有自动励磁调节装置且能强行励磁，从而在电压降低时，仍能维持其运行稳定性。

同步电动机起动、控制均较麻烦，起动转矩不大，在厂用电系统中，只在大功率低转速的机械上有采用，例如循环水泵等设备。

3. 直流电动机

直流电动机具有以下特点：

（1）直流电动机借助调节磁场电流，可在大范围内均匀而平滑地调速，且调速电阻器消耗较小。

（2）直流电动机起动转矩的大小在一定范围内可控。

（3）直流电动机可不依赖厂用交流电源。

直流电动机适用于对调速性能和起动性能要求较高的厂用机械，如给粉机就采用并励直流电动机拖动。此外，直流电动机还用于事故保安负荷中的汽轮机直流备用润滑油泵等。但直流电动机制造工艺复杂、成本高、维护量大、工作可靠性也较差。

3.5.3 厂用电动机选择

（1）型式选择。厂用电动机一般采用笼型交流电动机。只有要求在很大范围内调节转速及当厂用交流电源消失后仍要求工作的设备才选择直流电动机；只有对反复、重载起动或需要小范围内调速的机械，如吊车、抓斗机等才选用线绕转子电动机或同步电动机。对200MW以上机组的大容量辅机，为了提高运行的经济性可采用双速电动机。

厂用电动机的防护型式应与周围环境条件相适应，根据发电厂厂用设备安置地点可分别选用开启式、防护式、封闭式及防爆式等型式。

（2）容量选择。选择拖动厂用机械的电动机时，其电压应与供电网络电压相一致，电动机的转速应符合被拖动设备的要求，电动机容量 P_N 必须满足在额定电压和额定转速下大于满载工作的机械设备轴功率 P_S，即

$$P_N > P_S \tag{3-21}$$

式中 P_N——电动机额定容量（kW）；

P_S——被拖动机械设备轴功率（kW）。

3.5.4 电动机的自起动校验

1. 电动机的自起动及其分类和要求

（1）电动机的自起动。厂用电系统中运行的电动机，当突然断开电源或厂用电压降低时，电动机转速就会下降，甚至会停止运行，这一转速下降的过程称为惰行。若电动机失去电压以后，不与电源断开，在很短时间（一般在0.5~1.5s）内，厂用电压又恢复或通过自动切换装置将备用电源投入，此时，电动机惰行尚未结束，又自动起动恢复到稳定状态运行，这一过程称为电动机的自起动。

重要厂用机械的电动机参加自起动，保证了不因厂用母线的暂时失电压而使发电机组被迫停机，减少了停电造成的经济损失，对电力系统的可靠、安全和稳定运行有重要意义。

（2）自起动的分类。根据运行状态，自起动可分为三类：①失电压自起动，即运行中突然出现事故，厂用电压降低，当事故消除、电压恢复时形成的自起动；②空载自起动，即备用电源处于空载状态时，自动投入失去电源的工作母线段时形成的自起动；③带负荷自起

动，即备用电源已带一部分负荷，又自动投入失去电源的工作母线段时形成的自起动。

厂用工作电源一般仅考虑失电压自起动，而厂用备用电源或启动电源则需考虑失电压自起动、空载自起动及带负荷自起动三种方式。

(3) 电动机自起动时厂用母线电压最低限值。异步电动机的电磁转矩 M_{*e} 与电压 U_* 的二次方成正比。一般电动机在额定电压 U_{*N} 下运行时，其最大转矩 M_{*emax} 约为额定转矩 M_{*eN} 的2倍，如图3-17所示。随着电压下降，电动机转矩急剧下降，当电压降到一定数值时，如下降到70% U_{*N}，它的最大转矩 M_{*emax} 相应变为 $0.7^2 \times 2 < 1$。若电动机已带有额定负载转矩，则此时剩余转矩变为负值，电动机受到制动而开始惰行，最终可能停止运转。出现惰行的电压称为临界电压 U_{*cr}，这时电动机最大转矩 M_{*emax} 恰好等于负载转矩 M_{*m}，根据 $M_{*e} \propto U_*^2$ 关系可得

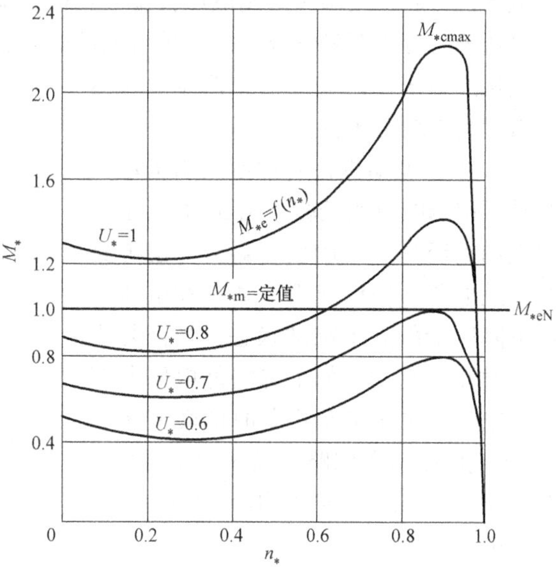

图3-17 异步电动机转矩与电压、转速的关系

$$U_{*cr}^2 M_{*emax} = 1$$

于是

$$U_{*cr} = \frac{1}{\sqrt{M_{*emax}}} \tag{3-22}$$

由于异步电动机的最大转矩 M_{*emax} 与电动机的型式和种类有关，为1.8~2.4，所以临界电压 U_{*cr} 为0.64~0.75，即电压降低到额定值的64%~75%时，电动机就开始惰行。

为了电力系统能稳定运行，规定电动机正常起动时，厂用母线电压的最低允许值为额定电压的80%；电动机端电压最低值为额定电压的70%。但是，自起动时有成组电动机起动，被拖动设备飞轮转矩 GD^2 很大，具有惯性。当电压降低时，电磁转矩立即下降，而机械转速由于惯性造成的时延，在短时间内几乎无变化。为了保证厂用Ⅰ类负荷自起动且考虑到机械的因素，规定厂用母线电压在电动机自起动时，应不低于表3-4所列的数值。

表3-4 电动机自起动要求的厂用母线最低电压

名称	类型	自起动电压为额定电压的百分值(%)
高压厂用母线	高温高压电厂	65~70①
	中压电厂	60~65①
低压厂用母线	由低压母线单独供电电动机自起动	60
	由低压母线与高压母线串接供电电动机自起动	55

① 对于高压厂用母线，失电压或空载自起动电压取上限值，带负荷自起动电压取下限值。

2. 电动机自起动校验

电动机自起动时，若参加自起动的电动机数量多、容量大，起动电流过大，可能会使厂

用母线及厂用电网络电压下降，甚至引起电动机过热，将危及电动机的安全以及厂用电网络的稳定运行，因此必须进行电动机自起动校验。若经校验不能自起动，则应采取相应的措施。电动机自起动校验可采用电压校验或容量校验。

电压校验分为两种情况：一是单台电动机自起动或成组电动机自起动母线电压校验；二是电动机经高压厂用变压器和低压变压器串联自起动母线电压校验。

（1）单台电动机自起动或成组电动机自起动厂用母线电压校验。图3-18所示为一组电动机经高压厂用变压器自起动电路及其等效电路。假设成组电动机在电压消失或下降后全部处于制动状态，当恢复供电后同时开始起动。如果忽略外电路所有元件的电阻，由于电动机此时的转差率为1，其等效电阻也可忽略。以该变压器容量为基准值，各元件参数均用标幺值表示，由等效电路可得

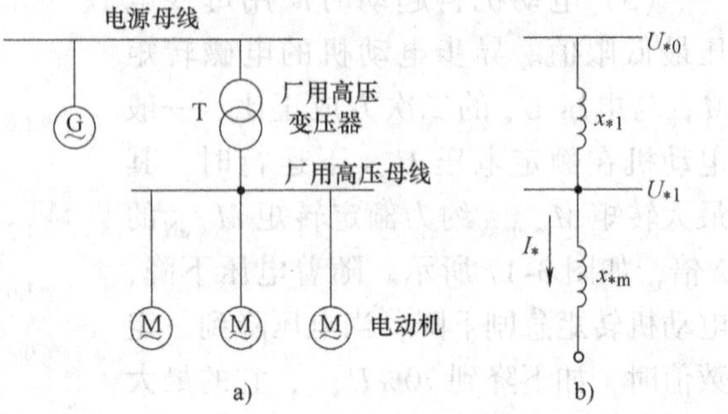

图3-18　厂用电动机自起动电路及其等效电路

$$I_*=\frac{U_{*0}}{x_{*t}+x_{*m}} \tag{3-23}$$

式中　I_*——参加自起动电动机的起动电流标幺值总和；

U_{*0}——电源母线电压标幺值，一般采用经电抗器供厂用电时取1，采用无励磁调压变压器时取1.05，采用有载调压变压器时取1.1；

x_{*t}——厂用变压器或电抗器的电抗标幺值，$x_{*t}=1.1\dfrac{U_k\%}{100}$；

x_{*m}——参加自起动电动机的等效电抗标幺值。

电动机自起动开始瞬间，高压厂用母线 x_{*1} 上的电压为

$$U_{*1}=I_*x_{*m} \tag{3-24}$$

将式（3-23）代入式（3-24）得

$$U_{*1}=\frac{U_{*0}x_{*m}}{x_{*t}+x_{*m}} \tag{3-25}$$

对一台静止的电动机，若该电动机的起动电流倍数为 K，在起动瞬间的电抗有 $x_{*m}=1/K$。如果所有自起动的电动机取一平均的起动电流倍数 K_{av}，则全部电动机折算后的等效电抗标幺值可写为

$$x_{*m}=\frac{1}{K_{av}}\frac{S_t}{S_{m\Sigma}} \tag{3-26}$$

式中　S_t——厂用变压器的额定容量（kV·A）；

$S_{m\Sigma}$——全部电动机总容量（kV·A）；

K_{av}——电动机自起动电流平均倍数，对备用电源，当快速切换时一般取2.5，慢速切换时取5（当备用电源自动切换的总时间大于0.8s为慢速切换，小于0.8s为快速切换）。

将式（3-26）代入式（3-25），即得厂用电动机在起动开始瞬间高压厂用母线电压，即

$$U_{*1}=\frac{U_{*0}x_{*m}}{x_{*t}+x_{*m}}=\frac{U_{*0}}{1+x_{*t}K_{av}\dfrac{S_{m\Sigma}}{S_t}}=\frac{U_{*0}}{1+x_{*t}K_{av}\dfrac{1}{S_t}\dfrac{P_{m\Sigma}}{\eta\cos\varphi}}=\frac{U_{*0}}{1+x_{*t}S_{*m\Sigma}} \tag{3-27}$$

式中　$S_{*m\Sigma}$——自起动时电动机的容量标幺值，$S_{*m\Sigma}=\dfrac{K_{av}P_{m\Sigma}}{S_t\eta\cos\varphi}$；

$P_{m\Sigma}$——参加自起动的电动机功率（kW）；

$\eta\cos\varphi$——电动机的效率和功率因数的乘积，一般取0.8。

由式（3-27）计算出的厂用母线的电压（标幺值）不应低于自起动要求的厂用母线最低电压值（标幺值），才能保证电动机顺利起动。

（2）电动机经厂用高压变压器和低压变压器串联自起动厂用母线电压校验。图3-19表示厂用高、低压变压器串联，高、低压电动机同时自起动的等效电路。假设高压母线已带有负荷 S_0，自起动过程中 S_0 继续运行。在这种情况下，应对高压厂用母线电压 U_{*1} 和低压厂用母线电压 U_{*2} 分别进行校验。

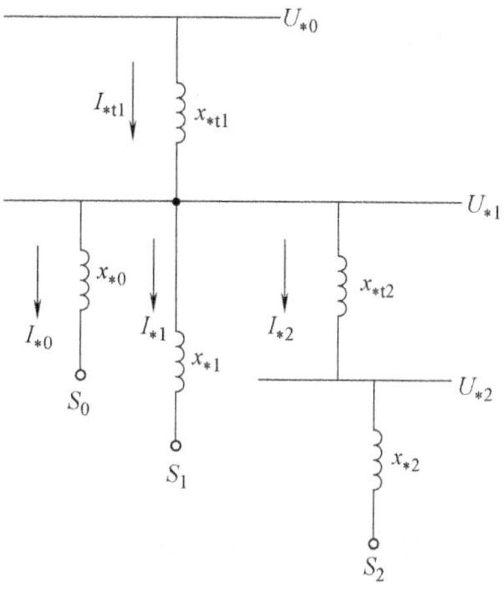

图3-19　厂用高、低压电动机同时自起动的等效电路

① 厂用高压母线电压 U_{*1} 校验。在图3-19中，所有电压、电流和电抗参数均以高压厂用变压器额定容量为基准。其中，U_{*2} 为厂用低压母线电压的标幺值；x_{*t2} 为低压厂用变压器电抗标幺值；x_{*1}、x_{*2} 分别为自起动时高、低压电动机电抗标幺值；I_{*t1} 为自起动时流过高压厂用变压器的电流标幺值；I_{*0}、I_{*1} 和 I_{*2} 分别为原有负荷电流标幺值及高、低压电动机自起动电流的标幺值。

电动机自起动时，各量之间的关系为

$$U_{*0}-U_{*1}=I_{*t1}x_{*t1}=(I_{*0}+I_{*1}+I_{*2})x_{*t1} \tag{3-28}$$

其中，$I_{*0}=\dfrac{U_{*1}}{x_{*0}}=\dfrac{U_{*1}}{x'_{*0}\dfrac{S_{t1}}{S_0}}=\dfrac{1}{x'_{*0}}\dfrac{U_{*1}S_0}{S_{t1}}=K_0U_{*1}\dfrac{S_0}{S_{t1}}$；$I_{*1}=K_1U_{*1}\dfrac{S_1}{S_{t1}}$；$I_{*2}=K_2U_{*2}\dfrac{S_2}{S_{t1}}$。

式中　x'_{*0}——以 S_0 为基准的原已带有的负荷等效电抗的标幺值；

K_0、K_1、K_2——S_0、S_1 和 S_2 支路电动机自起动电流的平均倍数。

I_{*2} 所占比重一般较小，可以略去，且 $K_0=1$，将 I_{*0}、I_{*1} 代入式（3-28）并整理，得

$$U_{*1}=\frac{U_{*0}}{1+\dfrac{\left(K_1\dfrac{P_1}{\eta\cos\varphi}+S_0\right)x_{*t1}}{S_{t1}}}=\frac{U_{*0}}{1+x_{*t1}S_{*H}} \tag{3-29}$$

式中　S_{*H}——厂用高压母线的合成负荷标幺值，$S_{*H}=\dfrac{K_1\dfrac{P_1}{\eta\cos\varphi}+S_0}{S_{t1}}$。

若高压厂用变压器为分裂绕组变压器，高压绕组额定容量为 S_{1N}，分裂绕组额定容量为

S_{2N}，则

$$S_{*H}=\frac{K_1\dfrac{P_1}{\eta\cos\varphi}+S_0}{S_{2N}}=\frac{K_1P_1}{\eta S_{2N}\cos\varphi}+\frac{S_0}{S_{2N}} \tag{3-30}$$

$$x_{*t1}=1.1\frac{U_k\%S_{2N}}{100S_{1N}}$$

② 厂用低压母线电压校验。假设低压母线带有负荷S_2，低压厂用变压器容量为S_{t2}，现以S_{t2}为基准容量，厂用低压变压器的电抗为x_{*t2}，仿照前面推导，$I_{*2}=K_2U_{*2}\dfrac{S_2}{S_{t2}}$。由等效电路，得

$$U_{*1}-U_{*2}=I_{*t2}x_{*t2} \tag{3-31}$$

因此

$$U_{*2}=\frac{U_{*1}}{1+\dfrac{K_2\dfrac{P_2}{\eta\cos\varphi}x_{*t2}}{S_{t2}}}=\frac{U_{*1}}{1+x_{*t2}S_{*L}} \tag{3-32}$$

$$S_{*L}=\frac{K_2P_2}{S_{t2}\eta\cos\varphi} \tag{3-33}$$

$$x_{*t2}=1.1\frac{U_k\%}{100}$$

已求得的厂用母线电压U_{*1}和U_{*2}，应分别不低于电动机自起动要求的厂用母线电压的最低值。

（3）电动机自起动允许容量校验。电动机自起动的电压校验和容量校验实质上是一回事。电压校验是已知电动机容量$S_{*m\Sigma}$，求厂用母线电压U_{*1}；而容量校验是把厂用母线电压U_{*1}当作已知值，求允许自起动电动机容量$S_{*m\Sigma}$（或$P_{m\Sigma}$）。则由式（3-27）可求得自起动允许容量为

$$S_{*m\Sigma}=\frac{U_{*0}-U_{*1}}{U_{*1}x_{*t}}$$

或

$$P_{m\Sigma}=\frac{(U_{*0}-U_{*1})\eta\cos\varphi}{U_{*1}x_{*t}K_{av}}S_t \tag{3-34}$$

由式（3-34）可以得到两点重要结论：①当电动机额定起动电流倍数大、变压器短路电压高、机端残压要求高时，允许自起动的功率就小；②发电机母线电压高、厂用变压器容量大、电动机效率和功率因数均高时，允许参加自起动的功率就大。因此，当同时自起动电动机容量超过允许容量时，可采用以下措施：

① 限制参加自起动电动机的数量。对不重要设备的电动机加装低电压保护装置，延时0.5s断开，不参加自起动。

② 阻转矩为定值的重要设备的电动机不参加自起动。因为该类电动机只能在接近额定电压下起动，所以也采用低电压保护，当厂用母线电压低于临界值时，把它从厂用母线上断开，厂用母线电压恢复后再自动投入。这样，可以保证未断开的重要设备电动机的顺利

起动。

③ 对重要的机械设备，选用具有高起动转矩和允许过载倍数较大的电动机。

④ 在不得已的情况下，另行选用较大容量的厂用变压器，或在限制短路电流允许的情况下，适当减小厂用变压器的阻抗值。

【例 3-1】 某高温高压火电厂 6kV 高压厂用工作变压器的容量为 10000kV · A，$U_k\%=8$；参加自起动电动机的平均起动电流倍数为 4.5，$\cos\varphi=0.8$，$\eta=0.92$。试计算允许自起动的电动机总容量。

解：由表 3-4 可见，高温高压火电厂由高压厂用工作变压器使厂用电动机自起动时要求的厂用母线电压最低标幺值为 0.65；高压厂用工作变压器一般为无励磁调压变压器，电源母线电压标幺值 U_{*0} 取 1.05；高压厂用工作变压器电抗标幺值取额定值的 1.1 倍。于是

$$x_{*t}=1.1U_k\%/100=1.1\times8/100=0.088$$

$$\begin{aligned}P_{m\Sigma}&=\frac{(U_{*0}-U_{*1})\eta\cos\varphi}{U_{*1}x_{*t}K_{av}}S_t\\&=\frac{(1.05-0.65)\times0.92\times0.8}{0.65\times0.088\times4.5}\times10000\text{kW}\\&=11437\text{kW}\end{aligned}$$

即，允许自起动的电动机总容量为 11437kW。

思考题与习题

3-1 自用电的作用和意义是什么？

3-2 厂用电负荷分为哪几大类？为什么要进行分类？

3-3 什么是备用电源？明备用和暗备用的区别是什么？

3-4 对自用电接线有哪些基本要求？

3-5 对厂用电压等级的确定和厂用电源引接的依据是什么？

3-6 在大容量发电厂中，要设起动电源和事故保安电源，如何实现？

3-7 火电厂厂用电接线为什么要按炉分段？为提高厂用电系统供电可靠性，通常都采用哪些措施？

3-8 发电厂和变电站的自用电在接线上有何区别？

3-9 何谓厂用电动机的自起动？为什么要进行电动机自起动校验？如果厂用变压器的容量小于自起动电动机总容量，应如何解决？

3-10 已知某火电厂厂用 6kV 备用变压器容量为 12.5MV · A，$U_k\%=8$，要求同时自起动电动机容量为 11400kW，电动机起动平均电流倍数为 5，$\cos\varphi=0.8$，$\eta=0.90$。试校验该备用变压器容量能否满足自起动要求。

3-11 某发电厂高压厂用母线电压为 6kV，高压厂用变压器为无励励调压双绕组变压器，其参数如下：额定容量 16000kV · A，短路电压 $U_k\%=7.54$。给水泵参数如下：额定电压 6kV，额定功率 5500kW，起动电流倍数 $K_{av}=6$，额定效率 $\eta=0.963$，额定功率因数 $\cos\varphi=0.9$。给水泵起动前，高压厂用母线上的负荷为 8500kV · A。试确定给水泵能否正常起动。

项目4 载流导体与绝缘子运行

【知识目标】

1. 了解载流导体的长期发热计算，掌握载流量的确定及提高措施；
2. 掌握短路电流的热效应及热稳定校验的计算方法；
3. 掌握短路电流的电动力效应及动稳定校验的计算方法；
4. 掌握电气设备选择的一般条件；
5. 掌握导体和绝缘子具体的选择条件、方法与校验的内容。

【能力目标】

1. 掌握导体的选择和运行维护；
2. 掌握绝缘子的选择和运行维护。

任务 4.1　载流导体的发热和电动力分析

【任务描述】

该任务主要讲述载流导体的长期发热分析，短路电流的热效应与电动力效应分析。研究分析导体长期通过工作电流时的发热过程，目的是计算导体的长期工作允许电流，以及提高导体载流量应采取的措施。计算导体短时发热的目的，是确定导体可能出现的最高温度，以便判定导体是否满足热稳定。进行电动力计算的目的，是为了校验导体或电器实际所受的电动力是否超过其允许应力，即校验其动稳定性。

【任务实施】

结合电站原始资料，进行三相导体短路电流热效应和电动力效应的计算分析，并做出热稳定和动稳定校验。

4.1.1　概述

1. 发热和电动力对电气设备的影响

电气设备在运行中有两种运行状态：一是正常工作状态，即运行参数都不超过额定值，电气设备能够长期而稳定地工作的状态；二是短路时工作状态，当电力系统中发生短路故障时，电气设备要流过很大的短路电流，在短路故障被切除前的短时间内，电气设备要承受短路电流产生的发热和电动力的作用。

电流流过导体和电气设备时，将引起发热。发热主要是由于功率损耗产生的，这些损耗包括以下三种：一是铜损，即电流在导体电阻中的损耗；二是铁损，即在导体周围的金属构件中产生的磁滞和涡流损耗；三是介损，即绝缘材料在电场作用下产生的损耗。这些损耗都转换为热能，使电气设备的温度升高。这里主要讨论铜损发热问题。

电气设备由正常工作电流引起的发热称为长期发热，由短路电流引起的发热称为短时发热。发热不仅消耗能量，而且导致电气设备的温度升高，从而产生不良的影响。

（1）机械强度下降。金属材料的温度升高时，会使材料退火软化，机械强度下降。例如，铝导体长期发热超过 100℃或短时发热超过 150℃时，材料的抗拉强度明显下降。

（2）接触电阻增加。发热导致接触电阻增加的原因主要有两个方面：一是发热影响接触导体及其弹性元件的力学性能，使接触压力下降，导致接触电阻增加，并引起发热进一步加剧；二是温度的升高加剧了接触面的氧化，其氧化层又使接触电阻和发热增大。当接触面的温度过高时，可能导致温度升高的恶性循环，即温度升高→接触电阻增加→温度升高，最后使接触连接部分迅速遭到破坏，引发事故。

（3）绝缘性能下降。在电场强度和温度的作用下，绝缘材料将逐渐老化。当温度超过材料的允许温度时，将加速其绝缘的老化，缩短电气设备的正常使用年限。严重时，可能会造成绝缘烧损。因此，绝缘部件往往是电气设备中耐热能力最差的部件，成为限制电气设备允许工作温度的重要条件。

为了保证电气设备可靠地工作，无论是在长期发热还是在短时发热情况下，其发热温度都不能超过各自规定的最高温度，即长期最高允许温度和短时最高允许温度。

按照有关规定：铝导体的长期最高允许温度，一般不超过+70℃。在计及太阳辐射（日照）的影响时，钢芯铝绞线及管形导体，可按不超过+80℃来考虑。当导体接触面处有镀（搪）锡的可靠覆盖层时，可提高至+85℃。

当电气设备通过短路电流时，短路电流所产生的巨大电动力对电气设备具有很大的危害性。

（1）载流部分可能因为电动力而振动，或者因为电动力所产生的应力大于其材料允许应力而变形，甚至使绝缘部件（如绝缘子）或载流部件损坏。

（2）电气设备的电磁绕组受到巨大的电动力作用，可能使绕组变形或损坏。

（3）巨大的电动力可能使开关电器的触头瞬间解除接触压力，甚至发生斥开现象，导致设备故障。

因此，电气设备必须具备足够的动稳定性，以承受短路电流所产生的电动力的作用。

2. 导体的发热与散热

导体在通过电流时要发热，同时导体也向周围介质散热。导体的发热主要来自导体电阻损耗的热量和太阳日照的热量。导体的散热过程实质是热量的传递过程，包括导热、对流及辐射三种形式，主要为后两种散热形式。

4.1.2　导体的长期发热

研究分析导体长期通过工作电流时的发热过程，目的是计算导体的长期允许电流，以及提高导体载流量应采取的措施。

1. 导体的温升过程

导体在未通过电流时，其温度和周围介质温度相同。当通过电流时，由于发热，使温度升高，并因此与周围介质产生温差，热量将逐渐散失到周围介质中去。在正常工作情况下，导体通过的电流是持续稳定的，因此经过一段时间后，电流所产生的全部热量将随时完全散失到周围介质中去，即达到发热与散热的平衡，使导体的温度维持为某一稳定值。当工作状况改变时，热平衡被破坏，导体的温度发生变化，再过一段时间，又建立新的平衡，导体在新的稳定温度下工作。所以，导体温升的过程也是一个能量守恒的过程。

导体散失到周围介质的热量，为对流换热量 Q_l 与辐射换热量 Q_f 之和，这是一种复合换热。为了计算方便，用一个总换热系数 α 来包括对流换热与辐射换热的作用，即

$$Q_l+Q_f=\alpha(\theta_w-\theta_0)F \tag{4-1}$$

式中 α——导体总的换热系数 [W/(m²·℃)]；

F——导体的等效交换热面积（m²/m）。

在导体升温的过程中，导体产生的热量 Q_R，一部分用于温度的升高所需的热量 Q_w，另一部分散失到周围的介质中，即 Q_l+Q_f。因此，对于均匀导体（同一截面同一种材料），其持续发热的热平衡方程为

$$Q_R=Q_w+Q_l+Q_f \tag{4-2}$$

在微分时间 dt 内，由式（4-2）可得

$$I^2R\mathrm{d}t=mc\mathrm{d}\theta+\alpha F(\theta-\theta_0)\mathrm{d}t \tag{4-3}$$

式中 I——流过导体的电流（A）；

R——导体的交流电阻（Ω）；

m——单位长度导体的质量（kg/m）；

c——导体的比热容 [J/(kg·℃)]；

θ——导体的温度（℃）；

θ_0——周围空气的温度（℃）。

在正常工作时，导体的温度范围变化不大，可以认为电阻 R、比热容 c、热换系数 α 为常数，故式（4-3）是一个常系数微分方程，经整理后，即得

$$\mathrm{d}t=-\frac{mc}{\alpha F}\times\frac{1}{I^2R-\alpha F(\theta-\theta_0)}\mathrm{d}[I^2R-\alpha F(\theta-\theta_0)]$$

对上式进行积分，当时间由 $0\to t$ 时，温度从 0 时刻的开始温度 θ_k 上升至相应温度 θ_t，则

$$\int_0^t\mathrm{d}t=-\frac{mc}{\alpha F}\int_{\theta_k}^{\theta_t}\frac{1}{I^2R-\alpha F(\theta-\theta_0)}\mathrm{d}[I^2R-\alpha F(\theta-\theta_0)]$$

解得

$$\theta_t-\theta_0=\frac{I^2R}{\alpha F}(1-e^{-\frac{\alpha F}{mc}t})+(\theta_k-\theta_0)e^{-\frac{\alpha F}{mc}t} \tag{4-4}$$

设开始温升 $\tau_k=\theta_k-\theta_0$，对应时间 t 的温升为 $\tau=\theta_t-\theta_0$，代入式（4-4），得

$$\tau=\frac{I^2R}{\alpha F}(1-e^{-\frac{\alpha F}{mc}t})+\tau_k e^{-\frac{\alpha F}{mc}t} \tag{4-5}$$

当 $t\to\infty$ 时，导体的温升趋于一稳定值 τ_w，称为稳定温升，即

$$\tau_w=\frac{I^2R}{\alpha F} \tag{4-6}$$

由此可见，在工作电流作用下，当导体电阻损耗的电功率（I^2R）与散失介质中的热功率（αF）相等时，导体的温度就不再增加，即达到稳定温升 τ_w，而稳定温升的大小与开始温升无关。

当导体一定时，式中$\dfrac{mc}{\alpha F}$是一个常数，称作发热时间常数，记作

$$T_r=\frac{mc}{\alpha F} \tag{4-7}$$

发热时间常数的物理意义是导体的热容量与散热能力的比值，其大小仅与导体的材料和几何尺寸有关。

将式（4-7）代入式（4-5），得

$$\tau=\frac{I^2R}{\alpha F}(1-e^{-\frac{t}{T_r}})+\tau_k e^{-\frac{t}{T_r}} \tag{4-8}$$

式（4-8）为均匀导体持续发热时温升与时间的关系式，其曲线如图4-1所示。

由式（4-8）和图4-1可得出以下结论：

（1）温升过程是按指数曲线变化，开始阶段上升很快，随着时间的延长，其上升速度逐渐减小。这是因为起始阶段导体温度较低，散热量也少，发热量主要用来使导体温度升高，所以温度上升速度较快。在导体的温度升高后，也就使导体对周围介质的温差加大，散热量就逐渐增加，因此，导体温度升高的速度也就减慢，最后达到稳定值。

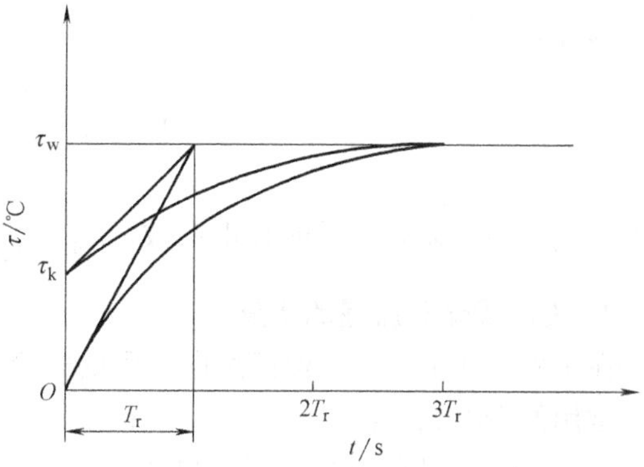

图4-1　导体温升的变化曲线

（2）对于某一导体，当通过的电流不同时，发热量不同，稳定温升也就不同。电流大时，稳定温升高；电流小时，稳定温升低。

（3）经过（3~4）T_r 的时间，导体的温升即可认为已趋近稳定温升 τ_w。

2. 导体的载流量

据上所述，导体长期通过电流 I 时，稳定温升为 $\tau_w=\dfrac{I^2R}{\alpha F}$。由此可知：导体的稳定温升，与电流的二次方和导体材料的电阻成正比，而与总换热系数及换热面积成反比。根据式（4-6），可计算出导体的载流量。

由于

$$I^2R=\tau_w\alpha F=Q_1+Q_f$$

故导体的载流量为

$$I=\sqrt{\frac{\alpha F(\theta_w-\theta_0)}{R}}=\sqrt{\frac{Q_1+Q_f}{R}} \tag{4-9}$$

此式也可计算导体的正常发热温度 θ_w，即

$$\theta_w=\theta_0+\frac{I^2R}{\alpha F} \tag{4-10}$$

当已知稳定温升时，还可以利用关系式 $S=\rho\ \dfrac{l}{R}$ 来计算载流导体的截面积。

根据以上讨论，当导体通过工作电流为额定电流 I_g 时，导体稳定于工作温度 $\theta_w=\theta_g$，即

$$I_g^2R=\alpha F(\theta_g-\theta_0) \tag{4-11}$$

在规定的散热条件下，当导体通过的电流为额定电流 I_N，周围介质温度为额定值 θ_{0N} 时，导体温度稳定在长期发热允许温度 θ_N，即

$$I_N^2R=\alpha F(\theta_N-\theta_{0N}) \tag{4-12}$$

实际上，对确定的导体，其额定值是已知的。当已知周围介质温度 θ_0 和工作电流时，导体的工作温度 θ_g 为

$$\theta_g=\theta_0+(\theta_N-\theta_{0N})\frac{I_g^2}{I_N^2} \tag{4-13}$$

当周围介质温度 θ_0 不等于额定值 θ_{0N} 时，则导体允许的长期工作电流 I_{al} 也就不等于额定电流 I_N，应为

$$I_{al}=I_N\sqrt{\frac{\theta_N-\theta_0}{\theta_N-\theta_{0N}}}=K_\theta I_N \tag{4-14}$$

式中　K_θ——导体载流量的修正系数，$K_\theta=\sqrt{\dfrac{\theta_N-\theta_0}{\theta_N-\theta_{0N}}}$。

3. 提高导体载流量的措施

在工程实践中，为了保证配电装置的安全和提高经济效益，应采取措施提高导体的载流量。常用的措施如下：

（1）减小导体的电阻。因为导体的载流量与导体的电阻成反比，故减小导体的电阻可以有效地提高导体载流量。减小导体电阻的方法：①采用电阻率 ρ 较小的材料作导体，如铜、铝、铝合金等；②减小导体的接触电阻；③增大导体的截面积，但随着截面积的增加，往往趋肤效应系数（K_f）也跟着增加，所以单条导体的截面积不宜做得过大，如矩形截面铝导体，单条导体的最大截面积不宜超过 $1250mm^2$。

（2）增大有效散热面积。导体的载流量与有效散热表面积（F）成正比，所以导体宜采用周边最大的截面形式，如矩形截面、槽形截面等，并应采用有利于增大散热面积的方式布置，如矩形导体竖放。

（3）提高换热系数。提高换热系数的方法主要有：①加强冷却，如改善通风条件或采取强制通风，采用专用的冷却介质，如 SF_6 气体、冷却等；②室内裸导体表面涂漆，利用漆辐射系数大的特点，提高换热系数，以加强散热，提高导体载流量。表面涂漆还便于识别相序，一般交流 A、B、C 三相母线分别涂成黄、绿、红三种颜色。

【例 4-1】 某降压变电所 10kV 屋内配电装置采用裸铝母线，母线截面积为 120mm×10mm，额定电流 I_N 为 1905A。配电装置室内空气温度为 36℃。试计算母线实际容许电流（取 $\theta_{0N}=25$℃）。

解： 因铝母线的 $\theta_N=70$℃，额定周围介质温度 $\theta_{0N}=25$℃，介质实际温度 $\theta_0=36$℃，额

定电流 I_N 为1905A。由式（4-14）可得

$$I_{al}=I_N\sqrt{\frac{\theta_N-\theta_0}{\theta_N-\theta_{0N}}}=1905\text{A}\times\sqrt{\frac{70-36}{70-25}}=1655.8\text{A}$$

4.1.3　导体的短时发热

短时发热时，导体的发热量比正常发热量要大得多，导体的温度升得很高。计算短时发热量的目的，就是确定导体可能出现的最高温度，以判定导体是否满足热稳定。

1. 短时发热过程

短路时均匀导体的发热过程如图4-2所示，在时间 t_w 以前，导体处于正常工作状态，其温度稳定在工作温度 θ_w。在时间 t_w 时发生短路，导体温度急剧升高，θ_h 是短路后导体的最高温度。时间 t_k 时短路被切除，导体温度逐渐下降，最后接近于周围介质温度 θ_0。

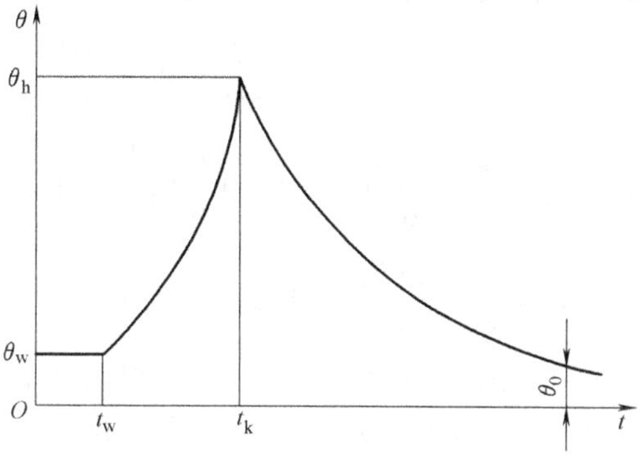

图4-2　短路时均匀导体的发热过程

导体短路时发热有下列特点：

（1）短路电流大，持续时间短，发出的热量向外界散热很少，几乎全部用来升高导体自身的温度，即认为是一个绝热过程。

（2）短路时导体温度的变化范围很大，其电阻和比热容也随温度而变，故不能作为常数对待。

在绝热过程中，电阻 R_θ 和比热容 c_θ 随温度而变化的关系式是

$$R_\theta=\rho_0(1+\alpha\theta)\frac{l}{S} \tag{4-15}$$

$$c_\theta=c_0(1+\beta\theta) \tag{4-16}$$

式中　ρ_0——温度为0℃时的导体电阻（Ω）；

c_0——温度为0℃时的导体比热容［J/(m^2·℃)］；

α——导体电阻的温度系数（℃$^{-1}$）；

β——导体比热容的温度系数（℃$^{-1}$）；

l——导体的长度（m）；

S——导体材料的截面积（m^2）。

根据绝热过程的特点，导体的发热量等于导体吸收的热量，则可列出热平衡方程式为

$$Q_R=Q_w \tag{4-17}$$

在时间 dt 内，由式（4-17），可得

$$I_{kt}^2R_\theta\,\mathrm{d}t=mc_\theta\,\mathrm{d}\theta \tag{4-18}$$

式中　I_{kt}——短路全电流（A）；

m——导体的质量（kg），$m=\rho_wSl$，其中 ρ_w 为导体材料的密度（kg/m^2）。

将式（4-15）、式（4-16）及 $m=\rho_wSl$ 等代入式（4-18），即得导体短时发热的微分方

程式

$$I_{kt}^2\rho_0(1+\alpha\theta)\frac{l}{S}dt=\rho_w Slc_0(1+\beta\theta)d\theta \tag{4-19}$$

式（4-19）整理后得

$$\frac{1}{S^2}I_{kt}^2dt=\frac{c_0\rho_w}{\rho_0}\left(\frac{1+\beta\theta}{1+\alpha\theta}\right)d\theta \tag{4-20}$$

对式（4-20）进行积分，当时间从短路开始（$t_w=0$）到短路切除（t_k）时，导体的温度由开始温度 θ_w 上升到最终温度 θ_h，于是得

$$\frac{1}{S^2}\int_0^{t_k}I_{kt}^2dt=\frac{c_0\rho_w}{\rho_0}\int_{\theta_w}^{\theta_h}\frac{1+\beta\theta}{1+\alpha\theta}d\theta=A_h-A_w \tag{4-21}$$

式中 $A_h=\frac{c_0\rho_w}{\rho_0}\left[\frac{\alpha-\beta}{\alpha^2}\ln(1+\theta_h)+\frac{\beta}{\alpha}\theta_h\right]$ [J/(Ω · m⁴)]；

$A_w=\frac{c_0\rho_w}{\rho_0}\left[\frac{\alpha-\beta}{\alpha^2}\ln(1+\theta_w)+\frac{\beta}{\alpha}\theta_w\right]$ [J/(Ω · m⁴)]。

式（4-21）中的 A 只与导体的材料和温度 θ 有关。在实际工程中，为了简化 A_w 和 A_h 的计算，已按各种材料的平均参数绘出 $\theta=f(A)$ 曲线，如图 4-3 所示。

在式（4-21）中，$\int_0^{t_k}I_{kt}^2dt$ 与短路电流产生的热量成正比，称为短路电流的热效应，用 Q_k 表示，即

$$Q_k=\int_0^{t_k}I_{kt}^2dt \tag{4-22}$$

将式（4-22）代入式（4-20），得

$$A_h=\frac{1}{S^2}Q_k+A_w \tag{4-23}$$

利用图 4-3 所示的 $\theta=f(A)$ 曲线计算导体短路时的最高温度的步骤如下：

（1）首先根据运行温度 θ_w 从曲线中查出 A_w 值。

（2）将 A_h 与 Q_k 的值代入式（4-23）中计算出 A_h。

（3）最后再根据 A_h，从曲线中查出 θ_h 之值。

可见，$\theta=f(A)$ 曲线为计算 θ 或 A 提供了便利。

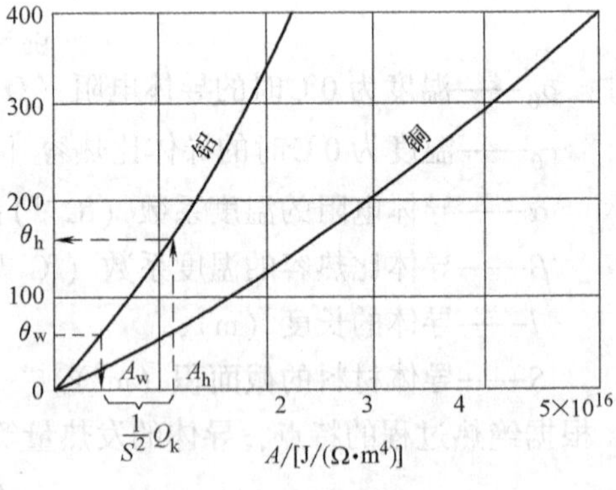

图 4-3 导体 $\theta=f(A)$ 曲线

2. 短路电流热效应 Q_k 的计算

短路电流由周期分量和非周期分量两部分组成。根据电力系统短路故障分析的有关知识，在任一时刻有以下关系成立

$$I_{kt}^2=I_p^2+I_{np}^2 \tag{4-24}$$

式中 I_{kt}——短路电流有效值；

I_p——短路电流周期分量有效值；
I_{np}——短路电流非周期分量有效值。

故有

$$Q_k=\int_0^{t_k}I_{kt}^2\mathrm{d}t=\int_0^{t_k}I_p^2\mathrm{d}t+\int_0^{t_k}I_{np}^2\mathrm{d}t=Q_p+Q_{np} \tag{4-25}$$

式中　Q_p——短路电流周期分量热效应值；
Q_{np}——短路电流非周期分量热效应值。

（1）短路电流周期分量热效应 Q_p 的计算。短路电流周期分量热效应 Q_p，可采用辛卜生法进行计算。由数值分析算法可知，任意曲线 $y=f(x)$ 的定积分，可采用辛卜生法近似计算，即

$$\int_a^b f(x)\mathrm{d}x=\frac{b-a}{3n}[(y_0+y_n)+2(y_2+y_4+\cdots+y_{n-2})+4(y_1+y_3+\cdots+y_{n-1})] \tag{4-26}$$

式中　b、a——积分区间的上、下限；
n——把积分区间等分成的区间数（偶数）；
y_i——函数值（$i=1$，2，…，n）。

在计算周期分量热效应时，代入 $f(x)=I_p^2$，$a=0$，$b=t_k$。当取 $n=4$ 时，则 $y_0=I''^2$，$y_1=I_{t_k/4}^2$，$y_2=I_{t_k/2}^2$，$y_3=I_{3t_k/4}^2$，$y_4=I_{t_k}^2$。为了进一步简化，可以认为 $y_2=\frac{y_1+y_3}{2}$。将这些数值代入式（4-26），可得

$$Q_p=\int_0^{t_k}I_p^2\mathrm{d}t=\frac{t_k}{12}(I''^2+10I_{t_k/2}^2+I_{tk}^2) \tag{4-27}$$

（2）短路电流非周期分量热效应 Q_{np} 的计算。由式（4-25）有

$$Q_{np}=\int_0^{t_k}I_{np}^2\mathrm{d}t$$

式中，$I_{np}=\sqrt{2}I''\mathrm{e}^{-\frac{t}{T_a}}$，代入上式得

$$Q_{np}=\int_0^{t_k}(\sqrt{2}I''\mathrm{e}^{-\frac{t}{T_a}})^2\mathrm{d}t=T_a(1-\mathrm{e}^{-\frac{2t}{T_a}})I''^2=TI''^2 \tag{4-28}$$

式中　T_a——非周期分量衰减时间常数；
T——非周期分量等效时间，其大小取决于 T_a 及 t_k，可由表4-1查得。

如果短路电流持续时间大于1s，导体的发热主要由周期分量来决定，在此情况下非周期分量的影响可忽略不计。

表4-1　非周期分量等效时间

短路点位置	T/s	
	$t_d\leqslant$0.1s	t_d>0.1s
发电机出口及母线	0.15	0.20
发电机升高电压母线及出线、发电机电抗器后	0.08	0.10
变电所各级电压母线及出线	0.05	0.05

【例4-2】　发电机出口的短路电流 $I''=18$kA，$I_{0.5}=9$kA，$I_{1.0}=7.8$kA，短路电流持续时

间 $t_k=1.0s$，试求短路电流热效 应 Q_k。

解：短路电流周期分量热效应为

$$Q_p=\int_0^{1.0}I_p^2dt=\frac{1.0}{12}(I''^2+10I_{0.5}^2+I_{1.0}^2)=101kA^2\cdot s$$

短路电流周期分量热效应为

$$Q_{np}=\int_0^{t_k}I_{np}^2dt=TI''^2=0.2s\times18^2kA^2=64.8kA^2\cdot s$$

短路电流热效应为

$$Q_k=Q_p+Q_{np}=101kA^2\cdot s+64.8kA^2\cdot s=165.8kA^2\cdot s$$

【例 4-3】 截面积为 $150\times10^{-6}m^2$ 的 10kV 铝芯纸绝缘电缆，正常运行时温度 θ_w 为 50℃，短路电流热效应为 $165.8kA^2\cdot s$，试校验该电缆能否满足热稳定要求。

解：由图 4-3 查得 $A_w=0.38\times10^{16}J/(\Omega\cdot m^4)$，则有

$$A_h=\frac{1}{S^2}Q_k+A_w=165.8\times10^6/(150\times10^{-6})2+0.38\times10^{16}$$
$$=1.12\times10^{16}J/(\Omega\cdot m^4)$$

由图 4-3 查得 $\theta_h=150℃<220℃$，该电缆的热稳定满足要求。

3. 导体最小允许截面积 S_{min} 的计算

为了简化计算，也可用计算导体最小允许截面积 S_{min} 的方法来校验导体的热稳定。由短时发热的计算公式（4-23）可得到短路热稳定决定的导体最小截面积 S_{min}（mm^2）为

$$S_{min}=\sqrt{\frac{Q_k}{A_h-A_w}}=\frac{\sqrt{Q_k}}{C} \tag{4-29}$$

$$C=\sqrt{A_h-A_w}$$

式中 C——热稳定系数，可从表 4-2 中查取。

表 4-2 不同工作温度下裸导体的 C 值

工作温度/℃	40	45	50	55	60	65	70	75	80	85	90
硬铝及铝锰合金	99	97	95	93	91	89	87	85	83	82	81
硬铜	186	183	181	179	176	174	171	169	166	164	161

【例 4-4】 10kV 铝芯纸绝缘电缆，截面积 $S=150mm^2$，$Q_k=165.8kA^2\cdot s$，正常运行时温度 θ_w 为 45℃。试用最小允许截面积法校验导体的热稳定。

解：从表 4-2 中查得 $C=97$，所以有

$$S_{min}=\frac{\sqrt{Q_k}}{C}=\frac{\sqrt{165.8\times10^6}}{97}mm^2=132.7mm^2$$

由于电缆截面 $S=150\ mm^2>S_{min}=132.7mm^2$，所以满足热稳定要求。

4.1.4 短路电流的电动力

导体通过电流时，相互之间的作用力称为电动力。正常工作电流所产生的电动力不大，但短路冲击电流所产生的电动力数值很大，可能导致导体或电器发生变形或损坏。导体或电器必须能承受这一作用力，才能可靠地工作。为此，必须研究短路冲击电流产生的电动力大

小和特征。

进行电动力计算的目的，是为了校验导体或电器实际所受的电动力是否超过其允许应力，即校验导体或电器的动稳定性。

1. 两平行导体间电动力的计算

当两个平行导体通过电流时，由于磁场相互作用而产生电动力，电动力的方向与所通过的电流的方向有关。当电流的方向相反时，导体间产生斥力；而当电流方向相同时，则产生吸力。

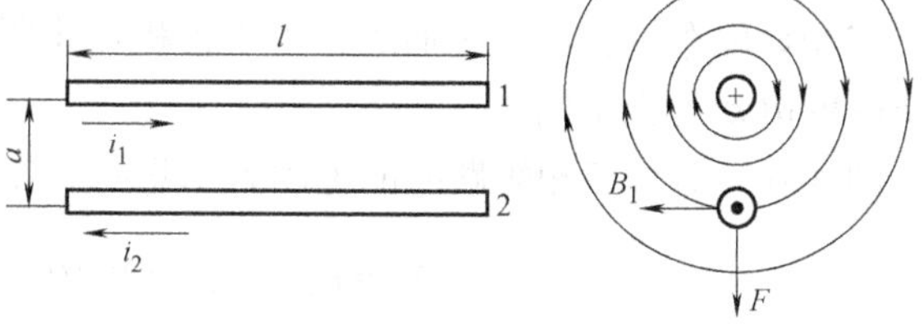

图 4-4　两平行载流导体间的电动力

根据毕奥-萨伐尔定律，图 4-4 所示的两平行载流导体间的电动力为

$$F=2i_1i_2\frac{l}{a}\times10^{-7} \tag{4-30}$$

式中　i_1、i_2——分别通过两平行导体的电流（A）；

l——该段导体的长度（m）；

a——两根导体轴线间的距离（m）。

2. 电流分布对电动力的影响

实际电流在导体截面上的分布并不是集中在轴线上，导体的截面形状和尺寸影响电动力的大小。当导体的边沿距离（净距）小于其截面的周长时，应考虑电流在截面上的分布。实际上，电流分布对电动力的影响可以用一个形状系数 K_f 来修正，形状系数表示实际形状导体所受的电动力与细长导体（把电流看成是集中在轴线上）电动力之比。则修正后的电动力为

$$F=2\times10^{-7}i_1i_2\frac{l}{a}K_f \tag{4-31}$$

对于矩形导体，其形状系数 K_f 是 $\frac{a-b}{h+b}$ 和 $\frac{b}{h}$ 的函数，工程上已制成曲线，如图 4-5 所示。$\frac{a-b}{h+b}$ 是导体净距大于导体截面半周长之比，$\frac{b}{h}$ 是纵横边长比，可以看出，当 $\frac{a-b}{h+b}>2$ 或 $\frac{b}{h}=1$ 时，$K_f=1$。

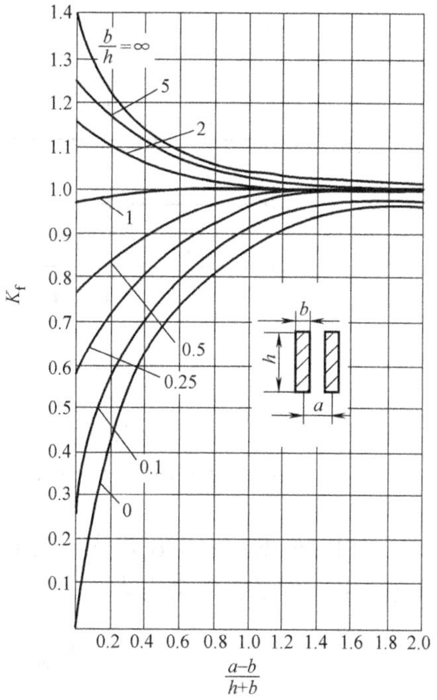

图 4-5　矩形截面形状系数曲线

实际上，由于相间距离相对于导体的尺寸要大得多，所以相间母线的 K_f 值取 1，但当一相采用多条母线并联时，条间距离很小，条与条之间的电动力计算时要计及 K_f 的影响。

对于圆管形导体，$K_f=1$；对于双槽形导体，计算相间和条间电动力时，均取 $K_f\approx1$。

3. 三相短路时的电动力计算

发生三相短路时，每相导体所承受的电动力等于该相导体与其他两相之间电动力的矢量和。三相导体布置在同一平面时，由于各相导体所通过的电流相位不同，故边缘相与中间相所承受的电动力也不同。

图 4-6 为对称三相短路时的电动力示意图。作用在中间相（B 相）的电动力为

$$F_B=F_{BA}-F_{BC}=2\times10^{-7}\frac{l}{a}(i_Bi_A-i_Bi_C) \tag{4-32}$$

作用在外边相（A 相或 C 相）的电动力为

$$F_A=F_{AB}+F_{AC}=2\times10^{-7}\frac{l}{a}(i_Ai_B+0.5i_Ai_C) \tag{4-33}$$

三相对称的短路电流表达式为

$$i_A=I_m\left[\sin(\omega t+\varphi_A)-e^{-\frac{t}{T_a}}\sin\varphi_A\right]$$
$$i_B=I_m\left[\sin\left(\omega t+\varphi_A-\frac{2}{3}\pi\right)-e^{-\frac{t}{T_a}}\sin\left(\varphi_A-\frac{2}{3}\pi\right)\right]$$
$$i_C=I_m\left[\sin\left(\omega t+\varphi_A+\frac{2}{3}\pi\right)-e^{-\frac{t}{T_a}}\sin\left(\varphi_A+\frac{2}{3}\pi\right)\right]$$

式中 I_m——短路电流周期分量的最大值（A）；

φ_A——短路电流 A 相的初相角（rad）；

T_a——短路电流非周期分量衰减时间常数（s）。

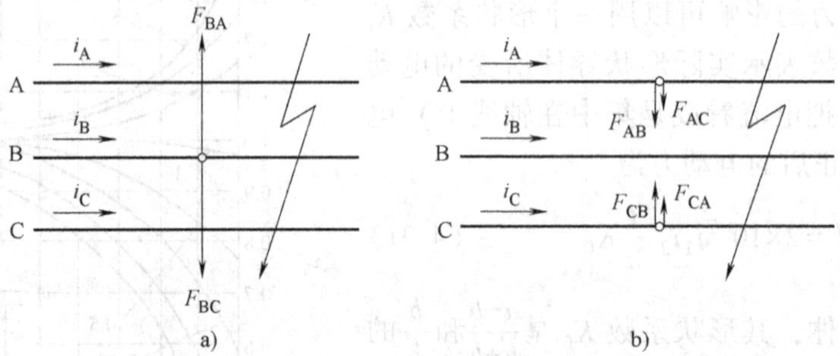

图 4-6 对称三相短路时的电动力示意图

a）作用在中间相（B 相）的电动力 b）作用在外边相（A 相或 C 相）的电动力

将三相对称的短路电流代入式（4-32）和式（4-33），并进行整理化简和分析，可知中间相（B 相）的最大电动力为

$$F_{B\max}=1.73\times10^{-7}\frac{l}{a}[i_{sh}^{(3)}]^2 \tag{4-34}$$

外边相（A 和 C 相）的最大电动力为

$$F_{A\max}=F_{C\max}=1.616\times10^{-7}\frac{l}{a}[i_{sh}^{(3)}]^2 \tag{4-35}$$

式中　$i_{sh}^{(3)}$——三相冲击短路电流（kA）；

l——导体的长度（m）。

a——两根导体轴线间的距离（m）。

又因为发生两相短路时的冲击电流为

$$i_{sh}^{(2)}=\frac{\sqrt{3}}{2}i_{sh}^{(3)}$$

所以发生两相短路时，最大电动力为

$$F_{max}^{(2)}=2\times10^{-7}\frac{l}{a}[\,i_{sh}^{(2)}\,]^2=1.5\times10^{-7}\frac{l}{a}[\,i_{sh}^{(3)}\,]^2 \tag{4-36}$$

比较式（4-34）~式(4-36）可见，两相短路时的最大电动力小于同一地点三相短路时的最大电动力，且三相短路时中间相（B 相）的电动力最大。所以，要用三相短路时的最大电动力校验电气设备的动稳定。

4. 导体振动的动态应力

如果把支持于绝缘子上的硬导体看成是多跨的连续梁，则有多阶固有频率。其一阶固有频率为

$$f_1=\frac{N_f}{L^2}\sqrt{\frac{EJ}{m}} \tag{4-37}$$

式中　N_f——频率系数，与导体连续跨数和支承方式有关，其值见表 4-3；

L——绝缘子跨距（m）；

E——导体材料的弹性模量（Pa），铝为 7×10^{10}Pa；

J——导体截面惯性矩（m^4），矩形导体单条、双条和三条平放分别为 $bh^3/12$、$bh^3/6$、$bh^3/4$，矩形导体单条、双条和三条竖放分别为 $b^3h/12$、$2.167b^3h$、$8.25b^3h$；

m——导体单位长度的质量（kg/m），矩形导体为 $m=bh\rho$，铝的密度取 $\rho=2700\text{kg/m}^3$。

表 4-3　导体不同固定方式时的频率系数 N_f 值

跨数及支承方式	N_f	跨数及支承方式	N_f
单跨、两端简支	1.57	单跨、两端固定，多等跨、简支	3.56
单跨、一端固定、一端简支，两等跨、简支	2.45	单跨、一端固定、一端活动	0.56

当一阶固有振动频率 f_1 在 30~160Hz 范围内时，因其接近电动力的频率（或倍频）而产生共振，导致母线材料的应力增加，此时应以动态力系数 β 进行修正，故考虑共振影响后的电动力的公式为

$$F_{max}=1.73\times10^{-7}\frac{l}{a}i_{sh}^2\beta \tag{4-38}$$

在工程计算中，可查电力工程手册获得动态应力系数 β，如图 4-7 所示。由图 4-7 可知，固有频率在中间范围内变化时，$\beta>1$，动态应力较大；当固有频率较低时，$\beta<1$；固有频率较高时，$\beta\approx1$，对屋外配电装置中的铝管导体，取 $\beta=0.58$。

为了避免导体发生危险的共振，对于重要的导体，应使其固有频率在下述范围以外：

单条导体及一组中的各条导体为35~135Hz；

多条导体及有引下线的单条导体为35~155Hz；

槽形和管形导体为30~160Hz；

如果固有频率在上述范围以外，可取$\beta=1$。若在上述范围内，则电动力用式（4-38）计算。

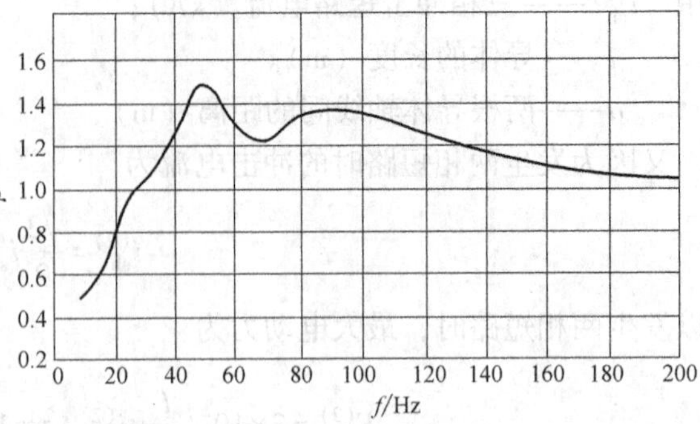

图 4-7　动态应力系数

任务 4.2　电气设备选择的一般条件

【任务描述】

该任务主要介绍电气设备选择的一般条件。即按正常工作条件选择载流导体和电气设备，按短路条件校验载流导体和电气设备。学习中应注意把学过的基本理论与工程实践结合起来，在熟悉各种电气设备性能的基础上，结合实例来掌握各种电气设备的选择方法。

【任务实施】

结合电站原始资料，进行正常工作条件下的计算，短路点的选择，明确高压电气设备选择与校验的相关项目。

【知识链接】

电气设备的选择是发电厂和变电站电气部分设计的重要内容之一。如何正确地选择电气设备，将直接影响到电气主接线和配电装置的安全及经济运行。因此，在进行电气设备的选择时，必须执行国家的有关技术经济政策，在保证安全、可靠的前提下，力争做到技术先进、经济合理、运行方便和留有适当的发展余地，以满足电力系统安全、经济运行的需要。学习中应注意把学过的基本理论与工程实践结合起来，在熟悉各种电气设备性能的基础上，结合实例来掌握各种电气设备的选择方法。

电力系统中的各种电气设备由于用途和工作条件各异，它们的具体选择方法也就不尽相同，但从基本要求来说是相同的。电气设备要能可靠地工作，必须按正常工作条件进行选择，按短路条件校验其动、热稳定性。

4.2.1　按正常工作条件选择

导体和电器的正常工作条件是指额定电压、额定电流和自然环境条件三个方面。

1. 额定电压

不同额定电压的高压电气设备，其绝缘部分应能长期承受相应的最高工作电压。由于电网调压或负荷的变化，使电网的运行电压常高于电网的额定电压。因此，所选导体和电器的允许最高工作电压应不低于所连接电网的最高运行电压。

当导体和电器的额定电压为 U_N 时，导体和电器的最高工作电压一般为 $1.1\sim1.15U_N$；

而实际电网的最高运行电压一般不超过 $1.1U_N$。因此，在选择设备时，一般按照导体和电器的额定电压 U_N 不低于安装地点电网额定电压 U_{NS} 的条件选择，即

$$U_N \geqslant U_{NS} \tag{4-39}$$

2. 额定电流

电气设备的额定电流 I_N 是指在额定环境条件（环境温度、日照、海拔、安装条件等）下，电气设备的长期允许电流 I_{al}。I_N 应不小于该回路的最大持续工作电流 I_{max}，即

$$I_N(I_{al}) \geqslant I_{max} \tag{4-40}$$

由于发电机、调相机和变压器在电压降低5%时出力保持不变，故其相应回路的最大持续工作电流 $I_{max}=1.05I_N$（I_N 为发电机的额定电流）；母联断路器和母线分段断路器回路的最大持续工作电流，一般取该母线上最大一台发电机或一组变压器的 I_{max}；母线分段电抗器回路的最大持续工作电流，按母线上事故切除最大一台发电机时，这台发电机额定电流的50%~80%计算；馈线回路的最大持续工作电流，除考虑线路正常负荷电流外，还应包括线路损耗和发生事故转移过来的负荷。

3. 自然环境条件

我国规定电气设备的一般额定环境条件为：额定环境温度 θ_{0N}，裸导体和电缆的 θ_{0N} 为25℃，断路器、隔离开关、电流互感器、穿墙套管、电抗器等电器的 θ_{0N} 为40℃；无日照；海拔不超过1000m。因此选择导体和电器时，应按当地环境条件校核它们的额定使用条件。当气温、风速、湿度、污秽等级、海拔、地震烈度、覆冰厚度等环境条件超出一般电器的规定使用条件时，应向制造部门提出补充要求或采取相应的防护措施。例如，当电气设备布置在制造部门规定的海拔以上地区时，由于环境条件变化的影响，引起电气设备所允许的最高工作电压下降，需要进行校正。一般地，海拔在1000~3500m范围内，若海拔比厂家规定值升高100m，则最高工作电压要下降1%。在海拔超过1000m的地区，应选用高原型产品或选用外绝缘提高一级的产品。对于现有110kV及以下大多数电器，因外绝缘具有一定裕度，故可在海拔2000m以下的地区使用。

当周围环境温度 θ_0 与导体（或电器）额定环境温度 θ_{0N} 不等时，其长期允许电流可按下式修正，即

$$I_{al}=I_N\sqrt{\frac{\theta_N-\theta_0}{\theta_N-\theta_{0N}}}=K_\theta I_N \tag{4-41}$$

式中 K_θ——温度修正系数，$K_\theta=\sqrt{\dfrac{\theta_N-\theta_0}{\theta_N-\theta_{0N}}}$；

θ_N——导体或电气设备正常发热允许最高温度，一般可取 $\theta_N=70$℃。

我国生产的裸导体的额定环境温度为+25℃，当装置地点环境温度在-5~+50℃范围内变化时，导体允许通过的电流可按式（4-41）修正。

我国生产的电气设备的额定环境温度 $\theta_{0N}=40$℃，如环境温度+40℃≤θ_{0N}≤+60℃时，其允许电流一般可按每增高1℃，额定电流减少1.8%进行修正；当环境温度低于+40℃时，环境温度每降低1℃，额定电流可增加0.5%，但增加幅度最多不得超过原额定电流的20%。

此外，还应考虑到装置地点、使用条件、检修、运行和环境保护（电磁干扰、噪声）等要求，对导体和电器进行种类（屋内或屋外）和型式（防污、防爆、湿热等）的选择。

4.2.2 按短路条件校验

1. 短路电流的计算条件

为使所选导体和电器具有足够的可靠性、经济性和合理性，并在一定的时期内适应电力系统的发展需要，对导体和电器进行校验用的短路电流应满足下列条件。

（1）计算时应按本工程设计的规划容量计算，并考虑电力系统的远景发展规划（一般考虑本工程建成后5~10年）。所用的接线方式，应按可能发生最大短路电流的正常接线方式，而不应仅按在切换过程中可能并列运行的接线方式。

（2）短路的种类可按三相短路考虑。若发电机出口的短路，或中性点直接接地系统、自耦变压器等回路中的单相、两相接地短路较三相短路严重时，则应按严重情况验算。

（3）短路计算点应选择在正常接线方式下，通过导体或电器的短路电流为最大的地点。但对于带电抗器的6~10kV出线及厂用分支线回路，在选择母线至母线隔离开关之间的引线、套管时，计算短路点应该取在电抗器前。选择其余的导体和电器时，计算短路点一般取在电抗器后。

现将短路计算点的选择方法以图4-8为例进行说明。

（1）发电机、变压器回路的断路器应把断路器前或后短路时通过断路器的电流值进行比较，取其较大者为短路计算点。例如，要选择发电机断路器QF_1的短路计算点，当k_1点短路时，流过QF_1的电流为I_{F1}，当k_2点短路时，流过QF_1的电流为$I_{F2}+I_B$。若两台发电机的容量相等，则$I_{F2}+I_B>I_{F1}$，故应选k_2点作为QF_1的短路计算点。

（2）母联断路器QF_C应考虑其闭合并向备用母线充电时，备用母线故障，即k_4点短路。此时，全部短路电流$I_{F2}+I_B+I_{F1}$流过母联断路器QF_C及汇流母线。

（3）带电抗器的出线回路在母线和母线隔离开关隔板前的母线引线及套管，应按电抗器前如k_7点短路选择。而对隔板后的导体和电器一般可按电抗器后k_8为短路计算点，以便出线选用轻型断路器，节约投资。

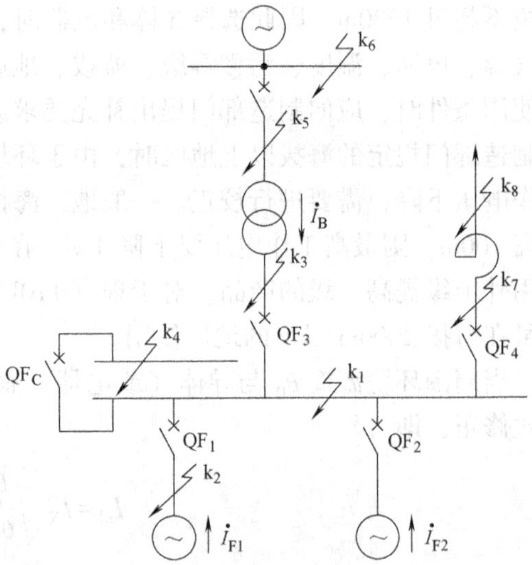

图4-8 短路计算点的选择

2. 短路计算时间

（1）热稳定短路计算时间t_k。该时间用于检验电气设备在短路状态下的热稳定，其值为继电保护动作时间t_{pr}和相应断路器的全开断时间t_{br}之和，即

$$t_k=t_{pr}+t_{br} \tag{4-42}$$

继电保护动作时间t_{pr}按我国电气设计有关规定：验算电气设备时宜采用后备保护动作时间；验算裸导体宜采用主保护动作时间，若主保护有死区时，则采用能对该死区起作用的后备保护动作时间，并采用相应处的短路电流值；验算电缆时，对电动机等直馈线应取主保

护动作时间，其余宜按后备保护动作时间。

断路器全开断时间 t_{br} 是指给断路器的分闸脉冲传送到断路器操动机构的跳闸线圈时起，到各相触头分离后电弧完全熄灭为止的时间段。显然，t_{br} 包括两个部分，即

$$t_{br}=t_{in}+t_a \tag{4-43}$$

式中　t_{in}——断路器固有分闸时间，它是由断路器接到分闸命令（分闸电路接通）起，到灭弧触头刚分离的一段时间，此值可在相应手册中查出；

t_a——断路器开断时电弧持续时间，它是指由第一个灭弧触头分离瞬间起，到最后一极电弧熄灭为止的一段时间。对少油断路器为 0.04~0.06s，SF_6 和压缩空气断路器为 0.02~0.04s，真空断路器约为 0.015s。

（2）短路开断计算时间 t'_k。断路器不仅在电路中作为操作开关，而且在短路时要作为保护电器，能迅速可靠地切断短路电流。为此，断路器应能在动静触头刚分离时刻，可靠开断短路电流，该短路开断计算时间 t'_k 应为主保护时间 t_{pr1} 和断路器固有分闸时间 t_{in} 之和，即

$$t'_k=t_{pr1}+t_{in} \tag{4-44}$$

对于无延时保护，t_{pr1} 为保护启动和执行机构时间之和，传统的电磁式保护装置一般为 0.05~0.06s，微机保护装置一般为 0.016~0.03s。

3. 短路热稳定校验

短路电流通过电气设备时，电气设备各部件温度（或发热效应）应不超过允许值。满足热稳定的条件为

$$I_t^2t \geqslant Q_k \tag{4-45}$$

式中　I_t——电器的热稳定电流；

t——电器的热稳定时间；

Q_k——短路电流所产生的热效应。

4. 短路动稳定校验

电动力稳定是电气设备承受短路电流机械效应的能力，亦称动稳定。满足动稳定的条件为

$$i_{es} \geqslant i_{sh} \text{或} I_{es} \geqslant I_{sh} \tag{4-46}$$

式中　i_{es}、I_{es}——电气设备极限通过电流峰值和有效值；

i_{sh}、I_{sh}——三相短路冲击电流峰值和有效值。

同时，应按电气设备在特定的工程安装使用条件，对电气设备的机械负荷能力进行校验，即电气设备的端子允许荷载应大于设备引线在短路时的最大电动力。

5. 几种特殊情况说明

由于回路特殊性，对下列几种情况可不校验热稳定或动稳定：

（1）用熔断器保护的电器，其热稳定由熔体的熔断时间保证，故可不校验热稳定。

（2）采用限流熔断器保护的设备可不校验动稳定。

（3）在电压互感器回路中的裸导体和电器可不校验动、热稳定。

（4）对于电缆，因其内部为软导线，外部机械强度很高，不必校验其动稳定。

高压电气设备选择及校验的项目见表 4-4，对于选择及校验的特殊要求，将在后续相关内容中介绍。

表 4-4 高压电气设备选择及校验的项目

选择校验项目 / 设备名称	额定电压	额定电流	开断电流	短路稳定性校验		其他校验项目
				热稳定	动稳定	
断路器	√	√	√	√	√	选择性
隔离开关	√	√	—	√	√	
熔断器	√	√	√	—	—	
负荷开关	√	√	√	√	√	
母线	—	√	—	√	√	
电力电缆	√	√	—	√	—	
支柱绝缘子	√	—	—	—	√	
套管绝缘子	√	√	—	√	√	
电流互感器	√	√	—	√	√	准确度及二次负荷
电压互感器	√	—	—	—	—	准确度及二次负荷
限流电抗器	√	√	—	√	√	电压损失校验

总的来说，电气设备的选择除了要保证其安全、可靠地工作外，还必须满足正常运行、检修、短路和过电压情况下的要求，并考虑远景规划，力求技术先进和经济合理，选择导体时尽量减少品种，注意节约投资和运行费用，并顾及与整个工程建设标准协调一致。

任务 4.3 载流导体的运行

【任务描述】

该任务主要讲述载流导体的选择、运行与维护。

【任务实施】

结合电站原始资料，进行导体的选择和校验；钢芯铝绞线断股损伤减小截面积的处理。

【知识链接】

发电厂、变电站中各种电压等级配电装置的主母线，发电机、变压器与相应配电装置之间的连接导体统称为母线，其中主母线起汇集和分配电能的作用。工程上应用的母线分为软母线和硬母线两大类。

电力电缆线路是传输和分配电能的一种特殊电力线路，它可以直接埋在地下及敷设在电缆沟、电缆隧道中，也可以敷设在水中或海底。与架空线路相比，电力电缆线路虽然具有投资多、敷设麻烦、维修困难、难于发现和排除故障等缺点，但它具有防潮、防腐、防损伤、运行可靠、不占地面、不妨碍观瞻等优点，所以应用广泛。特别是在有腐蚀性气体和易燃、易爆的场所及不宜架设架空线路的场所（如城市中），只能敷设电缆线路。

4.3.1 母线基本认知

1. 母线材料

常用的母线材料有铜、铝、铝合金和钢。

铜的电阻率低、机械强度大、抗腐蚀性强，是很好的母线材料。但铜在工业上有很多重要用途，而且我国铜的储量不多，价格高。因此，铜母线只用在持续工作电流较大且位置特别狭窄的发电机、变压器出口处，以及污秽对铝有严重腐蚀而对铜腐蚀较轻的场所（如沿海、化工厂附近等）。

铝的电阻率为铜的 1.7~2 倍，但密度只有铜的 30%，在相同负荷及同一发热温度下，所耗铝的质量仅为铜的 40%~50%，而且我国铝的储量丰富，价格低。因此，铝母线广泛用于屋内、外配电装置。铝的不足之处是：①机械强度较低；②在常温下，其表面会迅速生成一层电阻率很大（达$10^{10}\Omega\cdot m$）的氧化铝薄膜，且不易清除；③抗腐蚀性较差，铝、铜连接时，会形成电位差（铜正、铝负），当接触面之间渗入含有溶解盐的水分（即电解液）时，可生成引起电解反应的局部电流，铝会被强烈腐蚀，使接触电阻更大，造成运行中温度增高，高温下腐蚀更会加快，这样的恶性循环致使接触处温度更高。所以，在铜、铝连接时，需要采用铜、铝的接触表面搪锡。

为了弥补铝材机械强度较差的缺点，也常采用铝合金母线，如铝锰合金和铝镁合金。铝锰合金母线载流量大，但强度较差，采用一定的补强措施后可广泛使用；铝镁合金母线机械强度大，但载流量小，且焊接困难，目前使用范围较小。

钢母线机械强度大，但导电性差，且在交流电路中会产生强烈的趋肤效应，并伴随很大的磁滞损耗和涡流损耗，因此仅用在高压小容量（如电压互感器回路以及小容量厂用、站用变压器的高压侧）、工作电流不大于 200A 的低压电路、直流电路以及接地装置回路中。

2. 敞露母线

母线的截面形状应保证趋肤效应系数尽可能低、散热良好、机械强度高、安装简便和连接方便。常用硬母线的截面形状有矩形、槽形、管形。母线与地之间的绝缘靠绝缘子维持，相间绝缘靠空气维持。敞露矩形和槽形母线结构如图 4-9 所示。

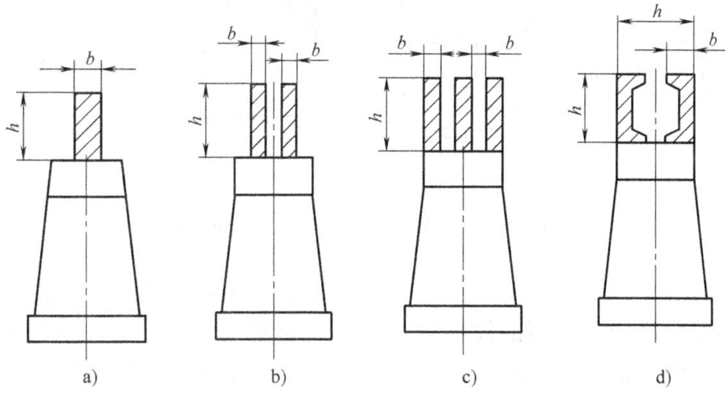

图 4-9 矩形和槽形母线结构示意图

a）每相 1 条矩形母线 b）每相 2 条矩形母线 c）每相 3 条矩形母线 d）槽形母线

（1）矩形母线。矩形母线散热条件较好，便于固定和连接，但趋肤效应较大。为增加散热面，减少趋肤效应，并兼顾机械强度，其短边与长边之比通常为 1/12~1/5，单条截面积最大不超过 1250 mm^2。当电路的工作电流超过最大截面的单条母线的允许载流量时，每相可用 2~4 条并列使用，条间净距离一般为一条的厚度，以保证较好地散热；每相条数增加时，因散热条件差及趋肤效应和邻近效应影响，允许载流量并不成正比增加，当每相有

3 条以上时，电流并不在条间平均分配（例如，每相有 3 条时，电流分配为：中间条约占 20%，两边条约各占 40%），所以，每相不宜超过 4 条；矩形母线平放较竖放允许载流量低 5%~8%（高 60mm 以下为 5%，60mm 以上为 8%）。矩形母线一般用于 35kV 及以下、持续工作电流在 4000A 及以下的配电装置中。

（2）槽形母线。槽形母线是将铜材或铝材轧制成槽形截面，使用时，每相一般由两根槽形母线相对地固定在同一绝缘子上，其趋肤效应系数较小，机械强度高，散热条件较好，与利用几条矩形母线比较，在相同截面下允许载流量大得多。例如，h 为 175mm、b 为 80mm、壁厚为 8mm 的双槽形铝母线，截面积为 $4880mm^2$，载流量为 6600A；而每相采用 $4\times(125\times10)mm^2$ 矩形铝母线，截面积为 $5000mm^2$，其竖放的载流量仅为 4960A。槽形母线一般用于 35kV 及以下、持续工作电流为 4000~8000A 的配电装置中。

（3）管形母线。管形母线一般采用铝材。管形母线的趋肤效应系数小，机械强度高，管内可通风或通水改善散热条件，其载流能力随通入冷却介质的速度而变。由于其表面圆滑，电晕放电电压高（即不容易发生电晕），与采用软母线相比，具有占地少、节省钢材和基础工程量、布置清晰、运行维护方便等优点。

管形母线形状如图 4-10 所示，有圆形、异形和分裂型三种。圆形管母线制造、安装简单，造价较低，但机械强度、刚度相对较低，对跨度的限制较大；异形管母线有较高的刚度，能节省材料，在其肋板上适当开孔可防止微风振动，但制造工艺复杂、造价高；分裂结构管母线的截面可按载流量选择，不受机械强度、刚度的控制，能提高电晕放电电压，减少对通信的干扰，其造价比圆管形母线贵，而比异形管母线便宜得多，但加工工作量大、对焊接工艺要求高。

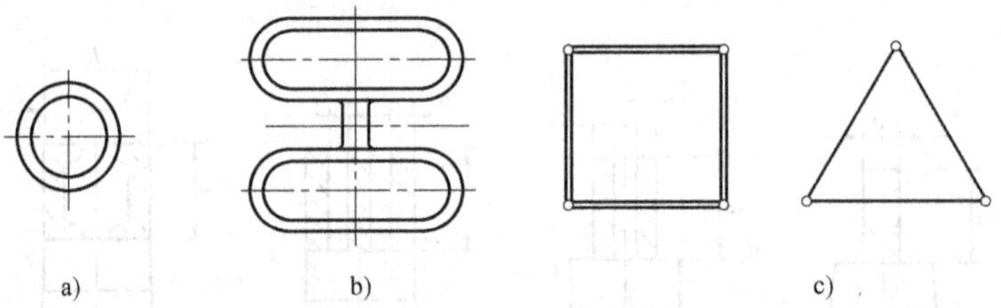

图 4-10　不同截面形状的管形母线示意图

管形母线一般用于 110kV 及以上、持续工作电流在 8000A 以上的配电装置中。

（4）绞线圆形软母线。常用的绞线圆形软母线有钢芯铝绞线、组合导线。钢芯铝绞线由多股铝线绕在单股或多股钢线的外层构成，一般用于 35kV 及以上屋外配电装置；组合导线由多根铝绞线固定在套环上组合而成，常用于中小容量发电机与屋内配电装置或屋外主变压器之间的连接。软母线一般为三相布置，用悬式绝缘子悬挂。

3. 封闭母线

（1）全连式分相（又称离相）封闭母线。随着电力系统的不断发展，发电机单机容量不断增大，而由于制造方面的原因，发电机的额定电压不能太高（不超过 27kV），致使发电机的额定电流随容量的增大而增大，如 200MW 的机组，额定电压为 15.75kV，功率因数为 0.85 时，额定电流达 8625A。

当发电机至主变压器的连接母线采用敞露母线时，存在如下主要缺点：

1）容易受外界影响，如母线支持绝缘子表面容易积灰，尤其是屋外母线受气候变化影响及污秽更严重，很易造成绝缘子闪络，而且不能防止由外物造成的母线相间短路和人员触及带电母线，从而降低运行的可靠性。

2）对大电流敞露母线，当发电机出口回路发生相间短路时，短路电流很大，使母线及其支持绝缘子受到很大的电动力作用，一般母线和绝缘子的机械强度难以满足要求，发电机本身也会受到损伤。同时，由于母线电流增大，其附近钢构成的损耗和发热大大增加。

因此，目前我国200MW的母线广泛采用全连式分相封闭母线。母线由铝管制成，每相母线分别用连续的铝质外壳封闭，三相外壳的两端用短路板连接并接地，其结构如图4-11所示。

分相封闭母线具有以下优点：

1）因母线封闭于外壳中，不受自然环境和外物影响，能防止相间短路，同时由于外壳多点接地，保证了人员接触外壳的安全。

2）由于外壳的环游和涡流的屏蔽作用，使壳内磁场大为减弱，从而使短路时母线间的电动力大大减小，可增大支持绝缘子的跨距。

3）壳外磁场也大大减弱，从而减少了母线附近钢结构的发热。

4）外壳可兼作强迫冷却管道，提高母线载流量。

5）安装、维护工作量小。

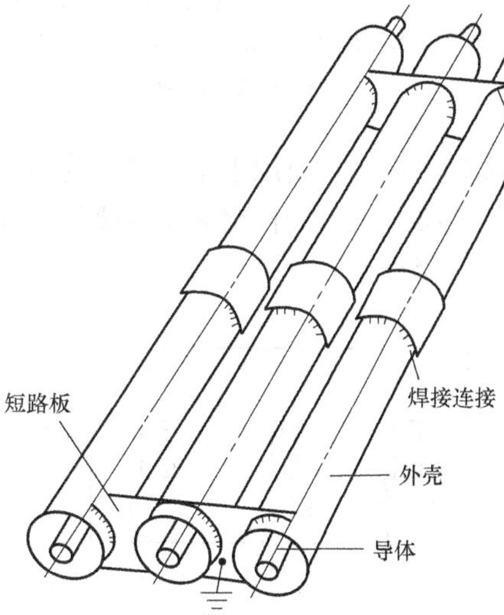

图4-11　全连式分相封闭母线

主要缺点如下：

1）母线散热条件较差。

2）外壳产生损耗。

3）有色金属消耗量增加。

分相封闭母线支持结构如图4-12所示。母线导体用支柱绝缘子支持，一般有单个、两个、3个和4个绝缘子四种方案。国内设计的封闭母线几乎都采用三绝缘子方案，3个绝缘子在空间彼此相关布置，绝缘子顶部有橡胶弹力块和蘑菇形铸铝合金金具。对母线导体可实施活动支持或固定支持。作活动支持时，母线导体不需作任何加工，只夹在3个绝缘子的蘑菇形金具之间；作固定支持时，需在母线导体上钻孔并改用顶部有球状突起的蘑菇形金具，将该突起部分插入钻孔内。

全连式分相封闭母线的配套产品发电机中性点柜、电压互感器、避雷器柜等，由生产厂家随封闭母线一并供货。

（2）共箱式封闭母线。共箱式封闭母线结构如图4-13所示。其三相母线分别装设在支柱绝缘子上，并共用一个金属（一般是铝）薄板制成的箱罩保护，有三相母线之间不设金属隔板和设金属隔板两种型式。在安装方式上，有支持式和悬吊式两种。图4-13为支持式，悬吊式相当于将图翻转180°。

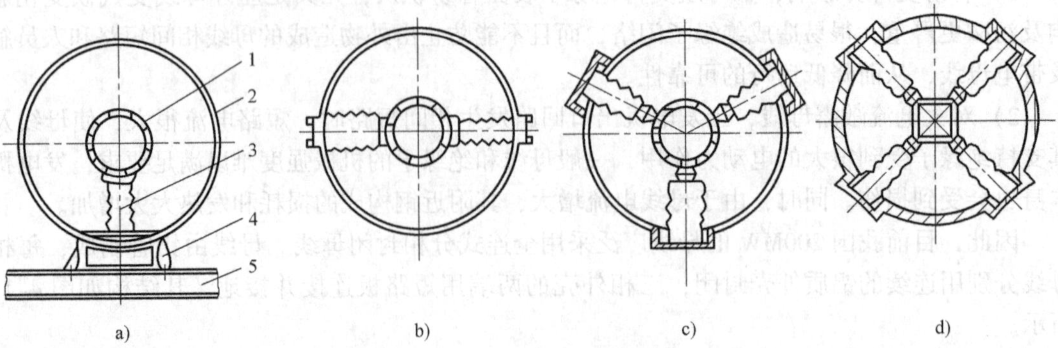

图 4-12　分相封闭母线支持结构示意图

a）单个绝缘子支持　b）两个绝缘子支持　c）三个绝缘子支持　d）四个绝缘子支持

1—母线　2—外壳　3—绝缘子　4—支座　5—三相支持槽钢

共箱式封闭母线主要用于单机容量为 200~300MW 用高压变压器低压侧至厂用高压配电装置之间的连接，也可用作交流主励磁机出线端至整流柜的交流母线和励磁开关至发电机转子集电环的直流母线。

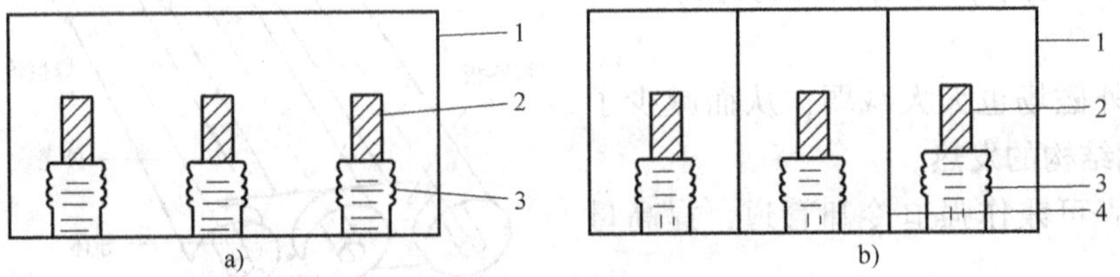

图 4-13　共箱式封闭母线结构示意图

a）无隔板共箱式　b）有隔板共箱式

1—母线　2—外壳　3—绝缘子　4—支座

4.3.2　母线的选择

母线选择的项目一般包括：对母线材料、类型和布置方式，母线截面积，热稳定，动稳定等项进行选择和校验；对于 110kV 以上母线要进行电晕电压的校验；对重要回路的硬母线还要进行共振频率的校验。

1. 母线材料、类型和布置方式

母线常用导体材料有铜、铝和钢。铜的电阻率低，机械强度大，抗腐蚀性能好，是首选的母线材料。但是铜在工业和国防上的用途广泛，但因储量不多，价格较贵，所以一般情况下，尽可能以铝代铜，只有在大电流装置及腐蚀性气体的屋外配电装置中，才考虑用铜作为母线材料。

常用的硬母线截面有矩形、槽形和管形。矩形母线常用于 35kV 及以下、电流在 4000A 及以下的配电装置中。为避免趋肤效应系数过大，单条矩形截面积最大不超过 $1250mm^2$。当工作电流超过最大截面单条母线允许电流时，可用几条矩形母线并列使用，但一般避免采用 4 条及以上矩形母线并列。

槽形母线机械强度好，载流量较大，趋肤效应系数也较小，一般用于4000~8000A的配电装置中。管形母线趋肤效应系数小，机械强度高，管内还可通风和通水冷却，因此，可用于8000A以上的大电流母线。另外，由于圆形表面光滑，电晕放电电压高，因此可用于110kV及以上配电装置。

母线的散热性能和机械强度与母线的布置方式有关。图4-14为矩形母线的布置方式示意图。当三相母线水平布置时，图4-14a与图4-14b相比，前者散热较好，载流量大，但机械强度较低，而后者情况正好相反。图4-14c的布置方式兼顾了前二者的优点，但使配电装置的高度增加，所以母线的布置就根据具体情况而定。

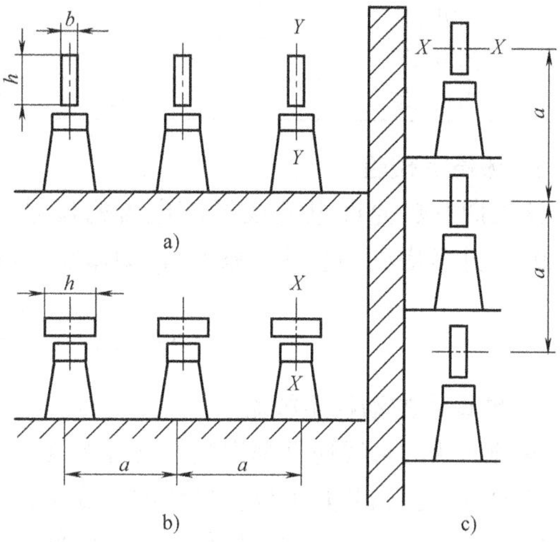

图4-14　矩形母线的支持式布置方式

a)、b) 水平布置　c) 垂直布置

2. 母线截面积的选择

母线截面积的选择可按长期发热允许电流或经济电流密度选择。

除配电装置的汇流母线及较短导体（20m以下）按最大持续工作电流选择截面积外，其余导体的截面积一般按经济电流密度选择。

（1）按长期发热允许电流选择。母线长期发热允许电流 I_N，经修正后的数值应不小于所在回路的最大持续工作电流 I_{max}，即

$$I_{max} \leqslant KI_N \tag{4-47}$$

式中　I_N——额定环境温度 $\theta_0=25℃$ 时母线持续工作允许电流；

K——综合修正系数，与海拔、环境温度和邻近效应等因素有关，可查阅有关手册。

（2）按经济电流密度选择。按经济电流密度选择母线截面积可使年综合费用最低，年综合费用包括电流通过导体所产生的年电能损耗费、导体投资和折旧费、利息等。从降价电能损耗角度看，母线截面积越大越好，从降低投资、折旧费和利息的角度，则希望截面积越小越好。综合这些因素，使年综合费用最小时所对应的母线截面积称为母线的经济截面积，对应的电流密度称为经济电流密度。经济电流密度的大小与导体的种类及最大负荷年利用小时数 T_{max} 有关。我国目前沿用的经济电流密度见表4-5。

导体的经济截面积为

$$S_J=\frac{I_{max}}{J} \tag{4-48}$$

式中　I_{max}——通过导体的最大工作电流（A）；

J——经济电流密度（A/mm^2）。

在选取母线截面积时，应尽量选用接近按式（4-48）计算所得到的截面积。当无合适规格的导体时，为节约投资，允许选择小于经济截面积的导体，但要同时满足式（4-47）

的要求。

表 4-5 导体的经济电流密度 （单位：A/mm^2）

导体材料	最大负荷利用小时数 T_{max}/h		
	3000 以下	3000~5000	5000 以上
裸铜导体	3.0	2.25	1.75
裸铝导体	1.65	1.15	0.9
铜芯电缆	2.5	2.25	2.0
铝芯电缆	1.92	1.73	1.54

3. 热稳定校验

按长期发热允许电流或经济电流密度选出母线截面积后，还应校验热稳定。利用式（4-29），并考虑到趋肤效应系数 K_s 的影响，母线热稳定校验公式为

$$S \geqslant S_{min}=\sqrt{\frac{K_s Q_k}{A_h - A_w}}=\frac{\sqrt{K_s Q_k}}{C} \tag{4-49}$$

4. 硬母线的动稳定校验

各种形状的母线通常都安装在支柱绝缘子上，当冲击电流通过母线时，电动力将使母线产生弯曲应力，因此必须校验母线的动稳定性。

安装在同一平面内的三相母线，其中间相受力最大，即

$$F_{max}=1.73\times10^{-7}\frac{l}{a}i_{sh}^2 \tag{4-50}$$

式中 l——母线支持绝缘子之间的跨距（m）；

a——母线相间距（m）。

（1）每相为单条矩形导体母线的应力计算与校验。母线通常每隔一定距离由绝缘瓷绝缘子自由支撑着。因此当母线受电动力作用时，可以将母线看成一个多跨距、载荷均匀分布的连续梁，当跨距段在两段以上时，其最大弯矩为

$$M=\frac{F_{max}l}{10} \tag{4-51}$$

若只有两段跨距时，则

$$M=\frac{F_{max}l}{8} \tag{4-52}$$

式中 F_{max}——单个跨距长度母线所受的电动力（N）。

母线材料在弯曲时最大相间计算应力为

$$\sigma_{ph}=\frac{M}{W} \tag{4-53}$$

式中 W——母线对垂直于作用力方向轴的截面系数（又称抗弯矩）（m^3），其值与母线截面形状及布置方式有关，对常遇到的几种情况的计算式列于表 4-6 中。

表 4-6 矩形导体截面系数 W 计算表

每相条数	1	2	3	备注
按图 4-14a 布置	$b^2h/6$	$1.44b^2h$	$3.3b^2h$	力作用在 h 面
按图 4-14b 布置及图 4-14c 布置	$bh^2/6$	$bh^2/3$	$bh^2/2$	力作用在 b 面

要想保证母线不致弯曲变形而遭到破坏，必须使母线的最大相间计算应力不超过母线的允许应力，即母线的动稳定性校验条件为

$$\sigma_{ph} \leqslant \sigma_{al} \tag{4-54}$$

式中　σ_{al}——母线材料的允许应力，对硬铝母线，$\sigma_{al}=70\text{MPa}$；对硬铜母线，$\sigma_{al}=140\text{MPa}$。

如果在校验时，$\sigma_{ph} \geqslant \sigma_{al}$，则必须采取措施减小母线的计算应力，具体措施有：将母线由竖放改为平放；增大母线截面积，但会使投资增加；限制短路电流值能使 σ_{ph} 大大减小，但须增设电抗器；增大相间距离 a；减小母线跨距 l 的尺寸，此时可以根据母线材料最大允许应力来确定绝缘子之间的最大允许跨距，即

$$l_{max}=\sqrt{\frac{10\sigma_{al}W}{F_1}} \tag{4-55}$$

式中　F_1——单位长度母线上所受的电动力（N/m）。

当矩形母线水平放置时，为避免导体因自重而过分弯曲，所选取的跨距一般不超过1.5~2m。考虑到绝缘子支座及引下线安装方便，常选取绝缘子跨距等于配电装置间隔的宽度。

（2）每相为多条矩形导体母线的应力计算与校验。每相为多条导体时，除受相间作用力外，还受到同相条间的作用力。

1）相间计算应力 σ_{ph} 与单条矩形导体时的相同，但截面系数为多条矩形导体的截面系数，根据每相导体的条数和布置方式选用表4-6中公式计算。

2）同相条间应力 σ_b 的计算。由于条间距离很小，一般为矩形导体短边 b 的2倍，故条间应力 σ_b 比相间应力大得多，为了减小条间计算应力，一般在同相导体的条间每隔30~50cm左右装设一金属衬垫，如图4-15所示。衬垫跨距 L_b 可通过动稳定校验条件来确定。

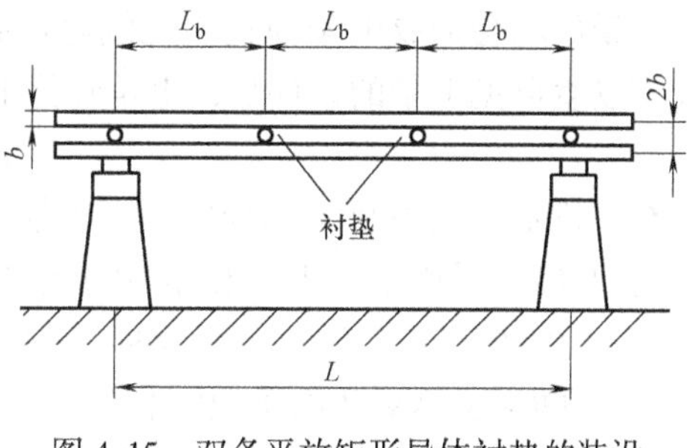

图4-15　双条平放矩形导体衬垫的装设

每相多条矩形导体中，电流的方向相同，边条受的电动力最大。根据两平行导体电动力计算公式，并考虑导体形状对电动力的影响，每相为两条且各通过50%的电流时，单位长度条间最大电动力为

$$f_b=2\times10^{-7}\frac{(0.5i_{sh})^2}{2b}K_{12}=2.5\times10^{-8}\frac{i_{sh}^2}{b}K_{12} \tag{4-56}$$

每相为三条时，可以认为中间条通过20%的电流，两边条各通过40%的电流，则单位长度条间最大电动力为

$$\begin{aligned} f_b &=2\times10^{-7}\frac{(0.4i_{sh})(0.2i_{sh})}{2b}K_{12}+2\times10^{-7}\frac{(0.4i_{sh})^2}{4b}K_{13} \\ &=8\times10^{-9}\frac{i_{sh}^2}{b}(K_{12}+K_{13}) \end{aligned} \tag{4-57}$$

上两式中，K_{12} 和 K_{13} 分别是第1、2条导体和第1、3条导体间的形状系数。

边条导体所受的最大弯矩为

$$M_b=\frac{f_b L_b^2}{12}$$

不论导体是平放还是竖放，每相多条导体所受条间电动力的方向与每相单条竖放时所受相间电动力方向相同，故边条导体的截面系数为 $W=b^2h/6$，因而条间计算应力为

$$\sigma_b=\frac{M_b}{W}=\frac{f_b L_b^2}{12W}=\frac{f_b L_b^2}{2b^2h} \tag{4-58}$$

按 $\sigma_{max}=\sigma_{ph}+\sigma_b \leqslant \sigma_{al}$ 校验动稳定，如果不满足动稳定要求，可以适当减小衬垫跨距 L_b，重新计算应力 σ_b。为了避免重复计算，用最大允许衬垫跨距 L_{bmax} 校验动稳定。令 $\sigma_{max}=\sigma_{ph}+\sigma_b$ 中 $\sigma_{max}=\sigma_{al}$，得条间允许应力 $\sigma_b=\sigma_{al}-\sigma_{ph}$，代入式（4-58）得最大允许衬垫跨距 L_{bmax} 为

$$L_{bmax}=\sqrt{12\sigma_b W/f_b}=b\sqrt{2h\sigma_b/f_b} \tag{4-59}$$

为防止因 L_b 太大，同相各条导体在条间电动力作用下弯曲接触，还应计算衬垫临界跨距 L_{cr}，即

$$L_{cr}=\lambda b\sqrt[4]{h/f_b} \tag{4-60}$$

式中　λ——系数，铝：双条为 1003，三条为 1197；铜：双条为 1144，三条为 1355。

只要 $L_b=L/(n+1)\leqslant \min\{L_{bmax}, L_{cr}\}$，就能满足动稳定又避免同相各条导体在条间电动力作用下弯曲接触，其中 n 即为满足动稳定的衬垫个数。

5. 对于 110kV 以上母线进行电晕电压校验

电晕放电会造成电晕损耗、无线电干扰、噪声等许多危害。因此，110～220kV 裸母线晴天不发生可见电晕的条件是，电晕临界电压 U_c 应大于最高工作电压 U_{max}，即

$$U_c>U_{max} \tag{4-61}$$

在海拔不超过 1000m 的地区，下列情况可不进行电晕电压校验：

1）110kV 采用了不小于 LGJ-70 型钢芯铝绞线和外径不小于 ϕ20 型的管形导体时。

2）220kV 采用了不小于 LGJ-300 型钢芯铝绞线和外径不小于 ϕ30 型的管形导体时。

对于 330～500kV 超高压配电装置，电晕是选择导线的控制条件。要求在 1.1 倍最高工作电压下，晴天夜晚不应发生可见电晕。选择母线时应综合考虑导体直径、分裂间距和相间距离等条件，经过技术经济比较，确定最佳方案。

6. 共振频率校验

如果母线的固有振动频率与短路电动力交流分量的频率相近以致发生共振，则母线导体的动态应力增大，这可能使得母线导体及支持结构的设计和选择发生困难。此外，正常运行时若发生共振，会产生较大的噪声，干扰运行。因此，母线应尽量避免共振。为了避免共振和校验机械强度，对于重要回路（如发电机、变压器及汇流母线等）的母线应进行共振频率校验。

前面已经给出了各种母线导体避免共振的频率范围，如果母线固有振动频率无法限制在共振频率范围之外，则母线受力计算必须乘以振动系数。

由式（4-37）可得在考虑母线共振影响的母线支持绝缘子之间的最大允许跨距为

$$L_{max}=\sqrt{\frac{N_f}{f_1}\sqrt{\frac{EJ}{m}}} \tag{4-62}$$

若已知母线的材料、形状、布置方式和应避开共振的固有振动频率f_1（一般$f_1=200\text{Hz}$）时，可由式（4-62）计算出母线不发生共振所允许的最大绝缘子跨距。若选择的绝缘子跨距小于$L_{\max}$，则$\beta=1$。

【例 4-5】 某降压变电站，两台 31500kV · A 自然油循环冷却主变压器并列运行，电压为 110/10.5kV。已知年最大负荷利用小时为 5200h，环境温度为 32℃，主保护动作时间为 0.1s，后备保护动作时间为 2.5s，断路器全开断时间为 0.1s，引出线导体三相水平布置，导体平放，相间距离 $a=0.7\text{m}$，支持绝缘子跨距 $L=1.2\text{m}$，短路电流 $I''=25.3\text{kA}$，$I_{0.1}=23.8\text{kA}$，$I_{0.2}=21.6\text{kA}$。试选择变压器低压侧引出线导体。

解：（1）按经济电流密度选择导体截面积

$$I_{\max}=\frac{1.05S_N}{\sqrt{3}U_N}=\frac{1.05\times31500}{\sqrt{3}\times10.5}=1818.65\text{A}$$

采用矩形铝导体，根据年最大负荷利用小时 5200h，由表 4-5 可以查得 $J=0.9\text{A/mm}^2$，经济截面积为

$$S=\frac{I_{\max}}{J}=\frac{1818.65\text{A}}{0.9\text{A/mm}^2}=2020.7\text{mm}^2$$

查矩形铝导体长期允许载流量表，每相选用 2 条 100mm×10mm 矩形铝导体，平放时允许电流 $I_{al}=2613\text{A}$，趋肤效应系数 $K_s=1.42$。环境温度为 32℃时的允许电流为

$$KI_{al}=I_{al}\sqrt{\frac{70-32}{70-25}}=0.92\times2613\text{A}=2403.96\text{A}>1818.65\text{A}$$

满足长期发热条件要求。

（2）热稳定校验

$$Q_p=\frac{0.2\text{s}}{12}\times(25.3^2+10\times23.8^2+21.6^2)\text{kA}^2=112.85\text{kA}^2\cdot\text{s}$$

$$Q_{np}=TI''^2=0.05\text{s}\times25.3^2\text{KA}^2=32\text{kA}^2\cdot\text{s}$$

短路电流热效应

$$Q_k=Q_p+Q_{np}=(112.85+32)\text{kA}^2\cdot\text{s}=144.85\text{kA}^2\cdot\text{s}$$

短路前导体的工作温度为

$$\theta_w=\theta+(\theta_{al}-\theta)\frac{I_{\max}^2}{I_{al\theta}^2}=32+(70-32)\times\frac{1818.65^2}{2403.96^2}=53.75℃$$

查表 4-2，用插值法得

$$C=C_2+\frac{\theta_2-\theta_w}{\theta_2-\theta_1}(C_1-C_2)=93+\frac{55-53.75}{55-50}(95-93)=93.5$$

$$S_{\min}=\frac{1}{C}\sqrt{Q_kK_s}=\frac{1}{93.5}\times\sqrt{144.85\times1.42\times10^6}\text{mm}^2=153.388\text{mm}^2$$

所选截面积 $S=2000\text{mm}^2>S_{\min}=153.388\text{mm}^2$，能满足热稳定要求。

（3）共振校验

$$m=h\times b\times\rho_w=0.1\times0.01\times2700\text{kg/m}=2.7\text{kg/m}$$

$$J=bh^3/6=0.01\times0.1^3\text{m}^4/6=1.667\times10^{-6}\text{m}^4$$

$$f_1=\frac{N_f}{L^2}\sqrt{\frac{EJ}{m}}=\frac{3.56}{1.2^2}\times\sqrt{\frac{7\times10^{10}\times1.667\times10^{-6}}{2.7}}\text{Hz}=513.96\text{Hz}>155\text{Hz}$$

取 $\beta=1$，即不考虑共振影响。

（4）动稳定校验

$$i_{sh}=2.55\times25.3\text{kA}=64.5\text{kA}$$

相间电动力

$$f_{ph}=1.73\times10^{-7}\frac{1}{a}i_{sh}^2=1.73\times10^{-7}\times\frac{1}{0.7}\times64500^2\text{N/m}=1028.17\text{N/m}$$

$$W=b^2h/3=0.01\times0.1^2/3=33.3\times10^{-6}\text{m}^3$$

相间应力

$$\sigma_{ph}=\frac{f_{ph}L^2}{10W}=\frac{1028.17\times1.2^2}{10\times33.3\times10^{-6}}=4.4461\times10^6\text{Pa}$$

根据 $\frac{b}{h}=0.1$，$\frac{a-b}{h+b}=\frac{20-10}{100+10}=0.091$ 可以查得形状系数 $K_{12}\approx0.43$。

条间电动力为

$$f_b=2.5K_{12}i_{sh}^2\frac{1}{b}\times10^{-8}=2.5\times0.43\times64500^2\times\frac{10^{-8}}{0.01}\text{N/m}=4472.27\text{N/m}$$

最大允许衬垫跨距

$$L_{bmax}=b\sqrt{\frac{2h\sigma_b}{f_b}}=0.01\times\sqrt{\frac{2\times0.1\times(70-4.4461)\times10^6}{4472.27}}\text{m}=0.54\text{m}$$

衬垫临界跨距

$$L_{cr}=\lambda b\sqrt[4]{h/f_b}=1003\times0.01\times\sqrt[4]{0.1/4472.27}\text{m}=0.69\text{m}$$

每跨选取 2 个衬垫时，$L_b=\frac{L}{n+1}=\frac{1.2}{2+1}\text{m}=0.4\text{m}<L_{bmax}<L_{cr}$，可以满足动稳定要求。

4.3.3 电力电缆基本认知

电力电缆线路是传输和分配电能的一种特殊电力线路，它可以直接埋在地下及敷设在电缆沟、电缆隧道中，也可以敷设在水中或海底。与架空线路相比，电力电缆线路虽然具有投资多、敷设麻烦、维修困难、难于发现和排除故障等缺点，但它具有防潮、防腐、防损伤、运行可靠、不占地面、不妨碍观瞻等优点，所以应用广泛。特别是在有腐蚀性气体和易燃、易爆的场所及不宜架设架空线路的场所（如城市中），只能敷设电缆线路。

1. 电缆分类

按其绝缘和保护层的不同，电缆线路可分为以下几类：

（1）油浸纸绝缘电缆，适用于 35kV 及以下的输配电线路。

（2）聚氯乙烯绝缘电缆（简称塑力电缆），适用于 6kV 及以下的输配电线路。

（3）交联聚乙烯绝缘电缆（XLPE，简称交联电缆），适用于 1~500kV 的输配电线路。

（4）橡皮绝缘电缆，适用于 6kV 及以下的输配电线路，多用于厂矿车间的动力干线和移动式装置。

(5) 高压充油电缆，主要用于110~330kV变、配电装置至高压架空线及城市输电系统之间的连接线。

2. 电缆结构及性能

电力电缆主要由载流导体、绝缘层、保护层三部分组成，其型号的含义如下：

××××××-×

- 额定电压(kV)
- 外被层：0—无(裸)；1—纤维绕包(麻被)；2—聚氯乙烯(PVC)套；3—聚乙烯(PE)套
- 铠装层：0—无；2—钢带；3—细钢丝；4—粗钢丝
- 特征：D—不滴油；F—分相；CY—充油
- 内护层：Q—铅套；L—铝套；V—聚氯乙烯套；Y—聚乙烯套
- 缆芯：L—铝，铜芯不表示
- 导体绝缘：Z—纸；V—聚氯乙烯；Y—聚乙烯；YJ—交联聚乙烯(XLPE)；X—橡皮

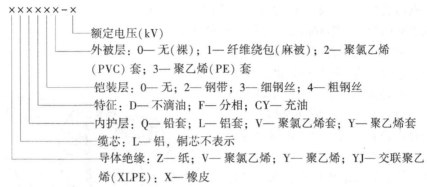

例如，ZQ20表示铜芯黏性油浸纸绝缘铅套裸钢带铠装电力电缆，ZLQFD23表示铝芯不滴流油浸纸绝缘分相铅套钢带铠装聚乙烯护套电力电缆，VV32表示铜芯聚氯乙烯绝缘细钢丝铠装聚氯乙烯护套电力电缆。

(1) 油浸纸绝缘电缆。ZQ20型三芯油浸纸绝缘电缆的结构如图4-16所示，其结构最为复杂，具体如下：

1) 载流导体通常用多股铜（铝）绞线，以增加电缆的柔性，据导体芯数的不同分为单芯、三芯和四芯电缆。

2) 绝缘层用来使各导体之间及导体与铅（铝）套之间绝缘。

3) 内护层用来保护绝缘不受损伤，防止浸渍剂的外溢和水分浸入。

4) 外护层包括铠装层和外被层，用来保护电缆，防止其受外界的机械损伤及化学腐蚀。

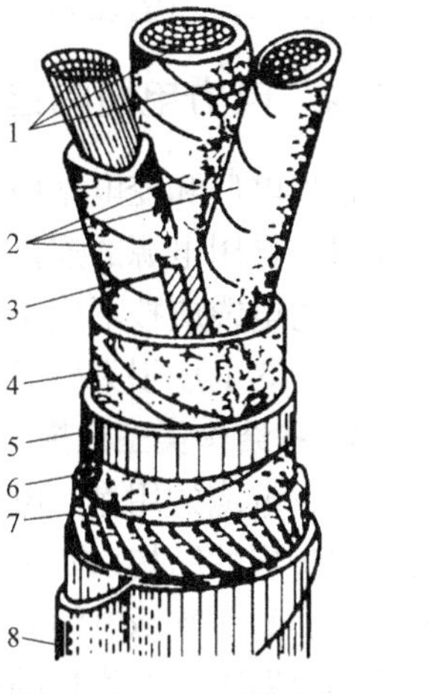

图4-16 ZQ20型三芯油浸纸绝缘电缆结构图

1—载流导体 2—电缆纸（相绝缘） 3—黄麻填料 4—油浸纸（统包绝缘） 5—铅套 6—纸带 7—黄麻护层 8—钢铠

油浸纸绝缘电缆的主绝缘用经过处理的纸浸透电缆油制成，具有绝缘性能好、耐热能力强、承受电压高、使用寿命长等优点。按绝缘纸浸渍剂的浸渍情况，它又分黏性浸渍电缆和不滴流电缆。

黏性浸渍电缆是将电缆以松香和矿物油组成的黏性浸渍剂充分浸渍，即普通油浸纸绝缘电缆，其额定电压为1~35kV；不滴流电缆采用与黏性浸渍电缆完全相同的结构尺寸，但是以不滴流浸渍剂的方法制造，敷设时不受高差限制。

油浸纸绝缘铝套电缆将逐步取代铅套电缆，这不仅能节约大量的铅，而且能使电缆的重量减轻。

(2) 聚氯乙烯绝缘电缆。聚氯乙烯绝缘电缆的主绝缘采用聚氯乙烯，内护套大多也是采用聚氯乙烯，具有电气性能好、耐水、耐酸碱盐、防腐蚀、机械强度较好、敷设不受高差限制等优点，并可逐步取代常规的纸绝缘电缆。缺点主要是绝缘易老化。

(3) 交联聚乙烯绝缘电缆。交联聚乙烯是利用化学物理方法，使聚乙烯分子由直链状线型分子结构变为三度空间网状结构。该型电缆具有结构简单、外径小、质量小、耐热性能好、线芯允许工作温度高（长期90℃，短路时250℃）、载流量大、可制成较高电压级、力学性能好、敷设不受高差限制等优点，并可逐步取代常规的纸绝缘电缆。交联聚乙烯绝缘电缆比纸绝缘电缆结构简单，如YJV22型电缆结构，由内到外依次为：铜芯、交联聚乙烯绝缘层、聚氯乙烯内护层、钢带铠装层及聚乙烯外被层。

(4) 橡皮绝缘电缆。橡皮绝缘电缆的主绝缘是橡皮，性质柔软、弯曲方便；缺点是耐压强度不高、遇油变质、绝缘易老化、易受机械损伤等。

(5) 高压单芯充油电缆。高压单芯充油电缆的结构如图4-17所示。它在结构上的主要特点是铅套内部有油道。油道由缆芯导线或扁铜线绕制成的螺旋管构成。在单芯电缆中，油道就直接放在线芯的中央；在三芯电缆中，油道则放在芯与芯之间的填充物处。

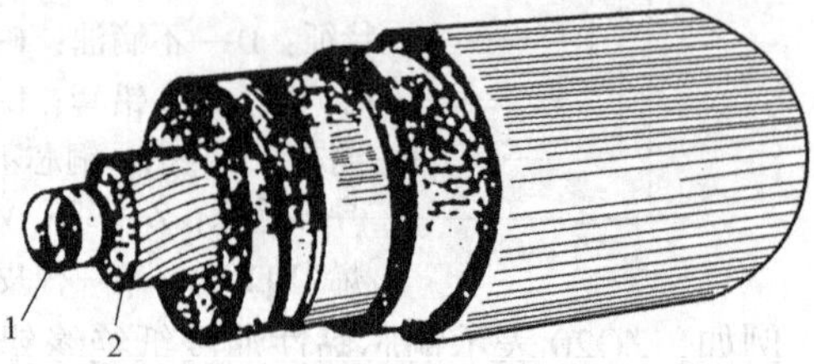

图4-17 高压单芯充油电缆结构图
1—油道 2—载流导体

充油电缆的纸绝缘是用黏度很低的变压器油浸渍，油道中也充满这种油。在连接盒和终端盒处装有压力油箱，以保证油道始终充满油，并保持恒定的油压。当电缆温度下降，油的体积收缩时，油道中的油不足，由油箱补充；反之，当电缆温度上升，油的体积膨胀时，油道中多余的油流回油箱内。

4.3.4 电力电缆的选择

在发电厂和变电站中，电力电缆主要用于发电机、电力变压器、配电装置之间的连接，电动机与自用电源的连接，以及输电线路的引出。

电力电缆应按下列条件选择和校验：①结构类型；②电压等级；③电缆截面积；④热稳定校验；⑤电压损失校验。

1. 按结构类型选择

根据电缆的用途、电缆敷设的方法和场所，选择电缆的芯数、芯线的材料、绝缘的种类、保护层的结构以及电缆的其他特征，最后确定电缆的型号。常用的电力电缆有油浸纸绝缘电缆、塑料绝缘电缆和橡胶电缆等。随着电缆工业的发展，塑料电缆发展很快，其中交联聚乙烯电缆由于有优良的电气性能和力学性能，在中、低压系统中应用十分广泛。

2. 按额定电压选择

可按照电缆的额定电压 U_N 不低于敷设地点电网额定电压 U_{NS} 的条件选择，即

$$U_N \geqslant U_{NS} \tag{4-63}$$

3. 电缆截面积的选择

一般根据最大长期工作电流选择，但是对有些回路，如发电机、变压器回路，其年最大负荷利用时间超过5000h，且长度超过20m时，应按经济电流密度来选择。

(1) 按最大长期工作电流选择。电缆长期发热的允许电流 I_N 应不小于所在回路的最大长期工作电流 I_{max}，即

$$KI_N \geqslant I_{max} \tag{4-64}$$

K是综合修正系数，其与环境温度、敷设方式及土壤热阻系数有关，即

$$K=K_tK_1K_2 \quad 或 \quad K=K_tK_3K_4$$

式中 K_t——温度修正系数，按式（4-41）计算，其中正常允许最高工作温度可查表4-7；

K_1——空气中多根电缆并列敷设时的修正系数，可查表4-8；

K_2——空气中穿管敷设时的修正系数，当电压在10kV及以下，截面积$S \leqslant 95\ mm^2$时，取0.9；$S=120\sim185\ mm^2$时，取0.85；

K_3——直埋因土壤热阻不同的修正系数，可查表4-9；

K_4——土壤中多根电缆并列敷设的修正系数，可查表4-10。

表4-7 不同环境温度时电缆载流量的修正系数 K_t

缆芯工作温度/℃	环境温度/℃								
	5	10	15	20	25	30	35	40	45
50	1.34	1.26	1.18	1.09	1.0	0.895	0.775	0.62	0.447
60	1.25	1.20	1.13	1.07	1.0	0.926	0.845	0.756	0.655
65	1.22	1.17	1.12	1.06	1.0	0.935	0.865	0.791	0.707
80	1.17	1.13	1.09	1.04	1.10	0.954	0.905	0.853	0.798

表4-8 电线电缆在空气中多根并列敷设时载流量的修正系数 K_1

线缆根数		1	2	3	4	6	4	6
排列方式		○	○○	○○○	○○○○	○○○○○○	○○ ○○	○○○ ○○○
线缆中心距离	$S=d$	1.0	0.9	0.85	0.82	0.80	0.8	0.75
	$S=2d$	1.0	1.0	0.98	0.95	0.90	0.9	0.90
	$S=3d$	1.0	1.0	1.0	0.98	0.96	1.0	0.96

注：1. d为线缆外径，S为相邻线缆中心线距离；

2. 表内为线缆外径d相同时的载流量修正系数；当d不相同时，建议d取平均值。

表4-9 不同土壤热阻系数时电缆载流量的修正系数 K_3

缆芯截面/mm^2	土壤热阻系数/℃·cm/W				
	60	80	120	160	200
15~16	1.06	1.0	0.90	0.83	0.77
25~95	1.08	1.0	0.88	0.80	0.73
120~240	1.09	1.0	0.86	0.78	0.71

注：土壤热阻系数的选取——潮湿土壤（指沿海、湖、河畔地带及雨量较多地区，如华东、华南地区等）取60~80℃·cm/W；普通土壤（指平原地区，如东北、华北地区等）取120℃·cm/W；干燥土壤（指高原地区、雨量较少的山区、丘陵、干燥地带）取160~200℃·cm/W。

表4-10 电缆直接埋地多根并列敷设时载流量的修正系数 K_4

电缆间净距/mm	并列根数											
	1	2	3	4	5	6	7	8	9	10	11	12
100	1.0	0.90	0.85	0.80	0.78	0.75	0.73	0.72	0.71	0.70	0.70	0.69
200	1.0	0.92	0.87	0.84	0.82	0.81	0.80	0.79	0.79	0.78	0.78	0.77
300	1.0	0.93	0.90	0.87	0.86	0.85	0.85	0.84	0.84	0.83	0.83	0.83

（2）按经济电流密度选择。按经济电流密度选择电缆截面积的方法与经济电流密度选择母线截面积的方法相同，即按下式计算：

$$S_J=\frac{I_{\max}}{J} \tag{4-65}$$

按经济电流密度选出的电缆，还必须按最大长期工作电流校验。

为了不损伤电缆的绝缘和保护层，电缆弯曲的曲率半径不应小于一定值（例如，三芯纸绝缘电缆的曲率半径不应小于电缆外径的 15 倍）。为此，一般避免采用芯线截面积大于 185mm^2 的电缆，截面积 $S \leqslant 150\text{mm}^2$ 时，其经济根数为一根；当截面积大于 150mm^2，其经济根数可按 $S/150$ 决定。

4. 热稳定校验

电缆截面热稳定的校验方法与母线热稳定校验方法相同。由于电缆芯线一般系多股绞线，$K_s \approx 1$，满足热稳定要求的最小截面积为

$$S_{\min}=\frac{\sqrt{Q_k}}{C} \tag{4-66}$$

电缆的热稳定系数 C 可由下式计算，即

$$C=\frac{1}{\eta}\sqrt{\frac{4.2Q}{K_s\rho_{20}\alpha}\ln\frac{1+\alpha(\theta_h-20)}{1+\alpha(\theta_w-20)}}\times10^{-2} \tag{4-67}$$

式中 η——计及电缆芯线充填物热容量随温度变化以及绝缘物散热影响的校正系数，对3～10kV 回路可取 0.93，35kV 及以上回路取 1.0；

Q——电缆芯单位体积的热容量［J/(cm^3·℃)］，铝芯取 0.59，铜芯取 0.81；

α——电缆芯在 20℃ 时的电阻温度系数（1/℃），铝芯为 4.03×10^{-3}，铜芯为 3.93×10^{-3}；

K_s——电缆芯在 20℃ 时的趋肤效应系数，$S<150\text{mm}^2$ 的三芯电缆 $K_s=1$，$S=150\sim240\text{mm}^2$ 的三芯电缆 $K_s=1.01\sim1.035$；

ρ_{20}——电缆芯在 20℃ 时的电阻率 Ω·cm，铝芯为 3.1×10^{-6}，铜芯为 1.84×10^{-6}；

θ_w——短路前电缆的工作温度（℃）；

θ_h——短路时电缆的最高允许温度（℃）。对 10kV 及以下的油浸纸绝缘电缆及交联聚乙烯绝缘电缆为 250℃；对发电厂、变电站等重要回路铝芯电缆为 200℃；35kV 油浸纸绝缘电缆为 175℃；聚氯乙烯电缆、容式充油电缆和有中间接头（锡焊）的电缆均为 250℃。

5. 电压损失校验

正常运行时，电缆的电压损失应不大于额定电压的 5%，即

$$\Delta U\%=\frac{\sqrt{3}I_{\max}L(r\cos\varphi+x\sin\varphi)}{U_N}\times100\%\leqslant5\% \tag{4-68}$$

式中 L——电缆长度（km）；

r、x——电缆单位长度的电阻和电抗，可查技术手册得到；

$\cos\varphi$——功率因数；

U_N——电缆线路额定线电压（V）。

【例 4-6】 某变电所 10kV 电压母线用双回电缆线路向一重要用户供电，用户最大负荷为 5400kW，功率因数 $\cos\varphi=0.9$，年最大负荷利用小时数为 4500h，当一回电缆线路故障

时，要求另一回仍能供给 80%的最大负荷。线路直埋地下，长度为 1200m，电缆净距为 200mm，土壤温度为 10℃，热阻系数为 80℃ · cm/W，短路电流 $I''=8.7\text{kA}$，$I_{1.0}=7.2\text{kA}$，$I_{2.0}=6.6\text{kA}$，短路切除时间为 2.0s，试选择该电缆。

解：正常情况下每回路的最大持续工作电流为

$$I_{max}=\frac{1.05\times5400}{2\sqrt{3}\times10\times0.9}\text{A}=181.86\text{A}$$

根据最大负荷利用小时数查得 $J=0.72\text{A/mm}^2$

$$S=\frac{I_{max}}{J}=\frac{181.86\text{A}}{0.72\text{A/mm}^2}=252.6\text{mm}^2$$

直埋敷设一般选用钢带铠装电缆，每回路选用两根三芯油浸纸绝缘铝芯铝包铠装防腐电缆，每根 $S=120\text{mm}^2$，热阻系数 80℃ · cm/W 时的允许载流量为 $I_{al}=215\text{A}$，最高允许温度为 60℃，额定环境温度为 25℃。

长期发热按一回电缆线路故障时转移过来的负荷校验，即

$$I'_{max}=\frac{1.05\times5400}{\sqrt{3}\times10\times0.9}\times0.8\text{A}=291\text{A}$$

$$I_{al10℃}=K_tK_3K_4I_{al}=1.2\times1\times0.92\times215\times2\text{A}=475\text{A}$$

$I'_{max}<I_{al10℃}$，满足长期发热要求。

短路热效应

$$Q_k\approx Q_p=\frac{t_k}{12}(I''^2+10I_{t_k/2}^2+I_{t_k}^2)$$

$$=\frac{2}{12}\times(8.7^2+10\times7.2^2+6.6^2)\text{kA}^2\cdot\text{s}=106.3\text{kA}^2\cdot\text{s}$$

短路前电缆的工作温度

$$\theta_w=\theta_0+(\theta_{al}-\theta_0)\frac{I_{max}^2}{I_{al\theta}^2}=10℃+(60-10)\frac{291^2}{475^2}℃=28.77℃$$

热稳定系数 C 为

$$C=\frac{1}{\eta}\sqrt{\frac{4.2Q}{K_s\rho_{20}\alpha}\ln\frac{1+\alpha(\theta_h-20)}{1+\alpha(\theta_w-20)}\times10^{-2}}$$

$$=\sqrt{\frac{4.2\times0.59}{3.1\times10^{-6}\times0.00403}\ln\frac{1+0.00403(200-20)}{1+0.00403(28.77-20)}\times10^{-2}}$$

$$=100.65\sqrt{\text{J}/(\Omega\cdot\text{mm}^4)}$$

$$S_{min}=\frac{1}{C}\sqrt{Q_k}=\frac{\sqrt{106.3\times10^6}}{100.65}\text{mm}^2=102.4\text{mm}^2<2\times120\text{mm}^2$$

满足热稳定要求。

电压损失校验

$$\Delta U\%=\frac{\sqrt{3}}{U_N}I_{max}L(r\cos\phi+x\sin\phi)\times100$$

$$=\frac{\sqrt{3}}{10000}\times\frac{291}{2}\times1.2\times\left(\frac{0.0315\times1000}{120}\times0.9+0.08\times0.436\right)\times100$$

$$=0.82\%<5\%$$

根据以上计算可以看出，所选电缆满足要求。

4.3.5 载流导体的运行与维护

导体用于配电装置及输电线路中的母线、引入引出线、输电线等，完成电能的汇集、分配及输送的任务。要实现电网的安全、可靠及经济运行，必须保证导体及连接设备的完好状态。

1. 母线运行的巡视与检查

母线的运行系统按标准进行巡视检查。一般是监视电压、电流是否在标准范围内，母线连接器有无发热打火花现象，运行温度是否在允许范围内，母线表面的尘埃及氧化物状况，连接螺钉是否松动等，在巡视中要及时发现和处理。

2. 架空线的运行巡视检查

在运行中的钢芯铝绞线、钢丝绞线等，因振动、刮风及电动力的作用，加之环境的影响等，使导线断股、损伤，有效截面减少，造成局部过热而断裂。钢芯铝绞线及避雷线由于腐蚀作用，导线的抗拉强度降低，但其最大计算应力不得大于它的屈服强度。运行标准见表4-11。

表4-11 导线、避雷线断股损伤减小截面的处理标准

级别	处理方法		
	缠绕	补修	切断重接
钢芯铝绞线	断股损伤截面积不超过铝股总面积的7%	断股损伤截面积占铝股总面积的7%~25%	钢芯断股； 断股损伤截面积占铝股总面积的7%~25%
钢绞线	—	断股损伤截面积占总面积的5%~17%	断股损伤截面积超过总面积的17%
单金属绞线	断股损伤截面积不超过总面积的7%	断股损伤截面积占铝股总面积的7%~17%	断股损伤截面积超过总面积的17%

任务4.4 绝缘子的运行

【任务描述】

该任务主要讲述绝缘子的分类、选择方法、运行与维护。

【任务实施】

结合电站原始资料，进行绝缘子的选择和校验；观察绝缘子及横担的异常现象并处理。

4.4.1 绝缘子基本认知

1. 绝缘

绝缘是电气设备结构中的重要组成部分。绝缘和按照一定要求组成的绝缘系统（绝缘结构）是支撑电气设备的基础，电气设备只有具有可靠的绝缘结构，才能够可靠地工作。

所谓绝缘就是使用不导电的物质将带电体隔离或包裹起来，使之与其他不等电位的物体之间不发生接触、不相关联，从而保持不同的电位。良好的绝缘可以有效地避免短路和保护人身安全，是保证电气设备与线路的安全运行和防止人身触电事故发生的最基本、最可靠的手段。

若要电气设备长期安全稳定运行，就绝缘而言，必须满足以下两个基本条件：

（1）设备本身绝缘良好，没有局部放电、过热和化学等老化或劣化的因素存在。

（2）工作电压必须和设备的额定电压相适应，不能超越允许的范围，也不能承受雷电等外部及内部的瞬变过电压。当工作电压大于额定电压时，轻者会损害设备绝缘，降低设备的使用寿命，重者会绝缘损坏或绝缘击穿，造成设备损坏、人员伤亡甚至重大停电事故。

绝缘通常可分为气体绝缘、液体绝缘和固体绝缘三类，绝缘介质分别是不导电的气体、不导电的液体和不导电的固体。例如，高压架空输电线路三相之间是空气自然绝缘，真空断路器、空气断路器、SF_6 断路器也是气体绝缘的典型代表；大型变压器内部相间的油绝缘是液体绝缘的典型代表；绝缘子串、电缆的绝缘层是固体绝缘的典型代表。

在过电压作用下，绝缘物质可能被击穿而丧失其绝缘性能。在上述三类绝缘介质中，气体绝缘物质被击穿后，一旦去掉外界因素（强电场）后即可自行恢复其固有的绝缘性能；而固体、液体绝缘物质被击穿以后，则不可逆地完全丧失了其电气绝缘性能。可见，绝缘又可分为自恢复绝缘和非自恢复绝缘两大类。自恢复绝缘的绝缘性能破坏后可以自行恢复，一般是指空气间隙和空气接触的外绝缘。非自恢复绝缘放电后其绝缘性能不能自行恢复，通常是由固体介质、液体介质构成的设备内绝缘。

内绝缘是指设备内部的绝缘，一般不与空气接触，不受空气湿度与外界污秽程度等的影响，相对比较稳定；外绝缘是指不同设备外表面之间或设备与大地之间的绝缘，通常通过空气间隙和绝缘子绝缘，外绝缘长时间在大气中运行，除了承受电气、机械各种应力外，还须承受风、雨、雪、雾、雷电和温度变化等自然条件，以及表面污秽和外力损坏的影响。

电力设备的内绝缘一般由制造厂家设计，外绝缘则由电力设计部门设计。

2. 绝缘子

绝缘子广泛应用在发电厂、变电站的配电装置、变压器、开关电器及输配电线路上，用来支持和固定裸载流导体，并使裸载流导体与地绝缘，或使装置中处于不同电位的载流导体之间绝缘。因此，绝缘子应具有足够的绝缘强度、机械强度、耐热性和防潮性。

绝缘子按结构形式不同，可分为支柱式、套管式及盘形悬式绝缘子。

按绝缘材质的不同，绝缘子可分为陶瓷、玻璃及复合绝缘子。

按装设地点不同，绝缘子可分为户内式和户外式两种型式。户外绝缘子有较大的伞裙，用以增长表面爬电距离，并阻断雨水，使绝缘子能在恶劣的户外气候环境中可靠地工作。在多尘埃、盐雾和化蚀气体的污秽环境中，还需要使用防污型户外绝缘子。户内绝缘子无伞裙结构，也无防污型。

按应用领域的不同，绝缘子可分为电站绝缘子、电器绝缘子和线路绝缘子。

（1）电站绝缘子的用途是支撑和固定户内外配电装置的硬母线，并使母线与地绝缘。电站绝缘子又分为支柱绝缘子和套管绝缘子，后者用于母线穿过墙壁和天花板，以及从户内向户外引出处。

支柱绝缘子的型号含义如图 4-18 所示。

×××-×/××-×

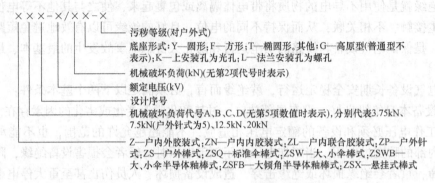

- 污秽等级(对户外式)
- 底座形式：Y—圆形；F—方形；T—椭圆形。其他：G—高原型(普通型不表示)；K—上安装孔为光孔；L—法兰安装孔为螺孔
- 机械破坏负荷(kN)(无第2项代号时表示)
- 额定电压(kV)
- 设计序号
- 机械破坏负荷代号A、B、C、D(无第5项数值时表示)，分别代表3.75kN、7.5kN(户外针式为5)、12.5kN、20kN
- Z—户内外胶装式；ZN—户内内胶装式；ZL—户内联合胶装式；ZP—户外针式；ZS—户外棒式；ZSQ—标准伞棒式；ZSW—大、小伞棒式；ZSWB—大、小伞半导体釉棒式；ZSFB—大倾角半导体釉棒式；ZSX—悬挂式棒式

图 4-18　支柱绝缘子的型号含义

户内式支柱绝缘子可分为外胶装式、内胶装式及联合胶装式三种。外胶装式户内式支柱绝缘子的结构如图 4-19a 所示，这种绝缘子的特点是金属附件胶装在瓷件的外表面，使绝缘子的有效高度减小，电气性能降低，或在一定的有效高度下使绝缘子的总高度增加，尺寸、质量增大，但其机械强度较高，此类产品已逐步被淘汰；内胶装式户内式支柱绝缘子的结构如图 4-19b 所示，具有体积小、重量轻、电气性能好等优点，但机械强度较低；联合胶装式支柱绝缘子兼有内、外胶装式支柱绝缘子的优点，尺寸小、爬电距离长、电气性能好、机械强度高，适用于潮湿和湿热带地区。

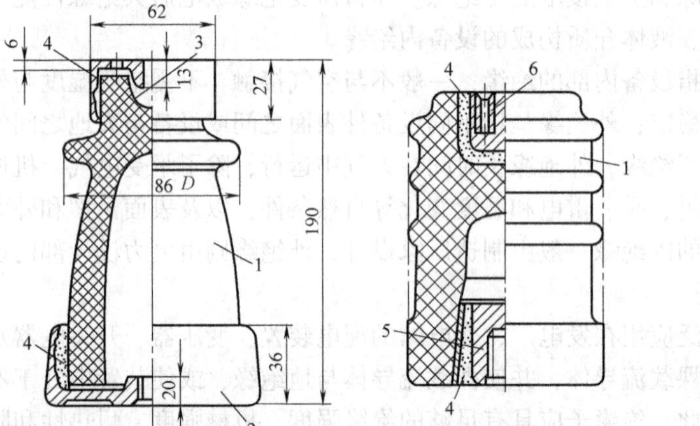

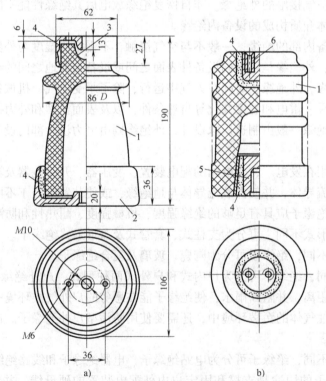

图 4-19　户内式支柱绝缘子结构示意图

a) 外胶装 ZA-10Y 型　b) 内胶装 ZNF-20MM 型

1—绝缘瓷件　2—铸铁底座　3—铸铁帽　4—水泥胶合剂　5—铸铁配件　6—螺孔

户外式支柱绝缘子可分为针式和实心棒式两种。图 4-20 所示为户外式支柱绝缘子结构图，它主要由绝缘瓷件 2，上下附件 1、3 等组成。针式支柱绝缘子属于空心可击穿结构，较笨重，易老化；实心棒式支柱绝缘子属于不可击穿结构，与同级电压的针式支柱绝缘子相比，具有尺寸小、重量轻、便于制造和维护等优点，因此其将逐步取代针式支柱绝缘子。此外，还有防污型棒式支柱绝缘子，其采用了防污效果较好的伞棱造型，使其爬电距离较普通型有较大的增加，同时自洁效果好，便于维护清扫，能充分发挥爬电距离长的有效作用。

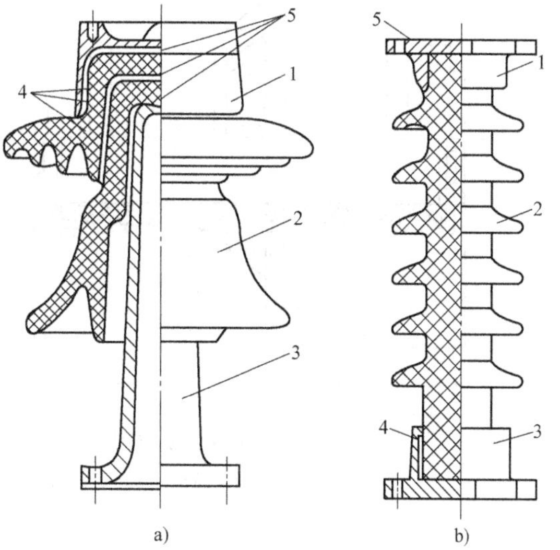

图 4-20 户外式支柱绝缘子结构示意图

a）针式支柱绝缘子 b）实心棒式支柱绝缘子

1—上附件 2—绝缘瓷件 3—下附件 4—胶合剂 5—纸垫

套管绝缘子又称穿墙套管，简称为套管，按结构形式可分为带导体型和母线型两种。带导体型套管由瓷套、中部金属法兰盘及导电体三部分组成，瓷套采用纯瓷空心绝缘结构，中部法兰盘与瓷套用水泥胶合，用来安置固定套管绝缘子，瓷套内设置导电体，其两端直接与母线连接以传送电能；母线型套管本身不带载流导体，安装使用时，将载流母线装于套管的窗口内。穿墙套管的型号含义如图 4-21 所示。

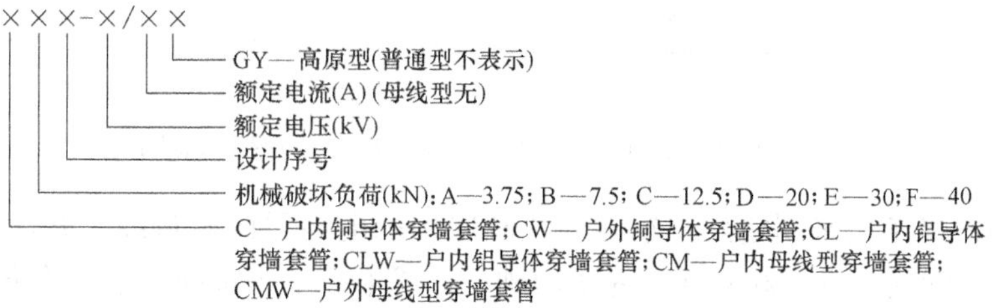

图 4-21 穿墙套管的型号含义

户内式母线型套管绝缘子如图 4-22 所示，图中为 CME-10 型母线式套管绝缘子，由瓷壳 1、法兰盘 2、金属帽 3 等部分组成。金属帽 3 上有矩形窗口 4，窗口为穿过母线的地方，矩形窗口的尺寸决定于穿过套管母线的尺寸和数目。套管的额定电流由穿过母线的额定电流确定。

户外式套管绝缘子其两端的绝缘按户内外两种要求设计，图 4-23 所示为 CWC-10/1000 型户外式穿墙套管结构，右端为户内部分，表面结构平滑，无伞裙，为户内式套管绝缘子结构；左端为户外部分，瓷体表面有伞裙，为户外式套管绝缘子结构。

（2）电器绝缘子的用途是固定电器的载流部分，分支柱绝缘子和套管绝缘子两种。支柱绝缘子用于固定没有封闭外壳的电器的载流部分，如隔离开关的动、静触头等。套管绝缘子用来使有封闭外壳的电器，如断路器、变压器等的载流部分引出外壳。此外，有些电器绝缘子还有特殊的形状，如柱状、牵引杆等形状。

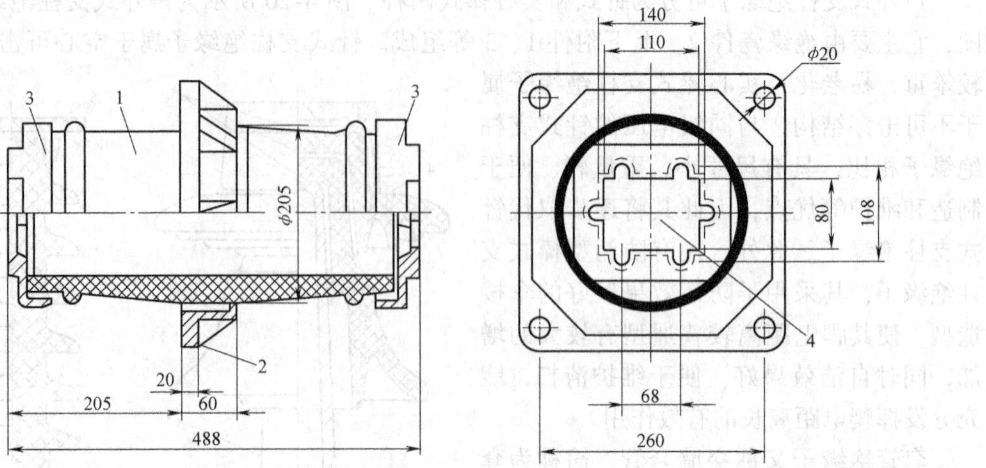

图 4-22　CME-10 型母线式套管结构示意图

1—瓷壳　2—法兰盘　3—金属帽　4—矩形窗口

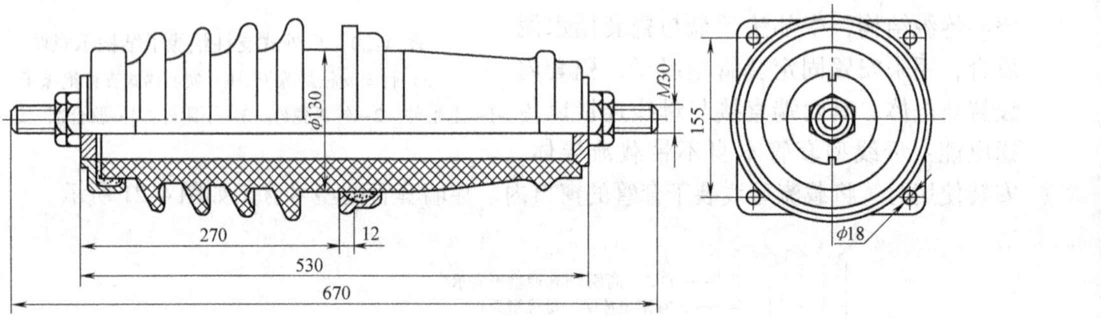

图 4-23　CWC-10/1000 型户外式穿墙套管结构示意图

（3）线路绝缘子用来固定架空输电导线和屋外配电装置的软母线，并使它们与接地部分绝缘，可分为针式绝缘子和悬式绝缘子两种。针式绝缘子用来固定架空输电线路和屋外配电装置中的导线和软线；悬式绝缘子有球形和槽形两种。

悬式绝缘子的新系列产品型号含义如图 4-24 所示。

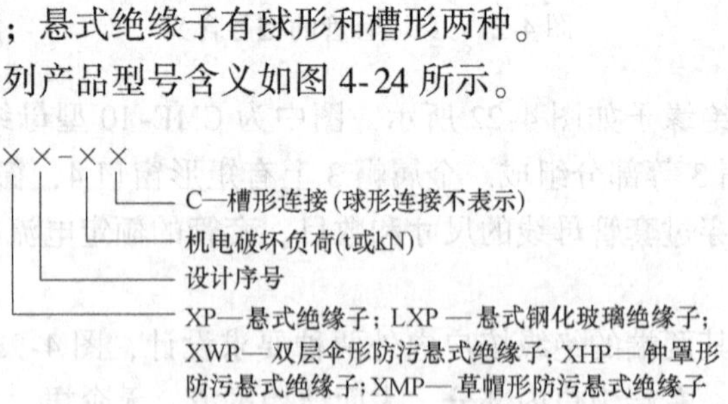

图 4-24　悬式绝缘子的新系列产品型号含义

新系列产品具有尺寸小、重量轻和性能好等优点。

在实际应用中，悬式绝缘子根据装置电压的高低组成绝缘子串。这时，一片绝缘子的脚的粗头穿入另一片绝缘子的帽内，并用特别的弹簧插销锁住。国标规定每串绝缘子的数目为：35kV 不少于 3 片，110kV 不少于 7 片，220kV 不少于 13 片，330kV 不少于 19 片，

500kV 不少于 24 片，750kV 由于受绝缘子的型式、线路流经地域污秽程度的影响而有所不同。对于容易受到严重污染的地区，宜选用防污悬式绝缘子或增加普通绝缘子的片数。

3. 复合绝缘子

随着输电线路和变电站电压等级的不断提高，电力系统对绝缘子的要求越来越高。高压输电线路运行了一百多年的瓷质绝缘子既有优点又有缺点，如笨重、易碎、耐污性能低、内绝缘容易击穿等问题。因此，迫切需要一种新型的绝缘子来代替传统的瓷质绝缘子，同时由于化工工业的迅速发展和新型复合材料的出现，以有机材料为主要成分的新一代绝缘子——复合绝缘子也应运而生。

早期复合绝缘子材质包括环氧树脂、乙丙橡胶、室温硅橡胶等。20 世纪 70 年代，随着高温硫化硅橡胶复合绝缘子在德国的问世，复合绝缘子比瓷、玻璃绝缘子更加优异的耐污特性充分显现，使复合绝缘子步入了高速发展时期。

近年来，复合绝缘子不仅在各电压等级交流线路运行中广泛使用，而且在新建线路工程中得到大批量甚至全线路使用。2000 年，复合绝缘子开始用于±500kV 直流线路；2005 年，复合绝缘子又在 750kV 线路中批量使用；截至 2006 年年底，我国挂网运行复合绝缘子已超过 220 万支，使用量仅次于美国，居世界第二位。

目前，我国复合绝缘子的研究、制造和运行已居世界领先水平，运行经验也引起了国际大电网组织（CIGRE）和国际电工技术委员会（IEC）的关注。实际运行表明，使用复合绝缘子是解决我国污秽地区输电线路外绝缘污闪最为有效的方法之一，不仅有效遏制了大面积污闪事故的发生，也大大减轻了繁重的污秽清扫及零值检测等运行维护工作量。

复合绝缘子是由两种以上的有机材料组成的复合结构绝缘子，产品型号含义如图 4-25 所示。

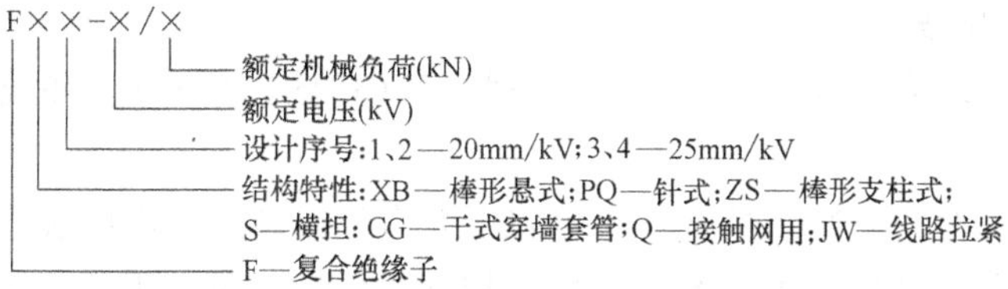

图 4-25　复合绝缘子的产品型号含义

电网中运行的复合绝缘子主要是以棒形悬式绝缘子为主，约占各类运行复合绝缘子总支数的 95%以上，图 4-26 为 FZSW-35/6 型棒形悬式复合绝缘子的结构示意图。

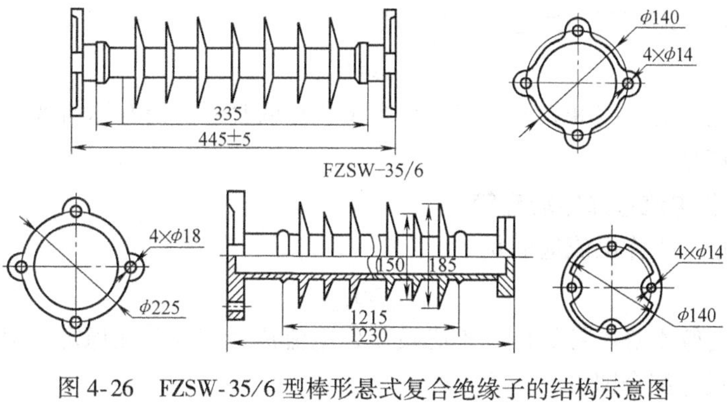

图 4-26　FZSW-35/6 型棒形悬式复合绝缘子的结构示意图

芯棒是复合绝缘子机械负荷的承载部件，同时又是内绝缘的主要部分，要求它有很高的机械强度、绝缘性能和长期稳定性，现在芯棒材料普遍采用树脂增强单向玻璃纤维引拔棒，伞裙护套是复合绝缘子的外绝缘部分，其作用是使复合绝缘子具有足够高的防湿闪和污闪的外绝缘性能，以保护芯棒免遭大气的侵袭。伞裙护套长期暴露在户外，经受各种恶劣气象条件和工业污染的侵蚀，在运行状态下还可能受到火花放电或局部电弧的烧蚀。因此，通常要求伞裙护套必须具有优良的防污闪性、耐漏电起痕性和耐电蚀损性，以及耐臭氧、耐高温等大气老化的作用。

粘接层是芯棒和护套间的界面，它贯通于两端金具之间，是复合绝缘子内绝缘的另一个主要部分，如果粘接质量不好，那么今后就会成为复合绝缘子运行的一个薄弱环节。

金具是复合绝缘子机械负荷的传递部件，它与芯棒组装在一起构成复合绝缘子的连接件，并通过该连接件与杆塔和导线连接，传递机械负荷。金具及其与芯棒连接结构的好坏直接影响到芯棒强度的发挥及复合绝缘子的力学性能。

从构成复合绝缘子的 4 个部分的作用来看，复合绝缘子结构的主要特点是发挥了芯棒材料机械强度高和伞裙护套材料耐污性能好的优点，因此，复合绝缘子的结构是合理的。

复合绝缘子众多优点中最主要的是外绝缘表面的防污性能，它可以有效地防止输电线路污闪跳闸事故，保证线路的安全运行。

4.4.2 支柱绝缘子和穿墙套管的选择

支柱绝缘子按额定电压和类型选择，并按短路校验动稳定；穿墙套管按额定电压、额定电流和类型选择，并按短路校验热、动稳定。

1. 种类和型式选择

支柱绝缘子和穿墙套管的选择，应按装置种类（户内、户外）、环境条件选择满足使用要求的产品。

如前所述，户内联合胶装多棱式支柱绝缘子兼有外胶装式、内胶装式的优点，并适合于潮湿和湿热带地区；户外棒式支柱绝缘子性能较针式优越。所以规程规定：户内配电装置宜采用联合胶装多棱式支柱绝缘子；户外配电装置宜采用棒式支柱绝缘子，在有严重的灰尘或对绝缘有害的气体存在的环境中，应选用防污型绝缘子。

穿墙套管一般采用铝导体。

2. 按额定电压选择支柱绝缘子和穿墙套管

支柱绝缘子和穿墙套管的额定电压应满足

$$U_N \geqslant U_{Ns} \tag{4-69}$$

发电厂和变电所的 3~20kV 户外支柱绝缘子及穿墙套管，当有冰雪或污秽时，宜选用高一级额定电压的产品。

3. 按最大工作电流选择穿墙套管

穿墙套管的最大工作电流应满足

$$I_N \geqslant I_{max} \tag{4-70}$$

母线型穿墙套管本身不带导体，不必按工作电流选择和校验热稳定，只需保证套管型式与母线的形状和尺寸配合即可。

4. 穿墙套管热稳定校验

穿墙套管的热稳定应满足

$$I_t^2 t \geqslant Q_k \tag{4-71}$$

5. 支柱绝缘子和穿墙套管动稳定校验

支柱绝缘子和穿墙套管的动稳定应满足

$$F_{al} \geqslant F_{ca} \tag{4-72}$$

式中　F_{al}——支柱绝缘子或穿墙套管的允许荷重（N）；

F_{ca}——三相短路时，作用于绝缘子帽或穿墙套管端部的计算作用力（N）。

F_{al}可按生产厂家给出的破坏荷重 F_d 的60%考虑，即

$$F_{al} = 0.6F_d \tag{4-73}$$

当三相导体水平布置时，如图4-27所示，支柱绝缘子所受电动力应为两侧相邻跨导体受力总和的一半，即

$$F_{max} = \frac{F_1 + F_2}{2} = 1.73\frac{L_1 + L_2}{2a} i_{sh}^2 \times 10^{-7} \tag{4-74}$$

F_{ca}即最严重短路情况下作用于支柱绝缘子或穿墙套管上的最大电动力，由于母线电动力是作用在母线截面中心线上，而支柱绝缘子的抗弯破坏荷重是作用在绝缘子帽上给出的，如图4-28所示，二者力臂不等，短路时作用于绝缘子帽子的最大计算力为

$$F_{ca} = \frac{H_1}{H} F_{max} \tag{4-75}$$

式中　F_{max}——最严重短路情况下作用于母线上的最大电动力（N）；

H——支柱绝缘子高度（mm）；

H_1——从绝缘子底部至母线水平中心的高度（mm）；

b——母线支持片的厚度，一般竖放矩形母线 b=18mm；平放矩形母线 b=12mm。

对三相导体垂直布置时，F_{max}与绝缘子轴线重合，有

$$F_{ca} = F_{max} \tag{4-76}$$

穿墙套管端部所受最大电动力为

$$F_{ca} = F_{max} = \frac{F_1 + F_2}{2} = 1.73\frac{L_1 + L_{ca}}{2a} i_{sh}^2 \times 10^{-7} \tag{4-77}$$

此外，对于屋内35kV及以上水平安装的支柱绝缘子应考虑导体和绝缘子的自重，屋外支柱绝缘子应计及风力和冰雪的附加作用；对于悬式绝缘子，不需校验动稳定。

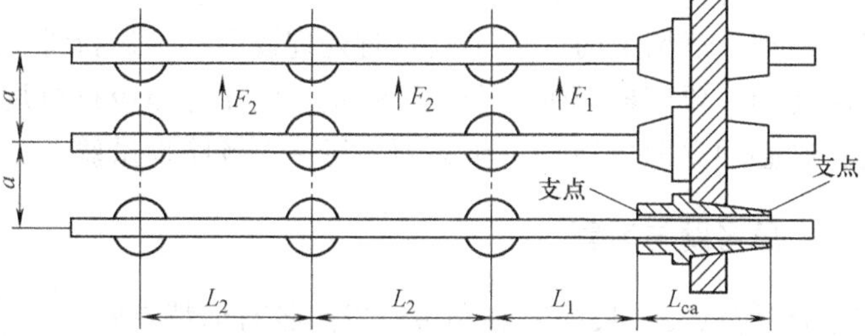

图4-27　绝缘子和穿墙套管所受的电动力

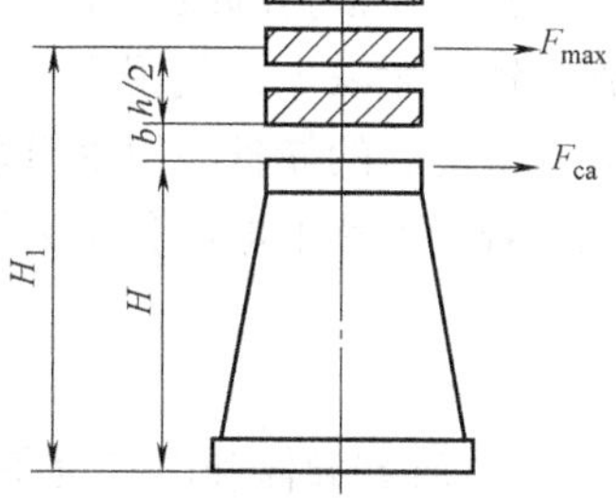

图4-28　绝缘子受力示意图

【例 4-7】 选择例 4-5 中变压器低压侧引出线中的支柱绝缘子和穿墙套管。已知 $I_{1.3}=19.7\text{kA}$，$I_{2.6}=16.2\text{kA}$。

解：(1) 支柱绝缘子的选择。根据装设地点及工作电压，位于屋内部分选择 ZB-10Y 型户内支柱绝缘子，其高度 $H=215\text{mm}$，抗弯破坏负荷 $F_d=7350\text{N}$。

$$F_{max}=1.73\times10^{-7}\frac{L_1+L_2}{2a}i_{sh}^2=1.73\times10^{-7}\times\frac{1.2}{0.7}\times64500^2\text{N}=1235.24\text{N}$$

$$H_1=H+b+\frac{h}{2}=\left(215+12+\frac{30}{2}\right)\text{mm}=242\text{mm}$$

$$F_{ca}=F_{max}\frac{H_1}{H}=1235.24\times\frac{242}{215}\text{N}=1390.36\text{N}<0.6F_d=0.6\times7350\text{N}=4410\text{N}$$

可以满足动稳定要求。户外部分选高一级电压的 ZS-20/8 型支柱绝缘子。

(2) 穿墙套管的选择。根据装设地点、工作电压及最大长期工作电流，选择 CWLC2-10/2000 型户外铝导体穿墙套管，其 $U_N=10\text{kV}$，$I_N=2000\text{A}$，$F_d=12250\text{N}$，套管长度 $L_{ca}=0.435\text{m}$，5s 热稳定电流为 40kA。

$$Q_k\approx Q_p=\frac{2.6\text{s}}{12}\times(25.3^2+10\times19.7^2+16.2^2)\text{kA}^2$$
$$=637.8\text{kA}^2\cdot\text{s}<I_t^2t=40^2\times5\text{kA}^2\cdot\text{s}$$

满足热稳定要求。

$$F_{max}=1.73\times10^{-7}\frac{L_1+L_2}{2a}i_{sh}^2$$
$$=1.73\times10^{-7}\frac{1.2+0.435}{2\times0.7}\times64500^2\text{N}=841.5\text{N}$$
$$F_{max}<0.6F_d=0.6\times12250\text{N}=7350\text{N}$$

满足动稳定要求。

4.4.3 绝缘子的运行与维护

在运行中，绝缘子应按运行标准的要求进行巡视检查与维护。

巡视检查时应观察绝缘子、瓷横担的脏污情况，瓷质有无裂纹、破碎，有无钢脚及钢帽锈蚀，钢脚弯曲，钢化玻璃绝缘子有无自爆等。一经发现应及时处理（进行必要的清扫等）。

另外，应观察绝缘子及横担有无闪络痕迹和局部火花放电现象，绝缘子串和瓷横担有无严重偏斜，瓷横担绑线有无松动、断股、烧伤，金具有无锈蚀、磨损、裂纹、开焊，开口销和弹簧销有无缺少、代用或脱出等。出现上述情况时，应予以及时处理或更换。运行维护单位必须有足够的储备品以供修复电路使用。要定期对绝缘子进行测试，电压分布应符合规程标准，若发现片上电压分布为零时，则必须立即更换。每年必须进行一次预防性试验。

思考题与习题

4-1 研究导体和电气设备的发热有何意义？长期发热和短时发热各有何特点？

4-2 为什么要规定导体和电气设备的发热允许温度？短时发热允许温度和长期发热允

许温度是否相同，为什么？

4-3　导体长期允许电流是根据什么确定的？提高导体长期允许电流应采取哪些措施？

4-4　为什么要计算导体短时发热最高温度？如何计算？

4-5　怎样计算短路电流周期分量和非周期分量的热效应？

4-6　电动力对导体和电气设备的运行有何影响？

4-7　三相平行导体中最大电动力发生在哪一相上？试加以解释。

4-8　高压电气设备的一般选择条件及校验条件有哪些？

4-9　什么是验算热稳定的短路计算时间以及电气设备的开断计算时间？

4-10　怎样选择母线及电缆？

4-11　按经济电流密度选择导体截面积后，为什么还必须按最大长期工作电流进行校验？

4-12　简述单条矩形母线动稳定的校验方法和步骤。若发现不能满足动稳定要求，则应采取哪些措施？

4-13　绝缘子有哪些分类？什么是复合绝缘子？复合绝缘子有何特点？

4-14　设发电机容量为25MW，最大负荷利用小时数 $T_{max}=6000h$，三相导体水平布置，相间距离 $a=0.35m$，发电机出线上短路时间 $t_k=0.2s$，短路电流 $I''=27.2kA$，$I_{t_k/2}=21.9kA$，$I_{t_k}=19.2kA$。周围环境温度为40℃。试选择发电机引出导体。

4-15　选择100MW发电机和变压器之间母线桥的导体。已知发电机回路最大持续工作电流 $I_{max}=6791A$，$T_{max}=5200h$，连接母线三相水平布置，相间距离 $a=0.7m$，最高温度为35℃，母线短路电流 $I''=36kA$，短路热效应 $Q_k=421.1kA^2\cdot s$。

4-16　如图4-29所示接线，选择出线电缆。在变电站A两段母线上各接有一台3.15MV·A变压器，正常时母线分段运行。当一条线路故障时，要求另一条线路能供两台变压器满负荷运行时功率的70%。最大负荷利用小时数 $T_{max}=4500h$。变电站距电厂500m，在250m处电缆有中间接头，该接头处发生三相短路时的短路电流热效应 $Q_k=125\times10^6A^2\cdot s$，电缆采用直埋地下，间距取200mm，土壤温度为20℃，热阻系数为80℃·cm/W。

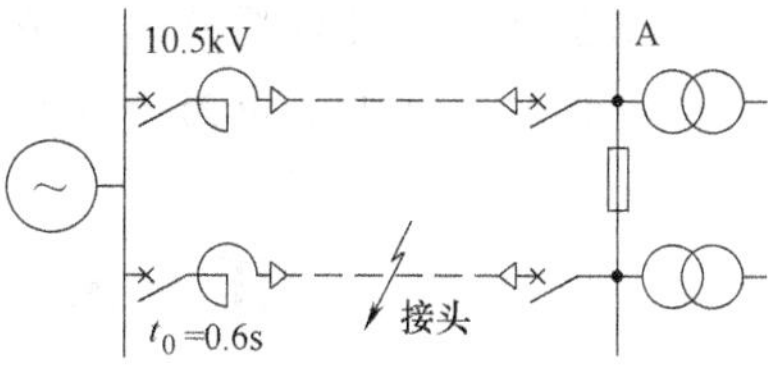

图4-29　选择出线电缆接线图

4-17　导体和绝缘子的巡视项目有哪些？

项目5 高压开关电器运行

在发电厂和变电站中，经常需要对发电机、变压器和输电线路进行正常投退操作，在故障情况下，能够迅速切除很大的故障电流，在检修电气设备时需要隔离带电部分以保障检修人员安全。为此，在发电厂和变电站中装设了大量的开关电器。常用的高压开关电器有高压断路器、隔离开关、负荷开关和熔断器等；低压开关电器有低压断路器、刀开关、接触器和熔断器等。

本项目学习常见高压开关电器的原理和结构，高压开关电器的选择方法、控制、运行与维护，了解智能变电站中出现的智能型开关电器的有关技术。

【知识目标】

1. 了解电弧的产生与熄灭的条件，明确熄灭电弧的措施；
2. 掌握高压开关电器的原理和结构；
3. 了解智能化开关电器的有关技术。

【能力目标】

1. 掌握高压开关电器的选择条件、方法与校验的内容；
2. 能进行高压开关电器的选择、故障处理。

任务5.1 开关电器中的灭弧原理

【任务描述】

电弧是开关电器操作过程中经常发生的一种物理现象。电弧的温度很高，很容易烧毁触头，或使触头周围的绝缘材料遭受破坏，甚而使电气设备发生爆炸事故。因此，当开关触头间出现电弧时，必须尽快予以熄灭。为了研究各种开关电器的结构和工作原理，并正确地选用与维护，熟悉电弧产生与熄灭的基本规律是十分必要的。

【任务实施】

分组制定实施方案，各组互相考问评价及教师评价。

【知识链接】

用开关电器切断通有电流的电路时，只要电源电压大于10~20V，电流大于80~100mA，在开关电器的动、静触头分离瞬间，触头间就会产生电弧，如图5-1所示。电弧是一种气体游离放电现象，其主要特征是：

（1）电弧由阴极区、弧柱区和阳极区三部分组成。

（2）电弧温度很高。电弧放电时，能量高度集中，弧柱中心区温度可达10000℃左右，电弧表面温度也会达到3000~4000℃。

(3) 电弧是一种自持放电现象。即电弧一旦形成，维持电弧稳定燃烧所需的电压很低。例如，大气中1cm长的直流电弧的弧柱电压只有15~30V，在变压器油中也不过100~200V。

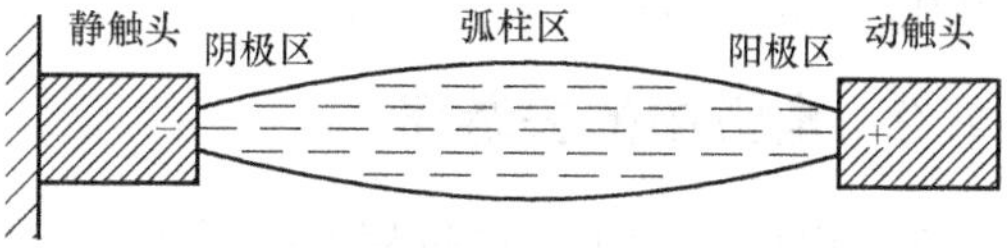

图5-1 电弧

(4) 电弧是一束游离气体。重量很轻，在电动力、热力和其他外力作用下能迅速移动、伸长、弯曲和变形。

如果电弧长久不熄灭，就会对电力系统和电气设备造成危害。电弧的高温，可能烧坏电器触头和触头周围的其他部件，对充油设备还可能引起着火甚至爆炸等危险；在开关电器触头间只要有电弧的存在，电路就没有断开，电流仍然存在，电弧的存在延长了开关电器断开故障电路的时间，加重了电力系统短路故障的危害；很容易造成飞弧短路、伤人或引起事故扩大。因此，要保证开关电器正常工作就必须迅速可靠地熄灭电弧。

5.1.1 电弧的产生与维持

电弧之所以能形成导电通道，是因为弧柱中出现大量自由电子的缘故，这些自由电子的定向运动形成电弧。

触头刚分离时，由于触头间的间隙很小，触头间会形成很高的电场强度，当电场强度超过3×10^{6}V/m时，阴极触头的表面在强电场的作用下发生高电场发射（由于电场的作用把金属表面中的自由电子从阴极表面拉出来，成为自由电子存在于触头间隙）。从阴极表面发射出来的自由电子在电场力的作用下向阳极做加速运动，它们在奔向阳极的途中碰撞介质的中性质点（原子或分子），只要电子的运动速度足够高，使其自身动能大于中性质点的游离能（能使电子释放出来的能量），便产生碰撞游离，原中性质点即游离为正离子和自由电子。新产生的电子将和原有的电子一起以极高的速度向阳极运动，当它们和其他中性质点相碰撞时又再一次发生碰撞游离，如图5-2所示。

碰撞游离连续进行，触头间隙便充满了电子和正离子，介质中带电质点就会大量剧增，使触头间隙具有很大的电导。在外加电压的作用下，大量的电子向阳极运动，形成电流，这就是介质被击穿而产生的电弧。此时，电流密度很大，触头电压降很小。

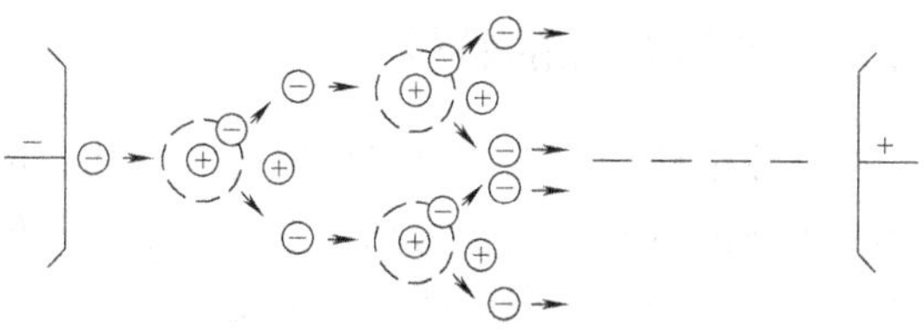

图5-2 碰撞游离过程示意图

电弧产生后，弧隙的温度很高，弧柱温度可达5000℃以上。此时处于高温下的介质分子和原子产生强烈运动，它们之间不断发生碰撞，又可游离出电子和正离子，这便是热游离过程。在电弧稳定燃烧的情况下，弧柱的温度很高，电弧电压的弧柱的电场强度很低，因此，弧柱的游离作用就由热游离维持和发展。当电弧温度很高时，一方面阴极表面将发生热发射电子（高温的阴极表面能够向四周空间发射电子），另一方面会引起金属触头熔化、蒸发，以致在介质中混有蒸气，使弧隙的电导增加，电弧将继续炽热燃烧。从以上分析可知，阴极在强电场作用下发射电子，发射的电子在触头电压作用下产生碰撞游离，就形成了电弧，在高温的作用下，阴极发生热发射，并在介质中发生热游离，使电弧维持和发展。这就是电弧产生的过程。

5.1.2 电弧中的去游离

在电弧中，发生游离过程的同时还进行着带电质点减少的去游离过程。在稳定燃烧的电弧中，这两个过程处于平衡状态，如果游离过程大于去游离过程，电弧将继续炽热燃烧；如果去游离过程大于游离过程，电弧便越来越小，直至最后熄灭。

去游离的主要方式是复合和扩散。

复合去游离是异号带电质点的电荷彼此中和的现象。电子运动速度远大于离子，电子对于正离子的相对速度较大，所以复合的可能性很小。但是电子在碰撞时，如果附着在中性质点上形成负离子，则速度会大大减慢，而正负离子间的复合比电子和正离子间的复合要容易得多。

既然复合过程只有在离子速度不大时才有可能发生，若利用液体或气体吹弧，或将电弧挤入绝缘冷壁做成的窄缝中，都能迅速冷却电弧，减小离子的运动速度，加强复合过程。此外，增加气体压力，使离子间自由行程缩短，气体分子密度加大，使复合的概率增加，这些均是加强复合过程的措施。

扩散去游离是弧柱内自由电子与正离子从弧柱逸出而进入周围冷介质中去的现象。扩散是由于带质点的不规则热运动以及空间电荷的不均匀分布，使电弧中的高温离子由密集的空间向密度小、温度低的介质周围方向扩散。电弧和周围介质的温度差以及离子浓度差越大，扩散作用也越强。在断路器中还采用高速气体吹拂电弧，带走弧柱中的大量电子和正离子，以加强扩散作用。扩散出来的离子因冷却而互相结合，成为中性质点。

在稳定燃烧的电弧中，新增加的带电质点数量与中和的数量相等，游离作用等于去游离作用。如果游离作用大于去游离作用，电弧燃烧加剧；如果游离作用小于去游离作用，则电弧中的带电质点数量减少，最终导致电弧熄灭。因此，要熄灭电弧，必须采取措施加强去游离作用而削弱游离作用。

5.1.3 交流电弧的特性

在交流电路中，电流瞬时值随时间变化，因而电弧的温度、直径以及电弧电压也随时间变化，电弧的这种特性称为动特性。由于弧柱的受热升温或散热降温都有一定过程，跟不上快速变化的电流，所以电弧温度的变化总滞后于电流的变化，这种现象称为电弧的热惯性。热惯性使得交流电弧的伏安特性为动态特性，如图 5-3a 所示。

电弧电压 u_a 的波形呈马鞍形变化，如图 5-3b 所示，其中 A 点的电压为电弧产生时的电压，称为燃弧电压；B 点的电压为电弧熄灭时的电压，称为熄弧电压。

电流每半周过零一次，电弧会暂时自动熄灭；电弧在交流电流自然过零时将自动熄灭，但在下半周随着电压的升高，电弧又重燃。如果电弧过零后，电弧不发生重燃，则电弧就此熄灭。

5.1.4 交流电弧的熄灭条件

交流电弧每半周自然熄灭是熄灭交流电弧的最佳时机，实际上，在电流过零后，弧隙中

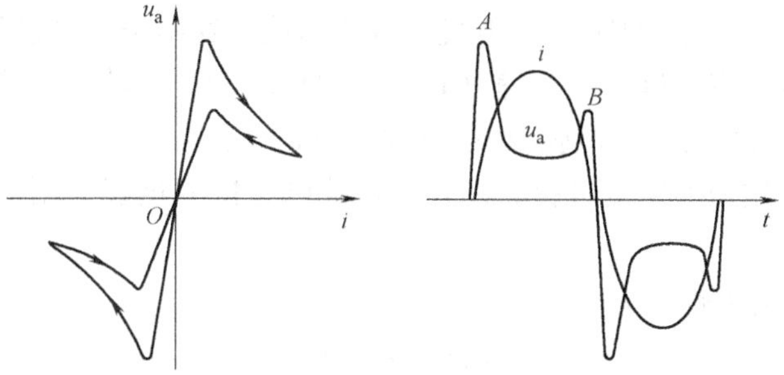

a)　　　　b)

图 5-3　交流电弧伏安特性和电弧电压波形

a）伏安特性　b）电弧电压波形

存在着两个恢复过程。一个是由于去游离作用的加强，弧隙间的介质逐渐恢复其绝缘性能，称为介质强度恢复过程，以耐受的电压 $U_d(t)$ 表示；另一个是电源电压要重新作用在触头上，弧隙电压将从熄弧电压逐渐恢复到电源电压，称为弧隙电压恢复过程，用 $U_r(t)$ 表示。电弧能否熄灭取决于这两个过程竞争的结果。

1. 弧隙介质强度恢复过程

在电流过零后的 0.1～1μs 的短暂时间内，阴极附近出现 150～250V 的起始介质强度，称为近阴极效应。这是因为在电流过零的瞬间，弧隙电压的极性发生变化，弧隙中的自由电子立即向新阳极运动，而质量比电子大 1000 倍的正离子基本未动，在新阴极附近就形成了只有正电荷的不导电薄层，阻碍阴极发射电子，呈现出一定的介质强度，如图 5-4 所示。起始介质强度出现后的介质强度恢复是一个复杂的过程，它与电弧电流、介质特性、冷却条件和触头分断速度有关。

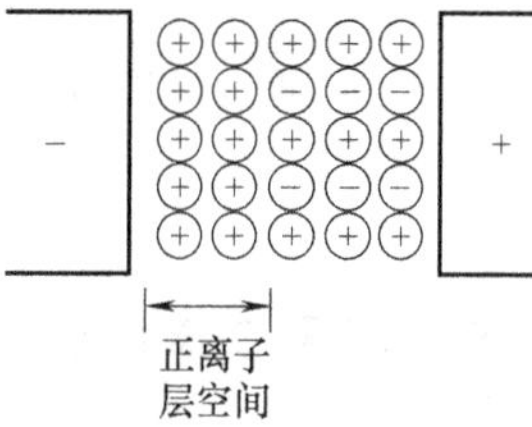

图 5-4　电流过零后弧隙电荷重新分布

2. 弧隙电压恢复过程

弧隙电压恢复过程与电路参数、负荷性质等有关。在实际电路中，发电机和变压器都是感性元件，输电线路对地有分布电容，故电流与电源电压相位不同。

电弧为纯电阻性质，电弧电流与弧隙电压同相位，电弧电流过零时，弧隙电压接近零，而电源电压不等于零，由于电路参数 L、C 的存在，弧隙电压 $U_r(t)$ 不可能立刻由熄弧电压上升到电源电压，一般弧隙恢复电压是一个过渡过程，它由电源决定的工频恢复电压和由电路参数决定的振荡衰减分量叠加而成，称为瞬态恢复电压，它的存在时间很短，一般只有几十微秒至几毫秒，如果电弧不重燃，弧隙电压逐渐恢复到电源电压，即由瞬态（振荡）恢复电压逐渐过渡到工频恢复电压，如图 5-5 所示。短路时电路电阻很小，电路呈感性，电弧电流与电源电压相位差约为 90°，因此在电弧电流过零时，弧隙电压 U_0 约等于电源电压的幅值 U_m。

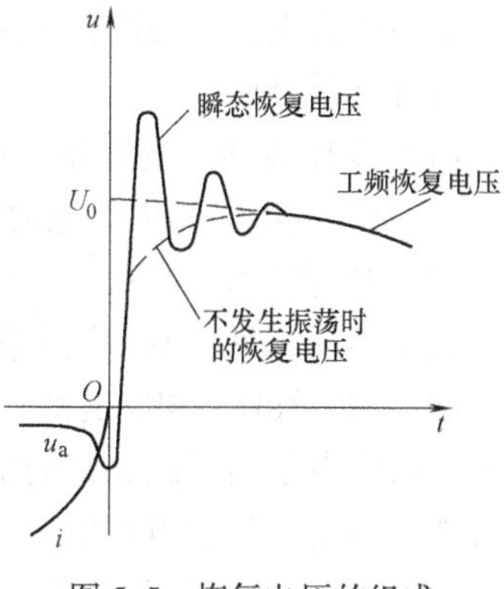

图 5-5　恢复电压的组成

3. 交流电弧熄灭的条件

从以上分析可知，电流过零后，电弧能否熄灭取决于这两个恢复过程作用的结果：

（1）如果弧隙电压恢复过程上升速度较快，幅值较大，弧隙电压恢复过程大于弧隙介质强度恢复过程，介质被击穿，电弧重燃，如图 5-6a 所示。

（2）如果弧隙介质强度恢复过程始终大于弧隙电压恢复过程，则电弧熄灭，如图 5-6b 和图 5-6c 所示。

故交流电弧熄灭的条件应为

$$U_d(t) > U_r(t) \tag{5-1}$$

如果能够采取措施，防止 $U_r(t)$ 振荡，将周期振荡性的恢复电压转变为非周期性恢复过程，电弧就会更容易熄灭，如图 5-6c 所示。

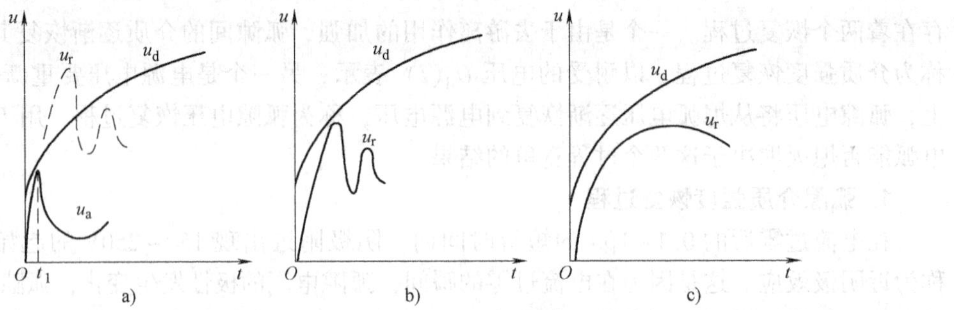

图 5-6 介质强度和弧隙电压的恢复过程

a）在 t_1 时刻，恢复电压高于介质强度，电弧重燃 b）介质强度高于恢复电压，电弧熄灭

c）介质强度高于非周期性恢复电压，电弧熄灭

5.1.5 熄灭交流电弧的基本方法

如前所述，交流电弧能否熄灭取决于电流过零时弧隙的介质强度和恢复电压两种过程的竞争结果。加强弧隙的去游离或降低弧隙恢复电压的幅值和恢复速度均可促使电弧熄灭。断路器中采用的灭弧方法归纳起来有下述几种。

1. 采用灭弧能力强的灭弧介质

电弧中的去游离强度在很大程度上取决于电弧周围介质的特性。高压断路器中广泛采用以下几种灭弧介质：

（1）变压器油。变压器油在电弧高温的作用下，可分解出大量氢气和油蒸气（占70%~80%），氢气的绝缘和灭弧能力是空气的 7.5 倍。

（2）压缩空气。压缩空气的压力约为 20×10^5Pa，由于其分子密度大，质点的自由行程小，能量不易积累，不易发生游离，所以有良好的绝缘和灭弧能力。

（3）SF_6 气体。SF_6 是良好的电负性气体，其氟原子具有很强的吸附电子的能力，能迅速捕捉自由电子而形成稳定的负离子，为复合创造了有利条件，因而具有很强的灭弧能力，其灭弧能力比空气强 100 倍。

（4）真空。真空气体压力低于 133.3×10^{-4}Pa，气体稀薄，弧隙中的自由电子和中性质点都很少，碰撞游离的可能性大大减少，而且弧柱与真空的带电质点的浓度差和温度差很大，有利于扩散。其绝缘能力比变压器油、1个大气压下的空气都大（比空气大15倍）。

2. 利用气体或油吹弧

高压断路器中利用各种预先设计好的灭弧室，使气体或油在电弧高温下产生巨大压力，并利用喷口形成强烈吹弧。这个方法既起到对流换热、强烈冷却弧隙的作用，又起到部分取代原弧隙中游离气体或高温气体的作用。电弧被拉长、冷却变细，复合加强，同时吹弧也有利于扩散，最终使电弧熄灭。

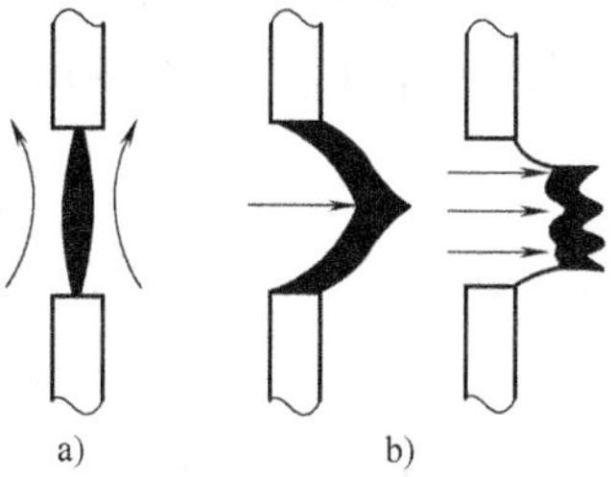

图5-7　吹弧方式

a）纵吹　b）横吹

吹弧方式有纵吹和横吹两种，如图5-7所示。吹动方向与电弧弧柱轴线平行称纵吹，纵吹主要是使电弧冷却、变细，最终熄灭。吹动方向与电弧弧柱轴线垂直称横吹，横吹则是把电弧拉长，表面积增大，冷却加强，熄弧效果较好。在高压断路器中常采用纵、横吹混合吹弧方式，熄弧效果更好。

3. 采用特殊金属材料作灭弧触头

电弧中的去游离强度在很大程度上与触头材料有关。常用的触头材料有铜、钨合金和银、钨合金等，它们在电弧高温下不易熔化和蒸发，有较高的抗电弧、抗熔焊能力，可以减少热电子发射和金属蒸气，抑制游离作用。

4. 在断路器的主触头两端加装低值并联电阻

如图5-8所示，在灭弧室主触头 Q_1 两端加装低值并联电阻（几欧至几十欧）时，为了最终切断电流，必须另加装一对辅助触头 Q_2，并联电阻 r 与辅助触头 Q_2 串联后再与主触头并联。

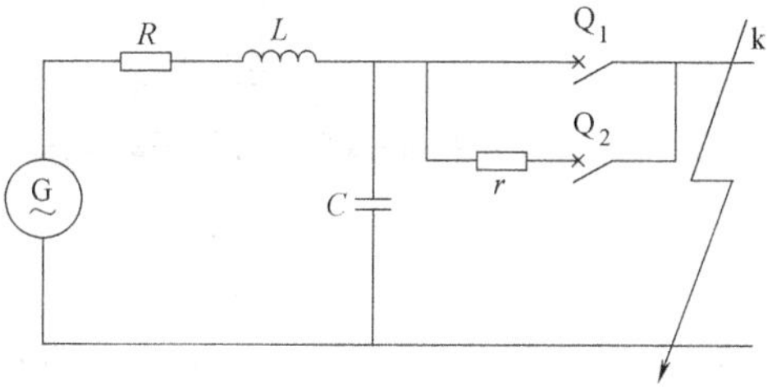

图5-8　在断路器主触头两端加装低值并联电阻

分闸时，主触头 Q_1 先打开，并联电阻 r 接入电路，在断开过程中起分流作用，同时降低恢复电压的幅值和上升速度，使触头间产生的电弧容易熄灭；当主触头 Q_1 间的电弧熄灭后，辅助触头 Q_2 接着断开，切断通过并联电阻的电流，使电路最终断开。

合闸时，顺序相反，即辅助触头 Q_2 先合上，然后主触头 Q_1 合上。

5. 采用多断口熄弧

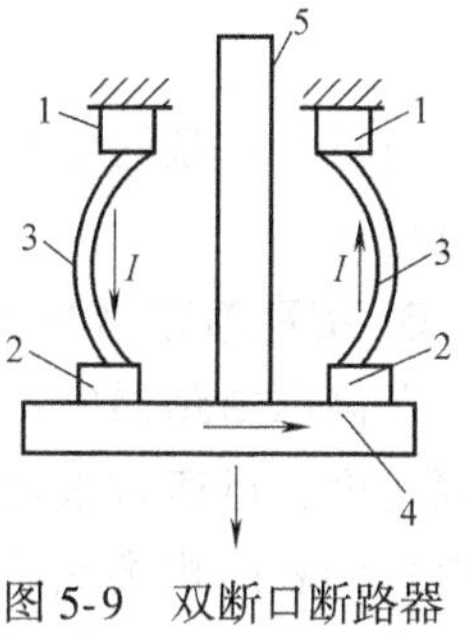

图5-9　双断口断路器

1—静触头　2—动触头　3—电弧

4—导电横担　5—提升杆

高压断路器常制成每相有两个或两个以上的串联断口，以利于灭弧。图5-9所示为双断口断路器示意图。采用多断口串联，可把电弧分割成多段，在相同的触头行程下电弧拉长速度和长度比单断口大，从而弧隙电阻增大，同时增大介质强度的恢复速度；加在每个断口上的电压降低，使弧隙恢复电压降低，因而有利于灭弧。

110kV及以上的高压断路器常采用多个相同型式的灭弧室

（每室一个断口）串联的积木式结构。由于连接两断口的导电部分对地分布电容的影响，这种多断口结构在开断过程中的恢复电压和开断位置的电压在每个断口上的分配有不均匀现象，从而影响断路器的灭弧。

SW-110 型户外少油断路器在开断接地故障后的一相电路图如图 5-10 所示。其中 U 为电源电压，U_1、U_2 分别为两断口电压，C_Q 为电弧熄灭后每个断口的等效电容（约几十皮法），C_0 为连接两断口的导电部分对大地之间的等效电容。

假定 $C_Q=C_0$，由图 5-10b 可得

$$\left.\begin{aligned} U_1&=\frac{X_Q}{X_0+X_Q//X_0}U=\frac{C_Q+C_0}{2C_Q+C_0}U\approx\frac{2}{3}U \\ U_2&=\frac{X_Q//X_0}{X_0+X_Q//X_0}U=\frac{C_Q}{2C_Q+C_0}U=\frac{1}{3}U \end{aligned}\right\} \tag{5-2}$$

可以看出，第一个断口的工作条件比第二个要恶劣，若其电弧不能熄灭，则电压将全部加在第二断口上，它也将被击穿。

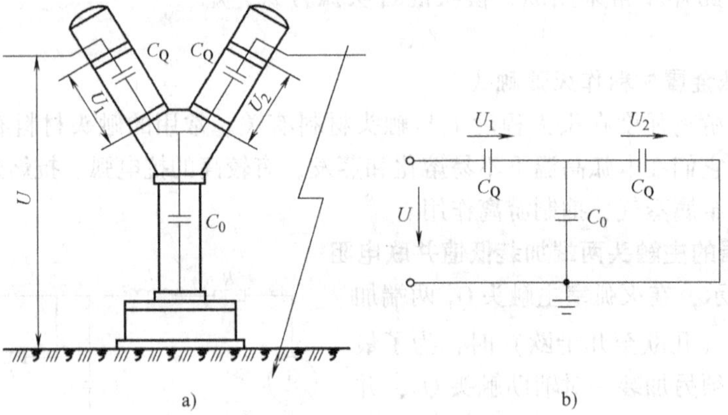

图 5-10　双断口断路器开断接地故障

a）断路器的电容分布　b）等效电路

为解决各断口的电压分配不均衡的问题，通常在每个断口上并联一个比 C_Q、C_0 大得多的电容 C，（一般为 1000~2000pF），称为均压电容，如图 5-11 所示。则并联均压电容后的电压分布为

$$U_1=\frac{(C_Q+C)+C_0}{2(C_Q+C)+C_0}U\approx\frac{C_Q+C}{2(C_Q+C)}U=\frac{1}{2}U \tag{5-3}$$

可见，并联均压电容后，断口上的电压分布均匀，在电流过零后，两断口上的电弧可以同时熄灭。

6. 提高断路器触头的分离速度

在高压断路器中都装有强力断路机构，以加快触头的分离速度，迅速拉长电弧，使弧隙的电场强度骤降，同时使电弧的表面积突然增大，有利于电弧的冷却及带电质点的扩散和复合，削弱游离而加强去游离，从而加速电弧的熄灭。

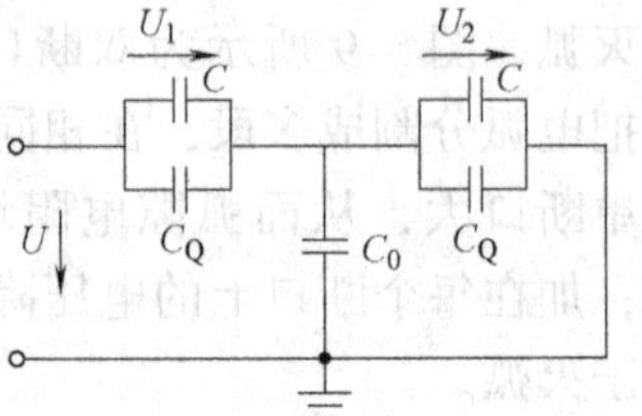

图 5-11　并有均压电容

任务 5.2　高压断路器运行

【任务描述】

高压断路器是电力系统中最重要的控制和保护电器。由于它具有完善的灭弧装置，不仅可以用来在正常情况下接通和断开各种负载电路，而且在故障情况下能自动迅速地开断故障电流，还能实现自动重合闸的功能。本任务主要学习高压断路器的分类、结构、操动机构、选择方法及其运行维护。

【任务实施】

结合电站原始资料，进行高压断路器的选择和校验；对断路器的异常运行进行分析并且能够进行事故处理。

【知识链接】

高压断路器是电力系统中最重要的控制和保护电器。由于它具有完善的灭弧装置，不仅可以用来在正常情况下接通和断开正常工作电流，而且在故障情况下，能够在继电保护装置的控制下自动切断短路电流，还能实现自动重合闸的功能。

5.2.1　高压断路器基本认知

1. 高压断路器的分类

我国目前电力系统中使用的高压断路器依据装设地点不同可分为户内和户外两种型式；根据断路器所采用的灭弧介质及作用原理的不同，又可分为以下几种类型：

（1）SF_6 断路器：采用优良灭弧性能和绝缘性能的 SF_6 气体作为灭弧介质和绝缘介质，具有优良的开断性能。SF_6 断路器运行可靠性高，维护工作量小，适用于各个电压等级，特别是在 220kV 及以上系统中得到了最广泛的应用。目前国内生产的 SF_6 断路器有 10~500kV 电压等级产品。

（2）真空断路器：利用压力低于 1atm（标准大气压，1atm = 101.325kPa）的空气作为灭弧介质。这种断路器具有触头不易氧化、寿命长、行程短、低噪声及可频繁操作的优点，已在 35kV 及以下配电装置中获得最广泛的应用。

（3）油断路器：以具有绝缘能力的矿物油作为灭弧介质的断路器。断路器中的油除作为灭弧介质外，还作为触头断开后的间隙绝缘介质和带电部分与接地外壳间的绝缘介质，这种断路器称为多油断路器；油只作为灭弧介质和触头断开后的间隙绝缘介质，而带电部分对接地之间采用固体绝缘（例如瓷绝缘）的断路器称为少油断路器。

由于多油断路器体积大，已基本淘汰，仅仅在 35kV 电压等级中有少量应用；少油断路器曾经在我国电力系统广泛应用，但近年来在 35kV 及以下系统中已被真空断路器、SF_6 断路器取代，在 110kV 及以上系统中有被 SF_6 断路器取代的趋势，而在 500kV 及以上电压等级禁止使用。

（4）空气断路器：利用压缩空气作为灭弧介质和绝缘介质，并采用压缩空气作为分、合闸的操作动力，具有大容量下开断能力强及开断时间短的特点，但结构复杂且需配置压缩空气装置，价格较贵，所以主要用于 220kV 及以上的屋外配电装置中。由于 SF_6 断路器具有结构简单、灭弧性能良好和电寿命长的明显优点，使得压缩空气断路器的应用范围进一步缩小。

2. 高压断路器的基本结构

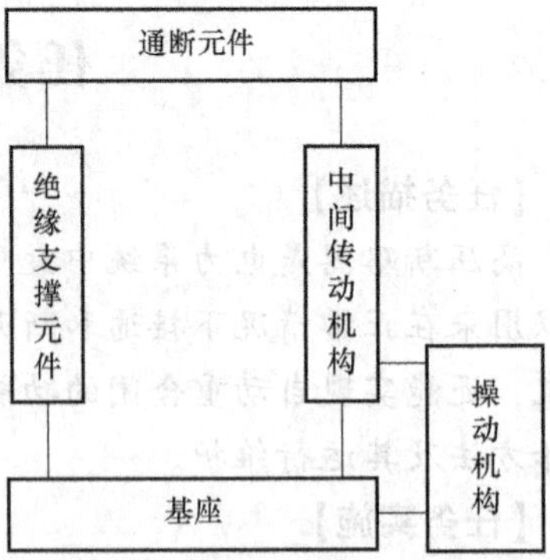

图 5-12 高压断路器基本结构示意图

高压断路器的基本结构如图 5-12 所示。它的核心部件是通断元件，包括动触头、静触头、导电部件和灭弧室等。动触头和静触头处于灭弧室中，用来开断和关合电路，是断路器的执行元件。断路器断口的引入载流导体和引出载流导体通过接线座连接。通断元件是带电的，放置在绝缘支撑元件上，使处在高电位状态下的触头和导电部分保证与接地的零电位部分绝缘。动触头的运动（开断动作和关合动作）由操动机构提供动力。操动机构与动触头的连接由中间传动机构来实现。操动机构使断路器合闸、分闸。当断路器合闸后，操动机构使断路器维持在合闸状态。

3. 高压断路器的技术参数

为了描述高压断路器的特性，制造厂家给出了高压断路器各方面的技术参数，以便在进行电气设计及运行中正确使用。高压断路器主要的技术参数包括以下几个：

（1）额定电压 U_N。额定电压是容许断路器连续工作的工作电压（指线电压），标于断路器的铭牌上。额定电压的大小决定着断路器的绝缘水平和外形尺寸，同时也决定着断路器的熄弧条件。国家标准规定，断路器额定交流电压等级有 3kV、6kV、10kV、20kV、35kV、60kV、110kV、220kV、330kV、500kV、750kV、1000kV 等；直流电压等级有 ±400kV、±500kV、±800kV。

考虑到输电线路上有电压降，变压器出口端电压应高于线路额定电压，断路器可能在高于额定电压的装置中长期工作，因此，又规定了断路器的最高工作电压 U_{max}，按国家规定，对于额定电压为 220kV 及以下的设备，其最高工作电压为额定电压的 1.15 倍；对于额定电压为 330kV 及以上的设备，最高工作电压为其额定电压的 1.1 倍。

（2）额定电流 I_N。额定电流是指断路器长期允许通过的电流，在该电流下断路器各部分的温升不会超过容许数值。额定电流决定了断路器触头及导电部分的截面积，并且在某种程度上也决定了它的结构。我国采用的额定电流有 200A、400A、630A、1000A、1250A、1600A、2000A、2500A、3150A、4000A、5000A、6300A、8000A、10000A、12500A、16000A、20000A。

（3）额定开断电流 I_{Nbr}。开断电流是指在一定的电压下断路器能够安全无损地进行开断的最大电流。在额定电压下的开断电流称为额定开断电流。当电压低于额定电压时，容许开断电流可以超过额定开断电流，但不是按电压降低成比例地增加，而是有一个极限值，这个值是由某一种断路器的灭弧能力和承受内部气体压力的机械强度所决定的，上述这个极限值称为极限开断电流。我国规定的高压断路器的额定开断电流为 1.6kA、3.15kA、6.3kA、8kA、10kA、12.5kA、16kA、20kA、25kA、31.5kA、40kA、50kA、63kA、80kA、100kA 等。

（4）动稳定电流 i_{es}。动稳定电流是指断路器在合闸位置允许通过的最大短路电流，这个数值是由断路器各部分所能承受的最大电动力所决定的。动稳定电流又称为极限通过电流。i_{es} 一般为 I_{Nbr} 的 2.5 倍。

（5）热稳定电流 I_t。热稳定电流是表明断路器承受短路电流热效应能力的一个参数，它采用在一定热稳定时间 t 内断路器允许通过的最大电流（有效值）表示。

（6）额定关合电流 I_{Ncl}。断路器关合有故障的电路时，在动、静触头接触前后的瞬间，强大的短路电流可能引起触头弹跳、熔化、焊接，甚至使断路器爆炸。断路器能够可靠接通的最大电流称为额定关合电流，一般 $I_{Ncl}=i_{es}$。断路器关合短路电流的能力除与断路器的灭弧装置性能有关外，还与断路器操动机构合闸功率的大小有关。

（7）合闸时间 t_{on} 和分闸时间 t_{off}。对有操动机构的断路器，自发出合闸信号（即合闸线圈加上电压）到断路器三相触头接通时为止所经过的时间，称为断路器的合闸时间。

分闸时间（也称全开断时间）是指从发出跳闸信号起（即跳闸线圈加上电压）到三相电弧完全熄灭时所经过的时间。一般合闸时间大于分闸时间。分闸时间由固有分闸时间和燃弧时间两部分组成，固有分闸时间是指从加上分闸信号起到触头开始分离时为止的一段时间。燃弧时间是指触头开始分离产生电弧时起直到三相的电弧完全熄灭时为止的一段时间。

（8）自动重合闸性能。装设在输、配电线路上的高压断路器，如果配备自动重合闸装置必能明显地提高供电可靠性，但断路器实现自动重合闸的工作条件比较严格。这是因为自动重合闸不成功时，断路器必须连续两次跳闸灭弧，两次跳闸之间还必须关合于短路故障。为此要求高压断路器满足自动重合闸的操作循环，即进行下列试验合格。

$$\text{合分}—\theta—\text{合分}—t—\text{合分} \tag{5-4}$$

式中　θ——断路器切断短路故障后，从电弧熄灭时刻起到电路重新接通为止所经过的时间，称为无电流间隔时间，通常 θ 为 0.3~0.5s；

t——强送电时间，通常取 $t=180\text{s}$。

原先处在合闸送电状态中的高压断路器，在断电保护装置作用下分闸（第一“分”）。经时间 θ 后断路器又重新合闸，如果短路故障是永久性的，则在继电保护装置作用下无时限立即分闸（第一个“合分”），经强送电时间 t 后手动合闸，若短路故障仍未消除，则随即又跳闸（第二个“合分”）。

4. 对断路器的基本要求

由于断路器要在正常工作时接通或切断负荷电流，短路时切断短路电流，并受环境变化影响，故对高压断路器有以下几方面基本要求：

（1）断路器在额定条件下，应能长期可靠地工作。

（2）应具有足够的断路能力。由于电网电压较高，正常负荷电流和短路电流都很大，当断路器断开电路时，触头间会产生强烈的电弧，只有当电弧完全熄灭时，电路才能真正断开。因此，要求断路器应具有足够的断路能力，尤其在短路故障时，应能可靠地切断短路电流，并保证具有足够的热稳定度和动稳定度。

（3）具有尽可能短的开断时间。当电力网发生短路故障时，要求断路器迅速切断故障，这样可以缩短电力网的故障时间和减轻短路电流对电气设备的损害。在超高压电网中迅速切断故障电路还可以提高电力系统的稳定性。

（4）结构简单，价格低廉。在要求安全可靠的同时，还应考虑到经济性。因此，断路器应力求结构简单，尺寸小，重量轻，价格低。

5. 断路器的型号表示法

各种高压断路器的结构和性能是不一样的，即使是同一种类的高压断路器也具有不同的技术参数。为了标志断路器的型号、规格，通常用文字符号和数字写成下列形式：

1 2 3 - 4 5 / 6 - 7 8

- 8 额定开断能力(kA 或 MV·A)
- 7 特殊环境代号
- 6 额定电流(A)
- 5 派生代号：C— 手车式；G— 改进式；F— 分相型等
- 4 额定电压(kV)
- 3 设计序号
- 2 使用环境：N— 户内式；W— 户外式
- 1 产品名称：D— 多油断路器；S— 少油断路器；K— 空气断路器；L—SF_6 断路器；Z— 真空断路器；Q— 产气断路器；C— 磁吹断路器等

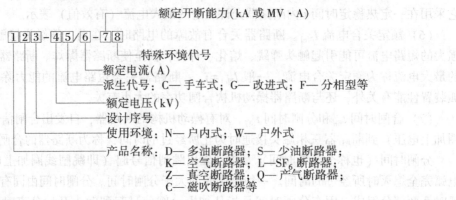

5.2.2 六氟化硫（SF_6）断路器

1955 年，有国家开始用 SF_6 气体作为断路器的灭弧介质，20 世纪 70 年代，SF_6 断路器获得迅速发展。我国于 1967 年开始研制 SF_6 断路器，1979 年开始引进 500kV 及以下断路器及 SF_6 全封闭组合电器技术。目前，断路器已成为我国 110kV 及以上系统中首选的开关类型。

1. SF_6 气体的性能

（1）物理化学性质。

1）SF_6 分子是以硫原子为中心、6 个氟原子对称地分布在周围形成的，呈正八面体结构。其氟原子有很强的吸附外界电子的能力。SF_6 分子在捕捉电子后成为低活动性的负离子，对去游离有利；另外，SF_6 分子的直径较大（0.456nm），使得电子的自由行程减小，从而减少碰撞游离的发生。

2）SF_6 为无色、无味、无毒、不可燃、不助燃的非金属化合物；在常温常压下，其密度约为空气的 5 倍；常温下压力不超过 2MPa 时仍为气态；其总的热传导能力远比空气好。

3）SF_6 的化学性质非常稳定。在干燥情况下，温度低于 110℃时，它与铜、铝、钢等材料都不发生作用；温度高于 150℃时，与钢、硅钢开始缓慢作用；温度高于 200℃时，与铜、铝才发生轻微作用；温度达 500~600℃时，与银也不发生作用。

4）SF_6 的热稳定性极好，但在有金属存在的情况下，热稳定性则大为降低。它开始分解的温度为 150~200℃，其分解随着温度升高而加剧。当温度达到 1227℃时，分解物基本上是 SF_4（有剧毒）；在 1227~1727℃时，分解物主要是 SF_4 和 SF_3；温度超过 1727℃时，分解为 SF_2 和 SF。

在电弧或电晕放电中，SF_6 将分解，由于金属蒸气参与反应，生成金属氟化物和硫的低氟化物。当 SF_6 气体含有水分时，还可能生成 HF（氟化氢）或 SO_2，对绝缘材料、金属材料都有很强的腐蚀性。

（2）绝缘和灭弧性能。基于 SF_6 的上述物理化学性质，SF_6 具有极为良好的绝缘性能和灭弧能力。

1）绝缘性能。气体的绝缘性能稳定，不会老化变质。当气压增大时，其绝缘能力也随之提高。在气压为 0.1MPa 时，SF_6 的绝缘能力超过空气的 2 倍；在气压为 0.3MPa 时，其绝缘能力和变压器油相当。

2）灭弧性能。SF_6 在电弧作用下接受电能而分解成低氟化合物，但需要的分解却比空气高得多，因此，SF_6 分子在分解时吸收的能量多，对弧柱的冷却作用强。当电弧电流过零时，低氟化合物则急速再结合成 SF_6，故弧隙介质强度恢复过程极快。另外，SF_6 中电弧的电压梯度比空气中的约小 3 倍，因此，SF_6 气体中电弧电压也较低，即燃弧时的电弧能量较小，对灭弧有利。所以 SF_6 的灭弧能力相当于同等条件下空气的 100 倍。

2. SF_6 断路器的特点

（1）断口耐压高。由于单断口耐压高，所以对于同一电压等级，SF_6 断路器的断口数目比少油断路器和空气断路器的断口数目少，这就必然使结构简化，减少占地面积，有利于断路器的制造和运行管理。

（2）开断容量大。目前世界范围内，500kV 及以上电压等级的 SF_6 断路器，其额定开断电流一般为 40～60kA，最大已达 80kA。

（3）电寿命长、检修间隔周期长。由于 SF_6 断路器开断电路时触头烧损轻微，所以电寿命长，一般连续（累计）开断电流 4000～8000kA，可以不检修。

（4）开断性能优异。SF_6 断路器不仅可以切断空载长线不重燃，切断空载变压器不截流，而且可以比较容易地切断近区短路故障。

3. SF_6 断路器的分类

（1）按其使用地点分为敞开型和全封闭组合电器（Gas Insulated Switchgear，GIS）型。

（2）按其结构形式可分为瓷绝缘支柱型和落地罐型。瓷绝缘支柱型类同少油断路器，只是用 SF_6 气体代替了少油断路器中的油。这种 SF_6 断路器可做成积木式结构，系列性、通用性强。落地罐型断路器类同多油断路器，但气体被封闭在一个罐内。这种 SF_6 断路器的整体性强，机械稳固性好，防振能力强，还可以组装电流互感器等其他元件，但系列性差。

（3）按其灭弧方式可分为双压式和单压式。

4. SF_6 断路器灭弧室工作原理

（1）单压式灭弧室。单压式灭弧室，又称压气式灭弧室。它只有一个气压系统，即常态时只有单一的 SF_6 气体。灭弧室的可动部分带有压气装置，分闸过程中，压气缸与触头同时运动，将压气室内的气体压缩。触头分离后，电弧即受到高速气流纵吹而将电弧熄灭。

单压式灭弧室又分为变开距和定开距两种。图 5-13 所示为变开距单压式灭弧室的工作原理。压力活塞是固定不动的。图 5-13a 所示触头在合闸位置，分闸时，操动机构通过拉杆使动触头、动弧触头、绝缘喷嘴和压气缸运动，在压力活塞与压气缸之间产生压力；图 5-13b所示为产生压力的情况；当动静触头分离后，触头间产生电弧，同时压气缸内 SF_6 气体在压力作用下吹向电弧，使电弧熄灭，如图 5-13c 所示；当电弧熄灭后，触头在分闸位置，如图 5-13d 所示。因为电弧可能在触头运动的过程中熄灭，所以这种结构的灭弧室称为变开距灭弧室。

在定开距灭弧室中，压气活塞是固定不动的，静触头与动触头之间的开距也是固定不变的。

（2）双压式灭弧室。它有高压和低压两个气压系统。灭弧时，高压室控制阀打开，高压 SF_6 气体经过喷嘴吹向低压系统，再吹向电弧使其熄灭。灭弧室内正常时充有高压气体的

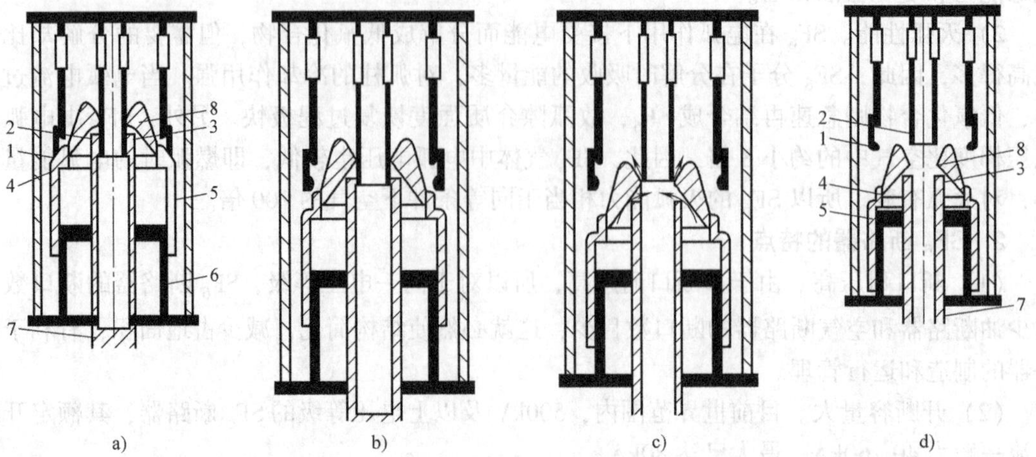

图 5-13　变开距单压式灭弧室的工作原理

a）合闸位置　b）产生压力　c）电弧熄灭　d）分闸位置

1—静触头　2—静弧触头　3—动弧触头　4—动触头　5—压气缸　6—压气活塞　7—拉杆　8—喷嘴

称为常充高压式；仅在灭弧过程中才充有高压气体的称为瞬时充高压式。

双压式断路器工作性能虽然良好，但必须配置一台在密封循环中工作的气体压缩机，结构复杂、价格昂贵。另外，1.5MPa（表压力）高压 SF_6 气体的液化温度高，工作温度必须保持在 8℃以上，低温环境下需要加热才能工作，这也是一个致命的弱点。

单压式结构简单，但开断电流小、行程大，固有分闸时间长，而且操动机构的功率大。近年来，单压式 SF_6 断路器采用了大功率液压机构和双向吹弧，所以被广泛采用，并逐渐取代双压式。目前国内运行的 SF_6 断路器普遍采用变开距灭弧室，如 ELF 型断路器（引进瑞士 ABB 公司技术）、SFM 型断路器（引进日本三菱公司技术）、OFP 型断路器（引进日立公司技术）、FA 型断路器（引进法国 MG 公司技术）等。国外产品中采用定开距灭弧室的也不少，如德国西门子公司、英国 GEC 公司产品，我国一些高压开关厂的部分产品也采用定开距灭弧室。

5. SF_6 断路器结构

SF_6 断路器按结构型式可分为支柱式（或称瓷瓶式）SF_6 断路器、落地罐式 SF_6 断路器及 SF_6 全封闭组合电器用 SF_6 断路器三类。

（1）支柱式 SF_6 断路器。支柱式 SF_6 断路器系列性强，可以用不同个数的标准灭弧单元及支柱瓷套组成不同电压级的产品。它按其整体布置形式可分为“Y”形布置、“T”形布置及“I”形布置三种，如图 5-14 所示。

支柱式 SF_6 断路器的灭弧装置在支持瓷套的顶部，由绝缘杆进行操动。这种结构的优点是系列性好，用不同个数的标准灭弧单元和支柱瓷套，即可组成不同电压等级的产品；其缺点是稳定性差，不能加装电流互感器。

（2）落地罐式 SF_6 断路器落地罐式 SF_6 断路器总体结构类似于箱式多油断路器，它把触头和灭弧室装在充有 SF_6 气体并接地的金属罐中，触头与罐壁间绝缘采用环氧支持绝缘子，引出线靠绝缘瓷套管引出，基本上不改装就可以用于全封闭组合电器之中。这种结构便

图 5-14　支柱式 SF_6 断路器三种结构布置方式实物图

于加装电流互感器，抗振性好，但系列性差，且造价昂贵。图 5-15 为 LW56-800 型罐式六氟化硫断路器实物图，图 5-16 是 SFMT-500 型落地罐式 SF_6 断路器一相剖面图。

图 5-15　LW56-800 型罐式六氟化硫断路器实物图

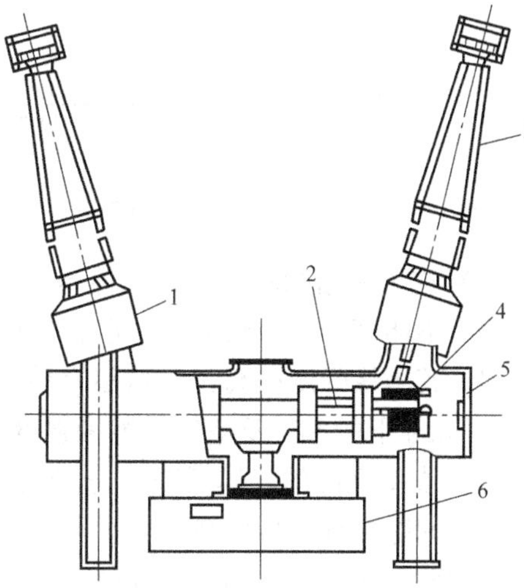

图 5-16　SFMT-500 型落地罐式 SF_6 断路器一相剖面图

1—套管式电流互感器　2—灭弧室　3—套管
4—合闸电阻　5—吸附剂　6—操动机构箱

5.2.3　真空断路器

20 世纪 50 年代开始，美国制成了第一批适用于切合电容器组等特殊场合使用的真空负荷开关，但其开断电流较小。20 世纪 60 年代初期，由于开断大电流用的触头材料获得解决，真空断路器得到了迅速的发展。由于真空断路器具有一系列明显的优点，从 20 世纪 70 年代开始，它在国际上得到了迅速的发展，尤其在 35kV 及以下系统更是处于优势地位。

我国于1960年研制成第一台三相真空开关（10kV、100A）。目前，国内在真空断路器方面的研究和生产均得到很大重视和迅速发展。

1. 真空气体的特性

所谓真空是相对而言的，指的是绝对压力低于1个大气压的气体稀薄的空间。气体稀薄的程度用“真空度”表示。真空度就是气体的绝对压力与大气压的差值。气体的绝对压力值越低，真空度就越高。

（1）气体间隙的击穿电压与气体压力有关系。图5-17表示不锈钢电极、间隙长度为1mm时，真空间隙的击穿电压与气压的关系。在气体压力低于133×10^{-4}Pa时，击穿电压没有什么变化；压力为$133\times10^{-4}\sim133\times10^{-3}$Pa时，击穿电压有下降倾向；在压力高于$133\times10^{-3}$Pa的一定范围内，击穿电压迅速降低。在压力为几百帕时，击穿电压达最低值。

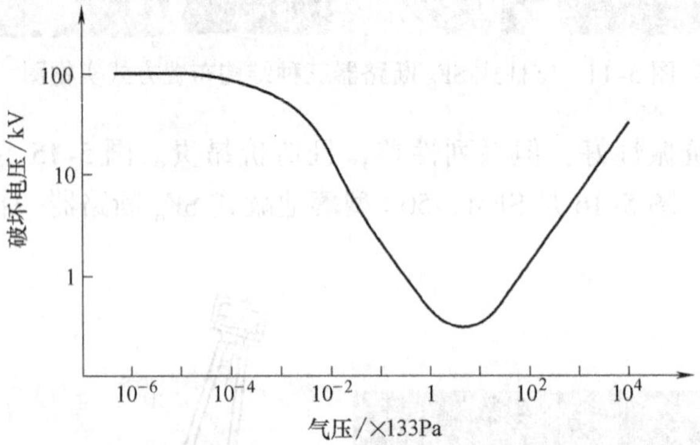

图5-17　击穿电压与气体压力的关系

（2）这里所指的真空，是气体压力在133×10^{-4}Pa以下的空间，真空断路器灭弧室内的气体压力不能高于这一数值，一般在出厂时其气体压力在133×10^{-7}Pa以下。在这种气体稀薄空间，其绝缘强度很高，电弧很容易熄灭。在均匀电场作用下，真空的绝缘强度比变压器油、0.1MPa下的SF_6及空气的绝缘强度都要高得多。

（3）真空间隙的气体稀薄，分子的自由行程大，发生碰撞的概率小，因此，碰撞游离不是真空间隙击穿产生电弧的主要因素。真空中电弧是在触头电极蒸发出来的金属蒸气中形成的。因此，影响真空间隙击穿的主要因素除真空度外，还有电极材料、电极表面状况、真空间隙长度等。

用高机械强度、高熔点的材料作电极，击穿电压一般较高，目前使用最多的电极材料是以良导电金属为主体的合金材料。当电极表面存在氧化物、杂质、金属微粒和毛刺时，击穿电压便可能大大降低。当间隙较小时，击穿电压几乎与间隙长度成正比。当间隙度超过10mm时，击穿电压上升陡度减缓。

2. 灭弧室结构工作原理

真空灭弧室的实物剖面图如图5-18所示，结构图如图5-19所示，亦称真空泡。它由外壳、触头和屏蔽罩三大部分组成。外壳是由绝缘筒、静端盖板、动端盖板和波纹管所组成的真空密封容器。灭弧室内的静触头焊接在静导电杆上，动触头焊接在动导电杆上，动导电杆的中部与波纹管的一个端口焊在一起，波纹管的另一端口与动端盖板的中孔焊接，动导电杆从中孔穿出外壳。由于波纹管在轴向上可以伸缩，因而这种结构既能实现从灭弧室外操动动触头做分合运动，又能保证外壳的密封性。

由于大气压力的作用，灭弧室在无机械外力作用时，其动静触头始终保持闭合位置，当外力使动导电杆向外运动时，触头才分离。

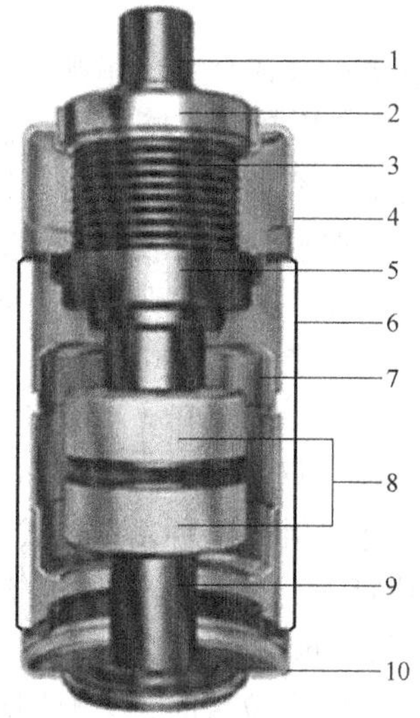

图 5-18　真空灭弧室实物剖面图

1—动导电杆　2—导向套　3—波纹管　4—动盖板　5—波纹管屏蔽罩　6—瓷壳　7—屏蔽筒　8—触头系统　9—静导电杆　10—静盖板

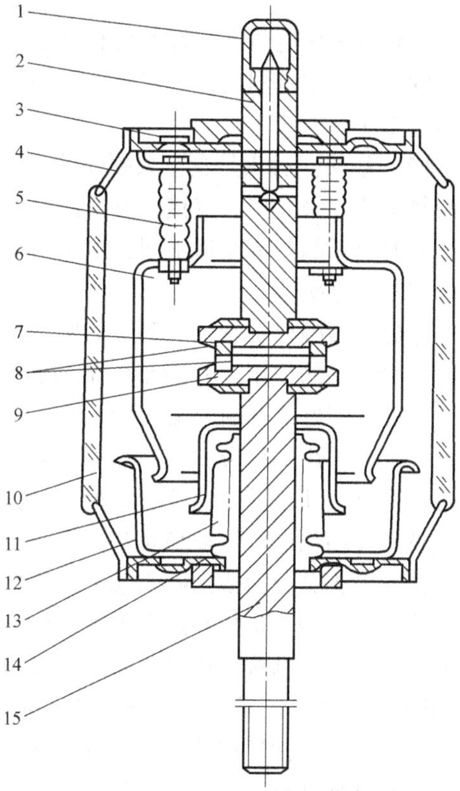

图 5-19　真空灭弧室结构图

1—外保护帽　2—静导电杆　3—静端盖板　4—可伐环　5—瓷柱　6—屏蔽筒　7—静跑弧面　8—触头　9—动跑弧面　10—玻壳　11—保护罩　12—屏蔽罩　13—波纹管　14—动端盖板　15—动导电杆

（1）外壳。外壳的作用是构成一个真空密封容器，同时容纳和支持真空灭弧室内的各种部件。为保证真空灭弧室工作的可靠性，对外壳的密封性要求很高，其次是要有一定的机械强度。

绝缘筒用硬质玻璃、高氧化铝陶瓷或微晶玻璃等绝缘材料制成。外壳的端盖常用不锈钢、无氧铜等金属制成。

波纹管的功能是保证灭弧室完全密封，同时使操动机构的运动得以传到动触头上。波纹管常用的材料有不锈钢、磷青铜、铍青铜等，以不锈钢性能最好，有液压成形和膜片焊接两种形式。波纹管允许伸缩量应能满足触头最大开距的要求。触头每分、合一次，波纹管的波状薄壁就要产生一次大幅度的机械变形，很容易使波纹管因疲劳而损坏。通常，波纹管疲劳寿命也决定了真空灭弧室的机械寿命。

（2）屏蔽罩。主屏蔽罩的主要作用是，防止燃弧过程中的电弧生成物喷溅到绝缘外壳的内壁上，引起其绝缘强度降低；冷凝电弧生成物，吸收部分电弧能量，以利于弧隙介质强度的快速恢复；改善灭弧室内部电场分布的均匀性，降低局部场强，促进真空灭弧室小型化。波纹管屏蔽罩用来保护波纹管免遭电弧生成物的烧损，防止电弧生成物凝结在其表面上。

屏蔽罩采用电热性能好的材料制造，常用的材料为无氧铜、不锈钢和玻璃，其中铜是最常用的。在一定范围内，金属屏蔽罩厚度的增加可以提高灭弧室的开断能力，但通常其厚度不超过 2mm。

（3）触头。触头是真空灭弧室内最为重要的元件，真空灭弧的开断能力和电气寿命主要由触头状况来决定。就接触方式而言，目前真空断路器的触头系统都是对接式的。根据触头开断时灭弧的基本原理不同，触头大致可分为非磁吹触头和磁吹触头两大类。下面分别介绍一些常见触头。

非磁吹型圆柱状触头。触头的圆柱端面作为电接触和燃弧的表面，真空电弧在触头间燃烧时不受磁场的作用。开断小电流时，触头间的真空电弧为扩散型，燃弧后介质强度恢复快，灭弧性能好。开断电流较大时，真空电弧为集聚型，燃弧后介质强度恢复慢，因而开断可能失败。采用钢合金的圆柱状触头，开断能力不超过 6kA。在触头直径较小时，其极限开断电流和直径几乎呈线性关系，但当触头直径大于 50~60mm 后，继续加大直径，极限开断电流就很少增加了。该类型触头一般只适用于真空接触器和真空负荷开关中。

磁吹触头又分为横向磁吹触头和纵向磁吹触头两类。

横向磁吹触头是指利用电流流过触头时所产生的横向磁场，驱使集聚型电弧不断在触头表面运动的触头结构。横磁吹触头主要可分为螺旋槽触头和杯状触头两种。中接式螺旋槽触头如图 5-20 所示，其整体呈圆盘状，靠近中心有一突起的圆环供接触状态导通电流用（所以称中接式。若圆环在外缘则称外接式），在圆盘上开有 3 条（或更多）螺旋槽，从圆环的外周一直延伸到触头的外缘，动、静触头结构相同。当触头在闭合位置时，只有圆环部分接触。杯状触头的结构如图 5-21 所示。触头形状似一个圆形厚壁杯子，杯壁上开有一系列斜槽，而且动、静触头的斜槽方向相反，这些斜槽实际上构成许多触指，靠其端面接触。对横向触头来说，当断路器分闸时，触头间产生电弧，由于触头的特殊结构，电弧电流产生横向磁场，对电弧进行横向吹弧，提高了灭弧能力。在相同触头直径下，杯状触头的开断能力比螺旋槽触头要大一些，而且电气寿命也较长。螺旋槽触头在大容量真空灭弧室中应用得十分广泛，它的开断能力可高达 40~60kA。

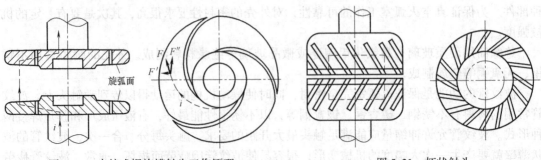

图 5-20　中接式螺旋槽触头工作原理

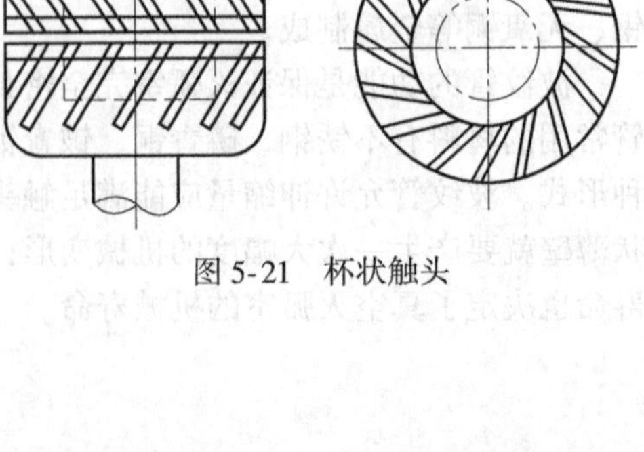

图 5-21　杯状触头

纵向磁吹触头的结构特点是在触头背面设置一个特殊形状的线圈，串联在触头和导电杆之间。导电杆中的电流先分成四路流过线圈的径向导体，进入线圈的圆周部分，然后流入触头。动、静触头的结构是完全一样的。开断电流时由于流过线圈的电流在弧区产生一定的纵向磁场，可使电弧电压降低和集聚电流值提高，从而能大大提高触头的开断能力和电气寿命。

3. 真空断路器的基本结构

真空断路器由真空灭弧室、绝缘支撑、传动机构、操动机构、基座（框架）等组成，如图5-22所示。导电回路由导电夹、软连接、出线板通过灭弧室两端组成。

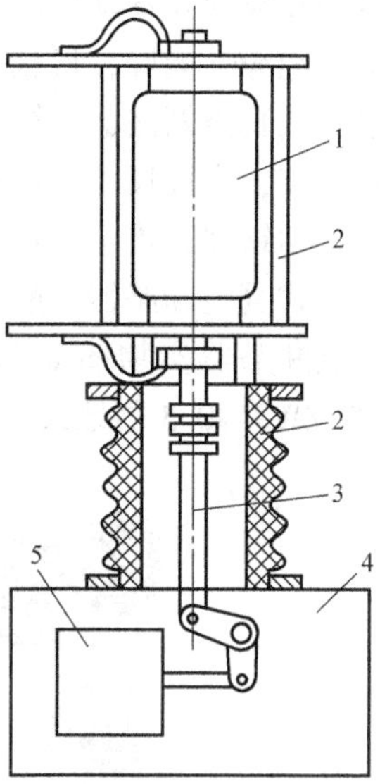

图5-22 真空断路器结构示意图

1—开断装置 2—绝缘支撑 3—传动机构 4—基座 5—操动机构

真空断路器的固定方式不受安装角度限制，既可以水平安装，又可以垂直安装，还可以任意角度安装。

按真空灭弧室的布置方式可分为落地式和悬挂式两种基本形式，以及这两种方式相结合的综合式和接地箱式。

（1）落地式。落地式真空断路器是将真空灭弧室安装在上方，用绝缘子支持，操动机构设置在底座的下方，上下两部分由传动机构通过绝缘杆连接起来。图5-22为落地式的一种。

落地式结构的优点是：传动效率高，分合闸操作时直上直下，传动环节少，摩擦阻力小；重心较低，稳定性好，操作时振动小；便于操作人员观察和更换灭弧室；产品系列性强，而且容易实现户内外产品的相互交换。落地式结构的缺点是：总体高度较高，操动机构检修不方便，尤其是带电检修时。

（2）悬挂式。悬挂式真空断路器是将真空灭弧室用绝缘子悬挂在底座框架前方，而操动机构设置在后方（即框架内部），前后两部分用（绝缘传动）杆连接起来。图5-23所示为ZN28-10型真空断路器外形结构图，它采用悬挂式结构，真空断路器装在一个手车上，主要由机架、真空灭弧室及传动系统组成。机架由钢板及角钢焊接而成，装有中封接式纵向磁吹式真空灭弧室，主轴通过绝缘拉杆、

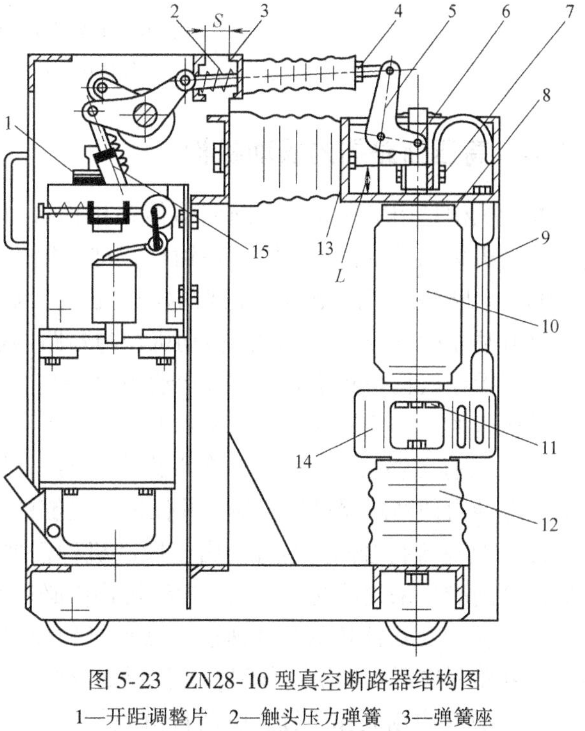

图5-23 ZN28-10型真空断路器结构图

1—开距调整片 2—触头压力弹簧 3—弹簧座 4—接触行程调整螺栓 5—拐臂 6—导向板 7—导电夹紧固螺栓 8—上支架 9—支撑杆 10—真空灭弧室 11—真空灭弧室紧固螺栓 12—绝缘子 13—绝缘子固定螺栓 14—下支架 15—输出杆 L—行程 S—接触行程

小拐臂与真空灭弧室动导电杆连接，使断路器实现分、合闸，各相支撑杆是用玻璃纤维压制而成的，绝缘性能好，机械强度高，各相灭弧室不需另加相间隔板。

悬挂式真空断路器在结构上与传统的少油断路器类似，便于在手车式开关柜中使用，也可固定安装；高度尺寸小；其操动机构与高电压隔离，便于检修。悬挂式的缺点：总体深度尺寸大，用铁多，重量重；绝缘子承受弯曲力；操作时灭弧室振动大；传动效率不高。因此，悬挂式真空断路器一般只适用于中等电压以下的户内式产品。

真空断路器实物图如图 5-24 所示。图 5-24a 是 ZN28A-10 型悬挂式真空断路器，图 5-24b是 ZW7-40.5 落地式真空断路器。

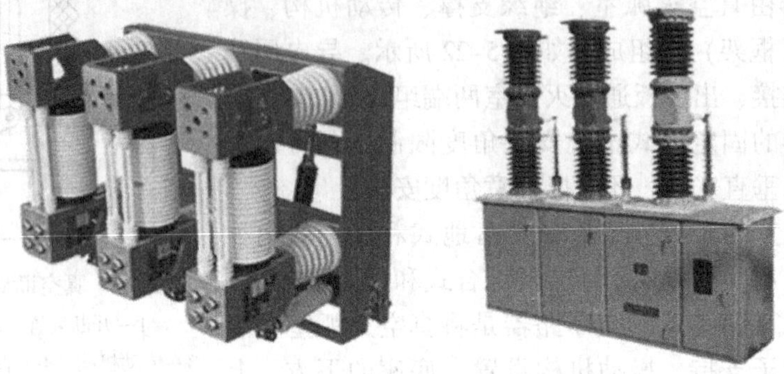

a)　　b)

图 5-24　真空断路器实物图

a）悬挂式　b）落地式

5.2.4　高压断路器的操动机构

操动机构是用来带动高压断路器传动机构进行合闸和分闸的机构。操动机构由合闸机构、分闸机构和维持合闸机构（搭钩）三部分组成。

同一台断路器可配用不同型式的操动机构，因此，操动机构通常与断路器的本体分离开来，具有独立的型号，使用时用传动机构与断路器连接。

由于操动机构是断路器分、合运动的驱动装置，对断路器的工作性能影响很大，因此，对操动机构的工作性能有下列基本要求：

（1）具有足够的操作功率。在操作合闸时，操动机构要输出足够的操作功，以克服机械力和电动力使断路器可靠合闸，并保证有足够的合闸速度。

（2）具有维持合闸的装置。由于操动机构需要很大的合闸功，所以操动机构是按短时间提供合闸能量来设计的。因此，操动机构中必须有维持合闸的装置。

（3）具有尽可能快的分闸速度。操动机构应具备电动和手动分闸功能。当接到分闸命令后，断路器应尽可能快速分闸，并能满足灭弧性能的要求。

（4）具有自由脱扣装置。所谓自由脱扣，是指在断路器合闸过程中若操动机构又接到分闸命令，则操动机构不继续执行合闸命令而应立即分闸。

（5）具有“防跳跃”功能。当断路器关合有短路故障电路时，断路器将自动分闸。此时若合闸命令还未解除，则断路器分闸后将再次合闸，接着又会分闸。这样，断路器就可能连续多次合分短路电流，这一现象称为“跳跃”。“跳跃”对断路器以及电路都有很大危害，必须加以防止。

（6）具有自动复位功能。断路器分闸后，操动机构应能自动地回复到准备合闸的位置。

（7）具备工作可靠、结构简单、体积小、重量轻、操作方便、价格低廉等特点。

依据断路器合闸时所用能量形式的不同，操动机构可分以下几种：

（1）手动机构（CS 型）：指用人力进行合闸的操动机构。

（2）电磁机构（CD 型）：指用电磁铁合闸的操动机构。

（3）弹簧机构（CT 型）：指事先用人力或电动机使弹簧储能实现合闸的弹簧合闸操动机构。

（4）电动机机构（CJ 型）：用电动机合闸与分闸的操动机构。

（5）液压机构（CY 型）：指用高压油推动活塞实现合闸与分闸的操动机构。

（6）气动机构（CQ 型）：指用压缩空气推动活塞实现合闸与分闸的操动机构。

国产断路器型号含义如下：

× × ×-× ×

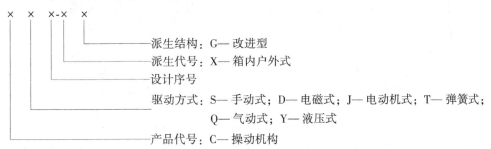

派生结构：G— 改进型
派生代号：X— 箱内户外式
设计序号
驱动方式：S— 手动式；D— 电磁式；J— 电动机式；T— 弹簧式；Q— 气动式；Y— 液压式
产品代号：C— 操动机构

每种操动机构都有多种形式，但同种类的各型操动机构的基本结构和动作原理类似，下面分别介绍各类操动机构。

1. 手动操动机构

手动操动机构是用手力直接合闸的操动机构。它主要用来操作电压等级较低、开断电流较小的断路器，如 10kV 及以下配电装置的部分断路器。手动操动机构的优点是结构简单、不需配备复杂的辅助设备及操作电源；缺点是不能自动重合闸，只能就地操作，不够安全。

2. 电磁操动机构

电磁操动机构是用电磁铁将电能变成机械能作为合闸动力的操动机构。它的优点是结构简单、工作可靠、维护简便、制造成本低，能用于自动重合闸和远距离操作；缺点是合闸电流太大（可达几十至几百安），结构笨重，合闸时间较长。

图 5-25 所示为 CD10 型电磁操动机构的结构，主要用来操作 35kV 及以下的少油断路器。CD10 型是一种户内壁挂式电磁操动机构，由自由脱扣机构、维持机构、电磁系统和缓冲系统等组成。可以电动合闸、手动合闸、非正常手动合闸，也可以进行自动重合闸。操动电源采用直流 220V 或 110V。

（1）结构原理。

1）合闸电磁系统。电磁系统在操动机构的中、下部，主要由合闸线圈、合闸铁心、铸铁支架、内圆筒、外铁筒、缓冲法兰及复位弹簧等组成。铸铁支架的水平部分、外铁筒和缓冲法兰的上部经铁心组成一个闭合磁路。为了防止铁心吸合时粘附在磁轭上，特加一黄铜垫圈和压缩弹簧，以保证铁心在合闸终了时迅速落下。

2）维持机构。在图 5-26 所示动作过程示意图中，维持机构由托架 7 和返回弹簧 9 组

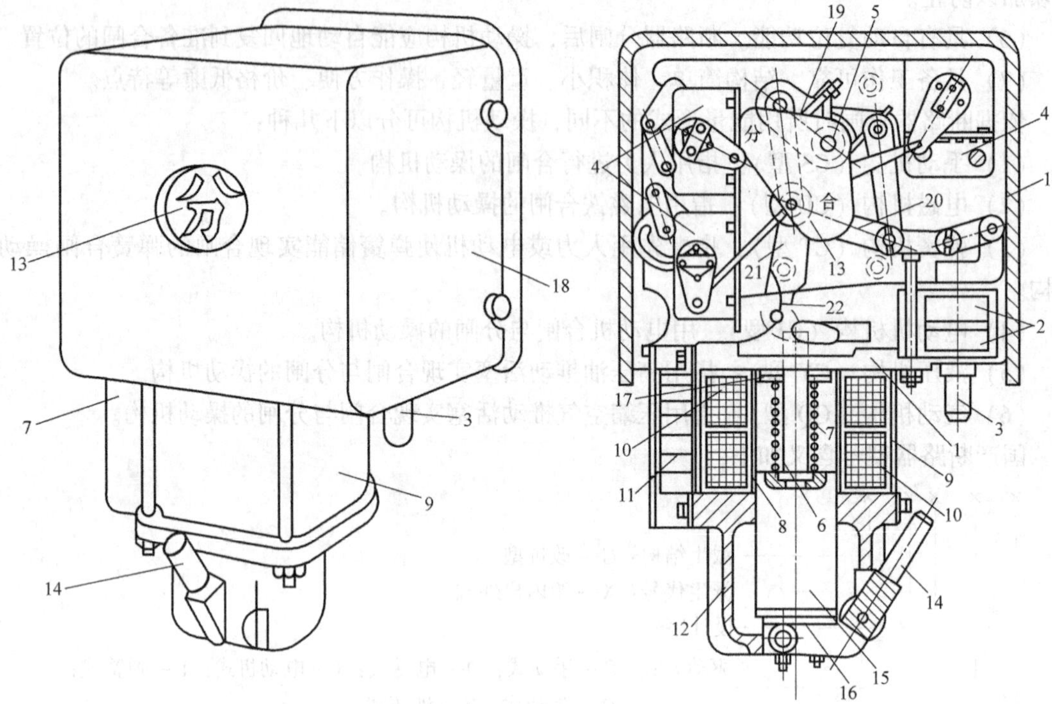

图 5-25　CD10 型电磁操动机构的结构图

1—铸铁支架　2—分闸线圈　3—分闸铁心　4—辅助开关　5—操动轴　6—顶杆　7—复位弹簧　8—内圆筒　9—外铁筒　10—合闸线圈　11—接线板　12—缓冲法兰　13—位置指示牌　14—手动合闸手柄　15—合闸铁心　16—橡皮衬垫　17—黄铜垫　18—外壳　19—操动拐臂　20—自由脱扣机构　21—维持托架　22—托架复位弹簧

成。托架由两块形状相同的弯板相互固定，其间可通过合闸铁心顶杆 11，并可绕一固定的轴 8 向左偏转，但不能倒向右侧。合闸位置时，托架托住滚轮（轴 10）不使其下落，维持合闸状态。

3）自由脱扣机构。该机构位于操动轴拐臂（连杆 6）和合闸电磁系统之间，由连杆（2、3、4）、支撑杆和分闸铁心等组成。当断路器在合闸前后及合闸过程中时，连杆 2 和 3 处于“死点”位置，即自由脱扣机构处于入扣位置；当操动机构接到分闸命令时，分闸铁心向上顶起，连杆 2 和 3 解除“死点”，滚轮（轴 10）落下，这时，自由脱扣机构处于脱扣位置。

4）缓冲系统。在机构的下部，由帽状铸铁盖和分闸橡胶缓冲垫组成。橡胶缓冲垫用于铁心合闸后下落时缓冲之用。

（2）动作过程。

1）合闸过程。合闸动作如图 5-26a～d 所示。合闸前，依托支撑杆 19 使连杆 2 和 3 处于“死点”位置，如图 5-26a 所示，两杆基本上成一直线。当合闸线圈通电时，铁心向上运动，推动滚轮（轴 10）上行，通过四连杆机构使主轴 16 转动 90°，带动传动杆，使断路器合闸。同时，分闸弹簧被拉伸、储能，如图 5-26b 所示。图 5-26c 为合闸铁心终了时的位置。线圈断电后，铁心落下，托架复位，滚轮被支撑在支架的圆弧面上，完成了合闸全过程，如图 5-26d 所示。

2）自动分闸动作。图 5-26e 所示为分闸过程，当分闸线圈通电时，分闸铁心向上冲撞，将连杆 2 和 3 撞离“死点”位置，在断路器分闸弹簧力的作用下，使滚轮脱离托架下落，主轴 16 反时针转动 90°，完成分闸动作。

3）手动分闸动作。用手撞击分闸铁心，即可实现手动分闸，机构的动作过程同自动分闸动作。

4）自由脱扣动作。在合闸过程中，合闸铁心顶着滚轮的轴心向上运动，一旦接到分闸命令，分闸铁心就会立即向上运动，把连杆 2、3 撞离“死点”，在分闸弹簧力作用下，滚轮从铁心顶杆的端头掉下，实现了自由脱扣。

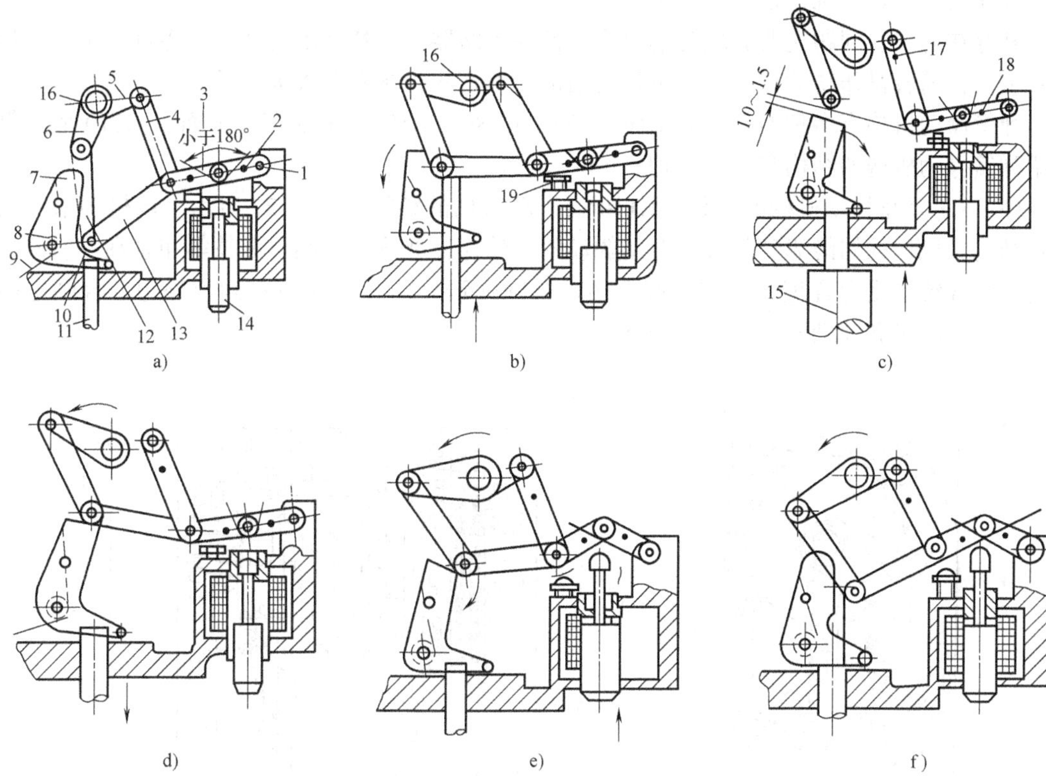

图 5-26　CD10 型操动机构分、合闸过程示意图

a）准备合闸状态　b）合闸过程　c）合闸到顶点位置　d）合闸动作结束　e）分闸位置　f）自由脱扣动作

1—定位螺钉　2、3、4、6、12、13—连杆　5、8、10、16—轴　7—托架　9—返回弹簧

11—合闸铁心顶杆　14—分闸铁心顶杆　15—合闸铁心　17、18—扭力弹簧　19—支撑杆

3. 弹簧操动机构

弹簧操动机构是一种以弹簧作为储能元件的机械式操动机构。弹簧借助电动机通过减速装置来工作，并经过锁扣系统保持在储能状态。开断时，锁扣借助磁力脱扣，弹簧释放能量，经过机械传递单元驱使触头运动。

作为储能元件的弹簧有压缩弹簧、盘簧、卷簧和扭簧等。

弹簧操动机构的一般工作原理是电动机通过减速装置和储能机构的运作，使合闸弹簧储存机械能，储存完毕后通过合闸闭锁装置使弹簧保持在储能状态，然后切断电动机电源。当接收到合闸信号时，弹簧操动机构将解脱合闸闭锁装置以释放合闸弹簧储存的能量。这部分能量中一部分通过传动机构使断路器的动触头运作，进行合闸操作；另一部分则通过传动机构使分闸弹簧储能，为合闸状态做准备，另一方面，当合闸弹簧释放能量，触头合闸运作完成后，电动机立即接通电源动作，通过储能机构使合闸弹簧重新储能，以便为下一次合闸运作做准备，当接收到分闸信号时，操动机构将解脱自由脱扣装置以释放分闸弹簧储存的能量，并使触头进行分闸运作。

弹簧操动机构运作时间不受天气变化和电压变化的影响，保证了合闸性能的可靠性，工作比较稳定，且合闸速度较快。由于采用小功率的交流或直流电动机为弹簧储能，因此，对电源要求不高，也能较好地适应当前国际上对自动化操作的要求。另外，它的动作时间和工作行程比较短，运行维护也比较简单。

其存在的主要问题主要表现为输出力特性与断路器负荷特性配合较差；零件数量多，加工要求高；随着操作功的增大，重量显著增加，弹簧的机械寿命大大降低。

弹簧操动机构有多种型号，如 CT6、CT8、CT8G、CT9、CT10 等，下面以 CT10 型为例介绍弹簧操动机构的结构和工作原理。

(1) CT10 型操动机构的结构。CT10 型操动机构的结构如图 5-27 所示。该机构采用夹板式结构。机构的储能驱动部分和合闸驱动的凸轮连杆部分、合闸电磁铁等布置在左右侧板之间，使各转轴受力合理，稳定性好。两根合闸弹簧分别布置在左右侧板外边。合闸电磁铁、储能电动机和辅助开关置于机构下部。

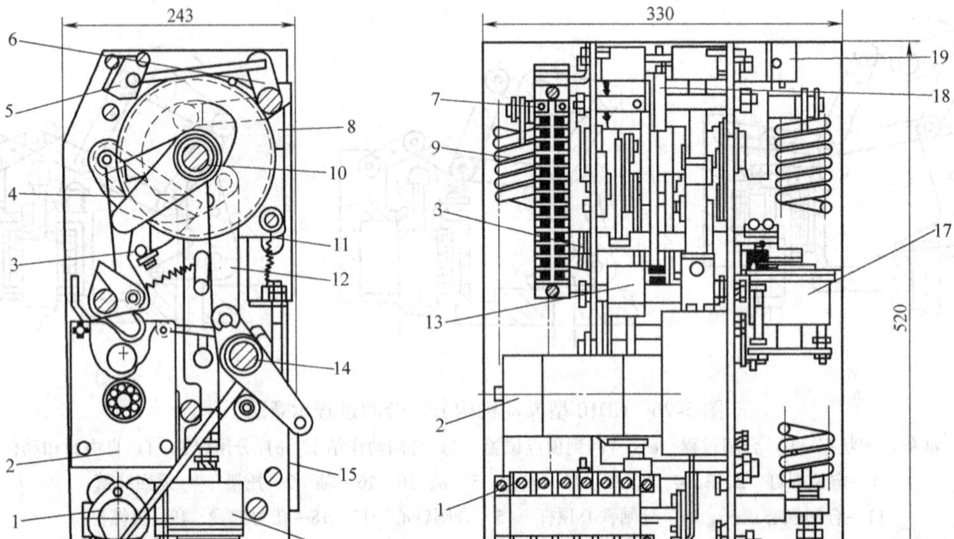

图 5-27　CT10 型操动机构结构示意图

1—辅助开关　2—储能电动机　3—半轴　4—驱动棘爪　5—按钮　6—定位件　7—接线端子　8—保持棘爪　9—合闸弹簧　10—储能轴　11—合闸联锁板　12—合闸四连杆　13—分合指示牌　14—输出轴　15—角钢　16—合闸电磁铁　17—过电流脱扣电磁铁　18—储能指示　19—行程开关

CT10 型机构有电动机储能和人力储能两种储能方式，合闸操作有合闸电磁铁操作和手动按钮操作，分闸操作也有分闸电磁铁操作和手动按钮操作。

(2) 弹簧操动机构的动作原理。

1) 储能。图 5-28 为储能部分动作示意图。其中，图 5-28a 所示为合闸弹簧处于未储能位置，图 5-28b 为合闸弹簧处于已储能位置。由电动机带动偏心轮转动，通过紧靠在偏心轮表面的滚轮 2 推动操作块做上下摆动，带动驱动棘爪做上下运动，推动棘轮转动。在转动过程中，当固定在棘轮上的销与固定在储能轴上的驱动板顶住以后，棘轮就通过驱动板带动储能轴转动，从而将合闸弹簧拉长。当储能轴转到将挂簧拐臂达到最高位置时，只要再向前转一点，固定在与储能轴联为一体的凸轮上的滚轮 13 就近靠在定位件上，将合闸弹簧维持在储能状态，完成储能动作。

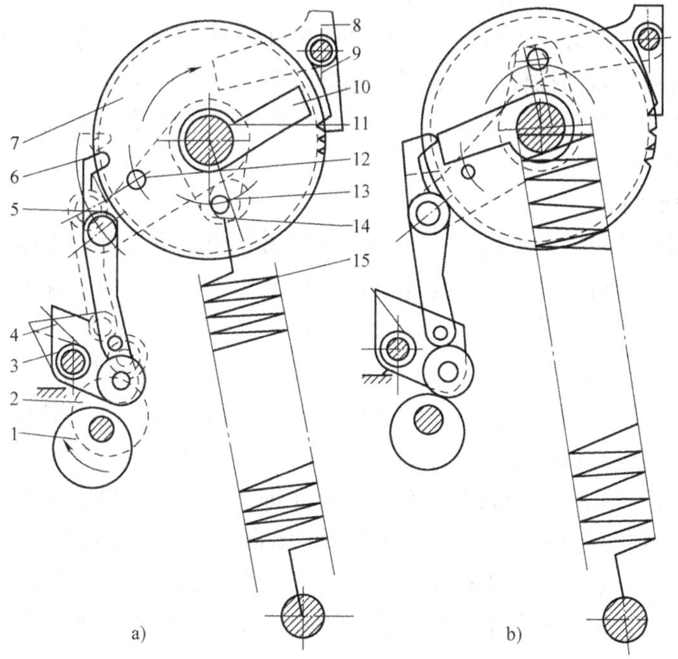

图 5-28　CT10 型操动机构储能动作示意图

a）合闸弹簧未储能　b）合闸弹簧已储能

1—偏心轮　2—滚轮　3—操动块　4—操动块复位弹簧　5—驱动棘爪　6—靠板　7—棘爪　8—定位件　9—保持棘爪　10—驱动板　11—储能轴　12—销　13—滚轮　14—挂簧拐臂　15—合闸弹簧

2）合闸操作。①合闸电磁铁操作：接到合闸命令后，合闸电磁铁的动铁心被吸向下运动，拉动导板也向下运动，使杠杆向反时针方向转动，并带动固定在定位件上的滚轮 13 运动，推动定位件作顺时针转动将储能维持解除，完成合闸操作。②手动按钮操作：按动安装在面板上的合闸按钮，使其推动脱扣板，通过调节螺杆推动定位件做顺时针转动，完成合闸操作。

3）分闸操作。①自动分闸操作：当机构处于合闸状态时，一旦脱扣器接到分闸信号，过电流脱扣电磁铁或分闸电磁铁向上吸动，将带动顶杆推动脱扣板做顺时针移动，从而带动锁扣做逆时针转动，使锁扣与锁扣之间的搭接解除。解除后的锁扣在储能弹簧的带动下做逆时针转动，通过杠杆推动半轴做顺时针转动，从而完成分闸操作。②手动按钮分闸操作：当用手动按钮推动分闸连杆时，带动了固定在半轴上的脱扣板向上运动，从而带动半轴转动，解除扇形板与半轴的扣接，使扇形板转动，完成分闸动作。

4. 气动操动机构

气动操动机构是利用压缩空气作为能源的操动机构。由于压缩空气作为能源，因此气动机构不需要大功率的电源，独立的储气罐能供气动机构多次操作。气动操动机构的缺点是操作时响声大、零部件的加工精度比电磁操动机构高，还需配备空气压缩装置。

5. 液压操动机构

液压操动机构是液压油作为能源来进行操作的机构，其输出力特性与断路器的负载特性配合较为理想，有自行制动的作用，操作平稳、冲击振动小、操作力大、需要控制的能量小，较小的尺寸就可获得几十千牛的操作力。除此之外，液压机构传动快、运作准确，是当前高压和超高压断路器操动机构的主要类型。

液压操动机构按传动方式可分为全液压和半液压两种。全液压方式的液压油直接操纵动触头进行合闸，省去了联动拉杆，减少了机构的静阻力，因而速度加快，但对结构材质要求较高。半液压方式液压油只到工作缸侧，操动活塞将液压能转换成为机械功带动联动拉杆使断路器合、分操作。

6. 电动机操动机构

近些年，新型电动机操动机构逐渐受到越来越多人的重视。电动机操动机构的运动部分只有一个部件——电动机的转子，直接驱动断路器的操作杆，带动动触头进行分/合闸操作，减少了中间的传动机构，具有较高的效率和可靠性。

对于电动机操动机构，外部触发信号由输入/输出单元传递给控制单元，由控制单元控制电源单元中的充/放电控制电路对分/合闸储能电容器组进行充电，同时对逆变单元进行供电，当充电电压达到设定值时才可进行分/合闸操作，以免造成分/合闸不彻底，并且达到设定值后停止对电容器组充电。控制单元对逆变单元进行控制，使得驱动单元中的电动机操动机构驱动断路器进行分/合闸操作，同时控制单元接收反馈电路发送的电动机位置信号与预设行程曲线进行比较，若反馈电路指出电动机的行程曲线偏离了预设行程曲线，则控制单元发出信号给逆变单元，使之调节电动机的供电电压，以纠正偏差，确保断路器总是按所要求的行程曲线工作。

最先提出电动机操动机构的是 ABB 公司，并将其应用到了断路器中。其特点是没有直接驱动断路器的操动杆，用电动机取代传统的能量传输，诸如链条、液态流体、压缩气体、阀门和管道等，电动机驱动的响应时间大大缩短。

之后，国内也开展了 SF_6 断路器电动机操动机构的研究，目前已研究出了 40.5kV 真空断路器、126kV SF_6 断路器的电动机操动机构的研究，目前已完成了样机试验。

电动机作为动力部件在各个工业领域都具有广泛的应用，就其应用的领域而言，电动机大多工作在稳定旋转或往复直线运动状态。对于高压断路器，由于行程的限定，旋转电动机转子只转动一定的角度或直线电动机的次级运动一定的行程即可完成断路器的分/合闸过程；此外，断路器的分/合闸时间只有几十毫秒；电动机工作在起动和制动状态，并且要求很高的分/合闸速度，因此，传统的电动机无法满足断路器的分/合闸操作要求，需要依据断路器的机械特性要求对电动机操动机构进行特殊设计。针对高压断路器的速度响应快、动态时间短的要求，可以采用有限角永磁无刷直流电动机操动机构。

5.2.5 高压断路器的选择

高压断路器按下列项目选择和校验：①种类和型式；②额定电压；③额定电流；④额定开断电流；⑤额定关合电流；⑥热稳定；⑦动稳定。

1. 种类和型式选择

高压断路器的种类和型式的选择，除满足各项技术条件和环境条件外，还应考虑便于安装调试和运行维护，并经技术经济比较后才能确定。根据我国当前的生产制造情况，电压为6~220kV的电网可选用少油断路器、真空断路器和SF_6断路器；330~500kV电网一般采用SF_6断路器。近年来，SF_6断路器也已在向中压10~35kV系统发展，并在城乡电网建设和改造中获得了应用。采用封闭母线的大容量机组，当需要装设断路器时，应选用发电机专用断路器。

高压断路器的操动机构，大多数是由制造厂配套供应，仅部分少油断路器需由设计选定，有电磁式、弹簧式或液压式等几种操动机构可供选择。一般电磁式操动机构需配置专用的直流合闸电源，但其结构简单可靠；弹簧式结构比较复杂，调整要求较高；液压操动机构加工精度要求较高。操动机构的型式，可根据安装调试方便和运行可靠性进行选择。

2. 按额定电压选择

高压断路器的额定电压U_N应大于或等于所在电网的额定电压U_{NS}，即

$$U_N \geqslant U_{NS} \tag{5-5}$$

3. 按额定电流选择

高压断路器的额定电流I_N应大于或等于流过它的最大持续工作电流I_{max}，即

$$I_N \geqslant I_{max} \tag{5-6}$$

当断路器使用的环境温度不等于额定环境温度时，应对断路器的额定电流进行修正。

4. 按额定开断电流选择

在给定的电网电压下，高压断路器的额定开断电流I_{Nbr}应满足

$$I_{Nbr} \geqslant I'' \tag{5-7}$$

断路器的实际开断时间等于继电保护主保护动作时间与断路器的固有分闸时间之和。

对于设有快速保护的高速断路器，其开断时间小于0.1s，当在电源附近短路时，短路电流的非周期分量可能超过周期分量幅值的20%，因此其开断电流应计及非周期分量的影响，取短路全电流有效值I'_k进行校验。

装有自动重合闸装置的断路器，应考虑重合闸对额定开断电流的影响。

5. 按额定关合电流选择

在断路器合闸之前，若线路上已存在短路故障，则在断路器合闸过程中，触头间在未接触时即有很大的短路电流通过（预击穿），更易发生触头熔焊和遭受电动力的破坏。且断路器在关合短路电流时，不可避免地在接通后又自动跳闸，此时要求能切断短路电流。为了保护断路器在关合短路时的安全，断路器的额定短路关合电流i_{Ncl}应不小于短路冲击电流i_{sh}，即

$$i_{Ncl} \geqslant i_{sh} \tag{5-8}$$

6. 热稳定校验

热稳定应满足额定短时耐受热量$I_t^2 t$不小于实际短路电流热效应Q_k，即

$$I_t^2 t \geqslant Q_k \tag{5-9}$$

7. 动稳定校验

动稳定应满足动稳定电流i_{es}不小于三相短路时通过断路器的短路冲击电流i_{sh}，即

$$i_{es} \geqslant i_{sh} \tag{5-10}$$

【例 5-1】 试选择例 4-5 中变压器低压侧的高压断路器。

解：根据安装地点在屋内和例 4-5、例 4-7 的有关计算结果，高压断路器的型号和参数及与计算数据的比较见表 5-1。

表 5-1 断路器选择校验结果

选择校验项目	计算数据		ZN12-10/2000 型	
额定电压/kV	U_{NS}	10	U_N	10
额定电流/A	I_{max}	1818.65	I_N	2000
额定开断电流/kA	I''	25.3	I_{Nbr}	50
额定关合电流/kA	i_{sh}	64.5	i_{Ncl}	125
热稳定校验/kA²·s	Q_k	637.8	$I_t^2 t$	$50^2 \times 3$
动稳定校验/kA	i_{sh}	64.5	i_{es}	125

由选择校验结果可知，所选 ZN12-10/2000 型高压断路器满足要求。

5.2.6 高压断路器的运行与维护

1. 断路器正常运行的条件

在电网运行中，高压断路器操作和动作较为频繁。为使断路器能安全可靠运行，保证其性能，必须做到以下几点：

（1）断路器工作条件必须符合制造厂规定的使用条件，如户内或户外、海拔、环境温度、相对湿度等。

（2）断路器的性能必须符合国家标准的要求及有关技术条件的规定。

（3）在正常运行时，断路器的工作电流、最大工作电压和断流容量不得超过额定值。

（4）在满足上述要求的情况下，断路器的瓷件、机构等部分均应处于良好状态。

（5）运行中的断路器，机构的接地应可靠，接触必须良好可靠，防止因接触部位过热而引起断路器事故。

（6）运行中与断路器相连接的汇流排，接触必须良好可靠，防止因接触部位过热而引起断路器事故。

（7）运行中断路器本体、相位油漆及分合闸机械指示等应完好无缺，机构箱及电缆孔洞使用耐火材料封堵。场地周围应清洁。

（8）断路器绝对不允许在带有工作电压时使用手动合闸，或手动就地操作按钮合闸，以避免合于故障时引起断路器爆炸和危及人身安全。

（9）远方和电动操作的断路器禁止使用手动分闸。

（10）明确断路器的允许分、合闸次数，以便很快地决定计划外检修。断路器每次故障跳闸后应进行外部检查，并做记录。

（11）为使断路器运行正常，在下述情况下，断路器严禁投入运行。

1）严禁将有拒跳或合闸不可靠的断路器投入运行。

2）严禁将严重缺油、漏气、漏油及绝缘介质不合格的断路器投入运行。

3）严禁将动作速度、同期、跳合闸时间不合格的断路器投入运行。

4）断路器合闸后，由于某种原因，一相未合闸，应立即拉开断路器，查明原因。缺陷消除前，一般不可进行第二次合闸操作。

（12）对采用空气操作的断路器，其气压应保持在允许的范围内。

（13）多油式断路器的油箱或外壳应有可靠的接地。

（14）少油式断路器外壳均带有工作电压，故运行中值班人员不得任意打开断路器室的门或网状遮栏。

2. 断路器的巡视检查

（1）断路器在运行中的巡视检查项目。

1）瓷套的检查。检查断路器的瓷套是否清洁，是否无裂纹、破损和放电痕迹。

2）表计的观察。液压机构上都装有压力表，压力表的指示值过低，说明漏氮气；压力过高，则是高压油窜入氮气中。如果液压机构频繁起泵，又看不出什么地方渗油，说明为内渗，即高压油渗到低压油内。这种情况的处理方法，一是停电进行处理，二是采取措施后带电处理。气动机构一般也有表计监视，机构正常时指示值应在正常范围。

对于SF_6断路器，应定时记录气体压力及温度，及时检查处理漏气现象。当室内的SF_6断路器有气体外泄时，要注意通风，工作人员要有防毒保护。

3）真空断路器的检查。真空灭弧室应无异常，真空泡应清晰，屏蔽罩内颜色应无变化。在分闸时，弧光呈蓝色为正常。

4）断路器导电回路和机构部分的检查。检查导电回路应良好，软铜片连接部分应无断片、断股现象。与断路器连接的接头接触应良好，无过热现象。机构部分检查，紧固件应紧固，转动、传动部分应有润滑油，分、合闸位置指示器应正确。开口销应完整、开口。

5）操动机构的检查。操动机构的性能在很大程度上决定了断路器的性能及质量优劣，因此对于断路器来说，操动机构是非常重要的。巡视检查中，必须重视对操动机构的检查。主要检查项目有以下几点：

① 正常运行时，断路器的操动机构动作应良好，断路器分、合闸位置与机构指示器及红、绿指示灯应相符。

② 机构箱门开启灵活，关闭紧密、良好。

③ 操动机构应清洁、完整、无锈蚀，连杆、弹簧、拉杆等应完整，紧急分闸机构应保持在良好状态。

④ 端子箱内二次线和端子排完好，无受潮、锈蚀、发霉等现象，电缆孔洞应用耐火材料封堵严密。

⑤ 冬季或雷雨季节，电加热器应能正常工作。

⑥ 断路器在分闸状态时，分闸连杆应复归，分闸锁扣到位，合闸弹簧应在储能位置。

⑦ 辅助开关触头应光滑平整，位置正确。

⑧ 各不同型号机构，应定时记录油泵（气泵）起动次数及打泵时间，以监视有无渗漏现象引起的频繁起动。

（2）断路器的特殊巡视检查项目。

1）在系统或线路发生事故使断路器跳闸后，应对断路器进行下列检查：

① 检查各部位有无松动、损坏，瓷件是否断裂等。

② 检查各引线接点有无发热、熔化等。

2）高峰负荷时应检查各发热部位是否发热变色、示温片熔化脱落。

3）天气突变、气温骤降时，应检查油位是否正常，连接导线是否紧密等。

4）下雪天应观察各接头处有无融雪现象，以便发现接头发热。雪天、浓雾天气，应检查套管有无严重放电闪络现象。

5）雷雨、大风过后，应检查套管瓷件有无闪络痕迹，室外断路器上有无杂物，导线有无断股或松股等现象。

（3）SF_6 断路器的巡视检查项目。

1）套管不脏污，无破损、裂痕及闪络放电现象。

2）连接部分无过热现象。

3）内部无异声（漏气声、振动声）及异臭味。

4）壳体及操动机构完整，不锈蚀；各类配管及其阀门无损伤、锈蚀，开闭位置正确，管道的绝缘法兰与绝缘支持良好。

5）断路器分合位置指示正确，与当时运行情况相符。

（4）故障断路器紧急停用处理。当巡视检查发现以下情形之一时，应立即停用故障断路器进行处理：

1）套管有严重破损和放电现象。

2）SF_6 断路器气室严重漏气，发出操作闭锁信号。

3）真空断路器出现真空破坏的“咝咝”声。

4）液压机构突然失电压到零。

5）断路器端子与连接线连接处发热严重或熔化时。

3. 断路器的异常运行及故障处理

（1）高压断路器的异常运行分析。

1）断路器拒绝合闸。高压断路器拒绝合闸的现象及分析：

① 控制开关置于“合闸”位置，红、绿灯指示不发生变化（绿灯仍闪光），合闸电流表无摆动，说明操动机构未动作，为合闸回路（合闸线圈）无电压或很低、回路不通、合闸熔断器熔断或接触不良等故障。

② 控制开关置于“合闸”位置，绿灯灭，红灯不亮，合闸电流表有摆动，操作把手处于“合后”位置未发事故音响（若发出，说明开关未合上），红绿灯均不亮。应检查断路器是否已合上，红灯灯泡、灯具是否良好，线路有无负荷电流，操作熔断器是否良好。以上若正常，断路器在合闸位置，应检查断路器的动合辅助触头是否已接通（应接通）。若断路器未合上，而同时会发事故音响，可能因操作时操作熔断器熔断或接触不良而未合上，应查明原因。

③ 控制开关置于“合闸”位置，绿灯灭后复亮（或闪光），合闸电流表有摆动。可能是合闸电压低，以致操动机构未能将开关提升杆提起，传动机构动作未完成；或是机构机械问题，调整不当（如合闸铁心行程不够等）。

④ 控制开关置于“合闸”位置，绿灯灭，红灯亮随即又灭，绿灯闪光，合闸电流表有摆动。说明断路器曾合上过，可能是支架未能托住滚轮、挂钩（锁钩）未能挂牢、脱扣机构调整不当（如扣入太少）等。但应注意，合闸电压过高时，合闸不成功也是此种现象。

⑤ 对于合闸时断路器出现的“跳跃”现象，多属断路器辅助触头（动断触头）打开过早（机械调整不当引起的）。断路器传动试验时，合闸次数过多，合闸线圈过热合不上时，也会出现“跳跃”现象。

根据前面分析，可再次操作，同时观察合闸接触器、合闸铁心是否动作，进一步查明故障点（就地控制的断路器，可以直接用此法）。

a. 合闸接触器不启动，属二次回路（合闸回路）不通。可用万用表“测电压降法”和“测对地电位法”找出回路中的故障元件或断线点。

b. 合闸接触器已动作，合闸铁心和机械未动。原因有：合闸熔断器熔断或接触不良、合闸接触器触点接触不良或被灭弧罩卡住、合闸线圈断线、合闸电源总熔断器熔断或合闸晶闸管整流器电源开关跳闸使合闸母线无电。

c. 合闸接触器、合闸铁心及机构均已动作，但断路器未合上。一般为机械问题，也可能为直流电压过低或过高。

⑥ 弹簧储能机构合闸弹簧未储能（检查牵引杆位置）或分闸连杆未复归；液压机构压力低于规定值，合闸回路被闭锁。

⑦ 合闸接触器故障，操作把手返回过早。

⑧ 机械部分故障（机构卡死、连接松动、连接部分脱销）。

2）电动操作不能分闸。断路器的“拒跳”对系统安全运行威胁很大，一旦某一单元发生故障时，将会造成上一级断路器跳闸，称为“越级跳闸”。这将扩大事故停电范围，甚至有时会导致系统解列，造成大面积停电的恶性事故。因此，“拒跳”比“拒合”带来的危害更大。

① 断路器不能电动分闸的原因。

a. 电气方面原因：控制回路故障（如熔断器熔断、断路器动合辅助接点接触不良或跳闸线圈烧坏等）；液压（气动）机构压力降低导致跳闸回路被闭锁，或分闸控制阀未动作；SF_6 断路器气体压力低，密度继电器闭锁操作回路。

b. 机械方面原因：跳闸铁心动作冲击力不足，说明铁心可能卡涩或跳闸铁心脱落；分闸弹簧失灵、分闸阀卡死、大量漏气等；触头发生焊接或机械卡涩，传动部分故障。

② 断路器“拒跳”的判断方法。

a. 若红灯不亮，则说明跳闸回路不通。此时，应检查操作回路熔断器是否熔断或接触不良，操作把手和断路器辅助触头是否接触不良，防跳跃继电器是否断线，操作回路是否发生断线，灯泡灯具是否完好等。

b. 若操作电源良好，跳闸铁心动作无力，则是跳闸线圈动作电压过高或操作电压过低，跳闸铁心卡涩、脱落或跳闸线圈发生故障。

c. 若跳闸铁心顶杆动作良好，断路器拒跳，则说明是机械卡涩或传动机构部分故障，如传动连杆销子脱落等。

d. 判明故障范围的方法。跳闸铁心不动作，控制开关在“预跳”位置红灯不闪光，测量跳闸线圈两端无电压（分闸操作时），都说明跳闸回路不通。如操作熔断器熔断或接触不良，跳闸回路元件（断路器动合辅助触头、液压机构低压力分闸闭锁触点、跳闸线圈及连接端子等）接触不良或断线等，也可能为控制开关接点接触不良。跳闸铁心不动作，测量跳闸线圈两端的电压正常，说明跳闸回路其他元件正常，可能原因有：操作电压太低，跳闸线圈断线或连接端子未接通、线圈烧坏，跳闸铁心卡涩或脱落；跳闸铁心动作，分闸脱扣机构不脱扣（液压机构压力表指示不变化，分闸控制阀未动作）。原因有：脱扣机构扣入太深、啮合太紧；自由脱扣机构越过“死点”太多；跳闸线圈剩磁大，使铁心顶杆冲力不足；跳闸铁心行程不够；防跳保安螺钉未退出；跳闸线圈有层间短路分闸；锁扣深度太多（CD6型操动机构）等。跳闸铁心动作，机构脱扣但断路器仍不分闸，原因有：操动、传动、提升机构卡涩造成摩擦力增大；机构轴销窜动或缺少润滑；断路器分闸力太小（有关弹簧拉伸或压缩尺寸过小或弹簧变形）；动静触头熔焊或卡滞；合闸滚轮与支架啮合太紧等。

3）事故情况下高压断路器拒跳。事故拒跳原因，可根据拒跳断路器有无保护动作信号掉牌，断路器位置指示灯指示来判断。

① 无保护动作信号掉牌，手动断开断路器前红灯亮，能用控制开关分闸。这种情况多为保护拒动。如电流互感器二次开路或接线有误、保护整定值不当、保护回路断线、电压回路断线等。可以通过做保护传动试验验证和查明拒跳原因。同时，应检查拒跳断路器的保护投入位置是否正确。

② 无保护动作信号掉牌，手动断开断路器前红灯不亮，手动用控制开关操作仍可能拒跳。可能的原因是控制回路熔断器熔断或接触不良，使保护失去电源，或控制（跳闸）回路断线。

③ 有保护动作信号掉牌，手动断开断路器前红灯亮，用控制开关可使断路器分闸。保护出口回路有问题的可能性较大。

④ 有保护动作信号掉牌，手动操作用控制开关分闸，断路器拒动。若操作前红灯不亮，则可能为控制（跳闸）回路不通。若红灯亮，则可能属机构机械故障而拒跳。

4）断路器误动作。

① 断路器误跳闸。其原因可能有：

a. 人员误动误碰造成断路器跳闸。

b. 跳闸脱扣机构的缺陷造成断路器跳闸。

c. 操动机构定位螺杆调整不当。

d. 操作回路发生两点接地造成断路器自动跳闸。原因可能是保护误动作，电网中无故障造成的电流、电压波动，可判断为断路器操动机构误动作；保护定值不正确或保护错接线，电流互感器或电压互感器故障等原因会造成保护误动作，可对所有的现象进行综合判断；直流系统绝缘监察装置动作，发直流接地信号，且电网中无故障造成的电流、电压波动，可判断为直流两点接地；如果是直流电源有问题，则在电网中有故障或操作时，晶闸管整流直流电源有时会出现电压波动、干扰脉冲等现象，使保护误动作。

② 断路器误合闸。若停运的断路器未经操作自动合闸，则属误合闸。误合的原因可能有：

a. 直流系统两点接地使合闸回路接通。

b. 自动重合闸回路继电器触点误闭合，使断路器合闸回路接通。

c. 由于合闸接触器线圈电阻偏高，所以动作电压偏低，在直流系统发生瞬间脉冲时，使断路器误合闸。

d. 弹簧操动机构储能弹簧锁扣不可靠，在有振动情况下（如断路器跳闸时），锁扣自动解除，造成断路器自行合闸。

5）跳合闸线圈冒烟。跳合闸操作或继电保护自动装置动作后，出现跳合闸线圈严重过热或冒烟，可能是跳合闸线圈长时间带电所造成的。

① 合闸线圈烧毁的原因有：

a. 合闸接触器本身卡涩或触点粘连。

b. 操作把手的合闸触点断不开。

c. 重合闸辅助触点粘连。

d. 防跳跃闭锁继电器失灵。

为了防止烧坏合闸线圈，操作时应注意红绿灯信号变化和合闸电流表指示，既可以在合闸失灵时易于判断故障范围，又能及时发现合闸接触器长时间保持。发现合闸接触器保持，应迅速拔掉操作熔断器，拉开合闸电源。由于电磁机构合闸电流很大，所以不能用手直接拔合闸熔断器，防止电弧伤人。

② 跳闸线圈烧毁的原因有：

a. 传动保护时间过长，分合闸次数过多。

b. 断路器跳闸后，机构辅助触头打不开，使跳闸线圈长时间带电。

（2）高压断路器的事故处理。

断路器运行中，若发现异常，应尽快处理，否则有可能发展成为事故。

1）断路器拒绝合闸故障的处理。发生“拒合”情况，基本上是在合闸操作和重合闸过程中。其原因主要有两方面：一是电气方面故障；二是机械方面原因。判断断路器“拒合”的原因及处理方法的一般步骤如下：

① 判定是否由于故障线路保护后加速动作跳闸。对于没有保护后加速动作信号的断路器，操作时，如合于故障线路（特别是线路上工作完毕送电）时，断路器跳闸时无任何保护动作信号，若认为是合闸失灵，再次操作合闸，会引起严重事故。只要在操作时按要领进行操作，同时注意表计的指示情况，就能正确判断区分。区分的依据有：合闸操作时，有无短路电流引起的表计指示冲击摆动、电压表指示突然下降等。若有这些现象，应立即停止操作，汇报调度，听候处理。如果确定不是保护后加速动作跳闸，可用控制开关再重新合一次，以检查前一次拒合闸是否是因操作不当引起的（如控制开关复位过快或未扭到位等）。

② 检查电气回路各部位情况，以确定电气回路是否有故障。

a. 检查直流电源是否正常、有无电压、电压是否合格、控制回路熔断器是否完好。

b. 检查合闸控制回路熔丝和合闸熔断器是否良好（通过监视信号灯）。

c. 检查合闸接触器的触点是否正常（如电磁操动机构）。

d. 将控制开关调至“合闸”位置，看合闸铁心是否动作。若合闸铁心动作正常，则说明电气回路正常。

③ 检查确定机械方面是否有故障。

a. 检查操作把手触点、连线、端子处有无异常，操作把手与断路器是否联动。

b. 检查油断路器机构箱内辅助触头是否接触良好，连动机构是否起作用，电缆连接有无开脱断线的情况。

c. 检查断路器合闸机构是否有卡涩现象，连接杆是否有脱钩情况。

d. 检查液压机构油压是否低于额定值，合闸回路是否闭锁。

e. 检查弹簧储能机构合闸弹簧是否储能良好（检查牵引杆位置）和检查分闸连杆复归

是否良好，分闸锁扣是否钩住。

上述问题调整处理后，可进行合闸送电。

④ 故障原因不明的处理。如果在短时间内不能查明故障，或者故障不能自行处理的，可以采用倒母线或旁路断路器代供的方法转移负荷。并汇报上级派人员检修故障断路器。

2）断路器拒绝跳闸故障的处理。

① 根据事故现象，可判别是否属断路器“拒跳”事故。“拒跳”故障的光字牌亮，信号掉牌显示保护动作，但该回路红灯仍亮，上一级的后备保护动作。在个别情况下后备保护不能动作，元件会有短时电流表指示值剧增，电压表指示值降低，功率表指针晃动，主变压器发出沉重的“嗡嗡”异常响声，而相应断路器仍处在合闸位置。

② 确定断路器故障后，应立即手动拉闸。

a. 当尚未判明故障断路器之前而主变压器电源总断路器电流表指示值碰足、异常声响强烈，应先拉开电源总断路器，以防烧坏主变压器。异常声响强烈，应先拉开电源总断路器，以防烧坏主变压器。

b. 当上级后备保护动作造成停电时，若查明有分路保护动作，但断路器未跳闸，应拉开拒动的断路器，恢复上级电源断路器。若查明各分路保护均未动作（也可能为保护拒掉牌），则应检查停电范围内设备有无故障，若无故障应查找到故障(“拒跳”）断路器，加以隔离。

c. 在检查出“拒跳”断路器后，应从以下几个方面检查故障原因：

• 检查直流回路是否良好，直流电压是否合格，操作回路熔断器是否完好，直流回路接线是否完好。

• 检查跳闸回路。跳闸回路有无断线（以红灯监视），跳闸线圈是否烧坏或匝间是否短路，跳闸铁心是否卡涩，行程是否正确。

• 检查操作回路。操作把手是否良好，断路器内辅助触头接触是否良好，控制电缆接头有无开、松、脱、断情况。

• 检查断路器本身有无异常，断路器跳闸机构有无卡涩，触头是否熔焊在一起。

• 检查液压机构压力是否低于规定值，断路器跳闸回路是否被闭锁。

检查到故障原因后，除了属于可迅速排除的一般电气故障（如控制电源控制回路熔断器接触不良，熔丝熔断等）外，对一时难以处理的电气或机械性故障，均应联系调度，作为停用、转检修处理。

3）断路器误跳闸故障的处理。

① 及时、准确地记录所出现的信号、象征。汇报调度以便听取指挥，便于在互通情况中判断故障。若系统无异常、继电保护自动装置未动作、断路器自动跳闸，则属断路器误跳。

② 对于可以立即恢复运行的，如人员误碰、误操作，或受机械外力振动，保护盘受外力振动引起自动脱扣的误跳，如果排除了开关故障的原因，应根据调度命令，按下列情况恢复断路器运行：

a. 单电源馈电线路可立即合闸送电。

b. 单回联络线，需检查线路无电压合闸送电（可以经检查重合闸同期鉴定继电器触点在打开、无电压鉴定继电器动断触点已闭合。判定线路上无电压，也可以用并列装置或在线路上验电及与调度联系判定线路上有无电压)。

c. 联络线、线路上有电压时，须经并列装置合闸或无非同期并列可能时方能合闸。

③ 若由于对其他电气或机械部分故障，无法立即恢复送电的，则应联系调度将误跳断路器停用，转为检修处理。

4）断路器误合闸故障的判断与处理。对“误合”的断路器，一般应按如下做法判断处理：

① 经检查确认为未经合闸操作，手柄处于“分后位置”，而红灯连续闪光，表明断路器已合闸，但属“误合”，应拉开误合的断路器。

② 如果拉开误合的短路器后，断路器又再“误合”，应取下合闸熔断器，分别检查电气方面和机械方面的原因，联系调度将断路器停用做检修处理。

5）真空断路器的真空度下降。真空断路器是利用真空的高介质强度灭弧。真空度必须保证在0.0133Pa以上，才能可靠地运行。若低于此真空度，则不能灭弧。由于现场测量真空度非常困难，因此，一般均以工频耐压试验合格为标准。正常巡视检查时要注意屏蔽罩的颜色有无异常变化。特别要注意断路器分闸时的弧光颜色，真空度正常情况下弧光呈微蓝色，真空度降低则变为橙红色。这时应及时更换真空灭弧室。造成真空断路器真空度降低的主要原因有以下几方面：

① 使用材料气密情况不良。

② 金属波纹管密封质量不良。

③ 在调试过程中，行程超过波纹管的范围，或超程过大，受冲击力太大。

任务5.3　高压隔离开关运行

【任务描述】

高压隔离开关也是发电厂和变电站常用的开关电器，它与断路器的区别是没有灭弧装置，所以不能用来切断或接通电路中的负荷电流，更不能切断和关合短路电流；它主要用来隔离电压以保证检修工作的安全、倒闸操作及切合小电流电路。本任务主要学习高压隔离开关的分类、结构、操动机构、选择方法及其运行维护。

【任务实施】

结合电站原始资料，进行高压隔离开关的选择和校验；对高压隔离开关的异常运行进行分析并且能够进行事故处理。

5.3.1　高压隔离开关基本认知

1. 隔离开关的用途与分类

高压隔离开关是发电厂和变电站常用的开关电器，它与断路器的区别是没有灭弧装置，所以不能用来切断或接通电路中的负荷电流，更不能切断和关合短路电流。

（1）隔离开关的主要用途如下：

1）在电路中起隔离电压的作用，保证检修工作的安全。在检修某一设备或电路的某一部分之前，事先把设备或该部分电路两侧的隔离开关切断，把两侧电压隔离，形成电路中明显的断开点，再在停电检修的设备或部分电路上加装接地线，就能确保检修工作的安全。

2）用隔离开关配合断路器，在电路中进行倒闸操作。

3）用来切、合小电流电路，如空载母线、电压互感器、避雷针、较短的空载线路及一定容量的空载变压器等。

4）在某些终端变电所中，快分隔离开关与接地开关相配合，可以来代替断路器的工作。

（2）在发电厂和变电所中所使用的隔离开关的种类和型式很多。

1）按装置地点不同，分为屋内式和屋外式。

2）按结构中每相绝缘支柱的数目，分为单柱式、双柱式和三柱式。

3）按主闸刀和动触头的运动方式，可分为：

① 单柱剪刀式（剪刀式的动触头分、合闸时做直线上下运动）。

② 单柱上下伸缩式（分、合闸时动触头用折架臂带动，做上下运动，运动轨迹为弧线型）。

③ 双柱水平伸缩式（动触头用折架臂带动水平方向运动，运动轨迹为近似水平直线型）。

④ 双柱合抱式（动触头做圆弧形水平运动）。

⑤ 三柱型中柱旋转式（动触头做圆弧形水平运动）。

⑥ 悬吊式（属单柱式隔离开关的一种，静触头用一个瓷绝缘柱支持，动触头悬吊着，分合闸时上下运动）等。

在发电厂和变电站中选用什么型式的隔离开关具有重要的意义。因为隔离开关的选型会影响配电装置的总体布置方式、架构型式及占地面积，而且已经选定的隔离开关工作是否可靠还会影响发电厂和变电站电气部分的安全运行。在隔离开关选型时，必须分析各种型式隔离开关的结构特点和在运行实践中表现出来的优缺点。

（3）对于隔离开关，必须具备以下基本要求：

1）有明显的断开点，根据断开点可判明被检修的电气设备和载流导体是否电网可靠隔离。

2）断口应有足够可靠的绝缘强度，断开后动、静触头间应有足够的电气距离。保证在最大工作电压和过电压条件下断口被击穿，相间和相对地也应有足够的绝缘水平。

3）具有足够的动、热稳定性，能承受短路电流所产生的发热和电动力。

4）结构简单，分、合闸动作灵活可靠。

5）隔离开关与断路器配合使用时，应具有机械的或电气的联锁装置，以保证断路器和隔离开关之间正常的操作顺序。

6）隔离开关带有接地开关时，主开关与接地开关之间也应设有机械的或电气的联锁装置，以保证两者之间的动作顺序。

国产隔离开关的型号和参数含义如图 5-29 所示。

例如，GN10-20/8000 表示 10 型、额定电压 20kV、额定电流 8000A 的户内型隔离开关。

2. 屋内式隔离开关

屋内式隔离开关有单极的和三极的，且都是闸刀式。屋内隔离开关的动触头（闸刀）在关合时与支持绝缘子的轴垂直，并且大多数是线接触。

图 5-30 所示为配电网中广泛使用的屋内式隔离开关的结构示意图，分别是 GN6 和 GN8 型隔离开关。它由底座、支持绝缘子、静触头、动触头、操作绝缘子（或称拉杆绝缘子）和转轴等构成。三相隔离开关装在同一底架上。操动机构通过连杆带动转轴完成分、合闸操

××× - ××××/× - ××

- G—高原型
- 极限通过峰值电流(kA)
- 额定电流(A)
- W—防污型
- ID—带1组接地开关(单侧接地)；IID—带2组接地开关(双侧接地)
- T—统一设计；G—改进型；D—带接地开关；K—快分闸型；E—带支持导电杆；TH—湿热带型；TA—干热带型；Z—强震地区
- 额定电压(kV)
- 设计序号
- N—户内型；W—户外型；D—独立安装
- G—隔离开关；J—接地开关

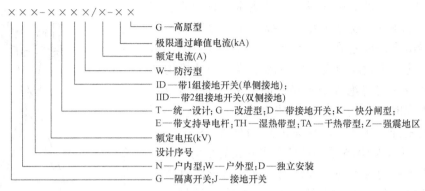

图 5-29　国产隔离开关的型号和参数含义

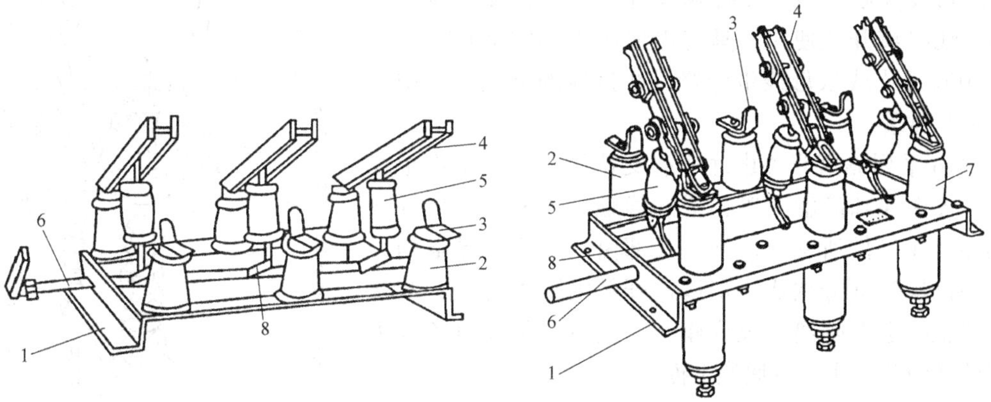

图 5-30　屋内式隔离开关结构示意图

1—底座　2—支持绝缘子　3—静触头　4—闸刀　5—拉杆绝缘子　6—转轴　7—套管绝缘子　8—拐臂

作。动触头采用断面为矩形的铜条，并在动触头上设有磁锁，用来防止外部电路发生短路时，动触头受短路电动力的作用从静触头上脱离。

3. 屋外式隔离开关

屋外型隔离开关的工作条件比较复杂，绝缘要求较高，并且应该保证能抵抗大气的强烈变化，如冰、雨、风、灰尘和酷热等的侵袭。屋外隔离开关应有较高的机械强度，因为隔离开关可能在触头上结冰时进行操作，因此，触头应该有破冰作用，并且不致使支持绝缘子受到很大的应力而损坏。

图5-31所示为GW5系列双柱水平开启式隔离开关外形图。该系列隔离开关由三个单极组成，每个单

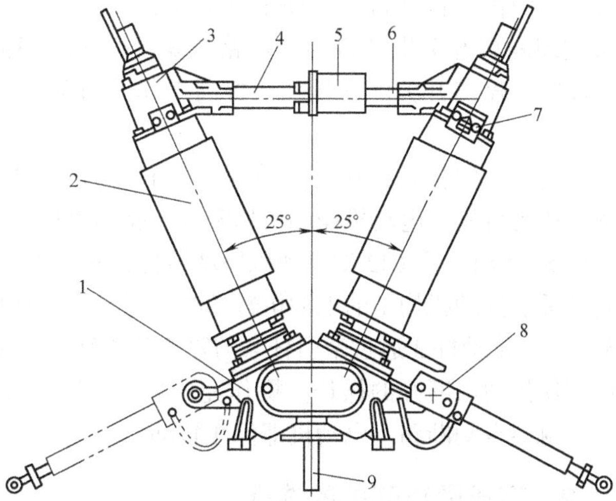

图 5-31　GW5 系列双柱水平开启式隔离开关外形图

1—底座　2—棒式支持绝缘子　3—触头座　4、6—主闸刀　5—触头及防护罩　7—接地静触头　8—接地闸刀　9—主轴

极主要由底座、棒式支持绝缘子、接线座、右触头、左触头、接地静触头、接地开关和接线夹几部分组成。两个棒式支持绝缘子固定在一个底座上，交角为50°，呈V形结构。动触头做成两段，成楔形连接。操动机构动作时，两个棒式支持绝缘子各做顺时针和反时针转动，两个动触头同时在与绝缘子轴线成垂直的平面内转动，使隔离开关断开或接通。动触头转至90°角时终止。

图5-32所示为GW6系列单柱隔离开关的结构与传动原理图。该产品为对称剪刀式结构，分闸后形成垂直方向的绝缘断口，分、合闸状态清晰，十分利于巡视，适用于软母线及硬母线。该种隔离开关通常在配电装置中作为母线隔离开关使用，具有占地面积小的优点，尤其在采用双母线或双母线带旁路母线接线的配电装置中该优点最为显著。

GW6系列隔离开关由底座、支持绝缘子、操作绝缘子、开关头部和静触头等构成。静触头由静触杆、屏蔽环和导电连接件所构成。开关头部由动触头、导电闸刀和传动机构等部分构成。带接地开关的隔离开关，其接地开关就固定在隔离开关底座上，接地开关和隔离开关之间的联锁装置也设在底座上面。

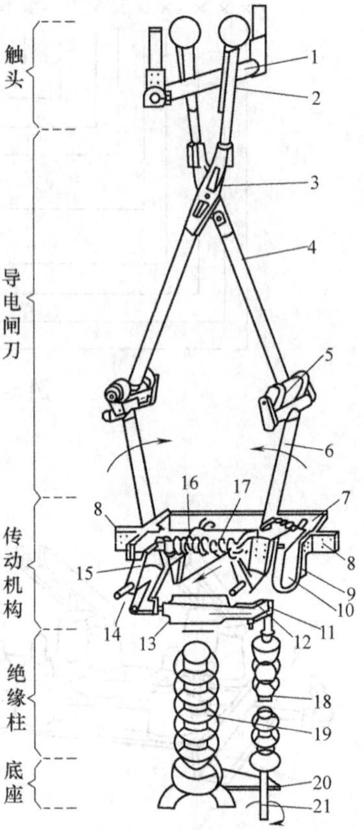

图5-32 GW6系列单柱隔离开关的结构与传动原理图

1—静触头 2—动触头 3—连接臂 4—动触头上管 5—活动肘节 6—动触头下管 7—导电联板 8—出线板 9—软连接 10—右转动臂 11—转臂 12—挡块 13—弹性装置 14—转轴 15—左转动臂 16—反向连接 17—平衡弹簧 18—操作绝缘子 19—支持绝缘子 20—底座 21—操动轴

4. 隔离开关操动机构

目前，发电厂和变电所的配电装置中主要采用操动机构进行隔离开关的分合操作。采用操动机构操作隔离开关可提高工作的安全性，因为操动机构与隔离开关相隔有一定距离。操动机构可使隔离开关的操作简化，并且可实现隔离开关操动机构与断路器操动机构之间的联锁，以防止隔离开关的误操作，提高工作的可靠性和安全性。

隔离开关的操动机构种类有手动杠杆操动机构、手动蜗轮操动机构、电动机操动机构和气动操动机构等。

图5-33所示为CJ2型电动机操动结构，其主要用于需要远距离操作的屋内式重型三极隔离开关。操动机构1的电动机转动时，通过齿轮和蜗杆传动，使蜗轮2转动，蜗轮上装有传动杆3，传动杆3通过牵引杆4与隔离开关轴上的传动杆5连接。传动杆3每转过180°即完成一次接通或断开的操作。操作完成后，由联锁接点断开电动机供电电路中的接触器线圈，接触器自动断路，电动机即停止转动。

5.3.2 高压隔离开关的选择

隔离开关的选择方法与断路器相同，但隔离开关没有灭弧装置，不承担接通和断开负荷电流和短路电流的任务，因此，不需要选择额定开断电流和额定关合电流。

隔离开关按下列项目选择和校验：①型式和种类；②额定电压；③额定电流；④热稳定；⑤动稳定。

1. 型式和种类选择

隔离开关的型式较多，对配电装置的占地面积影响很大，因此其型式应根据配电装置特点和要求以及技术经济条件来确定。表5-2为隔离开关选型参考表。

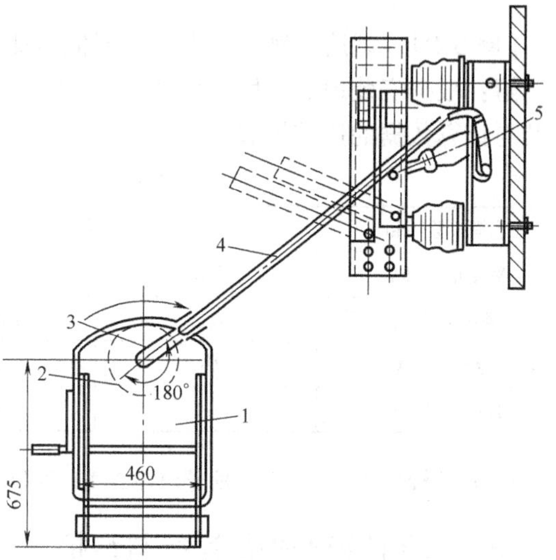

图 5-33 CJ2 型电动机操动结构

1—操动机构 2—蜗轮 3、5—传动杆 4—牵引杆

2. 按额定电压选择

高压隔离开关的额定电压 U_N 应大于或等于所在电网的额定电压 U_{NS}，即

$$U_N \geqslant U_{NS} \tag{5-11}$$

3. 按额定电流选择

高压隔离开关的额定电流 I_N 应大于或等于流过它的最大持续工作电流 I_{max}，即

$$I_N \geqslant I_{max} \tag{5-12}$$

表 5-2 隔离开关选型参考表

使用场合		特点	参考型号
屋内	屋内配电装置成套高压开关柜	三极，10kV 及以下	GN2，GN6，GN8，GN19
	发电机回路，大电流回路	单极，大电流 3000～13000A	GN10
		三极，15kV，200～600A	GN11
		三极，10kV，大电流 2000～3000A	GN18，GN22，GN2
		单极，插入式结构，带封闭罩 20kV，大电流 10000～13000A	GN14
屋外	220kV 及以下各型配电装置	双柱式，220kV 及以下	GW4
	高型，硬母线布置	V 形，35～110kV	GW5
	硬母线布置	单柱式，220～500kV	GW6
	220kV 及以上中型配电装置	三柱式，220～500kV	GW7

当隔离开关使用的环境温度不等于额定环境温度时，应对隔离开关的额定电流进行修正。

4. 热稳定校验

热稳定应满足额定短时耐受热量 I_t^2t 不小于实际短路电流热效应 Q_k，即

$$I_t^2t \geqslant Q_k \tag{5-13}$$

5. 动稳定校验

热稳定应满足动稳定电流 i_{es} 不小于三相短路时通过隔离开关的短路冲击电流 i_{sh}，即

$$i_{es} \geqslant i_{sh} \tag{5-14}$$

【例 5-2】 试选择例 4-5 中变压器低压侧的高压隔离开关。

解： 根据安装地点在屋内和例 4-5、例 4-7 的有关计算结果，高压隔离开关的型号和参数及与计算数据的比较见表 5-3。

表 5-3 隔离开关选择校验结果

选择校验项目	计算数据		GN2-10/2000 型	
额定电压/kV	U_{NS}	10	U_N	10
额定电流/A	I_{max}	1818.65	I_N	2000
热稳定校验/$kA^2 \cdot s$	Q_k	637.8	$I_t^2 t$	$51^2 \times 5$
动稳定校验/kA	i_{sh}	64.5	i_{es}	85

由选择校验结果可知，所选 GN2-10/2000 型高压隔离开关满足要求。

5.3.3 高压隔离开关的运行与维护

隔离开关的正常运行状态，是指在规定条件下，连续通过额定电流而热稳定、动稳定不被破坏的工作状态。

1. 隔离开关的正常巡视检查项目

隔离开关与断路器不同，它没有专门的灭弧结构，不能用来切断负荷电流和短路电流。使用时一般与断路器配合，只有在断开断路器后，才能进行操作，起隔离电源等作用。但是，隔离开关也要承受负荷电流、短路冲击电流，因而对其要求也是严格的，其巡视检查的项目如下：

（1）隔离开关本体检查。检查隔离开关合闸状况是否完好，有无合不到位或错位现象。

（2）绝缘子检查。检查隔离开关绝缘子是否清洁完整，有无裂纹、放电现象和闪络痕迹。

（3）触头检查：

1）检查触头接触面有无脏污、变形锈蚀，触头是否倾斜。

2）检查触头弹簧或弹簧片有无折断现象。

3）检查隔离开关触头是否由于接触不良引起发热、发红。夜巡时应特别留意，看触头是否烧红，严重时会烧焊在一起，使隔离开关无法拉开。

（4）操动机构检查。检查操作连杆及机械部分有无锈蚀、脱落等不正常现象。并检查各机件是否紧固，有无歪斜、松动、脱落等不正常现象。

（5）底座检查。检查隔离开关底座连接轴上的开口销是否断裂、脱落；法兰螺栓是否紧固、有无松动现象；底座法兰有无裂纹；等。

（6）接地部分检查。对于接地的隔离开关，应检查接地刀口是否严密，接地是否良好，接地体可见部分是否有断裂现象。

（7）防误闭锁装置检查。检查防误闭锁装置是否良好；在隔离开关拉、合后，检查电磁锁或机械锁是否锁牢。

2. 隔离开关异常运行及分析

触头是隔离开关上最重要的部分，在运行中维护和检查比较复杂。这是因为不论哪一类隔离开关，在运行中它的触头弹簧或弹簧片都会因锈蚀或过热，使弹力减低；隔离开关在断开后，触头暴露在空气中，容易发生氧化和脏污；隔离开关在操作过程中，电弧会烧坏触头的接触面，加之每个联动部件也会发生磨损或变形，因而影响了接触面的接触；在操作过程中用力不当，还会使接触面位置不正，造成触头压力不足；等。上述情况均会造成隔离开关的触头接触不紧密。因而值班人员应把检查三相隔离开关每相触头接触是否紧密，作为巡视检查隔离开关的重点。具体检查项目如下：

（1）接触部分过热。正常情况下，隔离开关不应出现过热现象，其温度不应超过70℃，可用示温蜡片检查试验。若接触部分温度达到80℃，则应减少负荷或将其停用。

运行中隔离开关过热的原因主要有以下几种：

1）隔离开关容量不足或过负荷。

2）隔离开关操作不到位，使导电接触面变小，接触电阻超过规定值。

3）触头烧伤或表面氧化，或静刀片压紧弹簧压力不足，接触电阻增大。

4）隔离开关引线连接处螺钉松动发热。

（2）不能分、合闸。运行中隔离开关不能分、合闸，其主要原因有以下几种：

1）传动机构螺钉松动，销子脱落。

2）隔离开关连杆与操动机构脱节。

3）动、静触头变形错位。

4）动、静触头烧熔粘连。

5）传动机构转轴生锈。

6）冰冻冻结。

7）瓷件破裂、断裂。

遇到上述情况要认真查找原因，不可硬拉硬合，否则会造成设备损坏，扩大停电范围。

（3）自动掉落合闸。一些垂直开合的隔离开关，在分闸位置时，如果操动机构的闭锁失灵或未加锁，遇到振动较大的情况，隔离开关可能会自动落下合闸。发生这种情况十分危险，尤其是当有人在停电设备上工作时，很可能造成人身伤害、设备损坏等事故。隔离开关自动掉落合闸的主要原因有以下几种：

1）处于分闸位置的隔离开关操动机构未加锁。

2）机械闭锁失灵，如弹簧销子振动滑出。

为防止此类情况发生，要求操动机构的闭锁装置要可靠，拉开隔离开关后必须加锁。

（4）其他异常。运行中的隔离开关应按时巡视检查，若发现下列异常应及时处理：

1）隔离开关绝缘子断裂破损或闪络放电。

2）隔离开关动、静触头放电或烧熔粘连。

3）隔离开关分流软线烧断或断股严重。

3. 隔离开关的事故处理

隔离开关在运行中最常见的异常有如下几种：

（1）隔离开关过热。隔离开关接触不良，或者触头压力不足，都会引起发热。隔离开关发热严重时，可能损坏与之连接的引线和母线，可能产生高温而使隔离开关瓷件爆裂。

发现隔离开关过热，应报告调度员设法转移负荷，或减少通过的负荷电流，以减少发热量。如果发现隔离开关发热严重，应申请停电处理。

（2）隔离开关瓷件破损。隔离开关瓷件在运行中发生破损或放电，应立即报告调度员，尽快处理。

（3）带负荷误拉、合隔离开关。在变电站运行中，严禁用隔离开关拉、合负荷电流。

1）误分隔离开关。发生带负荷拉隔离开关时，如刀片刚离刀口（已起弧），应立即将隔离开关反方向操作合好。若已拉开，则不许再合上。

2）误合隔离开关。运行人员带负荷误合隔离开关，则不论何种情况，都不允许再拉开。若确需拉开，则应用该回路断路器将负荷切断以后，再拉开隔离开关。

（4）隔离开关拉不开、合不上。运行中的隔离开关，如果发生拉不开的情况，不要硬拉，应查明原因处理后再拉。查清造成隔离开关拉不开的原因并处理后，方可操作。隔离开关合不上或合不到位，也应该查明原因，消除缺陷后再合。

思考题与习题

5-1　电弧具有什么特征？它对电力系统和电气设备有哪些危害？

5-2　电弧是如何形成的？

5-3　电弧的游离和去游离方式各有哪些？影响去游离的因素是什么？

5-4　交流电弧有什么特征？熄灭交流电弧的条件是什么？

5-5　什么是弧隙介质介电强度和弧隙恢复电压？它与哪些因素有关？

5-6　什么是近阴极效应？

5-7　开关电器中常采用的基本灭弧方法有哪些？各自的灭弧原理是什么？

5-8　断路器断口并联电阻和电容的作用是什么？

5-9　高压断路器采用两个及以上断口有何利弊，如何解决？

5-10　高压断路器有哪些功能？由哪些部分组成？按灭弧介质有哪些种类？

5-11　高压断路器操动机构的作用是什么？对操动机构的要求有哪些？

5-12　常用操动机构的种类有哪些？

5-13　CD10型操动机构由哪几部分组成？动作过程如何？什么是自由脱扣？

5-14　CT10型操动机构由哪几部分组成？动作过程如何？

5-15　按额定短路开断电流校验高压断路器开断能力时，若电路的开断时间很短，应注意哪些问题？

5-16　断路器在运行中的巡视检查项目有哪些？

5-17　断路器有哪些异常运行情况？如何处理？

5-18　隔离开关的作用是什么？

5-19　隔离开关是如何分类的？

5-20　隔离开关操动机构的种类有哪些？它们各有什么特点？

5-21　已知某变电站主变压器 $S_N = 16000\text{kV}\cdot\text{A}$，$U_{N1} = 110\text{kV}$，最大过负荷倍数为 1.5 倍，后备保护动作时间为 2s，高压侧短路电流 $I'' = 6.21\text{kA}$，$I_{t_k/2} = 5.45\text{kA}$，$I_{t_k} = 5.55\text{kA}$，当地年最高温度为 40℃。试选择主变压器高压侧的断路器和隔离开关。

5-22　隔离开关有哪些异常运行情况？如何处理？

项目6 互感器运行

互感器是发电厂和变电站使用的重要高压电器之一，它是交流电路中一次系统和二次系统间的联络元件，用来向测量、控制和保护设备提供电压和电流信号，以便正确反映电气设备的正常运行和事故情况。测量仪表的准确性和保护动作的可靠性，在很大程度上与互感器的性能有关。本项目学习电流、电压互感器的原理、分类、结构和接线方式，互感器的选择方法、运行与维护，以及电子式互感器的工作原理。

【知识目标】

1. 掌握互感器的作用、原理、分类、结构和接线方式；
2. 掌握互感器的选择条件、方法与校验的内容；
3. 了解电子式互感器的工作原理。

【能力目标】

1. 具备互感器接线分析能力；
2. 能进行互感器的选择和故障处理。

任务6.1 电流互感器运行

【任务描述】

电流互感器用来向测量、控制和保护设备提供电流信号。本任务学习电流互感器的原理、分类、结构和接线方式，及其选择方法、运行与维护。

【任务实施】

结合电站原始资料，进行互感器接线分析；电流互感器的选择和校验；电流互感器本体故障处理；电流互感器二次开路故障处理。

【知识链接】

互感器是发电厂和变电站使用的重要高压电器之一，包括电流互感器（TA）和电压互感器（TV）两大类，是交流电路中一次系统和二次系统间的联络元件，分别用来向测量、控制和保护设备提供电压和电流信号，以便正确反映电气设备的正常运行和事故情况。测量仪表的准确性和保护动作的可靠性，在很大程度上与互感器的性能有关。

互感器根据工作原理和使用场合的不同，又可分为常规互感器和非常规互感器。常规电流互感器是根据电磁感应原理工作的；常规电压互感器是根据电磁感应原理或电容耦合原理工作的。国内通常称非常规互感器为电子式互感器。任务6.1和任务6.2分别讲述常规电流互感器（又称电磁式电流互感器）和常规电压互感器（分为电磁式和电容式电压互感器）

的运行。

电流互感器用在各种电压的交流装置中，其一次绕组串联于一次电路内，二次绕组与测量仪表或继电器的电流线圈串联，如图 6-1 所示；电压互感器用在电压为 380V 及以上的交流装置中，其一次绕组并联在一次电路内，二次绕组与测量仪表或继电器的电压线圈并联连接，如图 6-2 所示。

互感器的主要作用有以下几个方面：

（1）将一次回路的高电压和大电流变为二次回路的标准值（通常电磁式电压互感器额定二次电压为 100V 或 $100/\sqrt{3}$V，电磁式电流互感器额定二次电流为 5A 或 1A）。互感器使得测量仪表和保护装置标准化，也使二次设备的绝缘水平能按低电压设计，使其结构轻巧、价格便宜。

（2）互感器使所有二次设备可采用低电压、小电流的控制电缆，可使屏内布线简单，安装方便。同时，便于集中管理，可实现远程测量和控制。

（3）互感器二次回路不受一次回路的限制，可采用星形、三角形或 V 形接法，因而接线灵活方便；同时，对二次设备进行维护、调试以及更换时，不需要中断一次系统的运行，仅适当地改变二次接线即可实现。

（4）互感器使二次侧的设备与高压部分隔离，且互感器二次侧要有一点接地，保证二次设备和工作人员的安全。

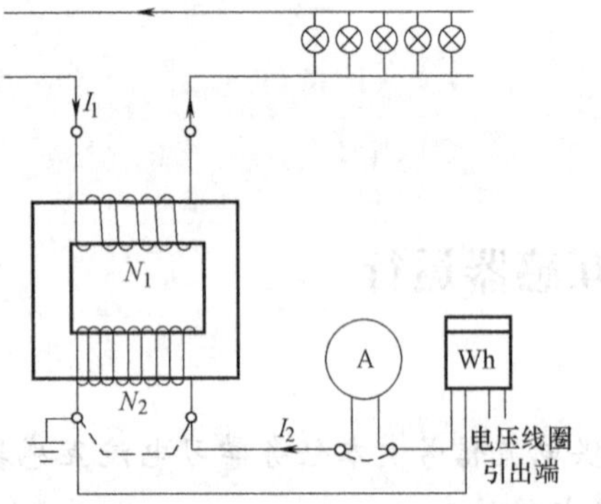

图 6-1　电磁式电流互感器

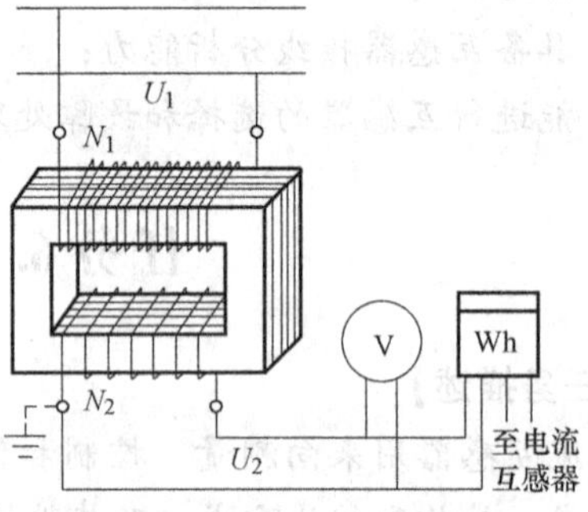

图 6-2　电磁式电压互感器

6.1.1　电磁式电流互感器的工作原理

目前电力系统中广泛采用的是电磁式电流互感器，其工作原理与变压器相似。

电磁式电流互感器的工作特点是一次绕组中的工作电流 I_1 等于电力负荷电流（见图 6-1）。I_1 的数值大小只由电力负荷阻抗、线路阻抗及电源电压确定，而与电流互感器的二次绕组负荷阻抗大小无关，因此改变二次绕组中的阻抗大小对一次电路电流 I_1 的数值不会产生什么影响。电流互感器二次侧在正常运行中接近于短路状态。这是因为二次侧所接测量仪表和继电器的电流线圈阻抗很小，二次负荷电流 I_2 所产生的二次磁动势 F_2 对一次磁动势 F_1 有去磁作用，因此，合成磁动势 F_0 及铁心中的合成磁通 Φ 值都不大，在二次绕组内所感应的电动势 e_2 的数值不超过几十伏。

运行中的电磁式电流互感器二次回路不允许开路，否则会在二次电路感应产生高电压，对人身和二次设备产生危险，原因如下：

电磁式电流互感器在正常工作时，依据磁动势平衡关系有 $N_1\dot{I}_1+N_2\dot{I}_2=N_1\dot{I}_0$，一、二次电流相位相反，因此 $N_1\dot{I}_1$ 和 $N_2\dot{I}_2$ 互相抵消一大部分，铁心的剩余磁动势是励磁磁动势 $N_1\dot{I}_0$，数值不大。当二次电路开路时，二次去磁磁动势 $N_2\dot{I}_2$ 等于零。依据磁动势平衡关系，这时的励磁磁动势由比较小的数值 $N_1\dot{I}_0$ 猛增到 $N_1\dot{I}_1$，电磁式电流互感器的一次电流 $\dot{I}_1$ 完全被用来给铁心励磁，于是铁心中磁感应强度猛增，造成铁心磁饱和。铁心饱和致使随时间变化的磁通波形由正弦波变为平顶波，如图 6-3 所示，在磁通曲线过零时二次绕组内将感应出很高的尖顶波电动势，其峰值可达数千伏甚至更高，危及工作人员的安全和二次设备的绝缘。同时磁路严重饱和使铁心和绕组发热，若不及时处理，则会导致互感器烧毁。此外，在铁心中会产生剩磁，使互感器特性变坏。

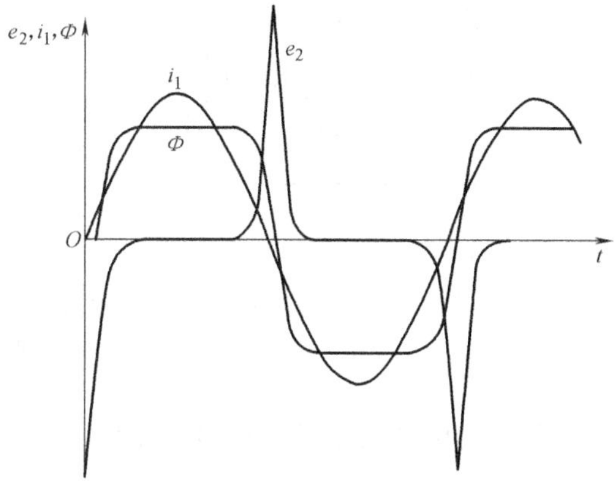

图 6-3　TA 二次回路开路时的磁通和二次电动势的波形

电磁式电流互感器额定一、二次电流之比，称为额定电流比 K_I，其表达式为

$$K_I=\frac{I_{N1}}{I_{N2}}\approx\frac{N_2}{N_1} \tag{6-1}$$

式中　N_1、N_2——电流互感器一、二次绕组的匝数；

I_{N1}、I_{N2}——电流互感器一、二次绕组的额定电流。

6.1.2　电磁式电流互感器的测量误差

电磁式电流互感器是一种特殊变压器，其等效电路与变压器等效电路类似，如图 6-4a 所示。图中二次侧各电气量均已折算到一次侧。依据等效电路可做出电磁式电流互感器的相量图，如图 6-4b 所示。图中电动势相量 $\dot{E}_2'$ 滞后于主磁通相量 $\dot{\Phi}$ 90°，二次电流相量 $\dot{I}_2'$ 滞后于电压相量 $\dot{U}_2'$ 的角度为二次负荷功率因数角 φ_2。

装设在电磁式电流互感器二次电流中的电气测量仪表和继电器不能直接测量一次电路的电流，它测得的电流是二次电路中的电流。通常是把测得的二次电流乘以电磁式电流互感器的额定电流比 K_I 后，作为被测一次电路的实际电流。这样是有误差的，因为被测一次电流数值上应等于二次电流 $-\dot{I}_2'$ 与励磁电流 $\dot{I}_0$ 的相量和，而上述做法没有考虑励磁电流 $\dot{I}_0$。此外，从相量图看，一次电流相量 $\dot{I}_1$ 和二次电流相量 $-\dot{I}_2'$ 相位也不一致，用测得的电流 $-\dot{I}_2'$ 的相位作为 $\dot{I}_1$ 的相位也是不准确的，由此可知，电磁式电流互感器工作时有两种测量误差，即电流误差（比值差）和相位差。

电流误差（比值差）f_i 为二次电流的测量值 I_2 乘以额定电流比 K_I 所得的值与实际一次电流 I_1 之差，相对于 I_1 的比值的百分数，即

$$f_i=\frac{K_I I_2-I_1}{I_1}\times 100\% \tag{6-2}$$

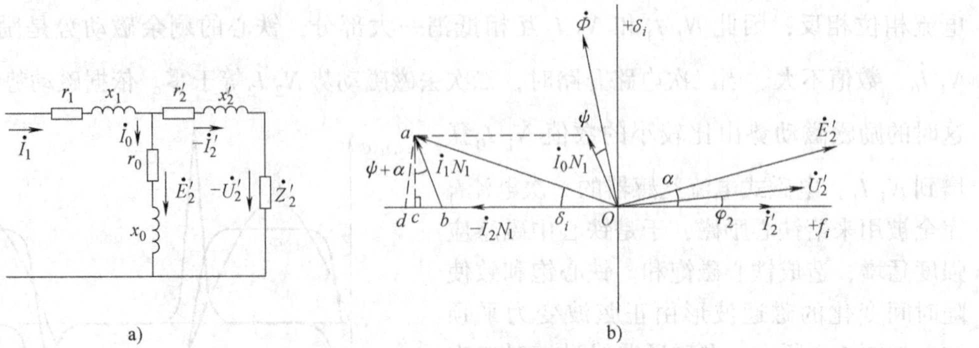

图 6-4 电磁式电流互感器的等效电路和相量图
a）等效电路 b）相量图

相位差为旋转 180°的二次电流相量$-\dot{I}_2'$与一次电流相量$\dot{I}_1$之间的夹角 δ_i，并规定$-\dot{I}_2'$超前$\dot{I}_1$时，相位差 δ_i 为正值；反之，相位差 δ_i 为负值。相位差通常用 min（分）或 crad（厘弧度）表示。

电流误差 f_i 对各种电流型测量仪表和电流型继电器的测量结果都有影响，相位差对各种功率型测量仪表和继电器的测量结果有影响。

从图 6-4 可知，产生电流误差 f_i 和相位差 δ_i 的根本原因是电磁式电流互感器存在着励磁电流$\dot{I}_0$，电磁式电流互感器不可能没有励磁电流，所以也就不可能没有测量误差，但可设法把测量误差减少到尽可能小的数值。

6.1.3 电流互感器的准确级

准确级是指在规定的二次负荷变化范围内，一次电流为额定值时的最大电流误差百分数。它代表电流互感器测量的准确程度。根据用途的不同，可分为测量级和保护级。

1. 测量用电流互感器的准确级

根据国家标准规定，电流互感器的准确级的误差限值见表 6-1。

测量用电流互感器的准确级以该准确级在额定电流和额定负荷下最大允许电流误差的百分数来标称。标准的准确级为 0.1、0.2、0.5、1、3、5 级，供特殊用途的为 0.2S、0.5S 级。电流互感器在额定频率下的电流误差和相位误差不超过表 6-1 所列限值。

2. 保护用电流互感器的准确级

保护用电流互感器主要是在系统短路时工作，因此，在额定一次电流范围内的准确级不如测量级高，但为了保证保护装置正确运作，要求保护用电流互感器在可能出现的短路电流范围内最大误差限值不超过 10%。

目前，保护用电磁式电流互感器按用途可分为稳态保护用（P）和暂态保护用（TP）两类。

稳定保护用电磁式电流互感器又分为 P、PR 和 PX 三类。P 类为准确限值规定为稳态对称一次电流下的复合误差的电流互感器；PR 类是剩磁系数有规定限值的电流互感器；而 PX 类是一种低漏磁的电流互感器。

表 6-1 测量用电流互感器误差限值

准确级	一次电流为额定一次电流的百分数(%)	误差限值		二次负荷变化范围
		电流误差(±%)	相位误差/±(′)	
0.1	10	0.4	15	$(0.25\sim1)S_{N2}$ $\cos\varphi=0.8$
	20	0.2	8	
	100~120	0.1	5	
0.2	10	0.75	30	
	20	0.35	15	
	100~120	0.2	10	
0.5	10	1.5	90	
	20	0.75	45	
	100~120	0.5	30	
1	10	3.0	180	
	20	1.5	90	
	100~120	1.0	60	
3	50~120	3.0	—	$(0.5\sim1)S_{N2}$ $\cos\varphi=0.8$
5		5.0	—	
0.2S	1	0.75	30	$(0.25\sim1)S_{N2}$ $\cos\varphi=0.8$
	5	0.35	15	
	20	0.2	10	
	100~120	0.2	10	
0.5S	1	1.5	90	
	5	0.75	45	
	20	0.5	30	
	100~120	0.5	30	

一般情况下，继电保护运作时间相对较长，短路电流已达稳态，电流互感器只要满足稳态下的误差要求，这种互感器称为稳态保护用电流互感器；如果继电保护运作时间短，短路电流尚未达到稳态，但仍需要电流互感器保证误差要求，这种互感器称为暂态保护用电流互感器。

由于短路过程中 i_1 和 i_2 关系复杂，故保护级 TA 的准确级就以额定准确限值一次电流下的最大复合误差来标称，即

$$\varepsilon\%=\frac{100}{I_1}\sqrt{\frac{1}{T}\int_0^T(K_1 i_2-i_1)^2\mathrm{d}t} \tag{6-3}$$

所谓额定准确限值一次电流是指一次电流为额定一次电流的倍数，也称为额定准确限值系数，其标准值为5、10、15、20、30。稳态保护用电流下互感器的标准准确级有5P、10P两种。

在实际工作中，常将准确限值系数标在准确级标称后，如5P15。

P类及PR类电流互感器在额定频率及额定负荷下，电流误差、相位误差和复合误差应不超过表6-2所列限值。

表 6-2 P 类及 PR 类电流互感器的误差限值

准确级	在 I_N 下电流误差(±%)	在 I_N 相位误差/±(′)	在 I_N 下的复合误差 $\varepsilon\%$
5P、5PR	1	60	5
10P、10PR	3		10

暂态保护用电流互感器（TP类）是能满足短路电流具有非同期分量的暂态过程性能要求的保护用电流互感器，又细分为TPX级、TPY级、TPZ级，我国多采用TPY级。暂态保

护用电流互感器的二次额定电流为1A。

6.1.4 电流互感器的额定二次负荷

电磁式电流互感器的额定二次负荷包括额定容量 S_{N2} 和额定二次阻抗 Z_{N2}，其中额定容量指电流互感器在额定二次电流 I_{N2} 和额定二次阻抗 Z_{N2} 下运行时，二次绕组输出的容量，即

$$S_{N2}=I_{N2}^2 Z_{N2} \tag{6-4}$$

由于电磁式电流互感器的额定二次电流为标准值（5A 或 1A），为了便于计算，有些厂家常提供电磁式电流互感器额定二次阻抗 Z_{N2}。

如果电流互感器所带负载超过额定二次负载，则测量误差会超过规定，准确级也不能保证，必须降级使用。例如，有一台 LMZ1-10-300/5-0.5 型电磁式电流互感器，0.5 级时二次额定阻抗为 1.6Ω（40V·A）；如果二次侧所带负荷超过 0.6Ω，则准确级不能保证为 0.5 级，应降低为 1 级运行，此时二次额定负载为 2.4Ω（60V·A）。

6.1.5 电磁式电流互感器的分类和结构

1. 电流互感器分类

（1）按安装地点不同，电磁式电流互感器分为户内式和户外式。35kV 及以上多制成户外式，并以瓷套为箱体，以节约材料，减轻重量和缩小体积；35kV 以下多制成户内式。

（2）按安装方式不同，电磁式电流互感器分为穿墙式、支持式和套管式，穿墙式装设在穿过墙壁、顶棚和地板的地方，并兼作套管绝缘子用；支持式安装在平面或支柱上；套管式安装在 35kV 及以上电力变压器或落地罐式断路器的引出套管上。

（3）按绝缘方式不同，电磁式电流互感器分为干式、浇注式和油浸式。干式用绝缘胶浸渍，适用于低压户内使用；浇注式利用环氧树脂作绝缘浇注成形，适用于 35kV 及以下的户内使用；油浸式用于户外。

（4）按一次绕组匝数多少不同，电磁式电流互感器分为单匝式和多匝式。

（5）按变比不同，电磁式电流互感器分为单变比和多变比。一组电流互感器一般具有多个二次绕组用于供给不同的仪表或断电保护。各个二次绕组的变比通常是相同的。电流互感器可通过改变一次绕组串并联方式获得不同的变化。在某些特殊情况下，各二次绕组也可何用不同变比，这种互感器称为复式变比电流互感器；也可采用二次绕组抽头实现不同的变化；电流互感器经过两次变换才将正比于一次电流的信号传送至二次回路，第二次变换所用互感器称为辅助互感器。

单变比互感器只有一种变流比，如 0.5kV 电流互感器的一、二次绕组均套在同一铁心上，这种结构最简单。10kV 及以上的电流互感器常采用多个没有磁联系的独立铁心和二次绕组，与共同的一次绕组组成单变比、多二次绕组的电流互感器，一台可当作几台使用。对于 110kV 及以上的电流互感器，为了适应一次电流的变化和减少产品规格，常将一次绕组分成几组，通过切换改变一次绕组的串、并联，以获得 2~3 种变比。

2. 电流互感器的结构

电磁式电流互感器的结构原理如图 6-5 所示。单匝电磁式电流互感器的一次绕组由穿过铁心的载流导体或母线制成，铁心上绕有二次绕组，如图 6-5a 所示。单匝式的特点是一次绕组结构简单，容易制作，价格较低；短路电流流过时电动稳定性比较好。但这种结构的一

次磁动势比较小，如果一次电流很小，就会降低电流互感器的准确度，使测量误差增大，所以单匝式适用于一次额定电流 400A 以上的场合。

多匝式的情况正好和单匝式相反，如图 6-5b 所示。虽然多匝式制作时不方便，因为一次绕组要多绕几圈，但是在同样的一次额定电流条件下，多匝式和单匝式相比，其一次磁动势较大，因此，即使一次电流很小，而测量准确度也能高一些，同时对 110kV 及以上系统，为了适应一次电流的变化、减少产品规格，现场制造时，有意将一次绕组分为几组，分别引出抽头，使用中可通过切换抽头来改变绕组串、并联的连接方式，从而可获得 2~3 种不同的互感器变比。

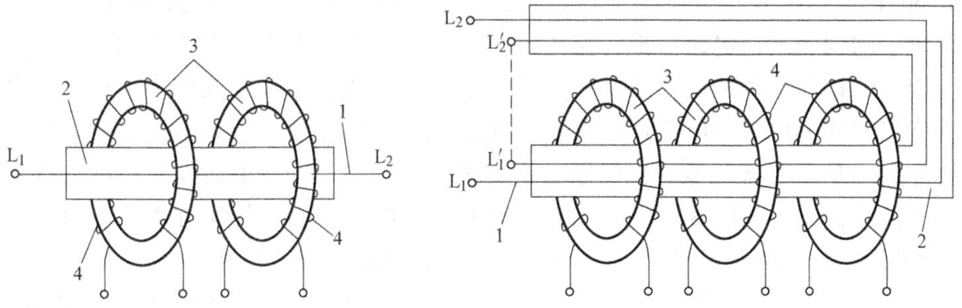

a)　　b)

图 6-5　电磁式电流互感器结构原理图

a）单匝式　b）多匝式

1—一次绕组　2—绝缘　3—铁心　4—二次绕组

在同一回路中，往往需要多个电流互感器供给测量、保护、控制等单元使用，因此，为了节约材料和制造成本，高压电流互感器常由多个没有磁联系的独立铁心、二次绕组与共同的一次绕组组成，因二次绕组匝数相同，所以其变比相同，但由于二次绕组的制造工艺不同，从而就制成了不同准确级的互感器，以满足不同的要求。

多匝式有一个缺点，就是当线路上出现过电压时，过电压波通过电流互感器使一次绕组匝间承受较大的过电压，可能使一次绕组匝间的绝缘损坏。通过大的短路电流时也会出现这种情况。因为短路电流在线圈上有压降，使每匝线圈间受到很大的匝间电位差作用。

多匝电磁式电流互感器按结构可分为线圈式、“8”字形和“U”字形。

电流互感器全型号的表示和含义如下：

××××× - ×

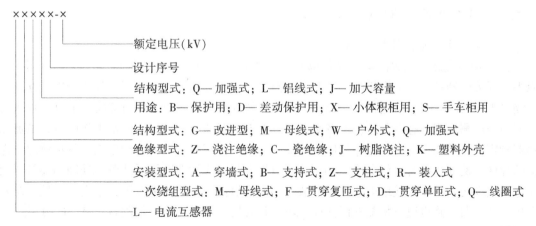

- 额定电压(kV)
- 设计序号
- 结构型式：Q— 加强式；L— 铝线式；J— 加大容量
- 用途：B— 保护用；D— 差动保护用；X— 小体积柜用；S— 手车柜用
- 结构型式：G— 改进型；M— 母线式；W— 户外式；Q— 加强式
- 绝缘型式：Z— 浇注绝缘；C— 瓷绝缘；J— 树脂浇注；K— 塑料外壳
- 安装型式：A— 穿墙式；B— 支持式；Z— 支柱式；R— 装入式
- 一次绕组型式：M— 母线式；F— 贯穿复匝式；D— 贯穿单匝式；Q— 线圈式
- L— 电流互感器

6.1.6 电流互感器的接线方式

图 6-6 所示为常用电气仪表与电流互感器的接线图。其中图 6-6a 所示的接线常用于测量对称三相负荷的一相电流。图 6-6b 所示为星形接线，用于测量三相负荷电流，以监视每相负荷的不对称情况。图 6-6c 所示为不完全星形接线，其中一相电流表连接在回线中，回线电流等于 A 相与 C 相电流之矢量和，即等于 B 相电流。用这种方法可测得三相中任意一相电流，但使用电流互感器仅两台，大大节省了设备，完成的功能并不减少，在有些场合下，图 6-6c 中 A 相和 B 相各连接一只电流继电器，回线中接入一只电流表，即可实现小接地电流系统中的两相式过电流保护，又可测得该线路的电流大小，方便实用。

对于继电保护和自动装置以及其他用途，电流互感器的接线方式更多，如三相电流互感器的二次绕组并联形成零序电流过滤器，三相接成三角形接线、两相电流之差接线等。

需要注意的是，电流互感器在使用中不要把极性接错。每台电流互感器的一次和二次绕组都有端子极性标志，如图 6-6a 所示。L_1 和 L_2 分别表示一次绕组的“头”和“尾”。K_1 和 K_2 分别表示二次绕组的“头”和“尾”。常用的电流互感器都按“减极性”标号法。所谓减极性，就是当一次绕组接上电压，电流从 L_1 流入绕组时，二次绕组的感应电流从 K_1 端流出。实际上，用“减极性”法所确定的“同名端”就是“同极性端”。对于电能表、功率表和继电保护装置来说，电流互感器的极性问题尤为重要。极性连接错误将导致表计读数错误或保护装置误动。

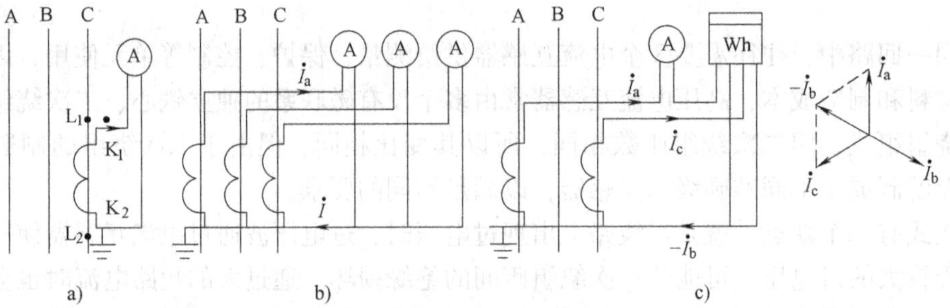

图 6-6 电流互感器与测量仪表接线图
a）单相接线 b）星形接线 c）不完全星形接线

6.1.7 电流互感器的配置原则

电流互感器应按下列原则配置：

(1) 每条支路的电源侧均装设足够数量的电流互感器，供该支路测量、保护使用。此原则与开关电器的配置原则相同，因此有断路器与电流互感器紧邻布置。配置的电流互感器应满足下列要求：①一般应将保护与测量用的电流互感器分开；②尽可能将电能计量仪表互感器与一般测量用互感器分开，前者必须使用 0.5 级互感器，并应使正常工作电流在电流互感器额定电流的 2/3 左右；③保护用互感器的安装位置应尽量扩大保护范围，尽量消除主保护的死区，例如，装有两组电流互感器，且位置允许时应设在断路器两侧，使断路器处于交叉保护范围之中；④大接地电流系统一般三相配置以反应单相接地故障；小电流接地系统发电机、变压器支路也应三相配置以便监视不对称程度，其余支路一般配置于 A、C 两相。

(2) 为了减轻内部故障时发电机的损伤，用于自动调节励磁装置的电流互感器应布置在发电机定子绕组的出线侧。为了便于分析和在发电机并入系统前发现内部故障，用于测量仪表的电流互感器宜装在发电机中性点侧。

(3) 配备差动保护的元件，应在元件各端口配置电流互感器，当各端口属于同一电压级时，互感器变比应相同，接线方式相同。Yd11 联结组标号变压器的差动保护互感器接线应分别为三角形与星形，以实现两侧二次电流的相位校正。

(4) 为了防止支持式电流互感器套管闪络造成母线故障，电流互感器通常布置在断路器的出线或变压器侧。

6.1.8 电流互感器的选择

电流互感器应按下列技术条件选择。

1. 电流互感器一次回路额定电压和电流选择

电流互感器的一次额定电压和电流必须满足

$$U_{N1} \geqslant U_{NS} \tag{6-5}$$

$$I_{N1} \geqslant I_{max} \tag{6-6}$$

式中 U_{N1}、I_{N1}——电流互感器的一次额定电压和电流。

为保证电流互感器的准确级，回路的最大持续工作电流 I_{max} 应尽可能接近一次额定电流 I_{N1}。

2. 二次回路额定电流选择

电流互感器的二次额定电流有 5A 和 1A 两种，一般强电系统用 5A，弱电系统用 1A。

3. 电流互感器种类和型式的选择

在选择互感器时，应根据安装地点（如屋内、屋外）和安装方式（如穿墙式、支持式、装入式等），选择其型式。

4. 电流互感器准确级的选择

为了保证测量仪表的准确度，互感器的准确级不得低于所供测量仪表的准确级。用于电能计量的电流互感器，准确级不应低于 0.5 级，500kV 宜采用 0.2 级；供运行监视仪表用的电流互感器，准确级不应低于 1 级；供粗略测量仪表用的电流互感器，准确级可用 3 级；稳态保护用的电流互感器选用 P 级；暂态保护用的电流互感器选用 TP 级。当所供仪表要求不同准确度时，应按最高级别来确定互感器的准确度。

5. 额定容量的选择

为了保证互感器的准确度，互感器二次侧所接负荷 S_2 应不小于该准确度所规定的额定容量 S_{N2}，即

$$S_{N2} \geqslant S_2 = I_{N2}^2 Z_{2L} \tag{6-7}$$

互感器二次负荷（忽略电抗）包括测量仪表电流线圈电阻 r_a、继电器电阻 r_{re}、连接导线电阻 r_L 和接触电阻 r_c，即

$$Z_{2L} = r_a + r_{re} + r_L + r_c \tag{6-8}$$

式（6-8）中 r_a、r_{re}可由回路中所接仪表和继电器的参数算得，由于不能准确测量一般可取 0.1，仅连接导线电阻 r_L 为未知数，将式（6-8）代入式（6-7）中，整理后得

$$r_L = \frac{S_{N2} - I_{N2}^2 (r_a + r_{re} + r_c)}{I_{N2}^2} \tag{6-9}$$

由于导线截面积 $S = \frac{\rho L_c}{r_L}$，则

$$S \geqslant \frac{I_{N2}^2 \rho L_c}{S_{N2} - I_{N2}^2 (r_a + r_{re} + r_c)} = \frac{\rho L_c}{Z_{N2} - (r_a + r_{re} + r_c)} \tag{6-10}$$

式中　S、L_c——连接导线截面积（mm^2）和计算长度（m）；

ρ——导线的电阻率，铜 $\rho = 1.75 \times 10^{-2} \Omega \cdot mm^2/m$；

Z_{N2}——互感器的额定二次阻抗。

式（6-10）表明在满足电流互感器额定容量的条件下，选择二次连接导线的最小允许截面积。式中 L_c 与仪表到互感器的实际距离 L 及电流互感器的接线方式有关。星形接线时，$L_c = L$；不完全星形接线时，按回路的电压降方程可得 $L_c = \sqrt{3} L$；单相接线时，$L_c = 2L$。

发电厂和变电所应采用铜芯控制电缆，由式（6-10）算出的铜导线截面积不应小于 $1.5\ mm^2$，以满足机械强度要求。

6. 热稳定校验

对本身带有一次绕组的电流互感器，需进行热稳定校验，热稳定能力常以 1s 允许通过一次额定电流 I_{N1} 的倍数 K_t（热稳定电流倍数）来表示，故热稳定应按下式校验，即

$$(K_t I_{N1})^2 t \geqslant Q_k \tag{6-11}$$

7. 动稳定校验

电流互感器常以允许通过一次额定电流最大值（$\sqrt{2} I_{N1}$）的倍数 K_{es}（动稳定电流倍数），表示其内部动稳定能力，所以内部动稳定可用下式校验，即

$$\sqrt{2} I_{N1} K_{es} \geqslant i_{sh} \tag{6-12}$$

对采用硬导线连接的瓷绝缘电流互感器，相间电动力作用于其瓷帽上。因此，需要进行外部动稳定校验，校验条件为

$$F_{al} \geqslant 0.5 \times 1.73 \frac{L}{a} i_{sh}^2 \times 10^{-7} \tag{6-13}$$

式中　L——电流互感器瓷帽端部到最近一个支柱绝缘子间的距离（m），对母线型电流互感器为：电流互感器瓷帽端部到最近一个支柱绝缘子间的距离+电流互感器两端瓷帽间的距离；

a——相间距离（m）；

i_{sh}——短路冲击电流幅值（A）；

F_{al}——电流互感器瓷帽上的允许力（N）。

【例 6-1】　选择某发电机 10kV 机压母线出线上的电流互感器。已知线路最大持续工作电流为 350A，功率因数为 0.8，出线继电保护动作时间为 2s，断路器全开断时间为 0.1s，$I'' = 8.677kA$，$I_{1.05} = I_{2.1} = 8.825kA$，电流互感器接线和测量仪表配置如图 6-7 所示，电流互感器至测量仪表的实际距离为 $L = 25m$。

解：根据电流互感器安装在屋内，电网的额定电压为 10kV，回路的最大持续工作电流为 350A 和供给电能表电流，选用 LFZ1-10 型屋内复匝浇注绝缘式电流互感器，变比为

400/5，准确级为0.5级，额定二次阻抗 $Z_{N2}=0.4\Omega$，热稳定倍数 $K_t=80$，动稳定倍数 $K_{es}=140$。

电流互感器的二次负荷统计见表6-3，最大相负荷电阻为

$$r_a=P_{max}/I_{N2}^2=1.35/25\Omega=0.054\Omega$$

对采用不完全星形接线互感器，计算长度 $L_c=\sqrt{3}L$

满足准确级要求的连接导线最小截面积为

$$S\geqslant\frac{\rho L_c}{Z_{N2}-(r_a+r_c)}=\frac{1.75\times10^{-2}\times\sqrt{3}\times25}{0.4-0.054-0.1}=3.08\text{mm}^2$$

常用的连接导线标准截面积为 0.75mm^2、1mm^2、1.5mm^2、2.5mm^2、4mm^2、6mm^2 和 10 mm^2，故选用 4 mm^2 的铜导线。

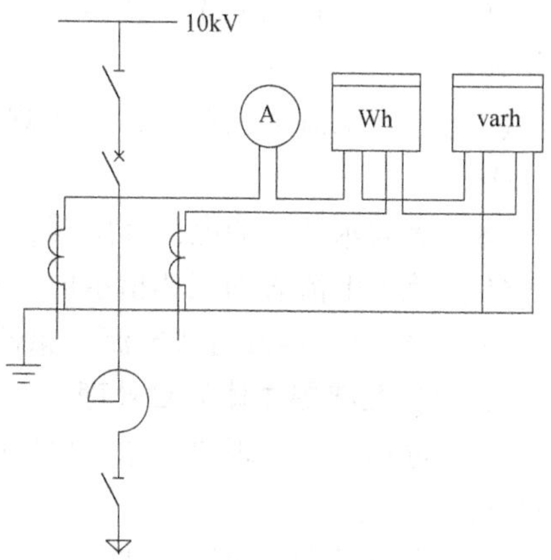

图6-7　电流互感器接线图

热稳定校验为

$$(K_tI_{N1})^2=(80\times0.4)^2\text{kA}^2\cdot\text{s}=1024\text{ kA}^2\cdot\text{s}>Q_k$$

热稳定满足要求。

浇注绝缘的电流互感器，只校验内部动稳定，即

$$\sqrt{2}I_{N1}K_{es}=\sqrt{2}\times0.4\times140\text{kA}=79.2\text{kA}>i_{sh}=2.55\times8.677\text{kA}=22.13\text{kA}$$

内部动稳定满足要求。

通过以上计算可以看出，所选电流互感器满足要求。

表6-3　电流互感器负荷　　（单位：V·A）

仪表名称及型号	A相	C相
有功电能表(DS1)	0.5	0.5
无功电能表(DX1)	0.5	0.5
电流表(46L1-A)	0.35	
总计	1.35	1.0

6.1.9　电流互感器的运行与维护

1. 电流互感器的运行

电流互感器的正常运行状态是指在规定条件下运行，其热稳定和动稳定不被损坏，二次电流在额定运行值时，电流互感器能达到规定的准确度等级。

运行中的电流互感器二次回路不准开路，二次绕组必须可靠接地。

2. 电流互感器在运行中的巡视检查

（1）电流互感器应无异声及焦臭味。

（2）电流互感器连接接头应无过热现象。

（3）电流互感器瓷套应清洁，无裂痕和放电声。

（4）注油的电流互感器油位应正常，无渗漏油现象。

（5）对充油式的电流互感器，要定期对油进行试验，以检查油质情况，防止油绝缘性能降低。

（6）对环氧式的电流互感器，要定期进行局部放电试验，以检查其绝缘水平，防止爆炸起火。

（7）检查电流互感器一、二次侧接线应牢固，二次绕组应该经常接上仪表，防止二次侧开路。

（8）有放水装置的电流互感器，应定期进行放水，以免雨水积聚在电流互感器上。

（9）检查电流表的三相指示值应在允许范围内，不允许过负荷运行。

（10）检查户内浸膏式电流互感器应无流膏现象。

3. 电流互感器本体故障处理

（1）过热、冒烟现象。原因可能是负荷过大、一次侧接线接触不良、内部故障、二次回路开路等。

（2）声音异常。原因有铁心松动、二次回路开路、严重过负荷等。

（3）外绝缘破裂放电或内部放电。

电流互感器在运行中，发现有上述现象，应进行检查判断，若鉴定不属于二次回路开路故障，而是本体故障，应转移负荷或立即停用。若声音异常等故障较轻微，可不立即停用，汇报调度和上级，安排计划停电检修，在停电前，值班员应加强监视。

4. 电流互感器二次开路故障处理

（1）造成二次开路的原因：

1）端子排上电流回路导线端子的螺钉未拧紧，经长时间氧化或振动造成松动脱落。

2）二次回路电流很大时发热烧断，造成电流互感器二次开路。

3）可切换三相电流的切换开关接触不良，造成电流互感器二次开路。

4）设备部件设计制造不良。

5）室外端子箱、接线盒进水受潮，端子螺钉和垫片锈蚀严重，造成开路。

6）保护盘上电流互感器端子连接片未放或铜片未接触而压在胶木上，造成保护回路开路，相当于电流互感器二次开路。

（2）电流互感器二次开路的判断：

1）三相电流表指示不一致（某路相电流为零），功率指示降低，电能计量表计转慢或停转。

2）差动保护断线或电流回路断线光字牌亮。

3）电流互感器二次回路端子、元件线头等放电、打火。

4）电流互感器本体有异常声音或发热、冒烟等。

5）继电保护发生误动或拒动（此情况可在开关误跳闸或越级跳闸后，检查原因时发现）。

（3）电流互感器二次开路的处理：检查处理电流互感器二次开路故障时，应穿绝缘鞋，戴绝缘手套，使用绝缘良好的工具。

1）先分清二次开路故障属哪一组电流回路、开路的相别、对保护有无影响。汇报调度，停用可能误动的保护。

2）尽量减小一次负荷电流或转移负荷后停电处理。

3）依照图样，将故障电流互感器二次回路短接，若在短接时发现有火花，则说明短接有效；若在短接时没有火花，可能短接无效。开路点在短接点之前应再向前短接。

4）若开路点为外部元件接头松动，接触不良等，可立即处理后，投入所退出的保护。

5）运行人员自己无法处理，或无法查明原因，应及时汇报上级派人处理。若条件允许，应转移负荷后，停用故障电流互感器。

任务6.2　电压互感器运行

【任务描述】

电压互感器用来向测量、控制和保护设备提供电压信号。本任务学习电压互感器的原理、分类、结构和接线方式，及其选择方法、运行与维护。

【任务实施】

结合电站原始资料，进行电压互感器接线分析；电压互感器的选择和校验；电压互感器本体故障处理；电压互感器一次侧高压熔断器熔断故障处理；电压互感器二次侧熔丝熔断（或电压互感器小开关跳闸）故障处理。

【知识链接】

目前电力系统广泛使用的电压互感器，按其工作原理可分为电磁式、电容式两种。

6.2.1　电磁式电压互感器的工作原理

电磁式电压互感器的工作原理与普通变压器相同，结构原理和接线也相似。原理电路如图6-2所示，其特点如下：

（1）一次绕组并联在一次电路中，而二次绕组与测量仪表、继电器的电压线圈并联。

（2）容量很小，通常只有几十至几百伏安，但结构上要求有较高的安全系数。

（3）一次电压（即电网电压）不受互感器二次侧负荷的影响，二次电压接近于二次电动势值，并取决于一次电压值。

（4）二次侧负荷比较恒定，测量仪表和继电器的电压线圈阻抗很大，通过的电流很小，电压互感器的工作状态接近于空载。

电压互感器与普通变压器一样，二次侧不允许短路。如果短路会出现大的短路电流，将使保护熔断器熔断，造成二次侧负荷停电。同电流互感器一样，为了安全，在电压互感器的二次电路中也应该有保护接地点。

电压互感器一、二次绕组的额定电压 U_{N1}、U_{N2}之比称为额定互感比，用 K_U 表示。K_U 近似等于一、二次绕组匝数比，即

$$K_U=\frac{U_{N1}}{U_{N2}}\approx\frac{N_1}{N_2} \tag{6-14}$$

U_{N1}、U_{N2}已标准化（U_{N1}等于电网额定电压 U_{NS}或 $U_{NS}/\sqrt{3}$，U_{N2}统一为100V 或 $100/\sqrt{3}$V），因此 K_U 也已标准化。

6.2.2　电磁式电压互感器的测量误差

电磁式电压互感器的等效电路和相量图如图6-8所示。由相量图可见，由于电压互感器存在内阻抗压降，使二次电压$\dot{U}_2'$与一次电压$\dot{U}_1$大小不相等，相位差也不等于180°，即测量

结果的大小和相位存在误差，通常用电压误差（又称比值差）f_u 和相位差 δ_u 来表示。

电压误差为f_u，它用二次电压的测量值和额定互感比的乘积与实际一次电压 U_1 之差，对实际一次电压值的百分比表示，即

$$f_u=\frac{K_u U_2-U_1}{U_1}\times 100\% \tag{6-15}$$

相位差 δ_u 是旋转 180°后的二次电压相量$-\dot{U}_2'$与一次电压相量$\dot{U}_1$之间的夹角，并规定$-\dot{U}_2'$超前于$\dot{U}_1$时，相位差 δ_u 为正值，反之，相位差 δ_u 为负值。

从相量图上可以看出，影响电压互感器误差的因素有以下 5 个：

（1）互感器一、二次绕组的电阻和感抗。

（2）励磁电流。

（3）二次负荷电流。

（4）二次负荷的功率因数。

（5）一次电压。

前面两个因素与互感器本身的构造及材料有关，减小绕组电阻，减少绕组匝数，选用合理的绕组结构与减少漏磁等均可减小误差，采用高磁导率的冷轧硅钢片可减少励磁电流，从而有助于减少误差；后两个因素则与互感器的工作状态有关，即与二次负荷有关，当二次负荷阻抗增大时，电磁式电压互感器的电压误差和相位差都将减小，当二次侧接近于空载运行时，电磁式电压互感器的误差最小；电压互感器一次额定电压已标准化，将一台互感器用于高或低的电压等级中，或运行中离额定电压偏离太远，励磁电流和角都会随着发生变化，电压互感器的误差就会增大，故正确地使用互感器，应使一次额定电压与电网的额定电压相适应。

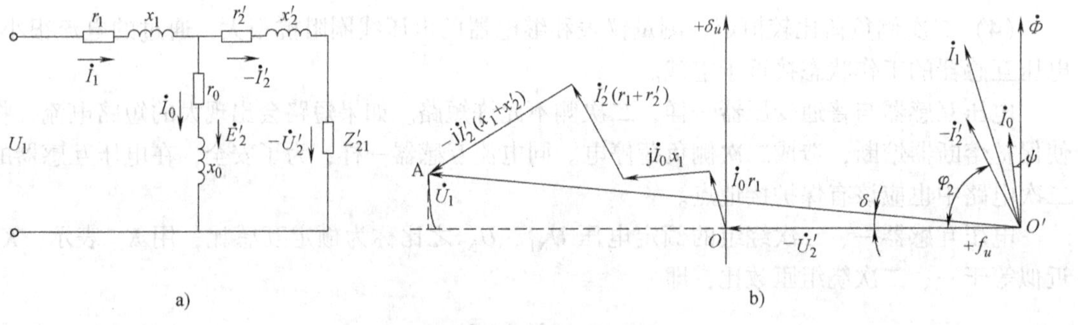

图 6-8　电磁式电压互感器

a）等效电路　b）相量图

6.2.3　电磁式电压互感器的准确级和额定容量

电磁式电压互感器的准确级是指规定的一次电压和二次负荷变化范围内，负荷功率因数为额定值时误差的最大限值。电压互感器依据测量误差的大小，可分成不同的准确级。各种准确级的测量用电压互感器和保护用电压互感器，其电压误差和相位差不应超过表 6-4 所列限值。

表 6-4　电压互感器的电压误差和相位差限值

<table>
<tr><th rowspan="2">用途</th><th rowspan="2">准确级</th><th colspan="2">误差限值</th><th colspan="4">电压、频率、负荷、功率因数</th></tr>
<tr><th>电压误差
(±%)</th><th>相位误差
/±(′)</th><th>一次电压变化
范围(%)</th><th>频率变化范围
(%)</th><th>二次负荷变化
范围(%)</th><th>功率因数</th></tr>
<tr><td rowspan="5">测量</td><td>0.1</td><td>0.1</td><td>5</td><td rowspan="5">80~120</td><td rowspan="5">99~101</td><td rowspan="8">25~100</td><td rowspan="8">0.8
(滞后)</td></tr>
<tr><td>0.2</td><td>0.2</td><td>10</td></tr>
<tr><td>0.5</td><td>0.5</td><td>20</td></tr>
<tr><td>1.0</td><td>1.0</td><td>40</td></tr>
<tr><td>3.0</td><td>3.0</td><td>未规定</td></tr>
<tr><td rowspan="2">保护</td><td>3P</td><td>3.0</td><td>120</td><td rowspan="3">5~150 或
5~190</td><td rowspan="3">96~102</td></tr>
<tr><td>6P</td><td>6.0</td><td>240</td></tr>
<tr><td>剩余绕组</td><td>6P</td><td>6.0</td><td>240</td></tr>
</table>

并联在电压互感器二次绕组上的测量仪表、继电器及其他负荷的电压线圈都是电压互感器的二次负荷。习惯上把电压互感器的二次负荷都用负载消耗的视在功率 S_2（V·A）表示。因电压互感器的二次电压额定值 U_{N2}为已知，所以用功率表示的二次负荷可换算成用阻抗表示，其阻抗为 $Z_2 = U_{N2}^2/S_2$。电压互感器的负载阻抗都很大，所以在计算二次负载时，二次电路中的连接导线阻抗、接触电阻等都可以忽略。

对应于每个准确级，每台电压互感器规定一个额定容量。在功率因数为 0.8（滞后）时，电压互感器的额定容量标准值为 10V·A、15V·A、25V·A、30V·A、50V·A、75V·A、100V·A、150V·A、200V·A、250V·A、300V·A、400V·A、500V·A。对三相互感器而言，其额定容量是指每相的额定输出，即同一台电压互感器有不同的额定容量。如果实际所带二次负载超过额定容量，则准确级要降低。

对每台电压互感器，还规定了一个最大容量，称为热极限容量。它是在额定一次电压下的温升不超过规定限值时，二次绕组所能供给的以额定电压为基准的视在功率值。电压互感器的二次负荷如果不超过这个最大容量所规定的值，则其各部分绝缘材料和导电或材料的发热温度不会超过额定值，但测量误差会超过最低一级的限值。一般不允许两个或更多二次绕组同时供给热极限容量，所以电压互感器只在对测量准确级要求不高的条件下，才允许在最大容量下运行。在变电站中有时需要交流操作电源或整流型直流电源时，可以将其接在电压互感器上并按热极限容量运行。在电压互感器的铭牌上，通常要标出热极限容量值。

6.2.4　电磁式电压互感器的铁磁谐振及防谐措施

电磁式电压互感器的励磁特性为非线性特性，与电力网中的分布电容或杂散电容在一定条件下可能形成铁磁谐振。通常电压互感器的感性电抗大于电容的容性电抗，当电力系统操作或其他暂态过程引起电压互感器暂态饱和，而感抗降低时，就可能出现铁磁谐振。这种谐振可能发生于中性点不接地系统，也可能发生于中性点直接接地系统。有关电容值的不同，谐振频率可以是工频和较高或较低的谐波。铁磁谐振产生的过电流或高电压可能造成电压互感器损坏。特别是低频谐振时，电压互感器相应的励磁阻抗大为降低而导致铁心深度饱和，励磁电流急剧增大，高达额定值的十倍或百倍以上，从而严重损坏电压互感器。

在中性点不接地系统中，电磁式电压互感器与母线或线路对地电容形成的回路在一定激发条件下可能发生铁磁谐振而产生过电压及过电流，使电压互感器损坏，因此，应采取消谐措施。这些措施包括：在电压互感器开口三角或互感器中性点与地之间接入专用的消谐器；选用三相防谐振电压互感器；增加对地电容，破坏谐振条件等。

在中性点直接接地系统中，电磁式电压互感器在断路器分闸或隔离开关合闸时，可能与断路器并联的均压电容或杂散电容形成铁磁谐振。由于电源系统和互感器中性点均接地，各相的谐振回路基本上是独立的，所以谐振可能在一相发生，也可能在两相或三相内同时发生。抑制这种谐振时，不宜在零序回路（包括开口三角形回路）采取措施，可采用人为破坏谐振条件的措施。

6.2.5　电磁式电压互感器的分类

（1）按安装地点不同，电磁式电压互感器可分为户内式和户外式。通常 35kV 及以下多制成户内式，35kV 以上则制成户外式。

（2）按相数不同，电磁式电压互感器可分为单相式和三相式。单相式电压互感器可制成任何电压等级的，三相式电压互感器只限于 20kV 及以下电压等级。

（3）按绕组数多少不同，电磁式电压互感器可分为双绕组、三绕组和四绕组。

（4）按绝缘结构不同，电磁式电压互感器可分为干式、浇注式、充气式和油浸式。干式结构简单，无着火和爆炸危险，但绝缘强度低，只适用于电压为 6kV 及以下的空气干燥的屋内配电装置中；浇注式结构紧凑，也无着火和爆炸危险，且维护方便，适用于 3~35kV 户内装置；充气式主要用于SF_6 全封闭组合电器中；油浸式绝缘性能好，可用于 10kV 以上的屋内外配电装置。

6.2.6　电磁式电压互感器的结构

1. 单相式结构

单相电压互感器适用于任何电压等级。它分为普通式和串级式，其结构原理如图 6-9 所示。

35kV 及以下电压互感器采用普通式结构，它与普通小容量变压器相似，图 6-9a、b 所示分别为单相双绕组和单相三绕组结构原理示意图。

110kV 及以上的电磁式电压互感器普遍制成串级式结构，其特点是：铁心与绕组采用分级绝缘，节省了绝缘材料，减小了重量和体积，降低了成本。图 6-9c 为 220kV 串级式结构原理示意图。该互感器由两个铁心（元件）组成，两个铁心互相绝缘；一次绕组分成匝数相等的

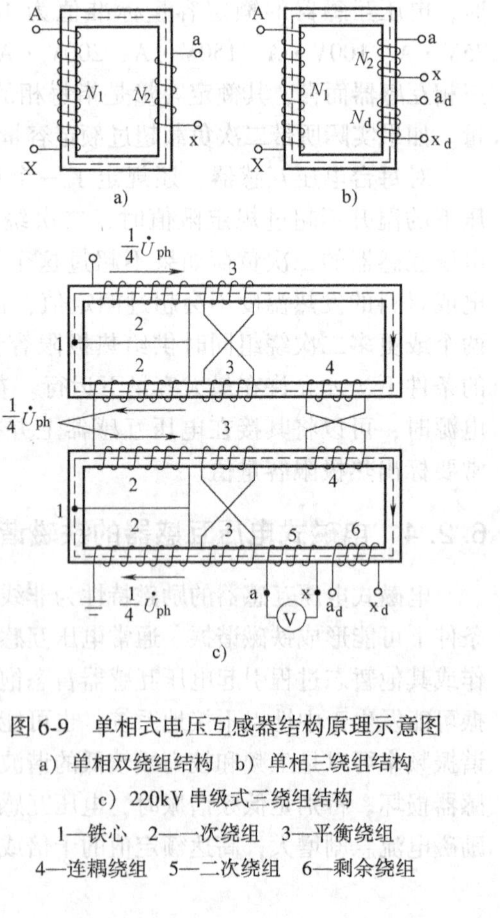

图 6-9　单相式电压互感器结构原理示意图
a）单相双绕组结构　b）单相三绕组结构
c）220kV 串级式三绕组结构
1—铁心　2—一次绕组　3—平衡绕组
4—连耦绕组　5—二次绕组　6—剩余绕组

四部分，分别绕在两个铁心的上、下铁心柱上，按磁通相加方向顺序串联，接于相与地之间，每个铁心上的两个绕组的中性点与铁心相连。每段绕组对铁心的最高电压为 $U_{ph}/4$（各段电压均匀分布时），所以每段绕组对铁心的绝缘只需按 $U_{ph}/4$ 设计，比普通结构减少了3/4的绝缘。

二次绕组绕在末级铁心（下部铁心）的下铁心柱上，当二次绕组开路时，一次绕组电压分布均匀。当二次绕组接通负载后，流过负载电流，二次磁动势产生去磁磁通，使末级铁心（下部铁心）内的磁通小于上部铁心内的磁通，于是使各段线圈感抗不等，电压分布不均匀。为了避免这一现象，在两铁心相邻的铁心柱上，绕有匝数相等、绕向相同、反向对接的连耦绕组 4。这样，当两个铁心中磁通不相等时，连耦绕组内出现环流，使磁通较大的铁心去磁和磁通较小的铁心助磁，从而达到两个铁心内磁通大致相等，各段绕组电压分布均匀。

同一铁心的两个铁心柱，由于位置不同，漏磁通路有差异，会使两铁心柱中磁通不等，此两铁心柱上的两段线圈的电压分布不匀。为此，在同一铁心的上下铁心柱上绕有匝数相等、绕向相同、反向对接的平衡绕组 3。若两柱中磁通不等，在平衡绕组内产生平衡电流，使磁通大者去磁，磁通小者助磁，从而使两柱中磁通相等，两段线圈电压分布均匀。

2. 三相式结构

三相式结构的电压互感器仅适用于 20kV 及以下电压等级，有三相三柱式和三相五柱式两种结构，如图 6-10 所示。

三相三柱式电压互感器为三相、双绕组、油浸式屋内型产品，它适用于 20kV 及以下线路，供测量电压、电能以及继电保护用。它只能用来测量线电压，由于它的一次侧中性点不允许接地，故不能用来测量相对地电压。要测量相对地电压，它的一次侧中性点必须接地，当系统发生接地故障时，三相绕组中的零序电流同时流向中性点，产生的三相零序磁通同相位，在三个铁心柱中不能构成零序磁通通路，只能通过气隙和铁外壳构成回路，由于磁阻很大，使得零序电流比正常励磁电流大很多倍，使互感器绕组过热甚至烧毁。

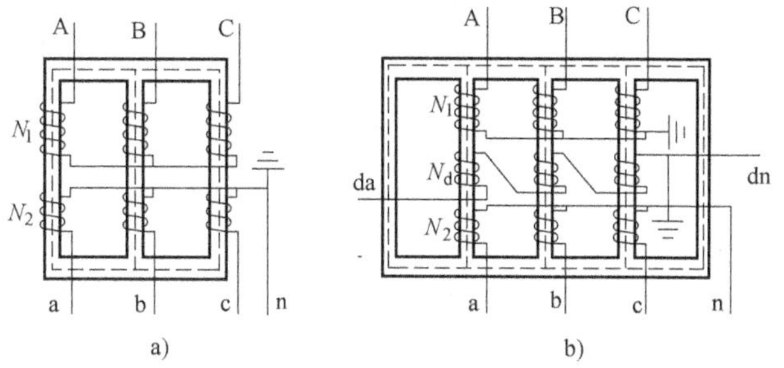

图 6-10 三相式电压互感器结构原理示意图

a）三相三柱式结构 b）三相五柱式结构

当系统发生单相接地时，互感器的每相二次绕组的电压还为相电压，即不能反应接地故障相，因此三相三柱式电压互感器不能用作绝缘监视。

三相五柱式电压互感器为三相、三绕组、油浸式屋内型产品。由于两个边柱为零序磁通提供了通路，其一次绕组可以星形联结且中性点可以接地。这种结构与接线的电压互感器可用来测量线电压，也可以用来测量相对地电压。剩余绕组接成开口三角形，正常运行时，开口三角形两端之间电压为 0，当系统发生接地故障时，开口三角形输出电压为三相零序电压之和。

6.2.7 电容式电压互感器

随着电力系统电压等级的升高，电磁式电压互感器的体积越来越大，成本随之增大。因此研制了电容式电压互感器（Capacitor Voltage Transformer，CVT），供电压等级在 110kV 及以上系统使用，而且目前我国在 330kV 及以上电压等级只生产电容式电压互感器。

1. 工作原理

电容式电压互感器的结构原理如图 6-11 所示。电容式电压互感器实质上是一个电容分压器，在被测装置的相和地之间接有电容器 C_1 和 C_2，在电容器 C_2 上的电压为

$$U_{C2}=\frac{U_1C_1}{C_1+C_2}=KU_1 \tag{6-16}$$

式中 K——分压比，$K=\dfrac{C_1}{C_1+C_2}$。

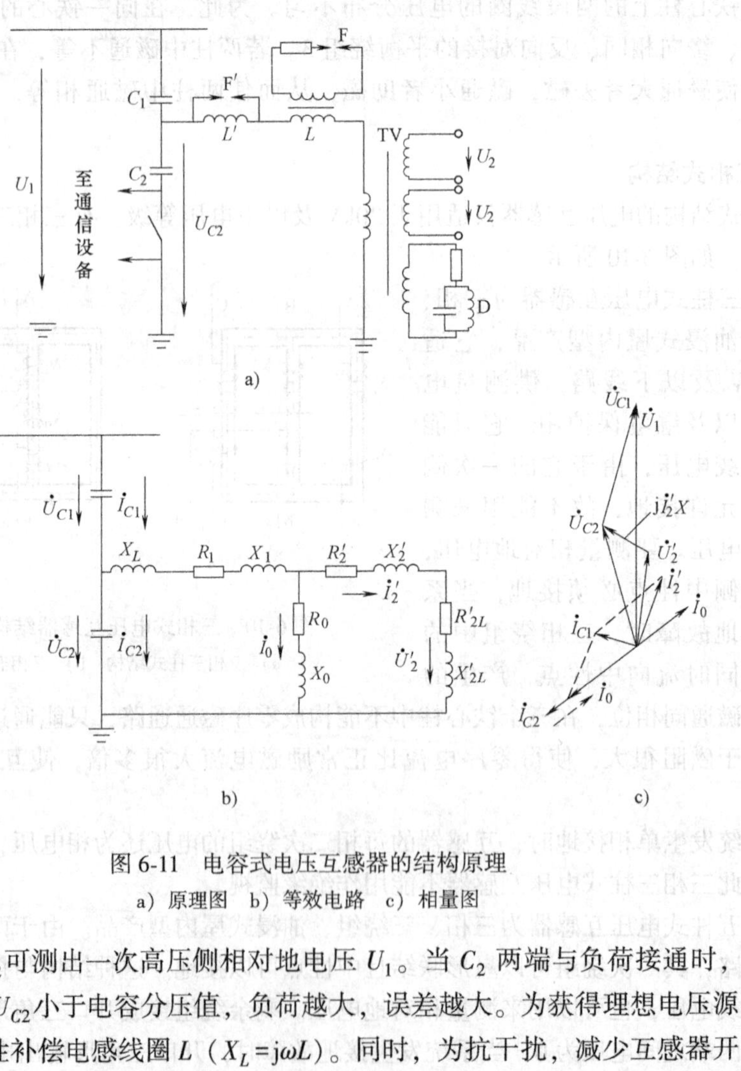

图 6-11 电容式电压互感器的结构原理

a）原理图 b）等效电路 c）相量图

可见，通过 U_{C2} 可测出一次高压侧相对地电压 U_1。当 C_2 两端与负荷接通时，由于 C_1、C_2 有内阻抗压降，U_{C2} 小于电容分压值，负荷越大，误差越大。为获得理想电压源以减少负荷误差，串入非线性补偿电感线圈 L（$X_L=\mathrm{j}\omega L$）。同时，为抗干扰，减少互感器开口三角形绕组的不平衡电压，提高零序保护装置的灵敏度，增设高频阻断线圈 L'，则工频内阻抗为

$$Z_i=j\omega L-j\frac{1}{\omega(C_1+C_2)} \tag{6-17}$$

当 $\omega L=1/[\omega(C_1+C_2)]$ 时，输出电压 U_{C2} 与负荷无关。实际上由于电容器损耗，电抗器也有电阻，因此负荷变化时还会有误差产生，为了进一步减少负荷电流的影响，将测量仪表经中间变压器 TV 升压后与电容分压器相连。

当电容式电压互感器二次侧发生短路时，由于回路中电阻 r 和剩余电抗（X_L-X_C）均很小，短路电流可达额定电流的几十倍，此电流将产生很高的谐振过电压，为此在 L'、L 上并联放电间隙 F′、F 以保护。

此外，由于电容式电压互感器由电容（C_1、C_2）和非线性电抗所构成，当受到二次侧短路或断开等冲击时，由于非线性电抗的饱和可能激发产生某次谐波铁磁谐振过电压。为了抑制谐振的产生，常在电容式电压互感器二次侧接入阻尼器 D，阻尼器 D 具有一个电感和一个电容并联，一只阻尼电阻被安插在这个偶极振子中。阻尼电阻有经常接入和谐振时自动接入两种方式。

2. 误差

电容式电压互感器的等效电路及相量图如图 6-11b、c 所示。为简化分析，不计 R_1、R_2' 和 $\dot{I}_0$，则

$$\dot{U}_{C2}=\dot{U}_2'+j\dot{I}_2'(X_L+X_1+X_2')$$

由于 $\dot{I}_0\approx -j\dot{U}_{C2}/X_0$，$\dot{I}_{C2}=j\omega C_2\dot{U}_{C2}$，即 $\dot{I}_0$ 滞后 $\dot{U}_{C2}90°$，而 $\dot{I}_{C2}$ 超前 $\dot{U}_{C2}90°$，则

$$\dot{I}_{C1}=\dot{I}_{C2}+\dot{I}_0+\dot{I}_2'$$

电压 $\dot{U}_{C1}$ 滞后 $\dot{I}_{C1}90°$，即 $\dot{U}_{C1}=-j\dot{I}_{C1}/(\omega C_1)$，则

$$\dot{U}_1=\dot{U}_{C1}+\dot{U}_{C2}$$

由图 6-11c 可见，$\dot{U}_1$ 与 $\dot{U}_2'$ 存在电压幅值及相位误差。通常电压误差在±（3%～5%），角误差约为±5°。

电容式电压互感器的误差除受 U_1、Z_{2L} 和 $\cos\varphi_2$ 的影响外，还与电源频率有关，当系统频率变化超出（50±0.5）Hz 范围时，会产生附加误差。此外，由于电容器对温度变化较为敏感，温度变化也将带来电压误差。

电容式电压互感器与电磁式电压互感器相比，具有以下优点：

（1）除作为电压互感器使用外，还可将其分压电容兼作高频载波通信的耦合电容。

（2）电容式电压互感器的冲击绝缘强度比电磁式电压互感器高。

（3）体积小，重量轻，成本低。

（4）在高压配电装置中占地面积较小。

电容式电压互感器的主要缺点是：误差特性和暂态特性比电磁式电压互感器差，输出容量较小。

3. 电容式电压互感器的结构类型

电容式电压互感器有单柱叠装型、分装型、全封闭型（适用于 GIS）等结构类型。CVT 的型号表示及含义如图 6-12 所示。

（1）单柱叠装型 CVT 由电容分压器和电磁单元组成，如图 6-13 所示。电容分压器由高

压电容和中压电容组成，位于瓷套内并充满绝缘油；电磁单元由中间变压器、补偿电抗器、阻尼器和避雷器组成，位于油箱内；二次绕组端子、CVT低压端、接地端及保护间隙等位于端子箱内。

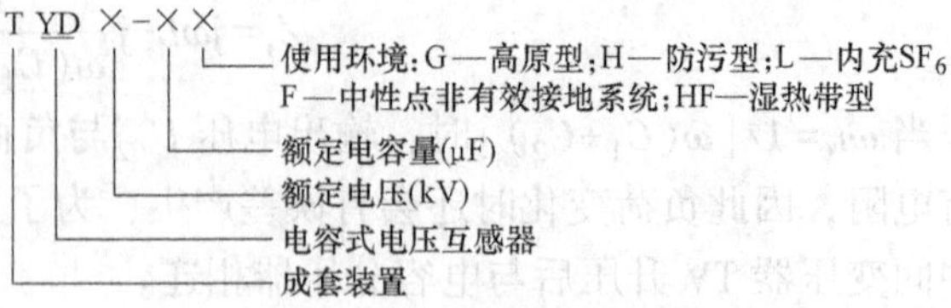

图 6-12　CVT 的型号表示及含义

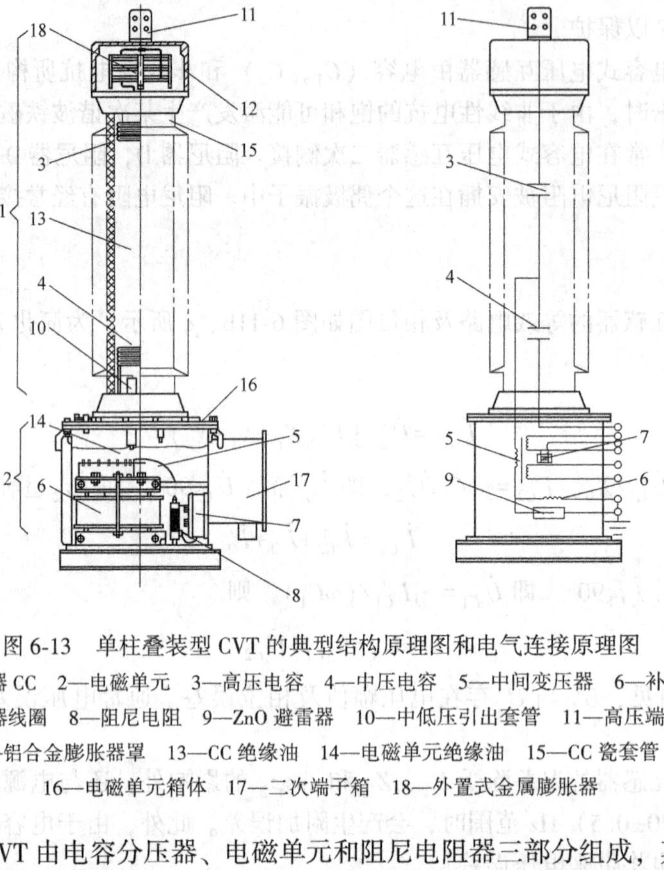

图 6-13　单柱叠装型 CVT 的典型结构原理图和电气连接原理图

1—电容分压器 CC　2—电磁单元　3—高压电容　4—中压电容　5—中间变压器　6—补偿电抗器　7—阻尼器线圈　8—阻尼电阻　9—ZnO 避雷器　10—中低压引出套管　11—高压端金具　12—铝合金膨胀器罩　13—CC 绝缘油　14—电磁单元绝缘油　15—CC 瓷套管　16—电磁单元箱体　17—二次端子箱　18—外置式金属膨胀器

（2）分装型 CVT 由电容分压器、电磁单元和阻尼电阻器三部分组成，其中电容分压器、电磁单元装于屋外，阻尼电阻器装在散热良好的金属外壳内并装于屋内，如图 6-14a 所示。

（3）全封闭型 CVT 由金属壳封闭结构内充 SF_6 的电容分压器叠装在电磁单元的油箱上组成，如图 6-14b 所示。

6.2.8　电压互感器的接线方式

在三相系统中需要测量的电压有线电压、相对地电压、发生单相接地故障时出现的零序电压。一般测量仪表和继电器的电压线圈都采用线电压，每相对地电压和零序电压则用于某些继电保护和绝缘监察装置中。为了测量这些电压，电压互感器常见接线方式有如下几种。

1. 一台单相式电压互感器接线方式

图 6-15a 是由一台单相电压互感器接于母线的一相与地之间，用来测量相对地电压。这种接线适用于 110~220kV 中性点直接接地系统中，其 $U_{N1}=U_{NS}/\sqrt{3}$，$U_{N2}=100V$。

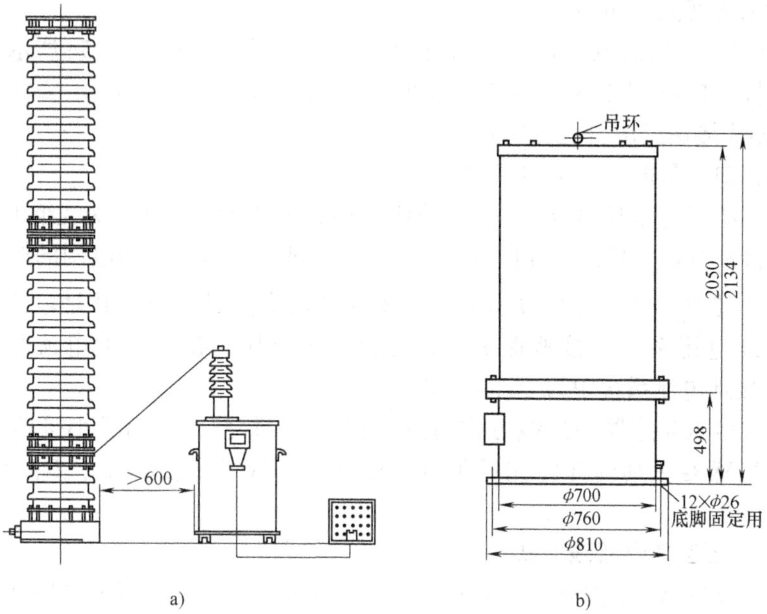

图 6-14 分装型和全封闭型 CVT 结构示意图

a）分装型 CVT b）全封闭型 CVT

图 6-15b 是由一台单相电压互感器接于母线两相之间，用来测量相间电压，适用于 3～35kV 中性点不接地系统中，其 $U_{N1}=U_{NS}$，$U_{N2}=100V$。

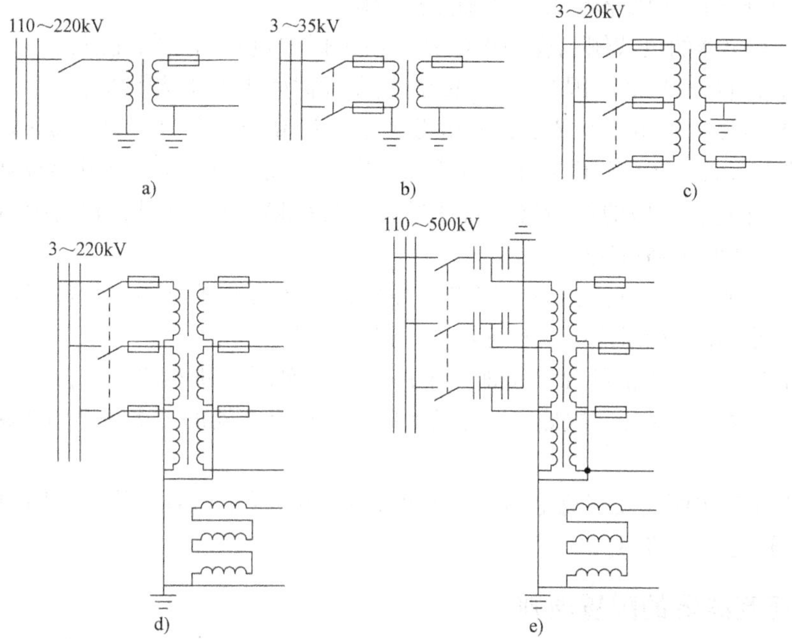

图 6-15 电压互感器的常用接线方式

a、b）一台单相电压互感器接线 c）不完全星形接线 d）三台单相三绕组电压互感器（一台三相五柱式电压互感器）接线 e）电容式电压互感器

2. 不完全星形联结（也称 V-V 联结）

两台单相电压互感器接成的不完全星形联结（V-V 联结）如图 6-15c 所示，用来测量相间电压。这种接法广泛用于 3~20kV 小接地短路电流系统中，其 $U_{N1}=U_{NS}$，$U_{N2}=100V$。V-V接法比三相式接法经济，但有局限性。

3. 星-星-开口三角形（YNynd0）联结

三台单相三绕组电压互感器一、二次绕组均接成星形联结，且一次绕组中性点接地，三相的剩余绕组接成开口三角形，如图 6-15d 所示。这种接法对于三相电网的线电压和相对地电压都可测量，其 $U_{N1}=U_{NS}/\sqrt{3}$，$U_{N2}=100/\sqrt{3}V$；剩余绕组用于在小接地电流系统的绝缘监察装置和大接地电流系统的接地保护，其每相额定电压，在小接地电流系统中为 $U_{N3}=100/3V$，在大接地电流系统中为 $U_{N3}=100V$。

三相五柱式电压互感器的接线方式与图 6-15d 基本相同，仅用于小接地短路电流系统中。这种电压互感器在其内部已完成了绕组的连接，故其 $U_{N1}=U_{NS}$，$U_{N2}=100V$，$U_{N3}=100/3V$。

4. 电容式电压互感器接线方式

电容式电压互感器接线如图 6-15e 所示，主要适用于 110kV 及以上中性点直接接地的电网中，其 $U_{N1}=U_{NS}/\sqrt{3}$，$U_{N2}=100/\sqrt{3}V$，$U_{N3}=100V$。

在进行电压互感器的接线时要注意以下几点：

（1）电压互感器的电源侧要有隔离开关。当电压互感器需停电检修或更换熔断器中的熔件时，应利用隔离开关将电源侧高电压隔离，保证安全。

（2）在 35kV 及以下电压互感器的电源侧加装高压熔断器进行短路保护，电压互感器内部或外部引线短路时，熔断器熔断，将短路故障切除。

（3）电压互感器的负载侧也应加熔断器，用来保护过负荷。须注意，一次侧的熔断器不能在二次侧过负荷时熔断，因为一次侧的熔断器件截面积不能选得太小。

（4）60kV 及以上的电压互感器，其电源侧不装设高压熔断器。因为 60kV 及以上熔断器在开断短路电流时，产生的电弧太大太强烈，容易造成分断困难和熔断器爆炸，因此，不生产 60kV 及以上电压等级的熔断器。而且当电压在 60kV 及以上时，相间距离较大，电压互感器引线发生相间短路可能性不大。

（5）三相三柱式电压互感器不能用来进行交流电网的绝缘监察。若要进行交流电网绝缘监察，则必须使用单相组式电压互感器或三相五柱式电压互感器。

（6）电压互感器二次侧的保护接地点不许设在二次侧熔断器的后边，必须设在二次侧熔断器的前边。这样能保证二次侧熔断器熔断时，电压互感器的二次绕组仍然保留着保护接地点。

（7）凡需在二次侧连接交流电网绝缘监视装置的电压互感器，其一次侧中性点必须接地，否则无法进行绝缘监察。

6.2.9 电压互感器的配置原则

电压互感器的配置原则：应满足测量、保护、同期和自动装置的要求；保证在运行方式改变时，保护装置不失电压、同期点两侧都能方便地取压。通常按照如下几点进行配置：

（1）母线。6~220kV 电压级的每组主母线的三相上应装设电压互感器，旁路母线则视回路出线外侧装设电压互感器的需要而确定。

(2) 线路。当需要监视和检测线路断路器外侧有无电压，供同期和自动重合闸使用时，该侧装一台单相电压互感器。

(3) 发电机。一般在出口处装两组：一组（三只单相、双绕组 Dy 接线）用于自动调节励磁装置；另一组供测量仪表、同期和继电保护使用，该组电压互感器采用三相五柱式或三只单相接地专用互感器，接成 Ynynd11 接线，辅助绕组接成开口三角形，供绝缘监察用。当互感器负荷太大时，可增设一组不完全星形联结的互感器，专供测量仪表使用。50MW 及以上发电机中性点还常设一单相电压互感器，用于 100%定子接地保护。

(4) 变压器。变压器低压侧有时为了满足同步或继电保护的要求，设有一组电压互感器。

(5) 330~500kV 电压级的电压互感器配置。双母线接线时，在每回出线和每组母线三相上装设。一个半断路器接线时，在每回出线三相上装设，主变压器进线和每组母线上则根据继电保护装置、自动装置和测量仪表的要求，在一相或三相上装设。线路与母线的电压互感器二次回路不切换。

6.2.10 电压互感器的选择

电压互感器应按一次回路电压、二次回路电压、安装地点和使用条件、二次负荷及准确级要求进行选择。

1. 一次回路电压选择

为了确保电压互感器在规定准确度下安全运行，电压互感器一次绕组所接电力网电压 U_S 应在（1.1~0.9）U_{N1} 的范围内变动，即

$$1.1U_{N1} > U_S > 0.9U_{N1} \tag{6-18}$$

式中 U_{N1}——电压互感器一次侧额定电压。

选择时，满足 $U_{N1}=U_{NS}$ 即可。

2. 二次回路电压选择

二次回路电压必须满足测量电压 100V，随电压互感器接线的不同，二次绕组电压各不相同，可根据电压互感器的接线方式选择。

电压互感器各侧额定电压的选择可按表 6-5 进行。

表 6-5 电压互感器额定电压选择

互感器型式	接入系统方式	系统额定电压 U_{NS}/kV	互感器额定电压		
			一次绕组/kV	基本二次绕组/V	辅助二次绕组/V
三相五柱三绕组	接于线电压	3~10	U_{NS}	100	100/3
三相五柱双绕组	接于线电压	3~10	U_{NS}	100	无此绕组
单相双绕组	接于线电压	3~35	U_{NS}	100	无此绕组
单相三绕组	接于线电压	3~63	$U_{NS}/\sqrt{3}$	$100/\sqrt{3}$	100/3
单相三绕组	接于线电压	110 及以上	$U_{NS}/\sqrt{3}$	$100/\sqrt{3}$	100

3. 种类和型式的选择

电压互感器的种类和型式应根据安装地点和使用条件进行选择，如在 6~35kV 屋内配置

中，一般采用油浸式或浇注式；110～220kV 配电装置一般采用电容式或串级电磁式电压互感器，为避免铁磁谐振，当容量和准确级满足要求时，宜优先采用 CVT；330kV 及其以上配电装置，一般采用 CVT；SF_6 全封闭组合电器应采用电磁式电压互感器。

4. 准确级的选择

电压互感器准确级的选择原则，可参照电流互感器准确级选择。用于继电保护的电压互感器不应低于 3 级。

至此，可以初选出电压互感器的型号，从互感器产品手册查得其在相应准确级下的额定二次容量。

5. 容量的选择

应根据仪表和继电器接线要求选择电压互感器的接线方式，并尽可能将负荷均匀分布在各相上，然后计算各相负荷大小。

电压互感器的额定二次容量（对应于所要求的准确级）S_{N2}应不小于互感器的二次负荷S_2，即

$$S_{N2} \geqslant S_2 \tag{6-19}$$

$$S_2=\sqrt{(\sum S_{me}\cos\varphi)^2+(\sum S_{me}\sin\varphi)^2}=\sqrt{(\sum P_{me})^2+(\sum Q_{me})^2} \tag{6-20}$$

式中　S_{me}、P_{me}、Q_{me}——各仪表的视在功率、有功功率和无功功率；

$\cos\varphi$——各仪表的功率因数。

由于电压互感器三相负荷常不平衡，为了满足准确级的要求，通常取最大相负荷进行比较。计算电压互感器各相的负荷时，必须注意互感器和负荷的接线方式。表 6-6 列出电压互感器和负荷接线方式不一致时每相负荷的计算公式。

表 6-6　电压互感器二次绕组负荷计算公式

	互感器为星形，负荷为不完全星形		互感器为不完全星形，负荷为星形
接线	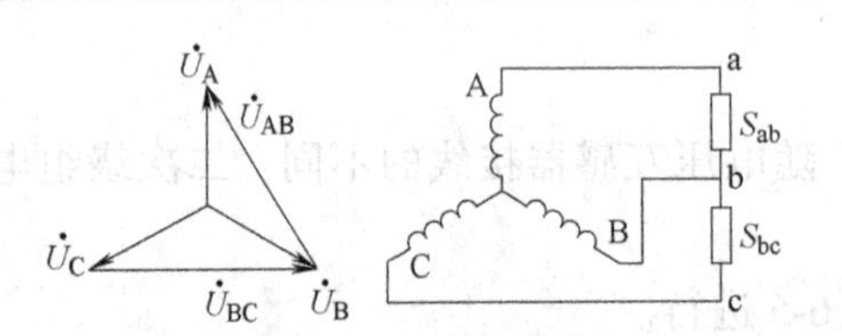	接线	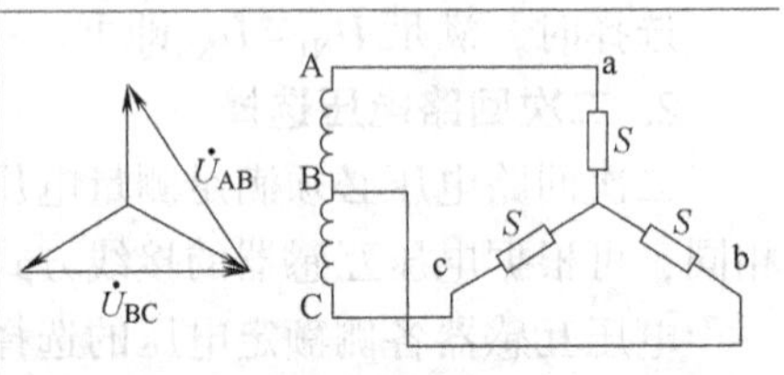
A	$P_A=S_{ab}\cos(\varphi_{ab}-30°)/\sqrt3$ $Q_A=S_{ab}\sin(\varphi_{ab}-30°)/\sqrt3$	AB	$P_{AB}=\sqrt3 S\cos(\varphi+30°)$ $Q_{AB}=\sqrt3 S\sin(\varphi+30°)$
B	$P_B=[S_{ab}\cos(\varphi_{ab}-30°)+S_{bc}\cos(\varphi_{bc}-30°)]/\sqrt3$ $Q_B=[S_{ab}\sin(\varphi_{ab}-30°)+S_{bc}\sin(\varphi_{bc}-30°)]/\sqrt3$	BC	$P_{BC}=\sqrt3 S\cos(\varphi-30°)$ $Q_{BC}=\sqrt3 S\sin(\varphi-30°)$
C	$P_C=S_{bc}\cos(\varphi_{bc}+30°)/\sqrt3$ $Q_C=S_{bc}\sin(\varphi_{bc}+30°)/\sqrt3$		

【例 6-2】　选择某变电站屋内 10kV 母线上的电压互感器。母线上接有 5 回出线和 1 台主变压器，共装有有功电能表 6 只、无功电能表 6 只、有功功率表 1 只、无功功率表 1 只、母线电压表 1 只及绝缘监察电压表 3 只。

解： 根据电压互感器安装在屋内，电网的额定电压为 10kV，供给电能表电压及用于绝

缘监察，选用 JSJW-10 型三相五柱式电压互感器（也可选用 3 只单相 JDZJ 型浇注绝缘电压互感器），额定电压为 10/0.1kV，辅助二次绕组为 0.1/3kV，准确级为 0.5 级，三相额定容量 $S_{N2}=120V\cdot A$。电压互感器与测量仪表的接线方式如图 6-16 所示，与电压互感器接线方式不同（不完全星形部分）的各相间二次负荷分配在表 6-7 中示出。

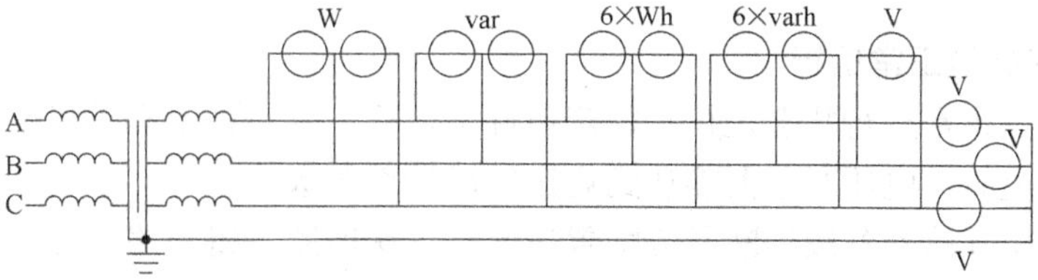

图 6-16　电压互感器与测量仪表的接线图

表 6-7　电压互感器各相二次负荷分配

仪表名称及型号	仪表电压线圈				AB 相		BC 相	
	线圈消耗功率/V·A	$\cos\varphi$	$\sin\varphi$	仪表数目	P_{ab}	Q_{ab}	P_{bc}	Q_{bc}
有功功率表(46D1-W)	0.6	1	0	1	0.6	0	0.6	0
无功功率表(46D1-var)	0.5	1	0	1	0.5	0	0.5	0
有功电能表(DS1)	1.5	0.38	0.925	6	3.42	8.325	3.42	8.325
无功电能表(DX1)	1.5	0.38	0.925	6	3.42	8.325	3.42	8.325
电压表(46L1-V)	0.3	1	0	1			0.3	0
总计					7.94	16.65	8.24	16.65

根据表 6-7 计算不完全星形部分负荷的视在功率和功率因数，即

$$S_{ab}=\sqrt{P_{ab}^2+Q_{ab}^2}=\sqrt{7.94^2+16.65^2}\,V\cdot A=18.4463V\cdot A$$

$$\varphi_{ab}=\arccos\frac{P_{ab}}{S_{ab}}=\arccos\frac{7.94}{18.4463}=64.5°$$

$$S_{bc}=\sqrt{P_{bc}^2+Q_{bc}^2}=\sqrt{8.24^2+16.65^2}\,V\cdot A=18.5774V\cdot A$$

$$\varphi_{bc}=\arccos\frac{P_{bc}}{S_{bc}}=\arccos\frac{8.24}{18.5774}=63.67°$$

利用表 6-6 中的计算公式，并计及与电压互感器接线方式相同的绝缘监察电压表功率 P'，得 A 相负荷为

$$P_A=S_{ab}\cos(\varphi_{ab}-30°)/\sqrt{3}+P'=18.4463\cos(64.5°-30°)/\sqrt{3}\,W+0.3W=9.0769W$$

$$Q_A=S_{ab}\sin(\varphi_{ab}-30°)/\sqrt{3}=18.4463\sin(64.5°-30°)/\sqrt{3}\,var=6.032var$$

B 相负荷为

$$P_B=[S_{ab}\cos(\varphi_{ab}+30°)+S_{bc}\cos(\varphi_{bc}-30°)]/\sqrt{3}+P'$$
$$=[18.4463\cos(64.5°+30°)+18.5774\cos(63.67°-30°)]/\sqrt{3}\,W+0.3W=8.391W$$

$$Q_B=[S_{ab}\sin(\varphi_{ab}+30°)+S_{bc}\sin(\varphi_{bc}-30°)]/\sqrt{3}$$
$$=[18.4463\sin(64.5°+30°)+18.5774\sin(63.67°-30°)]/\sqrt{3}\,var=16.5635var$$

由于S_{ab}与S_{bc}接近，φ_{ab}与φ_{bc}接近，可知B相负荷最大，即

$$S_B=\sqrt{P_B^2+Q_B^2}=\sqrt{8.391^2+16.5635^2}\ \text{V}\cdot\text{A}=18.5677\text{V}\cdot\text{A}<120/3\text{V}\cdot\text{A}$$

故选用JSJW-10型电压互感器满足要求。

6.2.11 电压互感器的运行与维护

1. 电压互感器的正常运行

电压互感器的正常运行状态是指在规定条件下运行，其热稳定和动稳定不被破坏，二次电压在额定运行值时，电压互感器能达到规定的准确度等级。

运行中的电压互感器各级熔断器应配置适当，二次回路不得短路，并有可靠接地。

2. 电压互感器运行操作注意事项

(1) 启用电压互感器应先一次后二次，停用则相反。

(2) 停用电压互感器时应考虑该电压互感器所带保护及自动装置，为防止误动的可能，应将有关保护及自动装置停用。除此，还应考虑故障录波器的交流电压切换开关投向运行母线电压互感器。

(3) 电压互感器停用或检修时，其二次断路器应分开、二次熔断器应取下，防止反送电。

(4) 双母线运行的电压互感器二次并列开关，正常运行时应断开，当倒母线时，应在母联断路器运行且改非自动后，将电压互感器二次开关投入。倒母线结束，在母联断路器改自动之前，停用该并列开关。

(5) 双母线运行，一组电压互感器因故需单独停役时，应先将母线电压互感器经母联断路器一次并列且投入电压互感器二次并列开关后，再进行电压互感器的停役。

(6) 双母线运行，两组电压互感器二次并列的条件如下：

1) 一次必须先经母联断路器并列运行，这是因为，若一次不经母联断路器并列运行，可能由于一次电压不平衡，使二次环流较大，容易引起熔断器熔断，致使保护及自动装置失去电源。

2) 二次侧有故障的电压互感器与正常二次侧不能并列。

3. 电压互感器本体故障处理

电压互感器有下列故障之一时，应立即停用：

(1) 高压熔断器熔体连续熔断2~3次（指10~35kV电压互感器）。

(2) 内部发热，温度过高。

(3) 内部有放电声或其他噪声。

(4) 电压互感器严重漏油、流胶或喷油。

(5) 内部发出焦臭味、冒烟或着火。

(6) 套管严重破裂放电，套管、引线与外壳之间有火花放电。

4. 电压互感器一次侧高压熔断器熔断

电压互感器在运行中，发生一次侧高压熔断器熔断时，运行人员应正确判断，汇报调度，停用自动装置，然后拉开电压互感器的隔离开关，取下二次侧熔丝（或断开电压互感器二次小开关）。在排除电压互感器本身故障后，调换熔断的高压熔丝，将电压互感器投入运行，正常后投上自动装置。

5. 电压互感器二次侧熔丝熔断（或电压互感器小开关跳闸）

在电压互感器运行中，发生二次侧熔丝熔断（或电压互感器小开关跳闸），运行人员应正确判断，汇报调度，停用自切装置。二次熔丝熔断时，运行人员应及时调换二次熔丝。若更换后再次熔断，则不应再更换，应查明原因后再处理。

任务6.3　电子式互感器简介

【任务描述】

随着计算机通信技术和电力设备二次测量、保护装置的数字化发展，常规的电流及电压互感器暴露出一系列缺点，与智能电网配套使用的新型电子式互感器能够很好地弥补常规互感器的缺陷，解决长期困扰电力系统的许多难题。本任务主要是讲述新型电子式互感器的基本结构、分类和工作原理，以及电子式互感器的发展和应用前景。

【任务实施】

分组制定实施方案，各组互相考问评价及教师评价。

【知识链接】

目前，继电保护、测量和计量装置已普遍采用微机型，消耗功率很小，一般不超过1V·A，但要求具有很高的抗干扰能力，便于数字变换和传输。而常规的电流及电压互感器暴露出一系列缺点：互感器的绝缘结构复杂、体积大、造价也高，电磁感应式互感器所固有的磁饱和、铁磁谐振、动态范围小以及绝缘油或SF_6气体易爆、易燃、腐蚀等，已难于满足目前电力系统对设备小型化和在线检测、高精度故障诊断、数字传输等发展的要求。与智能电网配套使用的新型电子式互感器能够很好地弥补常规互感器的缺陷，解决长期困扰电力系统的许多难题。

6.3.1　电子式互感器的分类

IEC 制订的 IEC 60044-7《互感器　第 7 部分：电子式电压互感器》和 IEC 60044-8《互感器　第 8 部分：电子式电流互感器》标准已分别于 1999 年及 2002 年正式颁布，我国也于 2007 年参照发布了《GB/T 20840. 7—2007　互感器　第 7 部分：电子式电压互感器》和《GB/T 20840. 8—2007　互感器　第 8 部分：电子式电流互感器》。所有有别于常规互感器的新型互感器都可称为电子式互感器。具体来说，电子式互感器就是具有模拟量电压输出或数字量输出，供频率 15~100Hz 的电气测量仪表和保护装置使用的电流/电压互感器。电子式互感器具有模拟量输出标准值（如 225mV）和数字量输出标准值（如 2D41H）。

电子式互感器通常由传感模块和合并单元构成。传感模块又称远端模块，安装在高压一次侧，负责采集、调理一次电压/电流并转换成数字信号；合并单元安装在二次侧，负责对各相远端模块传来的信号做同步合并处理，其基本结构如图 6-17 所示。

根据一次传感器是否需要提供电源，电子式互感器可分为有源式和无源式两类，其具体分类如图 6-18 所示。

有源电子式互感器将模拟信号通过远端模块转换为数字信号后经通信光纤传送出去，其传感头部分有电源电路，需要解决供电问题，但原理简单，对其研究较为深入，相关产品比较成熟。

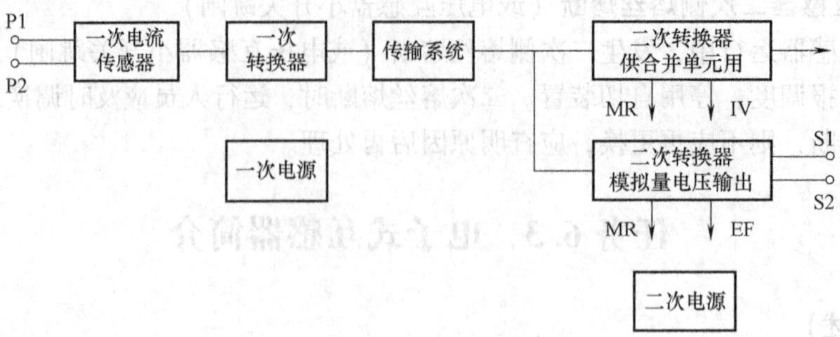

图 6-17　电子式互感器的基本结构

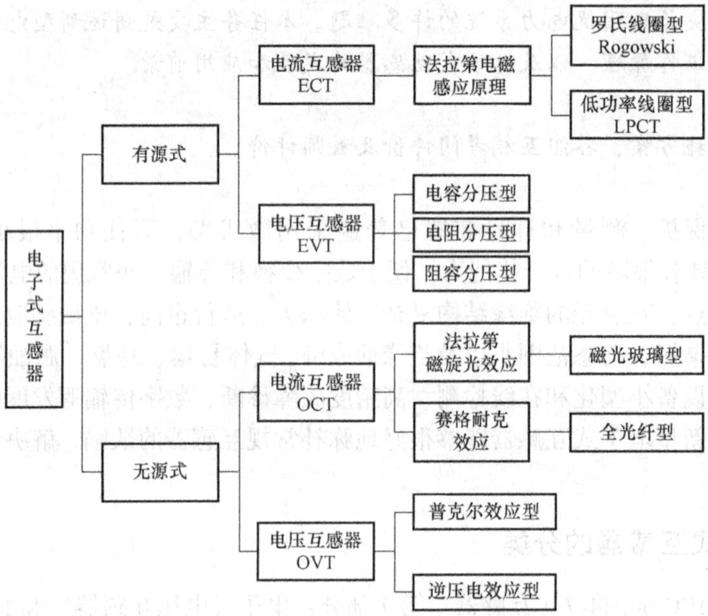

图 6-18　电子式互感器分类图

无源电子式互感器利用 Faraday 磁光效应感应被测电流信号，或利用 Pockels 电光效应感应被测电压信号，通过光纤传输传感信号。传感头部分没有电子电路，不存在供电问题，但传感头部分有复杂而不稳定的光学系统，易受到环境因素的影响，对测量准确度不利，技术难度较大。

6.3.2　电子式互感器的工作原理

1. 有源电子式电流互感器

有源电子式电流互感器的工作原理是基于法拉第电磁感应原理，可分为罗戈夫斯基（Rogowski，简称罗氏）线圈型和低功率线圈型（LPCT）。低功率线圈型大多用于测量级，采用传统的电流互感器铁心线圈结构，只是二次负荷较小，用一标准电阻进行电流/电压转换。而罗氏线圈（亦称空心线圈）型大多用于保护级，它是由漆包线均匀绕制在非磁性骨架上制成的，不会出现磁饱和及磁滞等问题。线圈两端产生的感应电动势与一次电流的导数成正比关系，因此利用电子线路对其进行积分变换便可求得一次电流。图 6-19 所示为罗氏线圈型电流互感器的原理示意图。

2. 无源电子式电流互感器

无源电子式电流互感器又称为光学电流互感器（OCT），其传感器部分不需要供电电源。当前大多采用法拉第磁旋光效应，即光束通过磁场作用下的晶体产生旋转，通过测量光线旋转角度来测量电流。根据传感元件的不同，又分为全光纤型（FOCT，传感元件和传光部分都采用光纤）和混合型（传感元件为磁光玻璃，传光部分采用光纤）。图 6-20 所示为磁光玻璃混合型 OCT 的原理示意图。

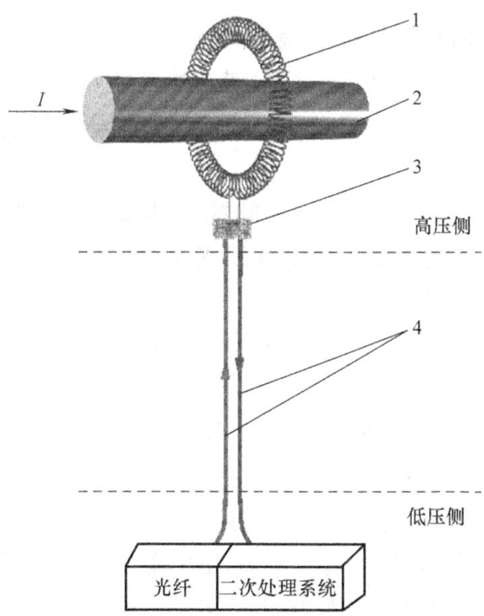

图 6-19 罗氏线圈型电流互感器原理示意图

1—罗氏线圈 2—一次导体 3—电子线路板 4—光纤

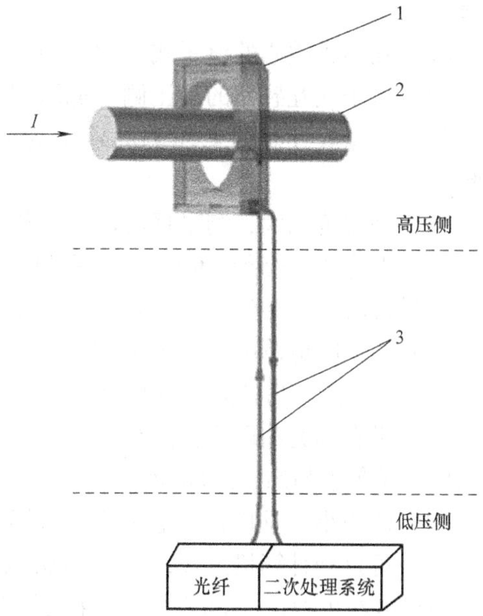

图 6-20 磁光玻璃型 OCT 原理示意图

1—磁光玻璃 2—一次导体 3—光纤

无源电子式电流互感器的最大特点是高压侧不需要电源供电，可靠性相对较高，结构简单，维护方便，无器件寿命问题，但是存在光学传感材料的稳定性、环境温度和振动对测量精度的影响等问题。

3. 有源电子式电压互感器

有源电子式电压互感器主要由分压器、电子处理电路和光纤等组成。分压器有电阻分压器、电容分压器、阻容分压器等类型。一次电压从分压器取出，经信号调理、A-D 转换及 LED 转换，以数字光信号的形式送至控制室，控制室的 PIN 及信号处理电路对其进行光电转换及相应的信号处理，便可输出供测量仪表和保护装置使用。

4. 无源电子式电压互感器

无源电子式电压互感器可分为普克尔斯（Pockels）效应型和逆压电效应型，大多采用普克尔斯效应型。所谓普克尔斯效应是指某些透明的光学介质在外电场的作用下，其折射率线性地随外加电场而变，因而又称为线性电光效应。

光学电压互感器（OVT）是利用普克尔斯电光效应来测量电压的。LED 发出的光经起偏器后为一线偏振光，在外加电压作用下，线偏振光经电光晶体（如 BGO 晶体）后发生双折射，双折射两光束的相位差与外加电压成正比，利用检偏器将相位差的变化转换为输出光强的变化，经光电变换及相应的信号处理便可求得被测电压。

6.3.3 电子式互感器的特点和应用前景

电子式互感器是智能变电站的关键装备之一。与常规互感器相比，电子式互感器在绝缘结构、饱和特性、动态范围、占地面积等方面有着显著的优势。具有如下的一系列优点：

（1）绝缘性能优良，造价低。绝缘结构简单，随电压等级的升高，其造价优势愈加明显。

（2）在不含铁心的电子式互感器中，消除了磁饱和、铁磁谐振等问题。

（3）电子式互感器的高压侧与低压侧之间只存在光纤联系，抗电磁干扰性能好。

（4）电子式互感器低压侧的输出为弱电信号，不存在常规互感器在低压侧会产生的危险。

（5）动态范围大，测量精度高。常规电流互感器因存在磁饱和问题，难以实现大范围测量，不能满足高精度计量和继电保护的需要。电子式电流互感器有很宽的动态范围，额定电流可测到几百安培至几千安培，过电流范围可达几万安培。

（6）频率响应范围宽。电子式电流互感器已被证明可以测出高压电力线上的谐波，还可进行暂态电流、高频大电流与直流电流的测量。

（7）没有因充油而产生的易燃、易爆等危险。电子式互感器一般不采用油绝缘解决绝缘问题，避免了易燃、易爆等危险。

（8）体积小、重量轻。电子式互感器传感头本身的质量一般比较小。

（9）可以和计算机连接，实现多功能、智能化的要求，适应了电力系统大容量、高电压，现代电网小型化、紧凑化和计量与输配电系统数字化、微机化和自动化发展的潮流。

当然，现阶段电子式互感器还存在一些技术问题需要解决，已投运的设备也还缺乏成熟的运行经验，其长期的可靠性还有待更多场合和更长时间的实际验证。有理由相信，随着智能电网的大力发展，电子式互感器的大量工程运行，将朝着更安全、更可靠和更高效的方向发展，凭借其特有的技术特点和价格优势，必将全面取代常规互感器，在电力系统数字化、网络化和智能化的运行控制中发挥重要作用。

思考题与习题

6-1 互感器是怎样分类的？

6-2 互感器的作用是什么？

6-3 在运行中，电流互感器的二次侧为何不允许开路？

6-4 电磁式电流互感器的准确级如何定义？如何划分？

6-5 电磁式电流互感器有哪些结构类型？

6-6 电磁式电流互感器常见的接线方式有几种？各有何用途？

6-7 电磁式电流互感器在运行中的巡视检查项目有哪些？

6-8 在运行中，电磁式电压互感器的二次侧为何不允许短路？

6-9 电磁式电压互感器准确级如何定义？如何划分？

6-10　电磁式电压互感器有哪些结构类型？

6-11　简述电容式电压互感器的工作原理。

6-12　电容式电压互感器有哪些特点？

6-13　电容式电压互感器有哪些结构类型？

6-14　电压互感器常见的接线方式有几种？各有何用途？

6-15　电压互感器在运行中的巡视检查项目有哪些？

6-16　请在图 6-21 所示的主接线适当地点配置 TA 和 TV。

6-17　简述电子式互感器的分类、工作原理和特点。

6-18　选择某 10kV 出线的电流互感器。已知该馈线装有电流表、有功功率表、有功电能表各一只，$I_{max}=380A$，$\cos\varphi=0.8$，短路时间 $t_k=1.1s$，$I''=8.8kA$，$I_{t_k/2}=8.4kA$，$I_{t_k}=8kA$，相间距离 $a=0.4m$，电流互感器至最近一个绝缘子的距离 $L_1=1m$，至测量仪表的路径长度为 $l=30m$，当地最热月平均最高气温为 30℃。

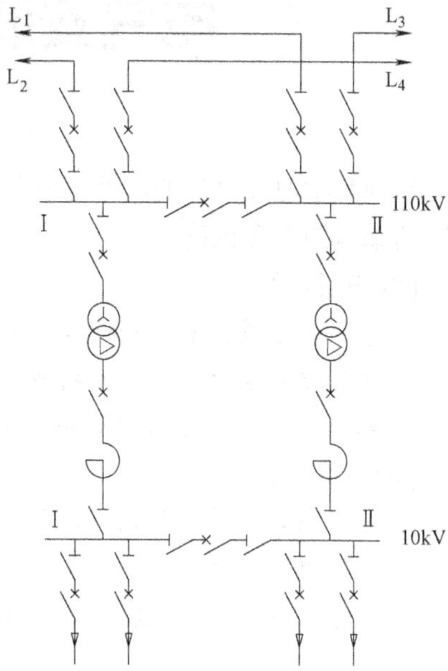

图 6-21　主接线图

6-19　选择变电站 10kV 母线电压互感器，该变电站要求电气设备尽量无油化。已知 10kV 母线有两个分段，每个分段上有 4 回出线和一台主变压器，接有有功功率表 5 只、无功功率表 1 只、有功电能表和无功电能表各 5 只、两段公用的母线电压表 1 只、绝缘监察电压表 3 只。

项目7 电气安装识图

本项目学习发电厂变电站配电装置的配置图、平面图、断面图的基本知识及电气二次接线图的基本知识和识读。

【知识目标】

1. 掌握配电装置和最小安全净距的概念；
2. 熟悉配电装置的种类和特点；
3. 熟悉二次接线常用图形和文字符号、典型二次回路编号；理解相对编号法的含义。

【能力目标】

1. 根据原始资料设计的一次接线，能够选择相应的配电装置；
2. 能够识读配电装置的配置图、平面图、断面图；
3. 能够识读各种二次接线原理图、屏面布置图、屏后接线图、端子排图等。

任务7.1 配电装置识图

【任务描述】

配电装置是发电厂和变电站的重要组成部分，它是指根据电气主接线的要求，将母线、开关电器、保护电器、测量电器及必要的辅助设备进行集中布置组建而成的总体装置。要求学生能够看懂配电装置各种表达图，并能在此基础上进行分析应用，为电气一次系统安装调试、维护、改造和设计奠定基础。

【任务实施】

根据原始资料设计的一次接线，能够选择相应的配电装置。

【知识链接】

配电装置是发电厂和变电站的重要组成部分，它是指根据电气主接线的要求，将母线、开关电器、保护电器、测量电器及必要的辅助设备进行集中布置组建而成的总体装置。配电装置的作用是在正常情况下，用来接受和分配电能，而在系统发生故障时，迅速切除故障部分，维持系统正常运行。

7.1.1 配电装置的分类

配电装置按电气设备装设的地点不同，可分为屋内配电装置和屋外配电装置；按其组装方式，可分为装配式和成套式；按电压等级的不同，又可分为高压配电装置和低压配电装置。

1. 屋内配电装置

屋内配电装置将电气设备和载流导体安装在屋内。

（1）优点：①由于允许安全净距小且可以分层布置而使占地面积较小；②维修、巡视和操作在室内进行，不受气候影响，可减轻维护工作量；③外界污秽空气对电气设备影响较小，可以减少维护工作量。

（2）缺点：房屋建筑投资较大，建设周期长。

2. 屋外配电装置

屋外配电装置将电气设备安装在户外，图 7-1 所示为某变电站屋外配电装置图。

（1）优点：①土建工作量和费用较小，建设周期短；②与屋内配电装置相比，扩建比较方便；③相邻设备之间距离较大，便于带电作业。

（2）缺点：①与屋内配电装置相比，占地面积大；②受外界环境影响，设备运行条件较差，须加强绝缘；③不良气候对设备维护和操作有影响。

图 7-1　某变电站屋外配电装置图

3. 装配式配电装置

装配式配电装置是指在现场将各个电气设备逐件地安装在配电装置中。

（1）优点：①建造安装灵活；②投资少；③金属消耗量少。

（2）缺点：①安装工作量大；②施工工期长。

4. 成套配电装置

成套配电装置是指由制造厂将开关电器、互感器等组装成独立的开关柜（配电屏），运抵现场后只需对开关柜（配电屏）进行安装固定，便可建成配电装置。

（1）优点：①电气设备布置在封闭或半封闭的金属外壳或金属框架中，相间和对地距离可以缩小，结构紧凑，占地面积小；②所有电气设备已在工厂组成一体，如 SF_6 全封闭组合电器、开关柜等，大大减小现场安装工作量，有利于缩短建设周期，也便于扩建和搬迁；③运行可靠性高，维护方便。

（2）缺点：耗用钢材较多，造价较高。

5. 配电装置的应用

在发电厂和变电站中，35kV 及以下的配电装置多采用屋内配电装置，其中 3～10kV 的配电装置大多采用成套配电装置；110kV 及以上的配电装置大多采用屋外配电装置。对 110～220kV 配电装置有特殊要求时，如建于城市中心或处于严重污秽地区（如沿海或化工厂区）时，也可以采用屋内配电装置。

成套配电装置一般布置在屋内。目前我国生产的 3～35kV 的各种成套配电装置，在发电厂和变电站中已被广泛采用，110～500kV 的 SF_6 全封闭组合电器也已得到应用。

7.1.2　配电装置的基本要求及设计步骤

1. 设计基本要求

（1）运行可靠。根据电力系统条件和自然环境特点以及有关规程，合理选择电气设备，使选用的电气设备具有正确的技术参数，合理制定布置方案，积极慎重地采用新布置、新设备、新材料、新结构；保证其具有足够的安全净距；应考虑设备防水、防冻、防风、抗震、耐污等性能。

(2) 便于操作、巡视和检修。配电装置的结构应使操作集中，尽可能避免运行人员在操作一个回路时需要走几层楼或几条走廊；配电装置的结构和布置应力求整齐清晰，便于操作巡视和检修。

(3) 保证工作人员的安全。为保证工作人员的安全，应使工作人员与带电体边缘有足够的安全距离；设置适当的安全出口；设备外壳和底座都采用保护接地；装设防误操作的闭锁装置及联锁装置；应考虑防火等安全措施。

(4) 力求提高经济性。在满足上述要求的前提下，应节省投资，减少占地面积。

(5) 考虑扩建的可能性。要根据发电厂和变电站的具体情况，分析是否有发展和扩建的可能。如有，则在配电装置结构和占地面积等方面要留有余地。

2. 设计基本步骤

(1) 选择配电装置的类型。选择时应考虑配电装置的电压等级、电气设备的型式、出线多少和方式、有无电抗器、地形、环境条件等因素。

(2) 拟定配电装置的配置图。配置图是一种示意图，用来表示进线（如发电机、变压器）、出线（如线路）、断路器、互感器、避雷器等合理分配于各层、各间隔中的情况，并表示出导线和电气设备各间隔的轮廓，但不要求按比例尺寸绘出。通过配置图可以了解和分析配电装置方案，统计所用的主要电气设备。

(3) 设计绘制配电装置平面图和断面图。平面图是按比例画出房屋及其间隔、通道和出口等处的平面布置轮廓，平面上的间隔值是为了确定间隔数及排列，故可不表示所装电气设备。断面图是用来表明所取断面的间隔中各种设备的具体空间位置、安装和相互连接的结构图。断面图也应按比例绘制。

7.1.3 配电装置的最小安全净距

配电装置各部分之间，为确保人身和设备的安全所必需的最小电气距离，称为最小安全净距。在这一距离下，无论在正常最高工作电压还是出现内、外部过电压时，都不致使空气间隙被击穿。

对于敞露在空气中的屋内、外配电装置中各有关部分之间的最小安全净距分为 A、B、C、D、E 共 5 类，如图 7-2 和图 7-3 所示。

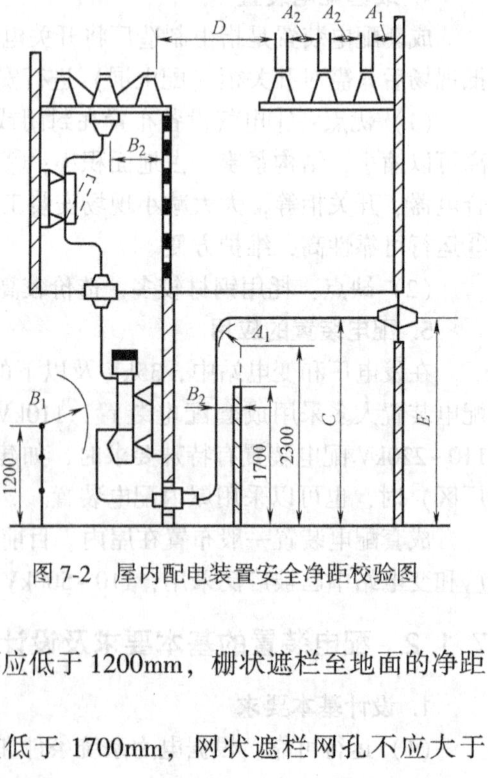

图 7-2 屋内配电装置安全净距校验图

图中有关尺寸说明如下。

(1) 配电装置中，电气设备的栅状遮栏高度不应低于 1200mm，栅状遮栏至地面的净距以及栅条间的净距应不大于 200mm。

(2) 配电装置中，电气设备的网状遮栏不应低于 1700mm，网状遮栏网孔不应大于

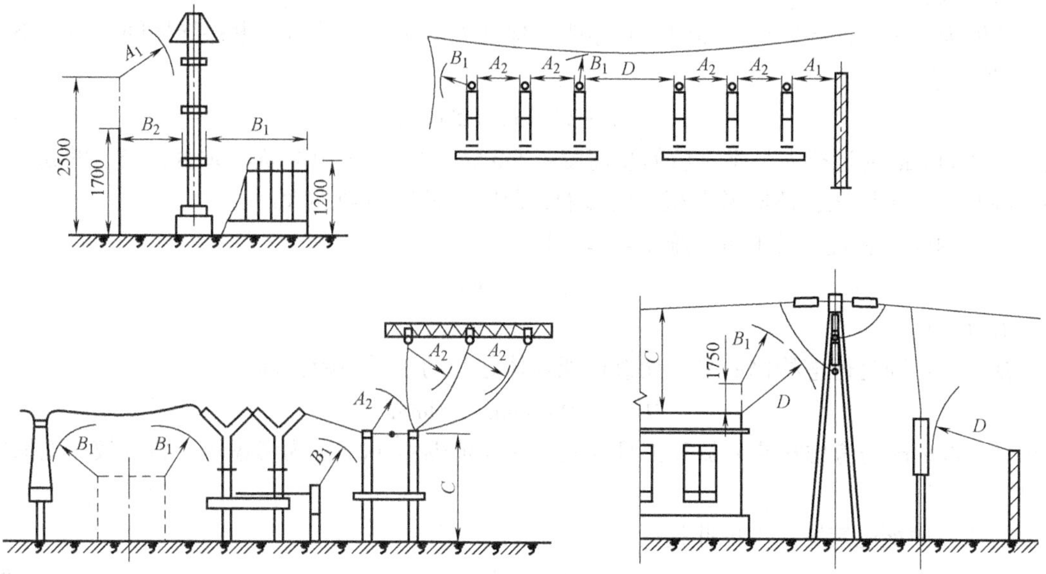

图 7-3 屋外配电装置安全净距校验图

40mm×40mm。

（3）位于地面（或楼面）上面的裸导体导电部分，如其尺寸受空间限制不能保证 C 值时，应采用网状遮栏隔离。网状遮栏下通行部分的高度不应小于 1900mm。

1. A 值

最小安全净距 A 类分为 A_1 和 A_2，A_1 和 A_2 是最基本的最小安全净距，即带电部分对接地部分之间和不同相的带电部分之间的空间最小安全净距。A_1 和 A_2 值是根据过电压与绝缘配合计算，并根据间隙放电试验曲线来确定的。一般地，220kV 及以下的配电装置，大气过电压起主要作用；330kV 及以上的配电措施，内过电压起主要作用；当采用残压较低的避雷器（如氧化锌避雷器）时，A_1 和 A_2 值可减小；当海拔超过 1000m 时，按每升高 100m，绝缘强度增加 1%来增加 A 值。

B、C、D、E 类安全净距是在 A 值的基础上再考虑运行维护、设备移动、检修工具活动范围、施工误差等具体情况而确定的。它们的含义分别叙述如下。

2. B 值

B 值分为 B_1 和 B_2 两类。B_1 为带电部分至栅状遮栏间的距离和可移动设备的外廓在移动中至带电裸导体间的距离，即

$$B_1 = A_1 + 750\text{mm} \tag{7-1}$$

式中的 750mm 为考虑运行人员手臂误入栅栏时手臂的长度。设备移动时的摇摆也不会大于此值。当导线垂直交叉且又要求不同时停电检修的情况下，检修人员在导线上下活动范围也为此值。

B_2 为带电部分至网状遮栏间的电气净距，即

$$B_2 = A_1 + 30\text{mm} + 70\text{mm} \tag{7-2}$$

式中的 30mm 为考虑在水平方向的施工误差；70mm 指运行人员手指误入网状遮栏时，手指长度不大于此值。

3. C值

C值为无遮栏裸导体至地面的垂直净距。保证人举手后，手与带电裸导体间的距离不小于A_1值，即

$$C=A_1+2300mm+200mm \tag{7-3}$$

式中的2300mm为运行人员举手后的总高度；200mm为户外配电装置在垂直方向上的施工误差，在积雪严重地区，还应考虑积雪的影响，此距离还应适当加大。

对屋内配电装置，可不考虑施工误差，即

$$C=A_1+2300mm \tag{7-4}$$

4. D值

D值为不同时停电检修的平行无遮栏裸导体之间的水平净距，即

$$D=A_1+1800mm+200mm \tag{7-5}$$

式中的1800mm为考虑检修人员和工具的允许活动范围；200mm为考虑屋外条件较差而取的裕度。

对于屋内配电装置不考虑此裕度，即

$$D=A_1+1800mm \tag{7-6}$$

5. E值

E值为屋内配电装置通向屋外的出线套管中心线至屋外通道路面的距离。35kV以下取$E=4000mm$；60kV及以上取$E=A_1+3500mm$，并取整数值，其中3500mm为人站在载重汽车车厢中举手的高度。

图7-2和图7-3分别为安全净距A、B、C、D、E各值的含义示意图。表7-1和表7-2分别给出了各参数的具体值。当海拔超过1000m时，表中所列A值应按每升高100m增大1%进行修正，B、C、D、E值应分别增加A_1值的修正值。

设计配电装置中带电导体之间和导体对接地构架距离时，还应考虑其他因素，如软绞线在短路电动力、风摆、温度和覆冰等作用下使相间及对地距离的减小；隔离开关开断允许电流时不致发生相间短路和接地故障；降低大电流导体附近铁磁物质的发热；减小110kV及以上带电导体的电晕损失和带电检修；等。工程上采用相间距离和相对地的距离，通常大于表7-1和表7-2所列的数值。

表7-1　屋内配电装置的安全净距　（单位：mm）

符号	适用范围	额定电压/kV									
		3	6	10	15	20	35	60	110J	110	220J
A_1	(1)带电部分至接地部分之间 (2)网状和栅状遮栏向上延伸线距地2.3m处，与遮栏上方带电部分之间	75	100	125	150	180	300	550	850	950	1800
A_2	(1)不同相的带电部分之间 (2)断路器和隔离开关的断口两侧带电部分之间	75	100	125	150	180	300	550	900	1000	2000
B_1	(1)栅状遮栏至带电部分之间 (2)交叉的不同时停电检修的无遮栏带电部分之间	825	850	875	900	930	1050	1300	1600	1700	2550

（续）

符号	适用范围	额定电压/kV									
		3	6	10	15	20	35	60	110J	110	220J
B_2	网状遮栏至带电部分之间	175	200	225	250	280	400	650	950	1050	1900
C	无遮栏裸导体至地(楼)面之间	2375	2400	2425	2450	2480	2600	2850	3150	3250	4100
D	平行的不同时停电检修的无遮栏裸导体之间	1875	1900	1925	1950	1980	2100	2350	2650	2750	3600
E	通向屋外的出线套管至屋外通道的路面之间	4000	4000	4000	4000	4000	4000	4500	5000	5000	5500

表 7-2 屋外配电装置的安全净距 （单位：mm）

符号	适用范围	额定电压/kV								
		3~10	15~20	35	60	110J	110	220J	330J	500J
A_1	(1)带电部分至接地部分之间 (2)网状遮栏向上延伸线距地 2.5m 处与遮栏上方带电部分之间	200	300	400	650	900	1000	1800	2500	3800
A_2	(1)不同相的带电部分之间 (2)断路器和隔离开关的断口两侧引线带电部分之间	200	300	400	650	1000	1100	2000	2800	4300
B_1	(1)设备运输时,其外廓至无遮栏带电部分之间 (2)交叉的不同时停电检修的无遮栏带电部分之间 (3)栅状遮栏至绝缘体和带电部分之间 (4)带电作业时的带电部分至接地部分之间	950	1050	1150	1400	1650	1750	2550	3250	4550
B_2	网状遮栏至带电部分之间	300	400	500	750	1000	1100	1900	2600	3900
C	(1)无遮栏裸导体至地面之间 (2)无遮栏裸导体至建筑物、构筑物顶部之间	2700	2800	2900	3100	3400	3500	4300	5000	7500
D	(1)平行的不同时停电检修的无遮栏带电部分之间 (2)带电部分与建筑物、构筑物的边沿部分之间	2200	2300	2400	2600	2900	3000	3800	4500	5800

7.1.4 屋内配电装置

1. 屋内配电装置分类

屋内配电装置的结构形式除与电气主接线形式、电压等级、母线容量、断路器型式、出线回路数、出线方式及有无电抗器等有密切关系外，还与施工、检修条件和运行经验有关。随着新设备和新技术的采用，运行和检修经验的不断丰富，配电装置的结构和型式将会不断地发展。

发电厂和变电站中 6~10kV 屋内配电装置，按其布置型式可分为下列三类。

（1）三层式。三层式是将所有电气设备分别布置在三层中（三层、二层、底层），将母线、母线隔离开关等较轻设备布置在第三层，将断路器布置在二层，电抗器布置在底层。其优点是安全、可靠性高、占地面积少；缺点是结构复杂、施工时间长、造价较高、运行维护不大方便，目前已较少采用。

（2）二层式。二层式是将断路器和电抗器布置在一层，将母线、母线隔离开关等较轻设备布置在第二层。与三层式相比，它的优点是造价较低，运行维护和检修方便；缺点是占地面积有所增加。三层式和二层式均用于出线有电抗器的情况。

（3）单层式。单层式是把所有设备布置在底层。优点是结构简单、施工时间短、造价低、运行和检修方便；缺点是占地面积较大，通常采用成套开关柜，以减少占地面积。

35~220kV 的户内配电装置布置型式只有二层式和单层式。

图 7-4 所示为二层二通道双母线分段、出线带电抗器的 6~10kV 屋内配电装置配置图。可以看出电抗器、电流互感器、断路器放置在一层，而隔离开关、母线、电压互感器放置在二层。

2. 屋内配电装置的布置原则

（1）在进行电气设备布置时，首先应从整体布局上考虑，其总体布置要满足以下要求：

1）同一回路的电器和导体应布置在一个间隔内，以保证检修和限制故障范围。所谓间隔是指为了将电气设备故障的影响限制在最小的范围内，以免波及相邻的电气回路，以及在检修电气设备时，避免检修人员与邻近回路的电气设备接触，而用砖或用石棉板等制成的墙体隔离的空间。按照回路的用途，可分为发电机、变压器、线路、母线（或分段）继电器、电压互感器和避雷器间隔等。各间隔依次排列起来形成所谓的列，按形成的列数可分为单列布置和双列布置。

2）尽量将电源布置在每段母线的中部，使母线截面通过较小的电流，但有时为了连接方便，根据主厂房或变电站的布置而将发电机或变压器间隔设在每段母线的端部。

3）较重的设备（如电抗器）布置在下层，以减轻楼板的荷重并便于安装。

4）充分利用间隔的位置。

5）设备对应布置，便于操作。

6）有利于扩建。

（2）根据上述原则对屋内配电装置的设备做如下布置：

1）母线及隔离开关。母线通常装在配电装置的上部，一般呈水平布置、垂直布置和直角三角形布置。水平布置不如垂直布置便于观察，但建筑部分简单，可降低建筑物的高度，安装比较容易，因此在中、小容量发电厂和变电站的配电装置中采用较多。垂直布置时，相间距离可以取得较大，无需增加间隔深度；支柱绝缘子装在水平隔板上，绝缘子间的距离可取较小值。因此，垂直布置的母线结构可获得较高的机械强度；但垂直布置的结构复杂，并增加建筑高度。垂直布置可用于 20kV 以下、短路电流很大的配电装置中。直角三角形布置的结构紧凑，可充分利用间隔的高度和深度，但三相为非对称布置，外部短路时，各相母线和绝缘子机械强度均不相同，这种布置方式可用于 6~35kV 大、中容量的配电装置中。

母线相间距离 a 决定于相间电压，并考虑短路时母线和绝缘子的机械强度与安装条件。6~10kV 小容量配电装置，母线水平布置时，a 为 250~350mm；母线垂直布置时，a 为700~800mm；35kV 配电装置中母线水平布置时，a 约为 500mm。

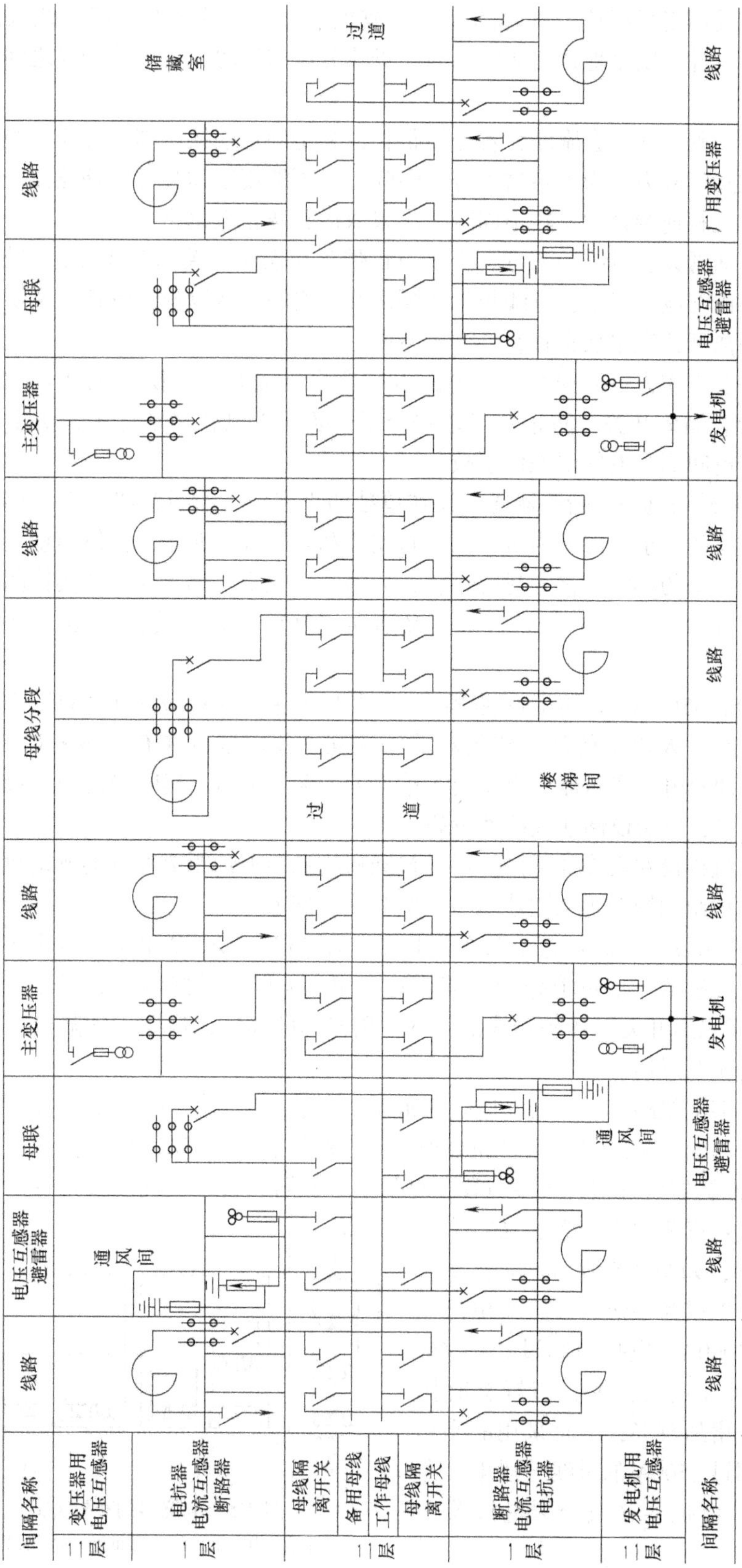

图 7-4 二层二通道双母线分段、出线带电抗器的 6~10kV 屋内配电装置配置图

双母线布置中的两组母线应与垂直的隔墙（或板）分开，这样在一组母线故障时，不会影响另一组母线，并可安全地检修故障母线。母线分段布置时，在两端母线之间也应以隔墙（或板）隔开。

在温度变化时，硬母线将会胀缩，若母线很长，又是固定连接，则在母线、绝缘子和套管中可能会产生危险的应力。为了将这种应力消除，必须按规定加装母线补偿器。

当母线和导体互相连接处的材料不同时，应采取措施防止电化腐蚀。

母线隔离开关通常设在母线的下方。为了防止带负荷误拉开关引起飞弧造成母线短路，在双母线布置的户内配电装置中，母线与母线隔离开关之间宜装设耐火隔板。两层以上的配电装置中，母线隔离开关宜单独布置在一个小室内。

为了确保设备及工作人员的安全，户内配电装置应设置有“五防”的闭锁装置。“五防”是指防止误拉合隔离开关、防止带接地线合闸、防止带电合接地开关、防止误拉合断路器、防止误入带电间隔等电气误操作事故。

2）断路器及其操动机构。断路器通常设在单独的小室内。油断路器小室的形式，按照油量多少及防爆结构的要求，可分为敞开式、封闭式和防爆式。四壁用实体墙壁、顶盖和无网眼的门完全封闭起来的小室，称为封闭小室；如果小室完全或部分使用非实体的隔板或遮栏，则称为敞开小室；当封闭小室的出口直接通向屋外或专设的防爆通道，则称为防爆小室。

为了防火安全，35kV 以下的油断路器和油浸式互感器一般安装在两侧有实体隔墙（板）的间隔内；35kV 及以上的油断路器和油浸式互感器应装设在有防爆隔墙的间隔内；总油量超过 100kg 油浸电力变压器，应安装在单独的防爆小室内；当间隔内的单台电气设备总油量超过 100kg 时，应装设储油或挡油设施。

断路器的操动机构设在操作通道内。手动操动机构和轻型远距离控制的操动机构均装在壁上，重型远距离控制的操动机构则落地装在混凝土基础上。

3）互感器和避雷器。电流互感器无论是干式或油浸式，都可以和断路器放在同一个小室内。穿墙式电流互感器应尽可能作为穿墙套管使用。电压互感器都经隔离开关和熔断器（110kV 及以上只用隔离开关）接到母线上，需占用专用的间隔，但同一间隔内，可以装设几台不同用途的电压互感器。

当母线上接有架空线路时，母线上应装避雷器。由于避雷器体积不大，所以通常与电压互感器共占用一个间隔（相互之间应以隔层隔开），并可共用一组隔离开关。

4）电抗器。电抗器比较重，大多布置在封闭小室的第一层。电抗器按其容量不同有三种不同的布置方式：三相垂直布置、品字形布置和三相水平布置，如图 7-5 所示。通常线路电抗器采用垂直布置或品字形布置。当电抗器的额定电流超过 1000A、电抗值超过 5%~6% 时，由于重量及尺寸过大，垂直布置会有困难，且使小室高度增加较多，故宜采用品字形布置。额定电流超过 1500A 的母线分段电抗器或变压器低压侧的电抗器（或分裂电抗器），宜采用水平布置。

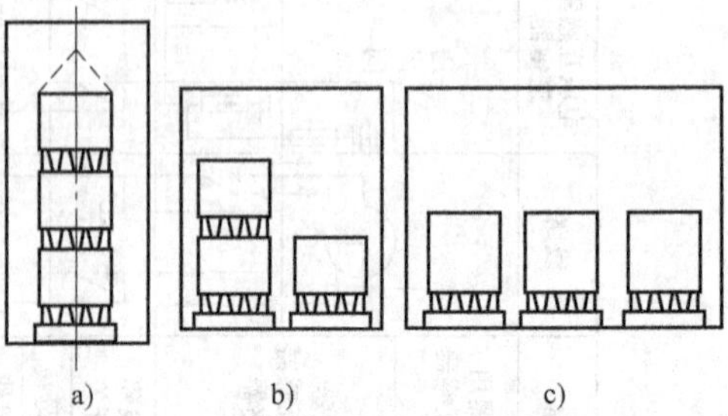

图 7-5　电抗器的布置方式

a）垂直布置　b）品字形布置　c）水平布置

安装电抗器必须注意：垂直布置时，B 相应放在上下两相之间；品字形布置时，不应将 A、C 相重叠在一起，其原因是 B 相电抗器线圈的缠绕方向与 A、C 相线圈相反，这样在外部短路时，电抗器相间的最大作用力是吸引力，而不是排斥力，以便利用瓷绝缘子抗压强度比抗拉强度大得多的特点。

5）电缆隧道及电缆沟。电缆隧道及电缆沟是用来放置电缆的。电缆隧道为封闭狭长的构筑物，高 1.8m 以上，两侧设有数层敷设电缆的支架，可放置较多的电缆，人在隧道内能方便地进行电缆的敷设和维修工作，其造价较高，一般用于大型电厂。电缆沟则为有盖板的沟道，沟宽与深均不足 1m，可容纳的电缆数量较少，敷设和维修电缆必须揭开盖板，很不方便，且沟内容易积灰和积水，但土建施工简单，造价较低，常为变电站和中、小型发电厂所采用。国内外有不少发电厂，将电缆吊在天花板下，以节省电缆沟。为使电力电缆发生事故时不致影响控制电缆，一般将电力电缆与控制电缆分开排列在过道两侧。如布置在一侧时，控制电缆应尽量布置在下面，并用耐火隔板与电力电缆隔开。

6）通道和出口。配电装置的布置应便于设备操作、检修和搬运，故需设置必要的通道（走廊）。凡用来维护和搬运各种电器的通道，称为维护通道；如通道内设有断路器（或隔离开关）的操动机构、就地控制屏等，称为操作通道；仅和防爆小室相通的通道，称为防爆通道。配电装置室内各种通道的最小宽度（净距）应符合规程要求。

为了保证工作人员的安全及工作的方便，不同长度的屋内配电装置室，应有一定数目的出口。长度小于 7m 时，可设置一个出口；长度大于 7m 时，应有两个出口（最好设在两端）；当长度大于 60m 时，在中部适当的地方再增加一个出口。配电装置室出口的门应向外开，并应装弹簧锁，相邻配电装置室之间如有门时，应能向两个方向开启。

7）采光和通风。配电装置室可以开窗采光和通风，但应采取防止雨雪、风沙、污秽和小动物进入室内的措施。另外，应按事故排烟要求，装设足够的事故通风装置。

3. 屋内配电装置实例

图 7-6 所示为二层二通道单母线分段带旁路母线 110kV 屋内配电装置断面图。该装置间隔宽度为 7m，跨度为 15m。它的主母线和旁路母线平行布置在上层，主母线居中，旁路母线靠近出线侧。母线隔离开关均为竖装。底层每个间隔分前后两个小室，分别布置断路器及出线隔离开关。所有隔离开关均采用 V 形，并都在现场用手动机构操作。母线引下线均采用钢芯铝线。上下两层各设有两条操作维护通道。楼层的母线隔离开关间隔采用轻钢丝网隔开，以减轻土建结构。这种配电装置能够有效地防止空气污染及显著地节约土地，且造价较低。

7.1.5 屋外配电装置

1. 屋外配电装置分类

屋外配电装置是将所有电气设备和母线都装设在露天的基础、支架或构架上。根据电气设备和母线布置的高度，屋外配电装置可分为中型配电装置、高型配电装置和半高型配电装置。

（1）中型配电装置。中型配电装置是将所有电气设备都安装在同一个平面内，并装在一定高度的基础上，使带电部分对地保持必要的高度，以便工作人员能在地面上安全活动；母线所在的水平面稍高于电气设备所在的水平面，母线和电气设备均不能上、下重叠布置。

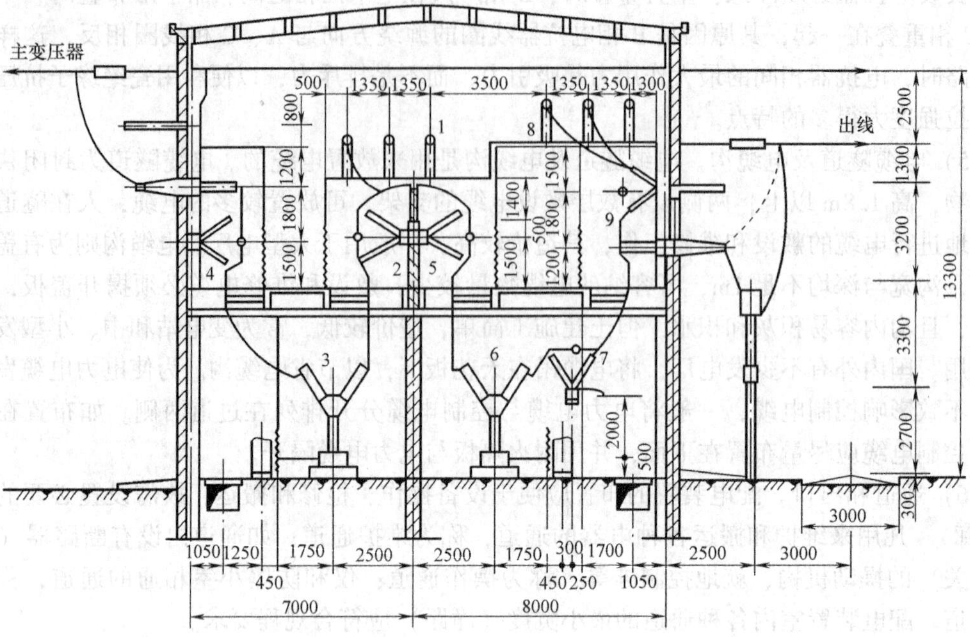

图 7-6　二层二通道单母线分段带旁路母线 110kV 屋内配电装置断面图

1—母线　2、4、5、7、9—隔离开关　3、6—断路器　8—旁路母线

中型配电装置布置比较清晰、不易误操作、运行可靠、施工和维护方便、造价较低，并有多年的运行经验；其缺点是占地面积过大。

中型配电装置按照隔离开关的布置方式，可分为普通中型配电装置和分相中型配电装置。所谓分相中型配电装置系指隔离开关分相直接布置在母线的正下方，其余的均与普通中型配电装置相同。

中型配电装置广泛用于 110~500kV 电压等级，且宜在地震烈度较高的地区采用。

（2）高型配电装置。高型配电装置是将一组母线及隔离开关与另一组母线及隔离开关上下重叠布置的配电装置，适用于 220kV 电压等级，可以节省占地面积 50%左右，但耗费钢材较多、造价较高、操作和维护条件较差。在地震烈度较高的地区不宜采用高型。

高型配电装置按其结构的不同，可分为单框架双列式、双框架单列式和三框架双列式三种类型。下面以双母线、进出线带旁路母线的主接线形式为例来叙述这三种类型结构。

1）单框架双列式。它是将两组母线及其隔离开关上下重叠布置在一个高型框架内，而旁路母线架（供布置旁路母线用）不提高，成为单框架结构，断路器为双列布置。

2）双框架单列式。双框架单列式除将两组母线及其隔离开关上下重叠布置在一个高型框架内外，再将一个旁路母线架提高且并列设在母线架的出线侧，也就是两个高型框架合并，成为双框架结构，断路器为单列布置。

3）三框架双列式。三框架双列式除将两组母线及其隔离开关上下重叠布置在一个高型框架内外，再把两个旁路母线架提高，并列设在母线架的两侧，也就是三个高型框架合并，成为三框架结构，断路器为双列布置。

三框架结构比单框架和双框架更能充分利用空间位置，因为它可以双侧出线，在中间的框架内分上下两层布置两组母线及其隔离开关，两侧的两个框架内，上层布置旁路母线和旁路隔离开关，下层布置进出线断路器、电流互感器和隔离开关，从而使占地面积最小。由于三框架布置较双框架和单框架优越，因而得到了广泛的应用。但和中型布置相比，钢材消耗量较大、操作条件较差、检修上层设备不便。

（3）半高型配电装置。半高型配电装置是将母线置于高一层的水平面上，与断路器、电流互感器、隔离开关上下重叠布置，其占地面积比普通中型减少30%。半高型配电装置介于高型和中型之间，具有两者的优点，除母线隔离开关外，其余部分与中型布置基本相同，运行维护仍较方便。适用于110kV电压等级。

由于高型和半高型配电装置可大量节省占地面积，因而在电力系统中得到广泛应用。

2. 屋外配电装置的布置原则

（1）母线及构架。屋外配电装置的母线有软母线和硬母线两种。软母线分为钢芯铝绞线、软管母线和分裂导线，三相呈水平布置，用悬式绝缘子悬挂在母线构架上。软母线可选用较大的档距，但一般不超过三个间隔宽度，档距越大，导线弧垂越大，导致导线相间及对地距离增加，相应地母线及跨越线构架的宽度和高度均需要加大。硬母线常用的有矩形和管形。矩形母线用于35kV及以下配电装置，管形则用于110kV及以上的配电装置。管形硬母线一般安装在柱式绝缘子上，母线不会摇摆，相间距离可缩小，与剪刀式隔离开关配合可以节省占地面积；管形母线直径大，表面光滑，可提高电晕起始电压。但管形母线易产生微风共振和存在端部效应，对基础不均匀下沉比较敏感，支柱绝缘子抗振能力较差。

屋外配电装置的构架可用型钢或钢筋混凝土制成。钢构架机械强度大，可以按任何负荷和尺寸制造，便于固定设备，抗振能力强，运输方便。钢筋混凝土构架可以节约大量钢材，也可满足各种强度和尺寸的要求、经久耐用、维护简单。钢筋混凝土环形杆可以在工厂成批生产，并可分段制造，运输和安装尚比较方便，但不便于固定设备。以钢筋混凝土环形杆和镀锌钢梁组成的构架，兼有两者的优点，已在我国220kV以下各种配电装置中广泛采用。

（2）电力变压器。电力变压器外壳不带电，故通常采用落地布置，安装在变压器基础上。变压器基础一般制成双梁形并铺以铁轨，轨距等于变压器的滚轮中心距。为了防止变压器发生事故时，燃油流失使事故扩大，单个油箱油量超过1000kg以上的变压器，按照防火要求，在设备下面需设置储油池或挡油墙，其尺寸应比设备外廓大1m，储油池内一般铺设厚度不小于0.25m的卵石层。

主变压器与建筑物的距离不应小于1.25m，且距变压器5m以内的建筑物在变压器总高度以下及外廓两侧各3m的范围内不应有门窗和通风孔。当变压器油量超过2500kg以上时，两台（或两相）变压器之间的防火净距不应小于5～10m，若布置有困难，应设置防火墙。

（3）高压断路器。断路器有低式和高式两种布置。低式布置的断路器安装在0.5～1m的混凝土基础上，其优点是检修比较方便，抗振性能好，但低式布置必须设置围栏，因而影响通道的畅通。在中型配电装置中，断路器和互感器多采用高式布置，即把断路器安装在约高2m的混凝土基础上，因断路器支持绝缘子最低绝缘部位对地距离为2.5m，故不需要设置围栏。

（4）隔离开关和互感器。隔离开关和互感器均采用高式布置，其要求与断路器相同。

（5）避雷器。避雷器也有高式和低式两种布置。110kV及以上的阀型避雷器由于器身细长，多落地安装在0.4m的基础上。磁吹避雷器及35kV阀型避雷器形体矮小，稳定度较好，一般采用高式布置。

（6）电缆沟。电缆沟的布置，应使电缆所走的路径最短。按布置方向可分为以下三种：

1）横向电缆沟。横向电缆沟与母线平行，一般布置在断路器与隔离开关之间。

2）纵向电缆沟。纵向电缆沟与母线垂直，为主干电缆沟，因敷设电缆较多，一般分两路。

3）辐射型电缆沟。当采用弱电控制和晶体管、微机保护时，为了加强抗干扰，可采用辐射型电缆沟。

（7）通道。为了运输设备和消防的需要，应在主要设备近旁铺设行车道路。大、中型变电站内一般均应铺设宽3m的环形道。屋外配电装置内应设置0.8~1m的巡视小道，以便运行人员巡视电气设备，电缆沟盖板可作为部分巡视小道。

3. 屋外配电装置实例

在我国20世纪50年代，屋外配电装置主要采用普通中型，但因占地面积较大逐渐被淘汰，自20世纪60年代开始出现了新型配电装置，分相中型、半高型和高型得到了广泛应用。

（1）普通中型配电装置。图7-7所示为110kV屋外普通中型单母线分段接线出线间隔断面图。母线采用钢芯铝绞线，用悬式绝缘子将其悬挂于7m高的门形构架上。图中断路器采用双列布置方式，其中出线回路的断路器布置在主母线的左侧，主变压器进线回路（图中未表示）布置在主母线的右侧。

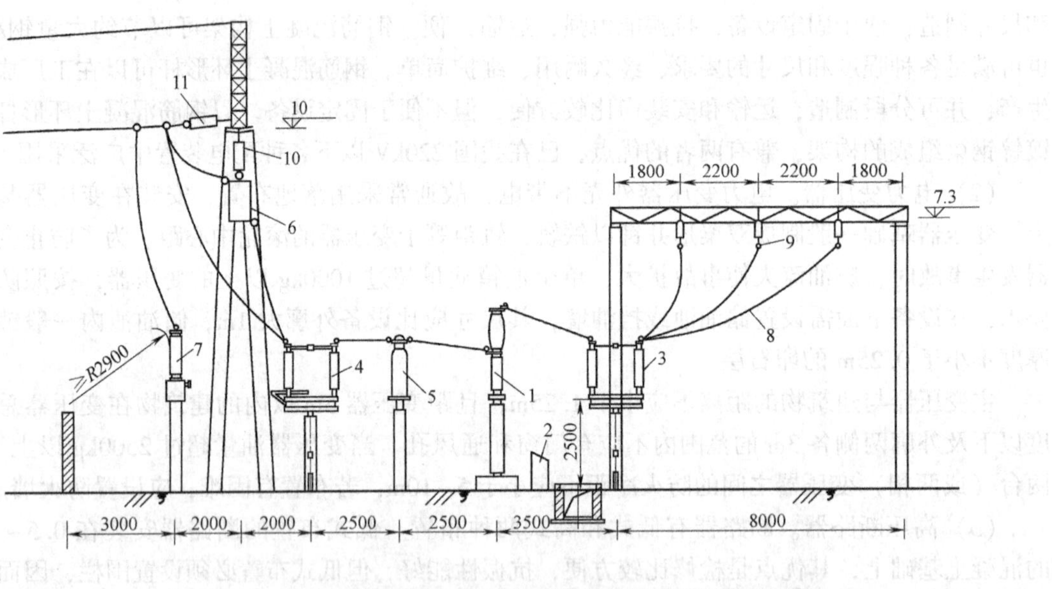

图7-7 110kV屋外普通中型单母线分段接线出线间隔断面图

1—断路器 2—端子箱 3—隔离开关 4—带接地刀闸的隔离开关 5—电流互感器
6—阻波器 7—耦合电容器 8—引下线 9—母线 10、11—绝缘子

（2）分相中型配电装置。图7-8所示为110kV双母线分相中型配电装置出线间隔断面图。母线采用管形母线，母线隔离开关采用单臂伸缩式，分相布置在母线正下方。由于采用SF_6断路器，可靠性高，故不设旁路母线。断路器与电流互感器之间采用铝镁稀土合金管连接，便于跨越道路，减小了弧垂，保证必要的安全距离。

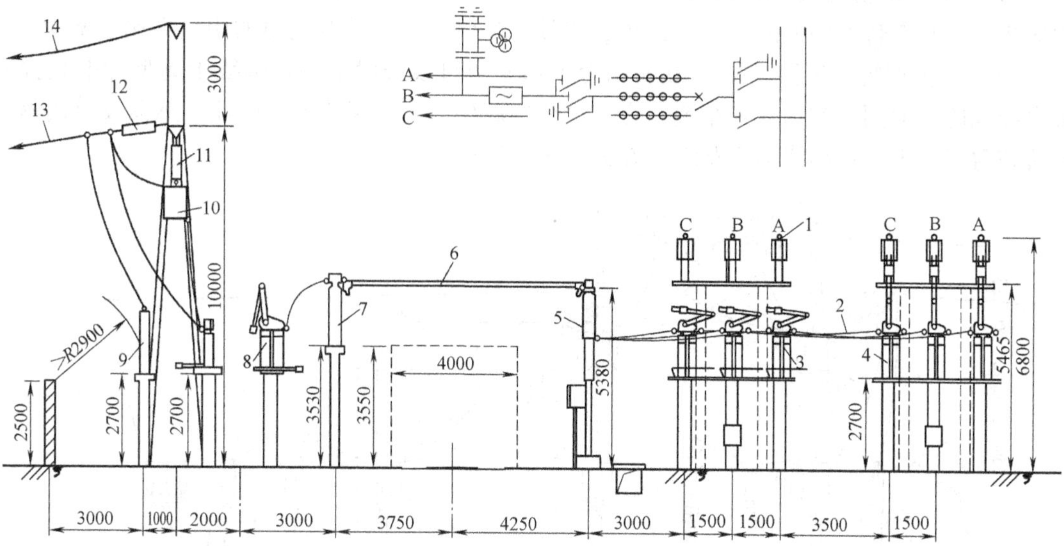

图 7-8 采用管形母线的 110kV 双母线分相中型配电装置出线间隔断面图

1—管形母线 2—连接导线 3、4—单臂伸缩式隔离开关 5—SF_6 断路器 6—铝镁稀土合金管 7—电流互感器 8—线路隔离开关 9—耦合电容器、电容式电压互感器 10—阻波器 11、12—绝缘子 13—出线 14—避雷线

（3）高型配电装置。图 7-9 所示为 220kV 双母线进出线带旁路接线、三框架结构、断路器双列布置的高型配电装置进出线间隔断面图。这种布置方式不仅将两组母线重叠布置，

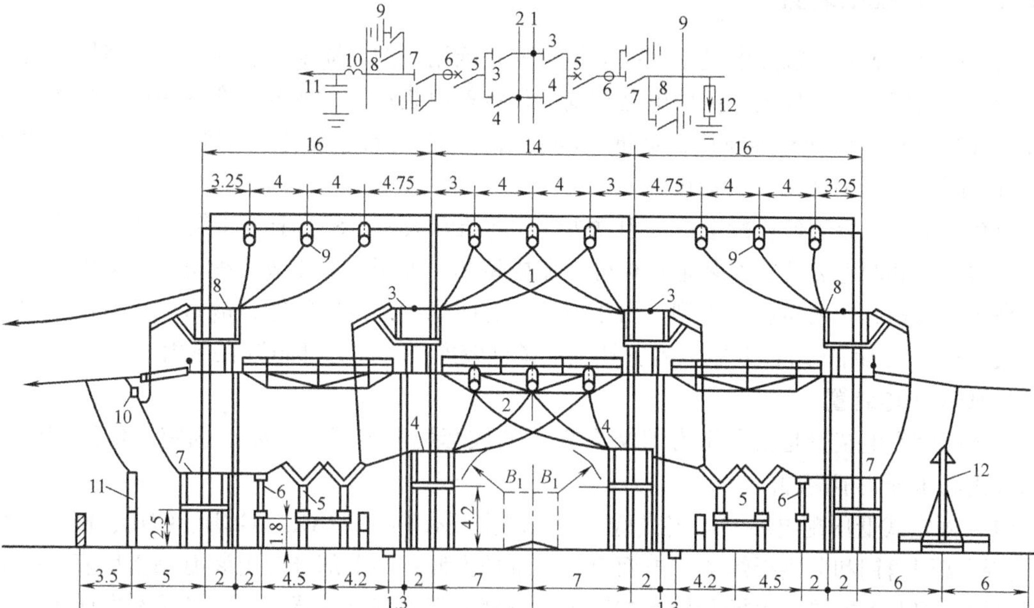

图 7-9 220kV 双母线进出线带旁路接线的高型配电装置进出线间隔断面图

1、2—主母线 3、4、7、8—隔离开关 5—断路器 6—电流互感器 9—旁路母线 10—阻波器 11—耦合电容器 12—避雷器

同时与断路器和电流互感器重叠布置。显然，该布置方式特别紧凑，纵向尺寸显著减少，占地面积一般只有普通中型的50%，此外，母线、绝缘子串和控制电缆的用量也比中型少。

（4）半高型配电装置。图7-10所示为110kV单母线分段带旁路母线半高型配电装置的进出线间隔断面图。它为双列布置，旁路母线在高层，出线断路器、电流互感器及出线隔离开关布置于其下，进出线的旁路隔离开关位于半高层。

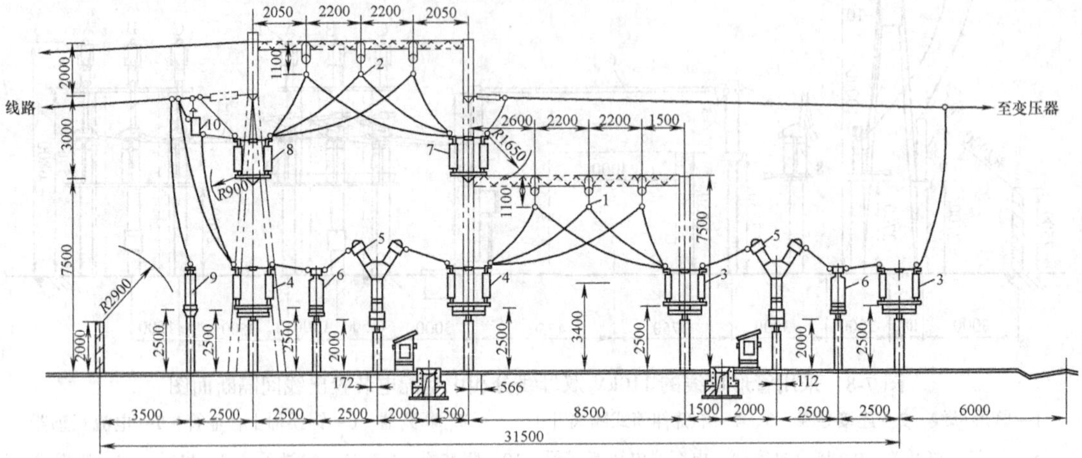

图7-10　110kV单母线分段带旁路母线半高型配电装置的进出线间隔断面图

1—主母线　2—旁路母线　3、4、7、8—隔离开关　5——断路器　6—电流互感器　9—耦合电容器　10—阻波器

7.1.6　成套配电装置

成套配电装置就是按照电气主接线的标准配置或用户的具体要求，由制造厂将同一功能回路的开关电器、测量仪表、保护电器和辅助设备都组装在一个或两个全封闭或半封闭的金属外壳（柜）中，形成标准模块，运抵现场后只需对各标准模块进行安装固定，从而使配电装置的间隔实现小型化、成套化。

成套配电装置分为低压配电屏（开关柜）、高压开关柜、SF_6全封闭组合电器和成套变电站四类。成套配电装置按安装地点可分为屋内型和屋外型，低压成套配电装置只做成屋内型，高压开关柜有屋内型和屋外型。由于屋外式有防水、防锈等问题，故目前大量使用的是屋内式。SF_6全封闭式组合电器也因屋外气候条件较差，大部分都布置在屋内。

1. 低压配电装置

低压成套配电装置是指电压为1kV及以下的成套配电装置，主要有固定式低压配电屏和抽屉式低压开关柜两种。

（1）固定式低压配电屏。固定式低压配电屏主要有PGL、GGL、GGD、GHL、BSL等系列，其框架用角钢和薄钢板焊成，屏面有门、维护方便；在上部屏门上装有测量仪表，中部面板上设有刀开关的操作手柄和控制按钮等，下部屏门内有继电器、二次端子和电能表；母线布置在屏顶，并设有防护罩；其他电器元件都装在屏后；屏间装有隔板，可限制故障范围。

固定式低压配电屏结构简单，价格低廉，并可双面维护，检修方便，在发电厂（或变电站）中作为厂（站）用低压配电装置，一般几个回低压线路共用一块低压配电屏。

图 7-11 所示为 GGD 型固定式低压配电屏外形尺寸图。配电屏的构架为拼装式结合局部焊接。正面上部装有测量仪表，双面开门。三相母线布置在屏顶，刀开关、熔断器、断路器、互感器和电缆端头依次布置在屏内，继电器和二次端子排也装设在屏内。主母线排列在柜的上部后方，柜体的下部、后上部和顶部均有通风、散热装置。

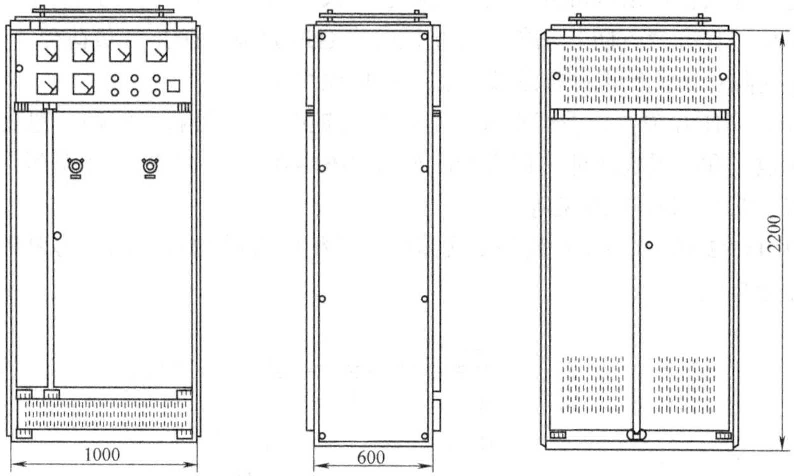

图 7-11　GGD 型固定式低压配电屏外形尺寸图

（2）抽屉式低压开关柜。抽屉式低压开关柜，国产产品有 BFC、BCL、GCL、GCK、GCS 等系列，还有许多引进国外技术的产品系列，如 EEC-M35 为引进英国 EEC 公司技术，SIKUS 系列、SIVACON 系列为德国西门子（中国）有限公司生产等。

图 7-12 所示为 GCS 抽屉式低压开关柜外形尺寸图。GCS 为密封式结构，分为功能单元室、母线室和电缆室。电缆室内为二次线和端子排。功能室由抽屉组成，主要低压设备均安装在抽屉内。若回路发生故障，可立即换上备用的抽屉，迅速恢复供电，开关柜前面门上装有仪表、控制按钮和低压断路器操作手柄。抽屉有联锁机构，可防止误操作。

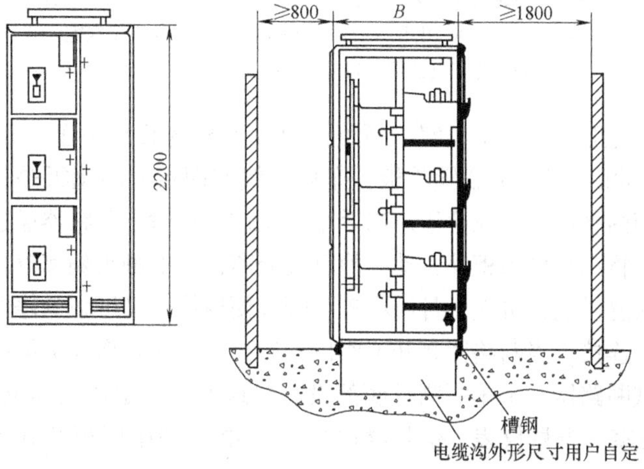

图 7-12　GCS 抽屉式低压开关柜外形尺寸图

抽屉式低压开关柜的特点是密封性能好、可靠性高、占地面积小；但钢材消耗较多，价格较高。它将逐步取代固定式低压配电屏。

2. 高压开关柜

我国目前生产的3~35kV高压开关柜按绝缘方式可分为充气（SF_6）柜和空气绝缘柜两大类。空气绝缘开关柜按结构可分为固定式和手车式（又称移开式）两种。

高压开关柜应具有“五防”功能：防止误分误合断路器；防止带负荷分、合隔离开关；防止误入带电间隔；防止带电挂接地线；防止带接地线送电。

（1）手车式高压开关柜。手车柜大体上可分为铠装型和间隔型两种。铠装型按手车的位置可分为落地式和中置式两种，代表产品如KYN61-40.5、KYN28A-12型等；间隔型的代表产品如JYN1-40.5、JYN2-10型等。

图7-13为JYN2-10/01~05系列手车式高压开关柜内部结构示意图，为单母线接线，一般由下述几部分组成。

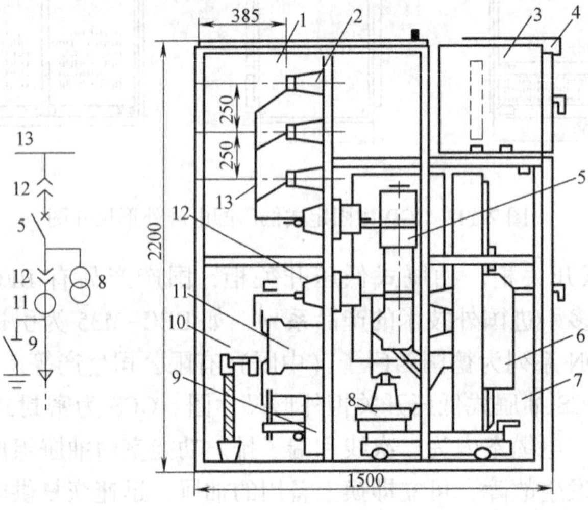

图7-13　JYN2-10/01~05系列手车式高压开关柜内部结构示意图

1—母线室　2—母线及绝缘子　3—继电器仪表室　4—小母线室　5—断路器　6—手车　7—手车室　8—电压互感器　9—接地开关　10—出线室　11—电流互感器　12—一次接头罩　13—母线

1）手车室。柜前正中部为手车室，断路器及操动机构装在小车上，断路器手车正面上部为推进机构，用脚踩手车下部联锁踏板，车后母线室面板上的遮板提起，插入手柄，转动蜗杆，可使手车在柜内平稳前进或后移。当手车在工作位置时，断路器通过隔离插头与母线和出线相通。检修时，将小车拉出柜外，动、静触头分离，一次触头隔离罩自动关闭，起安全隔离作用。如果亟需恢复供电，可换上备用小车，既方便检修，又可减少停电时间。手车与柜相连的二次线采用插头连接。当断路器离开工作位置后，其一次隔离插头虽已断开了，但二次线仍可接通，以便调试断路器。手车两侧及底部设有接地滑道、定位销和位置指示等附件。

2）继电器仪表室。测量仪表、信号继电器和继电保护用压板装在该小室的仪表门上，小室内有继电器、端子排、熔断器和电能表。

3）母线室。母线室位于开关柜的后上部，室内装有母线和静隔离触头。母线为封闭式，不易积灰和短路，可靠性高。

4）出线室。出线室位于开关柜后部下方，室内装有出线侧静隔离触头、电流互感器、引出电缆（或硬母线）和接地开关等。

5）小母线室。在柜顶的前部设有小母线，室内装有小母线和接线座。

在柜前、后面板上设有观察窗，便于巡视。高压开关柜的封闭结构能防尘和防止小动物侵入而造成短路，运行可靠、维护工作量少，故可用于发电厂中6~10kV厂用配电装置。

图7-14为KYN28A-12型中置式开关柜的结构示意图。KYN28A-12型金属铠装中置式开关柜是在真空、SF_6断路器小型化后设计出的产品，可实现单面维护，其使用性能有所提高，近几年来国内外推出的新柜型以中置式居多，其整体是由柜体和中置式可抽出部分（即手车）两大部分组成的。柜体由母线室A、断路器手车室B、电缆室C和继电器仪表室D组成。手车室及手车是开头柜的主体部分，采用中置式型式，小车体积小、检修维护方便。手车在柜体内有断开位置、试验位置和工作位置三个状态。开关设备内装有安全可靠的联锁装置，完全满足五防的要求。母线室封闭在开关室后上部，不易落入灰尘和引起短路，出现电弧时，能有效将事故限制在隔室内而不向其他柜蔓延。由于开关设备采用中置式，电缆室空间较大。电流互感器、接地隔离开关装在隔室后壁上，避雷器装设在隔室后下部。继电器仪表室内装设继电保护元件、仪表、带电检查指示器，以及特殊要求的二次设备。

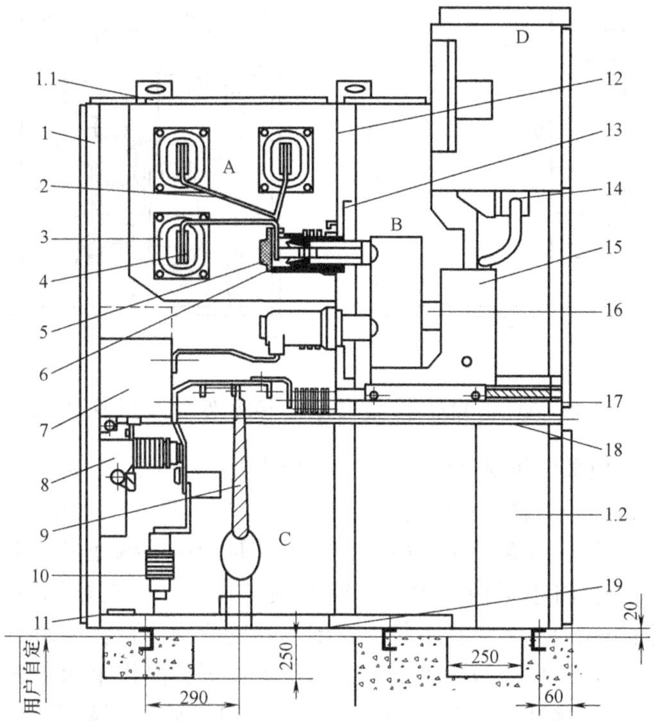

图7-14　KYN28A-12型中置式开关柜的结构示意图

A—母线室　B—断路器手车室　C—电缆室　D—继电器仪表室

1.1—泄压装置　1.2—控制小线槽

1—外壳　2—分支小母线　3—母线套管　4—主母线　5—静触头装置　6—静触头盒　7—电流互感器　8—接地开关　9—电缆　10—避雷器　11—接地主母线　12—装卸式隔板　13—隔板　14—次插头　15—断路器手车　16—加热装置　17—可抽出式水平隔板　18—接地开关操动机构　19—底板

（2）固定式高压开关柜。固定式高压开关柜的断路器固定安装在柜内，与手车式相比，其体积大、封闭性能差（GG系列）、检修不够方便，但制造工艺简单、钢材消耗少、价廉。它较广泛用作中、小型变电站的6~35kV屋内配电装置。固定式高压开关柜主要有GG、KGN、XGN等系列。

图7-15所示为XGN2-12Z型固定式高压开关柜外形和结构示意图。它由断路器室、母线室、电缆室和仪表室等组成。断路器室在柜体下部，断路器的传动由拉杆与操动机构连接；断路器操动机构在面板左侧，其上方为隔离开关的操作及联锁结构；断路器下接线端子与电流互感器连接，电流互感器与下隔离开关的接线端子连接；断路器上接线端子与上隔离开关接线端子连接。断路器室设有压力释放通道，当内部电弧燃烧时，气体可通过排气通道将压力释放。母线室在柜体后上部，为减小柜体高度，母线呈品字形布置。电缆室在柜体下部的后方，电缆规定在支架上。仪表室在柜体前上部，便于运行人员观察。

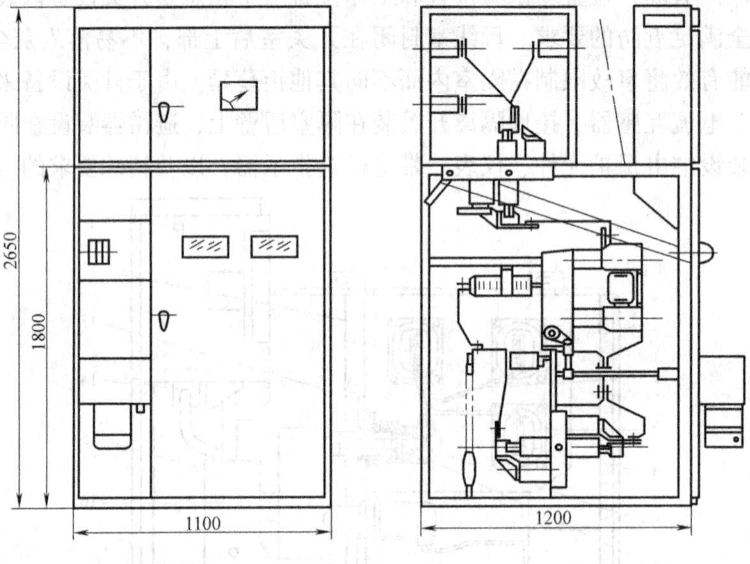

图7-15　XGN2-12Z型固定式高压开关柜外形和结构示意图

XGN2-12Z型开关柜采用机械联锁实现“五防闭锁”功能，其动作原理如下：

1）停电操作（运行→检修）。开关柜处于工作位置，即上、下隔离开关与断路器处于合闸状态，前后门已锁好，线路处于带电运行中，这时的小手柄处于工作位置。

先将断路器分断，再将小手柄扳到“分断闭锁”位置，这时断路器不能合闸；将操作手柄插入下隔离的操作孔内，从上往下拉，拉到下隔离分闸位置；将操作手柄拿下，再插入上隔离操作孔内，从上往下拉，拉到上隔离分闸位置；再将操作手柄拿下，插入接地开关操作孔内，从下向上推，使接地开关处于合闸位置，这时可将小手柄扳至“检修”位置。此时打开前门，取出后门钥匙打开后门，检修人员可对断路器及电缆室进行维护和检修。

2）送电操作（检修→运行）。若检修完毕需要送电时，其操作程序如下：

将后门关好锁定，取出钥匙后关前门；将小手柄从检修位置扳至“分断锁闭”位置，这时前门被锁定，断路器不能合闸；将操作手柄插入接地开关操作孔内，从上向下拉，使接地开关处于分闸位置；将操作手柄拿下，再插入上隔离开关的操作孔内，从下向上推，使上隔离开关处于合闸位置将操作手柄拿下，插入下隔离开关的操作孔内，从下向上推，使下隔离开关处于合闸位置；取出操作手柄，将小手柄扳至工作位置，这时可将断路器合闸。

3. SF_6 全封闭式组合电器

SF_6 全封闭式组合电器（Gas Insulated Switchgear，GIS），是以 SF_6 为绝缘和灭弧介质，以优质环氧树脂绝缘子作支撑元件的成套高压电气设备。它由断路器、隔离开关、快速或慢速接地开关、电流互感器、电压互感器、避雷器、母线和出线套管等元件，按电气主接线的要求依次连接，组合成一个整体。

图 7-16 为 110kV 单母线接线的 SF_6 全封闭组合电器配电装置的断面图。为了便于支撑和检修，母线布置在下部，采用三相共箱式结构（即三相母线封闭在公共外壳内）。整个回路按照电气主接线的连接顺序布置成 Π 结构，使机构更紧凑。外壳内有多个环氧树脂盆式绝缘子，用于支撑带电导体和将装置分隔成不漏气的隔离室，具有便于监视、易于发现故障点、限制故障范围以及检修或扩建时减少停电范围的作用。

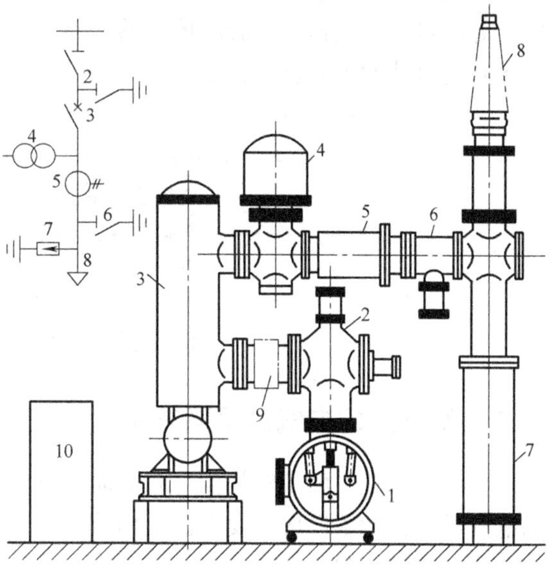

图 7-16 110kV 单母线接线的 SF_6 全封闭式组合电器配电装置的断面图

1—母线 2—隔离开关、接地开关 3—断路器 4—电压互感器 5—电流互感器 6—快速接地开关 7—避雷器 8—引线套管 9—波纹管 10—操动机构

SF_6 全封闭式组合电器具有以下优点：①运行可靠性高；②检修周期长，维护方便；③占地面积小，占用空间少；④金属外壳接地，有屏蔽作用，能消除对无线电的干扰，无静电感应；⑤噪声水平低；⑥设备高度低，抗振性能好；⑦土建和安装工作量小。

缺点：①对加工精度和装配工艺要求高；②金属消耗量大；③造价高。

目前，SF_6 全封闭式组合电器已广泛应用于 110kV 及以上系统。

4. 成套变电站

成套变电站分为组合式、箱式和可移动式变电站三种，又称为预装式变电站。它用来从高压系统向低压系统输送电能，可作为城市建筑、生活小区、中小型工厂、市政设施、矿山、油田及施工临时用电等部门、场所的变配电设备。目前中压变电站中，成套变电站在工业发达国家已占 70%，而美国已占到 90%。

成套变电站是由高压开关设备、电力变压器和低压开关设备三部分组合构成的配电装置。有关元件在工厂内被预先组装在一个或几个箱壳内，具有成套性强、结构紧凑、体积小、占地少、造价低、施工周期短、可靠性高、操作维护简便、美观、适用等优点，近年来在我国迅速发展。

我国规定成套变电站的交流额定电压，高压侧为 3.6~40.5kV，低压侧不超过 1kV；变压器最大容量为 1600kV · A。

成套变电站的箱壳大都采用普通或热镀锌钢板、铝合金板，骨架用成形钢焊接或螺栓连接，它能保护变电站免受外部影响及防止触及危险部件；其三部分分隔为三室，布置方式为目字形或品字形；高压室元件选用国产、引进或进口的环网柜、负荷开关加限流熔断器、真空断路器；变压器为干式或油浸式；低压室由动力、照明、电能计量（也可能在高压室）及无功补偿柜（补偿容量一般为变压器额定容量的15%~30%）构成；通风散热方面，设有风扇、温度自动控制器、防凝露控制器。

成套变电站的型号含义如下：

× ×-×-×/×

- 电压等级(kV)
- 变压器容量(kV·A)
- 方案号(决定主回路接线方式)
- 设计序号
- 2～3个字母：Z—组合式；X—箱式；Y—移动式；B—变电站；N—户内；W—户外(可不加)

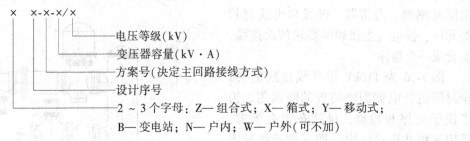

7.1.7 发电厂的电气总平面布置

发电厂电气总平面布置是全厂总平面布置的重要组成部分，它涉及从电能发出到输送的全部电气设施，如主厂房、发电机引出线、各级电压配电装置、主变压器及主控制室（或集控室、网控室）等。

发电厂电气部分的布置应与全厂总布置统筹考虑，并注意研究厂址的气象资料、地形条件以及出线走廊等，使全厂布置有较强的整体性，达到整齐美观、布置紧凑、节省用地的要求，并保证运行安全可靠、维护检修方便、投资合理。

配电装置的布置位置，应使场内道路和低压电力、控制电缆的长度最短。发电厂内应避免不同电压等级的架空线路交叉。

1. 火力发电厂

火力发电厂的电气总平面布置，应着重考虑主厂房、各级电压配电装置及主控制室（或集控室、网控室）之间的相互配合，下面分别加以说明。

（1）各级电压配电装置。发电机电压配电装置应靠近主厂房，以减少连接配电装置与发电机引出线的母线桥或组合导线的长度。在中小型发电厂中，发电机电压配电装置总是与主控制室连在一起的，并布置在汽轮机房的外侧。升压变压器应靠近发电机电压配电装置，在大型火电厂中，多为发电机—变压器组连接，升压变压器应尽量靠近发电机间，可以缩短封闭母线的长度。

升高电压配电装置可能有两个或两个以上电压级，它们的布置既要注意二、三绕组变压器的引线方便，又要保证高压架空线引出方便，尽量减少线路交叉与转角。

主变压器与户外配电装置，应设在凉水塔冬季主导风向的上方，也应设在储煤场和烟囱主导风向的上方，使电气设备受结冰、落灰和有害气体侵蚀的程度最小。

各级电压的配电装置均应留有扩建的余地。

（2）主控制室。选择主控制室的位置时，应着重考虑以下因素：①使值班人员有良好的工作环境，能安静、专心地进行工作，故应特别注意降低噪声的干扰，这里主要是指与汽轮机房隔开一段距离；②便于监视户外配电装置，便于值班人员与各级电压配电装置和汽轮机房的联系，并能迅速地进行各种操作；③应力求使主控制室与配电装置和汽轮机房之间的控制与操作电缆为最短。基于以上各因素，在具有发电机电压配电装置的中型火电厂中，主控制室通常设在发电机电压配电装置的固定端，并用天桥与汽轮机房连通。

（3）集控室与网络控制室。在单机容量为100MW及以上的大中型火电厂中，均为单元控制方式，设炉、机、电集中控制室，位于汽轮机与锅炉之间。大型火电厂大多为电力系统的枢纽，各级电压的出线回路数多，配电装置庞大，为了节省二次电缆和运行维护方便，在升高电压配电装置的近旁设置网络控制室。

图7-17为火电厂电气设备布置示例。

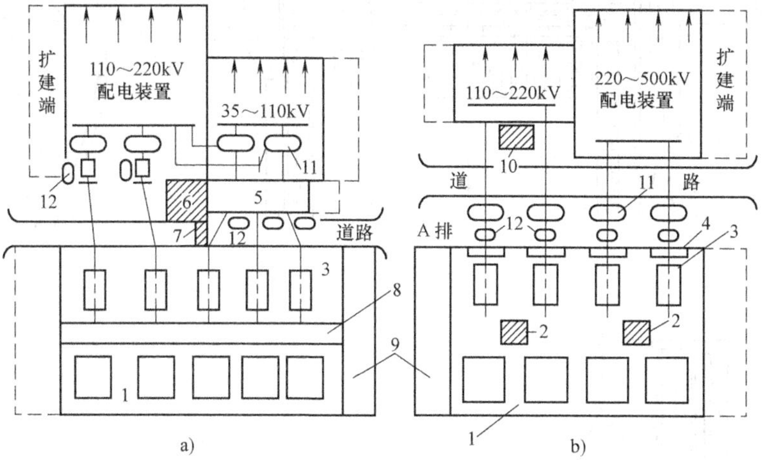

图7-17　火电厂电气设备布置示例

a）有6～10kV发电机电压配电装置的布置　b）单元接线的布置

1—锅炉房　2—机、电、炉集控室　3—汽机间　4—6～10kV厂用电配电装置　5—6～10kV发电机电压配电装置　6—电气主控室　7—天桥　8—除氧间　9—生产办公楼　10—网络控制室　11—主变压器　12—高压厂用变压器

2. 水力发电厂

在水力发电厂中，主控制室在主厂房的一端，即靠岸的一端。水力发电厂大多没有发电机电压配电装置，厂用配电装置也靠近机组。主变压器和高压厂用变压器布置在主厂房的后面（坝后）或尾水侧的墙边，其高程与厂内机组的运行平台相近，这样可使发电机与主变压器和厂用变压器间的连接导体较短，同时也便于向岸边的高压配电装置出线。高压配电装置的形式与布置（如中、高型配电装置，断路器单、双列布置等）取决于水电厂总体布置和地形。如果是坝内式或洞内式厂房，可采用SF_6组合电器。坝后式大型水电厂的高压配电装置通常设在下游岸边，用架空线与主厂房边的主变压器连接，因距主控制室较远，在高压配电装置附近还应设置继电保护装置室。

图7-18为某坝后式水电厂总体与主要电气设备布置图，其主厂房中并列布置8台发动机组，主变压器则紧靠主厂房安放，220kV和110kV升压开关站都布置在右岸山坡上。

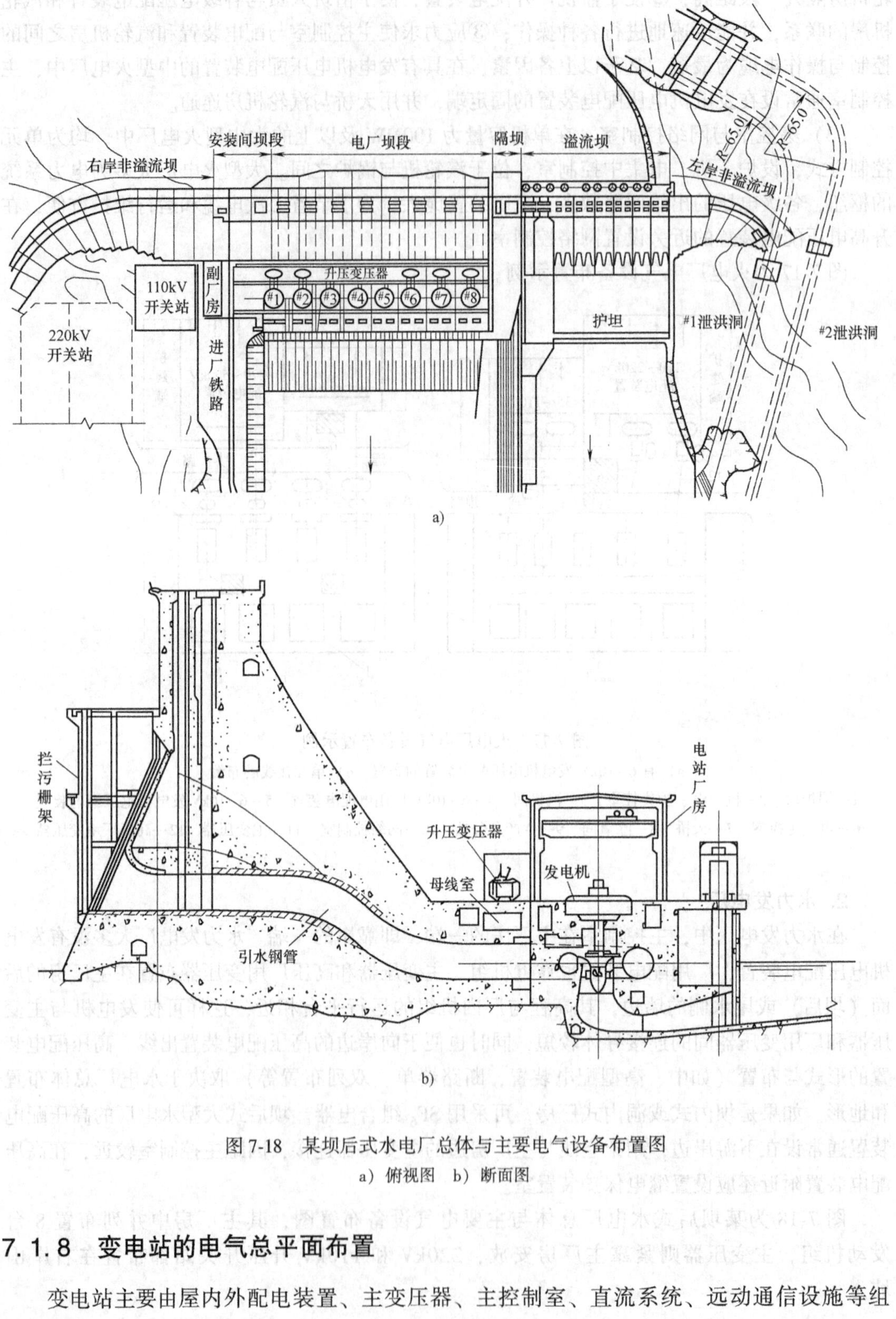

图 7-18　某坝后式水电厂总体与主要电气设备布置图

a）俯视图　b）断面图

7.1.8　变电站的电气总平面布置

变电站主要由屋内外配电装置、主变压器、主控制室、直流系统、远动通信设施等组成。110kV 以下的变电站通常装设补偿电容器组，以调节电能质量；220kV 及以上的变电站多为电力系统枢纽变电站，大多装设有静止无功补偿装置；330kV 及以上的超高压变电站中，还设有并联电抗器和补偿装置。此外，还应考虑变电站值班人员生活区、生活及消防供水、交通等设施的布置。

变电站的总布置应根据城市规划及交通、气象等条件，并考虑各级电压配电装置的特点以及出线方式、出线走廊等情况，综合各种因素进行设计。如果是工厂企业专用变电站，还应考虑与全厂总布置的协调配合。

在变电站电气总平面布置中，各级电压配电装置、主变压器、主控制室等的布置可参照火力发电厂的相应部分同样考虑。但是，变电站的布置方位可以有更多的选择余地，应使其进出线方便、交叉少，尽可能使主控制室自然采光好，并且与周围环境相协调。还应指出，由于变电站数量很多，节省占地面积就显得特别重要。

屋外高压配电装置的位置和朝向主要取决于对应的高压出线方向，并注意整体性的要求。一般各级电压配电装置有双列布置、L 形布置、一列布置、Ⅱ形布置四种组合方式。

主变压器一般布置在各级电压配电装置和静止补偿装置或调相机较为中间的位置，便于高、中、低压侧引线的就近连接。

高压并联电抗器及串联补偿装置一般布置在出线侧，也可与主变压器并列布置，便于运输及检修。主控制室应在邻近各级电压配电装置处布置。

图 7-19 所示为某 220/110/10kV 变电站总布置图。10kV 屋内配电装置与控制楼相连，220kV 和 110kV 屋外配电装置并排一列式布置，一台三绕组主变压器居间露天放置（以后再扩建一台主变）。

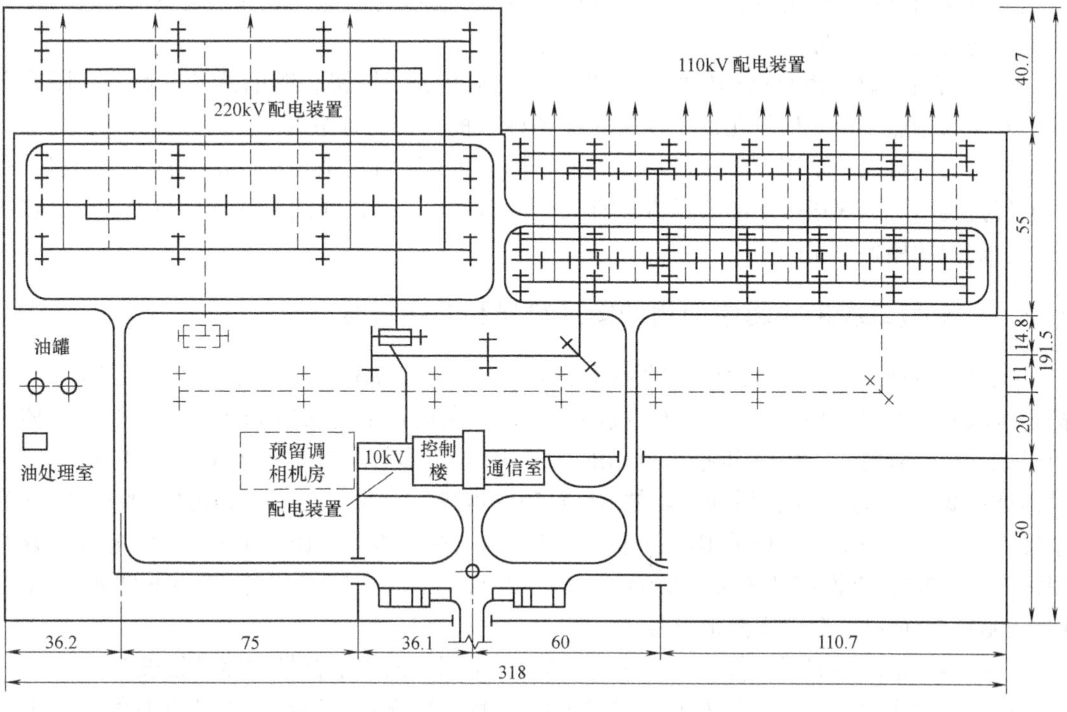

图 7-19 220/110/10kV 变电站总布置图（单位：m）

任务7.2　电气二次回路识图

【任务描述】

本任务首先介绍电气二次回路的作用及电气二次回路的主要组成部分，电气二次接线图中使用的图形符号和文字符号；其次介绍二次接线图的分类、回路编号的基本原则及表示方法，通过实例讲解二次回路图的识绘方法；最后介绍了二次接线图表示形式的新进展。

【任务实施】

10kV线路过电流保护二次接线图的识绘。

【知识链接】

在发电厂和变电站中，对电气一次设备的工作进行监测、控制、调节、保护，以及为运行、维护人员提供运行工况或生产指挥信号所需的电气设备叫二次设备。例如测量仪表、继电器、控制操作开关、按钮、自动控制设备、计算机、信号设备、控制电缆以及供给这些设备电源的交、直流电源装置。二次设备通过电压互感器和电流互感器与电气一次设备相互联系。

电气二次接线（也称为二次回路）是由电气二次设备按要求相互连接组成的电路，按其作用的不同分为监测回路、控制回路、信号回路、保护回路、调节回路、操作电源回路和励磁回路等。

二次回路按其电源性质的不同分为交流回路与直流回路。

（1）交流回路：①由电流互感器的二次绕组与测量仪表和继电器的电流线圈串联组成的交流电流回路；②由电压互感器的二次侧引出的小母线与测量仪表和继电器的电压线圈并联组成的交流电压回路。

（2）直流回路：由直流小母线、熔断器、控制开关、按钮、继电器及其触点、断路器辅助开关的触点、声光信号元件、连接片（俗称压板）等设备组成。

电气二次接线图是用二次设备特定的图形符号和文字符号来表示二次设备相互连接关系的电气接线图。二次接线图的表示方法有三种：归总式原理接线图；展开接线图；安装接线图。它们的功用各不相同。

7.2.1　电气二次接线图中使用的图形符号和文字符号

无论是原理图，还是后面要讲的展开接线图和安装接线图，其上的图形符号和文字符号都是按国家标准规定画（列）出的。我国电力设计和运行中的文字和图形符号标准大体经历了如下几个阶段：①1964年推出的GB 312—1964图形符号标准和GB 315—1964文字符号标准；②20世纪80年代后期开始的GB 7159—1987文字符号标准（以GB 5094—1985为基础，结合国情制定，无相关IEC标准）、GB/T 4728—1996和DL 5028—1993电气工程制图标准；③2005年推广的GB/T 5094.1～.4—2002～2005文字符号标准、GB/T 4728.1～.13—2005～2008电气简图用图形符号。

二次接线常用新旧图形符号对照表见表7-3，常用新旧文字符号对照表见表7-4。

在二次接线图中，所有开关电器和继电器的触点都按照它们在正常状态时的位置来表示。所谓正常位置，就是指开关电器在断开位置及继电器线圈中没有电流（或电流很小未达到动作电流）时，它们的触点和辅助触点所处的状态。因此，通常说的常开触点或常开辅助触点，是指继电器线圈不通电或开关电器的主触点在断开位置时，该触点是断开的。常闭触点或常闭辅助触点，是指继电器线圈不通电或开关电器主触点在断开位置时，该触点是闭合的。

7.2.2 归总式原理接线图

在归总式原理接线图（简称原理图）中，有关的一次设备及回路同二次回路一起画出，所有的电气元件都以整体形式表示，且画有它们之间的连接回路。这种接线图的优点是能够使看图者对二次回路的原理有一个整体概念。

表 7-3 二次接线常用新旧图形符号对照表

序号	名称	图形符号		序号	名称	图形符号	
		新	旧			新	旧
1	一般继电器及接触器线圈			12	切换片	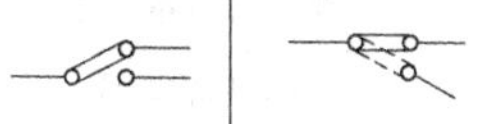	
2	电铃			13	接触器动合触点	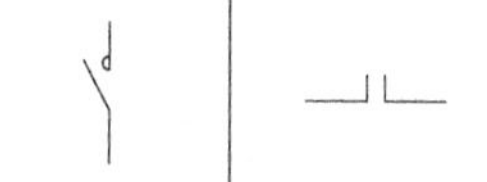	
3	蜂鸣器			14	接触器动断触点	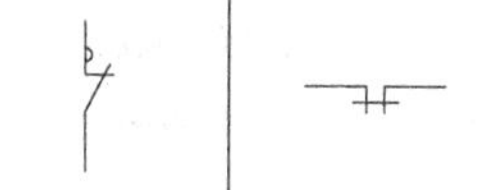	
4	按钮开关(动合)			15	指示灯		
5	按钮开关(动断)			16	位置开关的动合触点	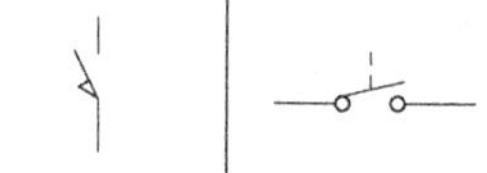	
6	动合(常开)触点			17	位置开关的动断触点	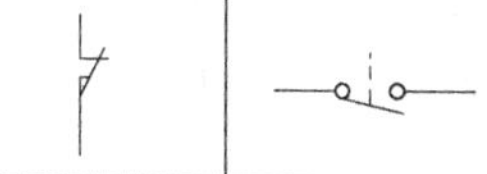	
7	延时闭合的动合触点			18	熔断器	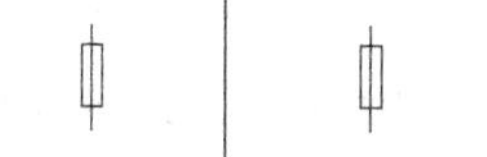	
8	延时断开的动合触点			19	非电量继电器的动合触点	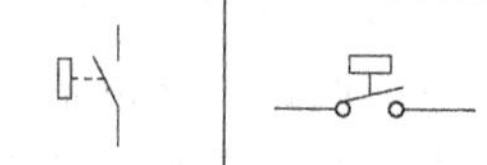	
9	动断(常闭)触点	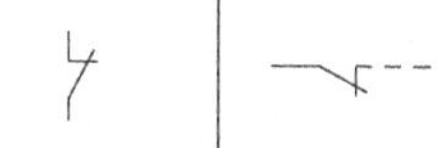		20	非电量继电器的动断触点	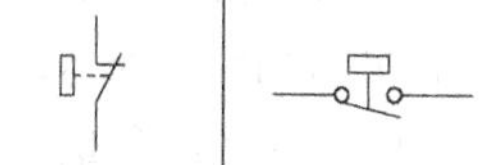	
10	延时闭合的动断触点			21	气体继电器	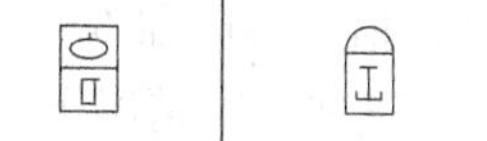	
11	延时断开的动断触点	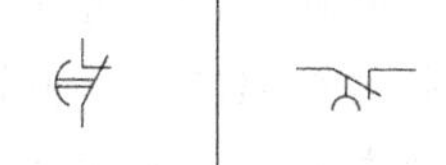		22	接通的连接片 断开的连接片	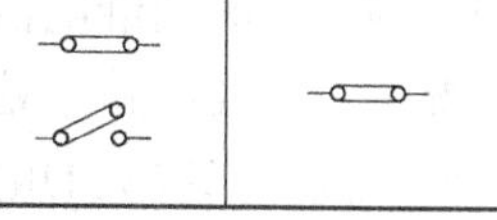	

表 7-4　二次接线常用新旧文字符号对照表

序号	元件名称	新符号	旧符号	序号	元件名称	新符号	旧符号
1	电流继电器	KA	LJ	26	按钮	SB	AN
2	电压继电器	KV	YJ	27	复归按钮	SB	FA
3	时间继电器	KT	SJ	28	音响信号解除按钮	SB	YJA
4	控制继电器	KC	ZJ	29	试验按钮	SB	YA
5	信号继电器	KS	XJ	30	连接片	XB	LP
6	温度继电器	KT	WJ	31	切换片	XB	QP
7	气体继电器	KG	WSJ	32	熔断器	FU	RD
8	继电保护出口继电器	KCO	BCJ	33	断路器及其辅助触点	QF	DL
9	自动重合闸继电器	KRC	ZCJ	34	隔离开关及其辅助触点	QS	G
10	合闸位置继电器	KCC	HWJ	35	电流互感器	TA	LH
11	跳闸位置继电器	KCT	TWJ	36	电压互感器	TV	YH
12	闭锁继电器	KCB	BSJ	37	直流控制回路电源小母线	+ −	+KM −KM
13	监视继电器	KVS	JJ				
14	脉冲继电器	KM	XMJ	38	直流信号回路电源小母线	700 −700	+XM −XM
15	合闸线圈	YC	HQ				
16	合闸接触器	KM	HC	39	直流合闸电源小母线	+ −	+HM −HM
17	跳闸线圈	YT	TQ				
18	控制开关	SA	KK	40	预告信号小母线(瞬时)	M709 M710	1YBM 2YBM
19	转换开关	SM	ZK				
20	一般信号灯	HL	XD	41	事故音响信号小母线(不发遥信)	M708	SYM
21	红灯	HR	HD				
22	绿灯	HG	LD	42	辅助小母线	M703	FM
23	光字牌	HL	GP	43	"掉牌未复归"光字牌小母线	M716	PM
24	蜂鸣器	HA	FM				
25	电铃	HA	DL	44	闪光母线	M100(+)	(+)SM

10kV 线路过电流保护归总式原理图如图 7-20 所示。由图可看出归总式原理图的特点是将二次接线与一次接线的有关部分绘在一起，图中各元件用整体形式表示；其相互联系的交流电流回路、交流电压回路（本图未绘出）及直流回路都综合在一起，并按实际连接顺序绘出。其优点是清楚地表明各元件的形式、数量、相互联系和作用，使读者对装置的构成有一个明确的整体概念，有利于理解装置的工作原理。

由图 7-20 可知，整套保护由 4 只继电器构成，即电流继电器 KA_1、KA_2，时间继电器 KT，信号继电器 KS。两只电流继电器分别串接于 A、C 两相电流互感器的二次绕组回路中。

正常运行情况下，电流继电器线圈内通过的电流很小，继电器不动作，其触点是断开的。因此，时间继电器线圈与直流电源不构成通电回路，保护处于不动作状态。在线路故障情况下，如在线路某处发生短路故障时，线路上通过短路电流，并通过电流互感器反映到二次侧；接在二次侧的电流继电器线圈中通过与短路电流成一定比例的电流，当达到其动作值时，电流继电器 KA_1（或 KA_2）瞬时动作，闭合其常开触点，将由直流操作正电源母线来的正电加在时间继电器的线圈上（线圈的另一端接在负电源上），时间继电器起动；经过一定时限后其触点闭合，这样正电源经过其触点和信号继电器的线圈、断路器的辅助触点和跳闸线圈接至负电源，使断路器跳闸，切除线路的短路故障。此时电流继电器线圈中的电流消失，线路的保护装置返回。断路器事故跳闸后，接通中央事故信号装置发出事故音响信号。

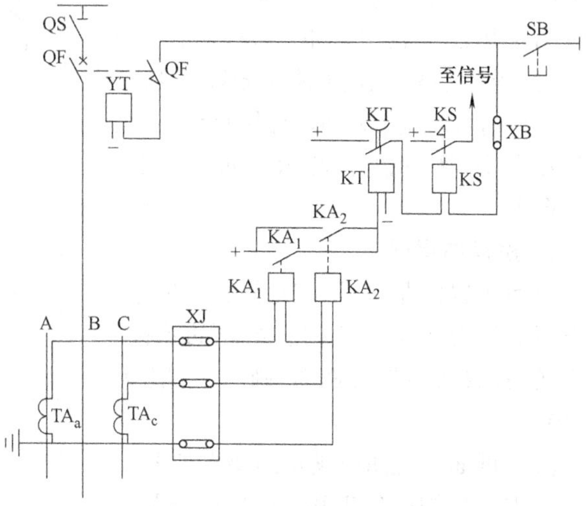

图 7-20　10kV 线路过电流保护原理接线图

KA_1、KA_2—接于交流 A 相（第一相）和 C 相（第三相）的交流电流继电器　KT—时间继电器　KS—信号继电器　YT—断路器 QF 的跳闸线圈

从以上分析可见，原理图能给出保护装置和自动装置总体工作概况，能清楚地表明二次设备中各元件的形式、数量、电气联系和动作原理。但是，原理图对于一些细节并未表示清楚，如未画出各元件的内部接线、元件编号和回路编号。直流电源仅标出电源的极性，没有具体表示出是从哪一组熔断器下面引来的。另外，关于信号在图中只标出了“至信号”而没有画出具体的接线。因此，只有原理图不能进行二次接线的施工，特别对复杂的二次设备，如发生故障，更不易发现和寻找。下面介绍的展开接线图（简称展开图）可以弥补这些缺陷。

7.2.3　展开接线图

展开接线图（简称展开图）也是用来说明二次接线的动作原理的，使用很普遍。展开图的特点是：①每套装置的交流电流回路、交流电压回路和直流回路分开来表示；②属于同一仪表或继电器的电流线圈、电压线圈和触点分开画在不同的回路里，采用相同的文字标号，有多副触点时加下标；③交、直流回路各分为若干行，交流回路按 A、B、C 的相序，直流回路按继电器的动作顺序依次从上到下地排列。在每一回路的右侧通常有文字说明，以便于阅读。

图 7-21 为根据图 7-20 所示的原理图而绘制的展开图。

从以上原理图与展开图比较可见，展开图接线清晰，易于阅读，便于了解整套装置的动作程序和工作原理，特别是在复杂电路中其优点更为突出，因此，在实际工作中广泛采用。

7.2.4　安装接线图

表示二次设备的具体安装位置和布线方式的图样称为安装图。它是二次设备制造、安装的实用图样，也是运行、调试、检修的主要参考图样。

设计或阅读安装图时，常遇到“安装单位”这一概念。所谓“安装单位”是指二次设备安装时所划分的单元，一般是按主设备划分。一块屏上属于某个一次设备或某套公用设备的全部二次设备称为一个安装单位。安装单位名称用汉字表示，如××发电机、××变压器、××线路、××母联（分段）断路器、中央信号装置、××母线保护等；安装单位编号用罗马数字表示，如Ⅰ、Ⅱ、Ⅲ、Ⅳ等。

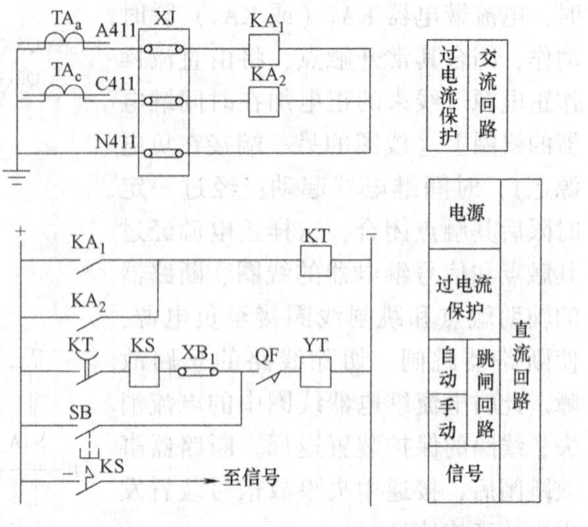

图 7-21　6~10kV 线路过电流保护展开接线图

1. 屏面布置图

屏面布置图是表示二次设备的尺寸、在屏面上的安装位置及相互距离的图样。屏面布置图应按比例绘制（一般为 1∶10）。

（1）屏面布置图应满足的要求如下：

① 凡需监视的仪表和继电器都不要布置得太高。

② 对于检查和试验较多的设备，应位于屏中部，同一类设备应布置在一起，以方便检查和试验。

③ 操作元件（如控制开关、按钮、调节手柄等）的高度要适中，相互间留有一定的距离，以方便操作和调节。

④ 力求布置紧凑、美观。相同安装单位的屏面布置应尽可能一致，同一屏上若有两个及以上安装单位，其设备一般按纵向划分。

（2）控制屏屏面布置图。110kV 线路控制屏的屏面布置图如图 7-22 所示。一般屏上部为测量仪表（电流表、电压表、功率表、功率因数表、频率表等），并按最高一排仪表取齐；屏中部为光字牌、转换开关和同期开关及其标签框，光字牌按最低一排取齐；屏下部为模拟接线、隔离开关位置指示器、断路器位置信号灯、断路器控制开关等。发电机的控制屏台下部还有调节手轮。

模拟母线按表 7-5 涂色。

表 7-5　模拟母线涂色

电压/kV	0.4	3	6	10	13.8	15.75	18	20	35	63	110	220	330	500	1100
颜色	黄褐	深绿	深蓝	绛红	浅绿	绿	粉红	梨黄	鲜黄	橙黄	朱红	紫	白	淡黄	中蓝

（3）继电保护屏屏面布置图。继电保护屏屏面布置图如图 7-23 所示。屏面上的设备一般有各种继电器、连接片、试验部件及标签框。保护屏屏面布置一般为：①调整检查较少、体积较小的继电器，如电流、电压、中间继电器等位于屏上部；②调整检查较多、体积较大的继电器，如重合闸（KRC），功率方向（KW）、差动（KD）及阻抗继电器（KI）等位于屏中部；③信号继电器、连接片及试验部件位于屏下部，以方便保护的投切、复归。

2. 屏后接线图

屏后接线图是表明屏后布线方式的图样。它是根据屏面布置图中设备的实际安装位置绘制的，但系背视图，即其左右方向正好与屏面布置图相反；屏后两侧有端子排，屏顶有小母线，屏后上方的特制钢架上有小刀开关、熔断器和个别继电器等；每个设备都有“设备编

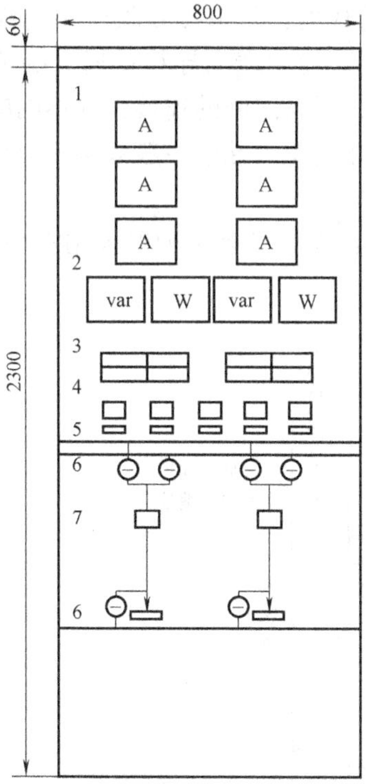

图 7-22 110kV 线路控制屏的屏面布置图

1—电流表 2—有功功率表和无功功率表 3—光字牌
4—转换开关和同期开关 5—模拟母线
6—隔离开关位置指示器 7—控制开关

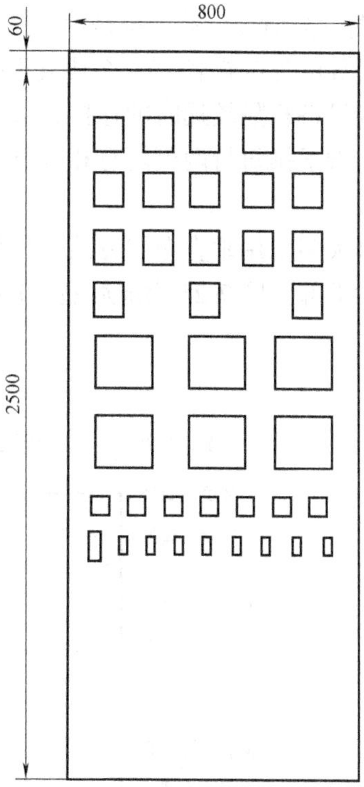

图 7-23 继电保护屏屏面布置图

号”，设备的接线柱上都加有标号和注明去向。屏后接线图不要求按比例绘制。

（1）设备编号。继电器屏电流继电器的设备编号示例如图 7-24 所示。通常在屏后接线图各设备图形的上方都贴有一个圆圈，表明设备的编号。①安装单位编号及同一安装单位设备顺序号，标在圆圈上半部，如 I1、I2、I3 等。罗马数字表示安装单位编号，阿拉伯数字表示同一安装单位设备顺序号，按屏后顺序从右到左、从上到下依次编号。②设备的文字符号及同类设备顺序号，标在圆圈下半部，如 KA_1、KA_2、KA_3（或 1KA、2KA、3KA）等，与展开图一致。另外，在设备图形的上方还标有设备型号。

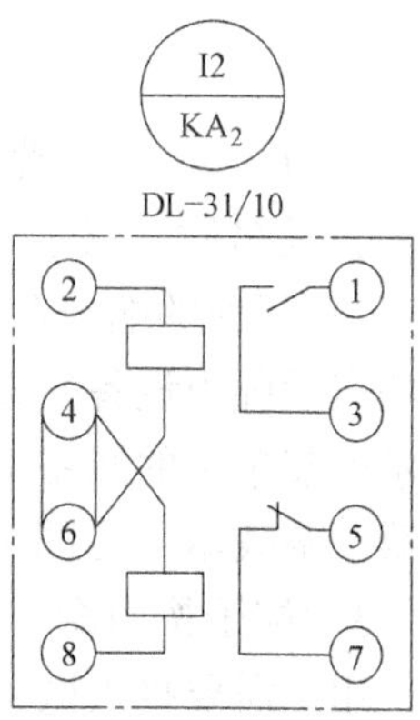

图 7-24 设备编号示例

（2）回路标号。回路加标号的目的是：了解该回路的用途及进行正确的连接。回路标号由 1～4 个数字组成，对于交流回路，数字前加相别文字符号；不同用途的回路规定不同标号数字范围，反之，由标号数字范围可知道属哪类回路。回路标号是根据等电位原则进行的，即任何时候电位都相等的那部分电路用同一标号，所以，元件或触点的两侧应该用不同标号。具体工程中，只对引至端子排的回路加以标号，同一安装单位的屏内设备之间的连接一般不加回路标号。

(3) 端子排编号。端子排是由若干节接线端子组成的，每节接线端子由绝缘座和导电片组成的，导电片两端各有一个固定导线用的螺钉，可使两端的导线接通。端子排的作用是：①屏内设备相隔较远时的连接；②屏内设备与屏外设备之间的连接；③不同屏的设备之间的连接。端子排每行两侧均有相连通的端子，端子排的每个端子一般只接一根导线，必要时可接两根。

端子排大多采用垂直布置方式，安装在屏后两侧；少数成套保护屏采用水平布置方式，安装在屏后下部。图7-25为屏后右侧端子排示意图。

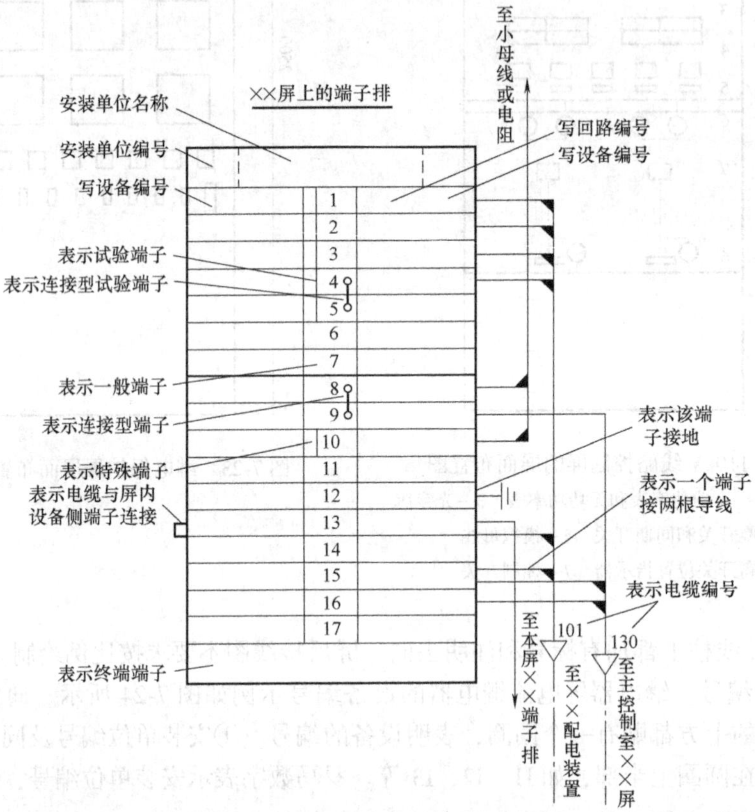

图7-25　端子排表示方法示意图

1) 最上面一个端子，标出安装单位编号（罗马数字表示，同时也代表该端子排的设备编号）及名称（汉字）。

2) 下面的端子在图上皆画成三格，从左（屏内侧）至右（屏外侧）各格含义如下：第一格表示屏内设备的文字符号及设备的接线柱号；第二格表示端子的顺序号和型号；第三格表示安装单位的回路编号和屏外或屏顶引入设备的文字符号及接线柱号。其中回路编号也可在第一格表示（见图7-26）。

3) 端子按用途分成以下几类：①一般端子，用于连接屏内外导线（电缆）；②试验端子，用于需要接入试验仪表的电流回路中，专供电流互感器二次回路用；③连接型试验端子，用于在端子上需要彼此连接的电流试验回路；④连接端子，端子间进行连接用；⑤标准端子，直接连接屏内外导线用；⑥特殊端子，用于需要很方便地断开的回路中；⑦终端端子，用于固定端子或分隔不同安装单位的端子排；⑧隔板，在不需要标记的情况下作绝缘隔板，并作增加绝缘强度用。

（4）设备接线编号。为了便于安装接线，屏后接线图采用的是相对编号法。例如要连接甲、乙两个设备，可在甲设备接线柱上标出乙设备接线柱的编号，而在乙设备接线柱上标出甲设备接线柱的编号。简单说来，就是“甲编乙的号，乙编甲的号”。这样，在接线和维修时就可以根据图样很容易地找到每个设备的各个端子所连接的对象。

10kV 线路过电流保护的安装接线图如图 7-26 所示。屏后接线的依据是展开图，所以，读屏后接线图应结合展开图进行。从图中可以看出相对编号法的应用。例如，与展开图中交流电流回路相对应的是，图 7-26b 中，从电流互感器 TA_a、TA_c 处来的电缆，通过端子排的 1~3 号试验端子分别与屏内 KA_1 的接线柱 2 及 KA_2 的接线柱 2、8 连接，故端子右侧标明对方编号 I1-2、I2-2、I2-8；图 7-26c 中，在 KA_1 的接线柱 2 及 KA_2 的接线柱 2、8 上，相应地分别标出所连接端子排的端子顺序号 I-1、I-2、I-3；同时 KA_1 和 KA_2 的接线柱 8 相互连接以构成通路，这两个接线柱上分别标出了 I2-8、I1-8。直流回路部分亦如此，读者可自行分析。

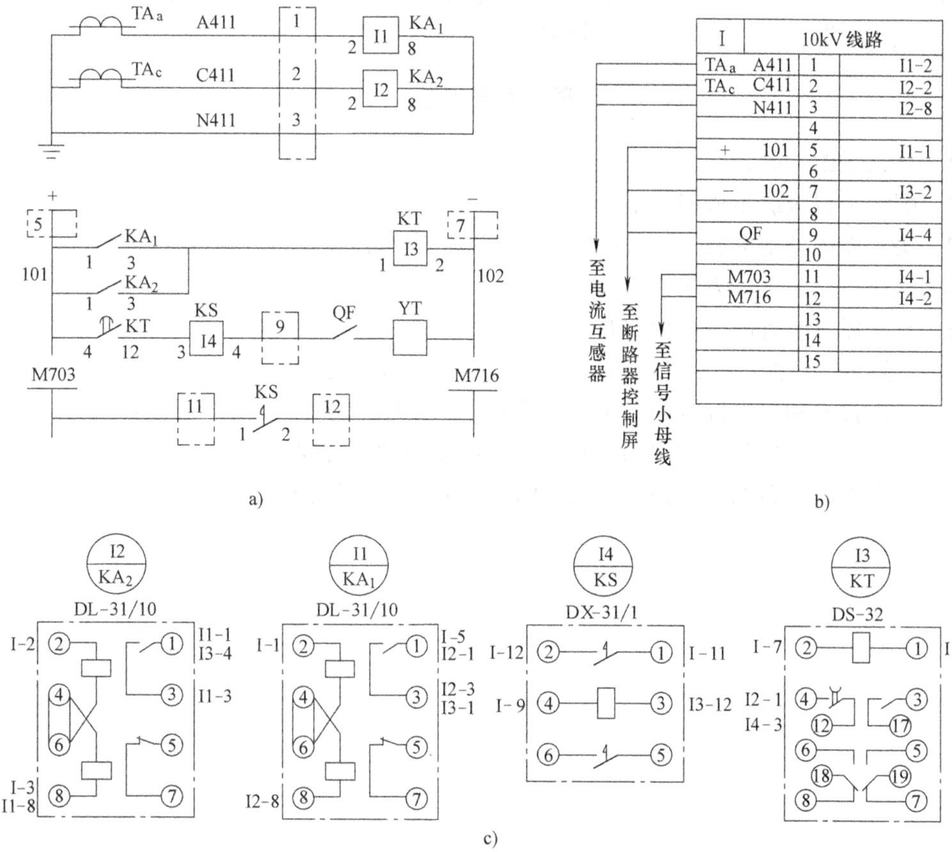

图 7-26　10kV 线路过电流保护的安装接线图

a）展开图　b）端子排图　c）屏后接线图

7.2.5 二次接线图表示形式的新进展

上述三种形式的二次接线图是我国普遍采用的，至今还广泛使用着。但目前我国已开始采用国际通用的图形符号和文字符号来表示二次接线图。因而根据表达对象和用途的不同，二次接线图有新的表示形式，一般可分为以下几种：

1. 单元接线图

单元接线图是表示成套装置或设备中一种结构单元内连接关系的接线图。所谓结构单元，是指可独立运用的组件，或由零件、部件构成的结合件，如发电机、电动机、成套开关柜等。单元接线图中，各部件可按展开图形式画出，也可按集中形式画出；但大都采用前者，因而通常又称展开图。

2. 互连接线图

互连接线图是表示成套装置或设备中的各个结构单元之间连接关系的一种接线图。

3. 端子接线图

端子接线图与前述的安装接线图中的端子排图是一致的。

4. 电缆配置图

电缆配置图中示出各单元之间的外部二次电缆敷设和路径情况，并注有电缆的编号、型号和连接点，是进行二次电缆敷设的重要依据。

思考题与习题

7-1 什么是配电装置？

7-2 配电装置应满足哪些基本要求？

7-3 决定屋内外配电装置的最小安全净距的依据是什么？

7-4 低压成套装置分为几类？

7-5 高压成套装置的基本型式有几种？

7-6 试述 SF_6 全封闭式组合电器的优、缺点及其应用范围。

7-7 二次设备和二次接线的作用是什么？二次接线图分哪几种，各有何用途？

7-8 什么是安装单位？用图例说明屏后接线图中的相对编号法。

7-9 请由 10kV 线路过电流保护的原理图，画出其展开图和安装接线图。

项目8 发电厂和变电站监控

本项目主要讲述发电厂和变电站的控制方式、断路器的控制、传统中央信号系统的电路构成和原理，并介绍主流的发电厂和变电站计算机监控系统。

【知识目标】

1. 熟悉发电厂和变电站的控制方式；
2. 熟悉火电厂计算机监控系统的组成、功能和特点；
3. 熟悉变电站计算机监控系统的组成、功能和特点。

【能力目标】

1. 分析灯光监视的电磁式操动机构断路器的控制及信号回路；
2. 分析由 ZC-23 型冲击继电器构成的中央信号电路。

任务 8.1　发电厂和变电站的控制方式

【任务描述】

熟悉发电厂和变电站的控制方式。

【任务实施】

分组制定实施方案，各组互相考问评价及教师评价。

8.1.1　发电厂的控制方式

就宏观而言，发电厂的控制方式分为主控制室方式和机炉电（汽机、锅炉和电气）集中控制方式。就微观而言，发电厂设备的控制又分为模拟信号测控方式和数字信号测控方式。目前，上述各种方式并存于我国电力系统，但发展方向是集中控制和数字化监控。

1. 主控制室控制方式

早期发电厂的单机容量小，常常采用多炉对多机（如四炉对三机）的母管制供汽方式，机炉电相关设备的控制采用分离控制，即设电气主控制室、锅炉分控制室和汽机分控制室。主控制室为全厂控制中心，负责起停机和事故处理方面的协调和指挥，因此，要求监视方便，操作灵活，能与全厂进行联系。

图 8-1 为典型火电厂主控制室的平面布置图。凡需要经常监视和操作的设备，如发电机和主变压器的控制元件、中央信号装置等须位于主环正中的屏台上，而线路和厂用变压器的控制元件、直流屏及远动屏等均布置在主环的两侧。凡不需要经常监视的屏，如继电保护屏、自动装置屏及电能表屏便布置在主环的后面。开关场的主变压器与 35kV 及以上的断路

器的控制与监视均在主控制室进行。

主控制室的位置应使控制电缆最短，并使运行人员的联系方便。对于小型发电厂，一般设在主厂房的固定端；对于中型发电厂，一般与主厂房分开，常与 6～10kV 配电装置室相连，并与主厂房通过天桥连通。

2. 单元控制室的控制方式

对于单机容量为 200MW 及以上的大中型机组，一般应将机、炉、电的主要设备集中在一个单元控制室控制（又称集控室控制）。现代大型火电厂为了提高热效率，趋向采用亚临界或超临界高压、高温机组，锅炉与汽机之间采用一台锅炉对一台汽机构成独立单元系统的供汽方式，不同单元系统之间没有横向的蒸汽管道联系，这样管道最短，投资较少；且运行中，锅炉能配合机组进行调节，便于机组起停及事故处理。

机炉电集中控制的范围，包括主厂房内的汽轮机、发电机、锅炉、厂用电以及与它们有密切联系的制粉、除氧、给水系统等，以便让运行人员注意主要的生产过程。至于主厂房以外的除灰系统、化学水处理等，均采用就地控制。

在集中控制方式下，常设有独立的高压电力网络控制室（简称网控室），实际上就是一个升压变电站控制室，主变压器及接于高压母线的各断路器的控制与信号均设于网络控制室。网络控制室过去一般要设值班员，但发展方向是无人值班，其操作与监视则由全厂的某一集控室代管。另外，电厂的高压出线较少时一般不再设网控室，主变压器和高压出线的信号与控制均设在某一集控室。

图 8-2 所示为两台大型机组的单元控制室平面布置图，主环为曲折式布置，中间为网络控制屏，而两台机组的控制屏台，分别按炉、机、电顺序位于主环的两侧，计算机装在后面机房内。

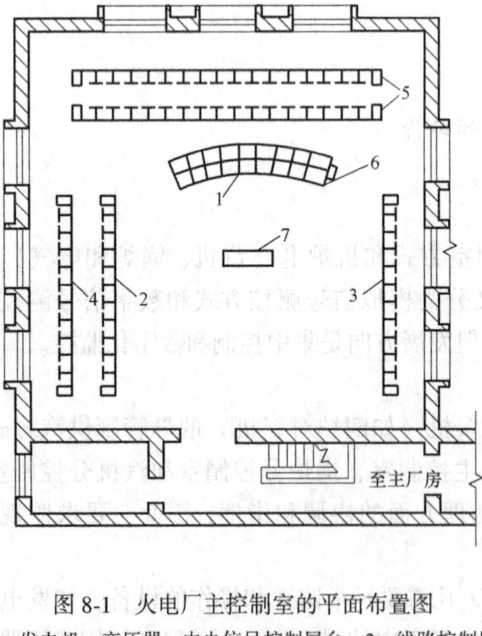

图 8-1　火电厂主控制室的平面布置图

1—发电机、变压器、中央信号控制屏台　2—线路控制屏　3—厂用变压器控制屏　4—直流屏、远动屏　5—继电保护及自动装置屏　6—同步小屏　7—值班台

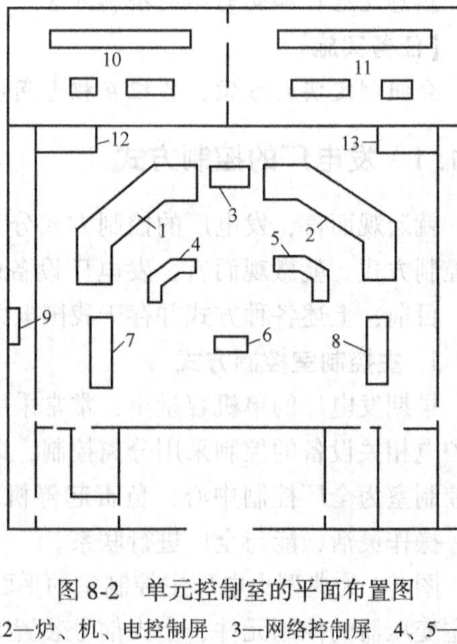

图 8-2　单元控制室的平面布置图

1、2—炉、机、电控制屏　3—网络控制屏　4、5—运行人员工作台　6—值长台　7、8—发电机辅助屏　9—消防设备　10、11—计算机　12、13—打印机

8.1.2　变电站的控制方式

变电站的控制方式按有无值班员分为值班员控制方式、调度中心或综合自动化站控制中心远方遥控方式。即使对于值班员控制方式，还可按断路器的控制手段分为控制开关控制和计算机键盘控制；控制开关控制方式还可分为在主控室内的集中控制和在设备附近的就地控制。目前在经济发达地区，110kV 及以下的变电站通常采用无人值班的远方遥控方式，而220kV 及以上的变电站一般采用值班员控制方式，并常常兼作其所带的低电压等级变电站的控制中心，称为集控站。另外，在大型的有人值班变电站，为减小主控室的面积，并节省控制与信号电缆，6kV 或 10kV 配电装置的断路器一般采用就地控制，但应将事故跳闸信号送入主控室。

另外，按控制电源电压的高低变电站的控制方式还可分为强电控制和弱电控制。前者的工作电压为直流 110V 或 220V；后者的工作电压为直流 48V（个别为 24V），且一般只用于控制开关所在的操作命令发出回路和电厂的中央信号回路，以缩小控制屏所占空间，而合跳闸回路仍采用强电。

任务 8.2　断路器的控制

【任务描述】

高压断路器的分合闸操作。

【任务实施】

在高压配电装置进行高压断路器分合闸操作，并分析灯光监视的电磁式操动机构断路器的控制及信号回路。

【知识链接】

在发电厂和变电站内对断路器的控制按控制地点不同可分为集中控制与就地控制两种。一般对主要设备，如发电机、主变压器、母线分段或母线联络断路器、旁路断路器、35kV 及以上电压的线路以及高、低压厂用工作与备用变压器等采用集中控制方式，对 6~10kV 线路以及厂用电动机等一般采用就地控制方式。所谓集中控制方式就是集中在主控室内进行控制，被控制的断路器与主控室之间一般有几十米到几百米的距离，因此也称为距离控制。所谓就地控制就是在断路器安装地点进行控制。将一些不重要的设备下放到配电装置内就地控制，这样可以减小主控室的建筑面积，节约控制电缆。

断路器的控制通常是通过电气回路来实现的，为此必须有相应的二次设备，在主控制室的控制屏台上应当有能发出跳、合闸命令的控制开关（或按钮），在断路器上应有执行命令的操动机构（跳、合闸线圈）。控制开关与操动机构之间是通过控制电缆连接起来的。控制回路按操作电源性质的不同可分为直流操作和交流操作（包括整流操作）两种类型。直流操作一般采用蓄电池组供电，交流操作一般是由电流互感器、电压互感器或所用变压器供电。此外，对断路器的控制，按其操作电源的电压又可分为强电控制（操作电源电压为 110V 或 220V）和弱电控制（操作电源电压为 48V 及以下）；按操作方式可分为强电一对一控制方式和弱电选线控制方式。对强电一对一控制方式，按其对断路器跳、合闸回路的监视方式又可分为灯光监视的断路器控制回路（常用于中小型电厂和变电站）和音响监视的断路器控制回路（用于大型电厂和变电站）。本项目主要介绍强电一对一控制的灯光监视的断路器控制回路。

8.2.1 对断路器控制回路的基本要求

断路器的控制回路随着断路器的型式、操动机构的类型以及运行上的不同要求而有所差别，但其基本接线是相似的。断路器的控制回路应能满足如下要求：

(1) 应能进行手动跳、合闸和由继电保护与自动装置实现自动跳、合闸。

(2) 断路器的合闸和跳闸回路是按短时通电来设计的。在跳、合闸操作完成后，应能迅速自动切断跳、合闸回路。

(3) 应有防止断路器多次跳闸、合闸的“防跳”闭锁装置。

(4) 应能指示断路器的合闸与跳闸位置状态，而且能够区分是自动跳、合闸还是手动跳、合闸。

(5) 应能监视断路器控制回路的电源和断路器跳、合闸回路的完好性。

(6) 控制回路应力求接线简单、工作可靠，使用电缆芯数目最少；对于采用气压、液压和弹簧操作的断路器，应有对压力是否正常、弹簧是否拉紧到位的监视回路和动作闭锁回路。

8.2.2 断路器控制回路的三大部件

断路器的控制回路一般由图 8-3 所示的三大部分组成：①控制部分（负责发出控制命令）；②中间传送部分（负责传送命令和信号）；③执行部分（即操动机构，负责执行命令）。

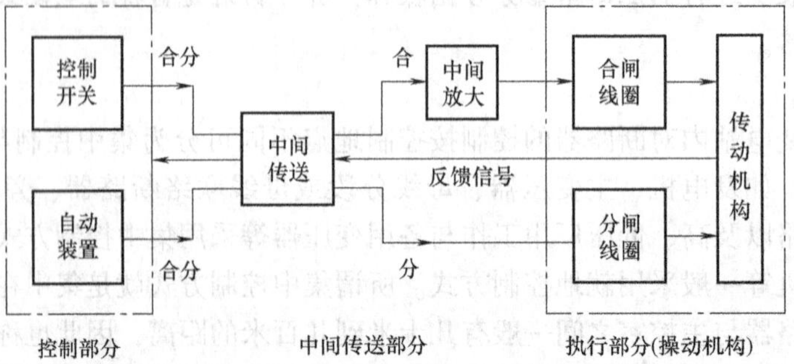

图 8-3　断路器控制回路框图

首先介绍控制回路中使用的三大部件，即控制开关、中间放大元件和操动机构。

1. 控制开关

发电厂和变电站中常见的控制开关主要有两种类型：一种是跳、合闸操作都分两步进行的，手柄有两个固定位置和两个操作位置的控制开关；另一种是跳、合闸操作只用一步进行的，手柄有一个固定位置和两个操作位置的控制开关。前者广泛用于火力发电厂和有人值班的变电站中，后者主要用于遥控及无人值班的变电站及水电站中。

(1) LW2 系列转换开关。图 8-4 为 LW2-Z 型控制开关的外形。

控制开关的正面为一个操作手柄，安装于屏前，与手柄固定连接的转轴上装有数节触点盒，触点盒安装于屏后。每个触点盒中都有 4 个固定触点和一个动触点，动触点随转轴转

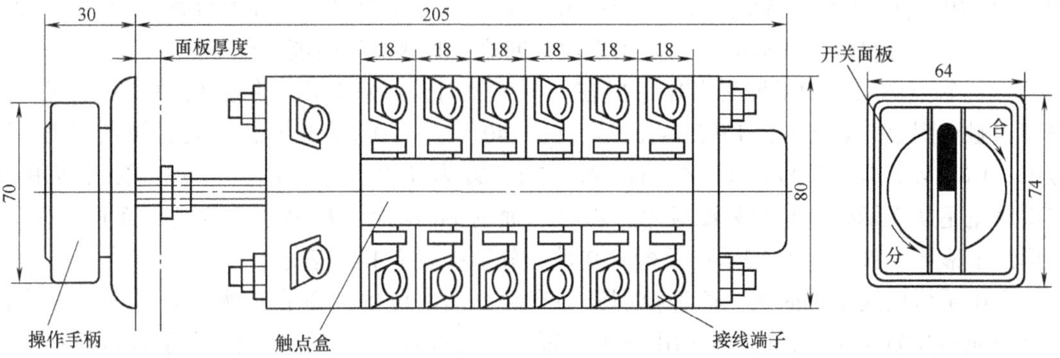

图 8-4　LW2-Z 型控制开关的外形

动；固定触点分布在触点盒的四角，盒外有供接线用的 4 个引出端子。由于动触点的凸轮与簧片的形状及安装位置的不同，构成不同型式的触点盒。触点盒是封闭式的，每个控制开关上所装的触点盒的节数及型式可根据设计控制回路的需要进行组合，所以这种开关又称为封闭式万能转换开关。

LW2 系列封闭式万能转换开关在发电厂和变电站中应用很广，除了在断路器及接触器等的控制回路中用作控制开关外，还在测量表计回路、信号回路、各种自动装置及监察装置回路以及伺服电动机回路中用作转换开关。

LW2 系列转换开关是旋转式的，它从一种位置切换到另一种位置是通过将手柄向左或向右旋转一定角度来实现的。可以每隔 90°设一个定位，也可以每隔 45°设一个定位，前者最多有 4 个定位，后者最多有 8 个定位。定位的数目可以用限位机构加以限制。操作手柄可以做成在操作后自动复归原位的，也可以做成不能自动复归的。在控制开关中发跳、合闸命令的触点要求只在发命令时接通，因此，应当选用能够自动复归的，其他做切换用的开关不要求带自复机构。

根据手柄的构造（有无内附信号灯）、有无定位及自复机构，LW2 系列封闭式转换开关有如下不同型式：

LW2-YZ　手柄内带信号灯，有自复机构及定位；

LW2-Z　有自复机构及定位；

LW2-W　有自复机构；

LW2-Y　手柄内带信号灯，有定位；

LW2-H　手柄可以取出，有定位；

LW2　有定位。

其中，LW2-YZ、LW2-Z 及 LW2-W 这三种型式可以作为控制开关用；LW2-H 型用于需要互相闭锁的场合，例如同期系统中；LW2-Y 型用于需要利用手柄中的信号灯监视熔断器状态的场合，例如直流系统中；LW2 型广泛用于一般切换电路中。

根据动触点的凸轮和簧片形状以及在转轴上安装的初始位置不同，触点盒可分为 14 种型式，其代号为 1、1a、2、4、5、6、6a、7、8、10、20、30、40、50 等，其中动触点的基本类型有两种：一种是触点片紧固在轴上，随轴一起转动的，另一种是触点片与轴有一定角度的相对运动（自由行程）。后一种类型触点当手柄转动角度在其自由行程以内时，可以保持在原来的位置上不动。上述的 1、1a、2、4、5、6、6a、7、8 型触点是紧随轴转的；10、

40、50 型触点在轴上有 45°的自由行程；20 型触点在轴上有 90°的自由行程；30 型有 135°的自由行程。有自由行程的触点只适用于信号回路，其触点切断能力较小。

（2）触点图表。为了说明操作手柄在不同位置时，触点盒内各触点的通、断情况，一般列出触点图表。表 8-1 为 LW2-Z-1a、4、6a、40、20、20/F8 型控制开关的触点图表。型号中，LW2-Z 为开关型号；1a、4、6a、40、20、20 为开关上所带触点盒的型式，它们的排列次序就是从手柄处算起的装配顺序；斜线后面的 F8 为面板及手柄的型式（面板有两种，方形用 F 表示，圆形用 O 表示；手柄有 9 种，分别用数字 1~9 表示）。

表中手柄样式是正面图，这种控制开关有两个固定位置（垂直和水平）和两个操作位置（由垂直位置再顺时针转 45°和由水平位置再逆时针转 45°）的开关，由于有自由行程的触点不是紧跟着轴转动，所以按操作顺序的先后，触点位置实际上有 6 种，即“跳闸后”“预备合闸”“合闸”“合闸后”“预备跳闸”和“跳闸”。其操作程序是：若断路器是在断开状态，操作手柄是在“跳闸后”位置（水平位置），需要进行合闸操作，则应首先顺时针方向将手柄转动 90°至“预备合闸”位置（垂直位置），然后再顺时针方向旋转 45°至“合闸”位置，此时 4 型触点盒内的触点 5-8 接通，发出合闸命令，此命令称为合闸脉冲。合闸操作必须用力克服控制开关中自动复位弹簧的反作用力，当操作完成松开手后，操作手柄在复位弹簧的作用下自动返回到原来的垂直位置，但这次复位是在发出合闸命令之后，所以称其为“合闸后”位置。从表面上看，“预备合闸”与“合闸后”手柄是处在同一个固定位置上，但从触点图表中可以看出，对于具有自由行程的 40、20 两种型式的触点盒，其接通情况是前后不同的，因为在进行合闸操作时，40、20 型触点盒中的动触点随着切换，但在手柄自动复归时，它们仍保留在“合闸”时的位置上，未随着手柄一起复归。

表 8-1　LW2-Z-1a、4、6a、40、20、20/F8 型控制开关触点图表

有“跳闸”后位置的手柄（正面）的样式和触点盒（背面）接线图		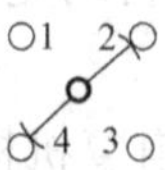		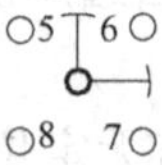		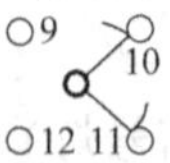										
手柄和触点盒型式	F8	1a		4		6a			40			20		20		
触点号 / 位置	—	1-3	2-4	5-8	6-7	9-10	9-12	10-11	13-14	14-15	13-16	17-19	18-20	21-23	21-22	22-24
跳闸后		–	×	–	–	–	–	×	–	×	–	–	×	–	–	×
预备合闸		×	–	–	–	×	–	–	×	–	–	–	–	–	×	–
合闸		–	–	×	–	–	×	–	–	–	×	×	–	×	–	–
合闸后		×	–	–	–	×	–	–	–	–	×	×	–	×	–	–
预备跳闸		–	×	–	–	–	–	×	×	–	–	–	–	–	×	–
跳闸		–	–	–	×	–	–	×	–	×	–	–	×	–	–	×

注：“×”表示触点接通；“–”表示触点断开。

跳闸操作是从“合闸后”位置（垂直位置）开始，逆时针方向进行。即先将操作手柄逆时针方向转动90°至“预备跳闸”位置，然后再继续用力旋转45°至“跳闸”位置。此时4型触点盒中的触点6-7接通，发出跳闸脉冲。松开手后，手柄自动复归，此时的位置称为“跳闸后”位置。这样，跳、合闸操作，都分成两步进行，有效地避免误操作的发生。

LW2-YZ型控制开关与LW2-Z型在操作程序上完全相同，只是前者操作手柄内多一个指示灯；LW2-W型控制开关只有一个固定位置（垂直位置），顺时针方向旋转45°为合闸操作，逆时针方向旋转45°为跳闸操作，操作后即自动回到原位。

在看触点图表时，必须注意表中所给出的是触点盒背面接线图，即从屏后看的，而手柄是从屏前看的，两者对照看时，若手柄顺时针方向转动，触点盒中的可动触点应逆时针方向转动，两者正好相反。

2. 中间放大元件

若断路器使用电磁型操动机构，其合闸电流可达几十至几百安，而控制元件和控制回路所能通过的电流往往只有几安，必须在合闸线圈回路中安装中间放大元件去驱动操动机构，常用CZ0-40C型直流接触器去接通合闸回路。各种型式操动机构的跳闸电流一般都不很大（当直流操作电压为110~220V时，电流为0.5~5A）。

3. 操动机构

操动机构就是断路器本身附带的跳合闸传动装置，其种类较多，有电磁操动机构、弹簧操动机构、液压操动机构、气压操动机构、电动机操动机构等，其中应用最广的是电磁操动机构。操动机构由制造厂定型，与断路器一起配套供应。

8.2.3 灯光监视的断路器控制及信号回路

图8-5所示为灯光监视的电磁式操动机构断路器的控制及信号回路展开图，其工作过程如下。

1. 手动合闸

合闸前断路器处于跳闸状态，其动断辅助触点QF_1在合位；控制开关SA手柄处于“跳闸后”位置，由表8-1知，触点SA11-10处于接通状态。则“正电源→SA11-10→HLG→QF_1→KM→负电源”形成通路，绿灯HLG发平光，表明断路器正处于跳闸状态，也表明控制电源与合闸回路均属完好。因HLG及其串联电阻的限流作用，KM线圈中虽有电流，但不足以使KM动作。

将控制开关手柄顺时针方向转90°至“预备合闸”位置，触点SA9-10接通，将绿灯回路改接至闪光小母线M100（+）上，绿灯HLG闪光，提醒运行人员核对所操作的断路器是否有误。核对无误后，再将手柄顺时针方向转45°至“合闸”位置，触点SA5-8接通，这时，“正电源→SA5-8→KCF_2（闭合）→QF_1→KM→负电源”形成通路，因回路中无限流电阻，回路中电流大，使KM动作，其接在合闸线圈YC回路中的两个动合触点KM_1和KM_2闭合，合闸线圈YC回路通电，使断路器合闸。

断路器合闸后，被松开的手柄在弹簧的作用下，回到“合闸后”位置，与断路器的合闸状态相对应。此时断路器的辅助触点QF_1断开、QF_2闭合，触点SA16-13闭合，从而使“正电源→SA16-13→红灯HLR→KCF_1→QF_2→跳闸线圈YT→负电源”形成通路，红灯HLR发平光。这一方面表明断路器正处于合闸状态，另一方面也监视了控制电源和跳闸回路的完

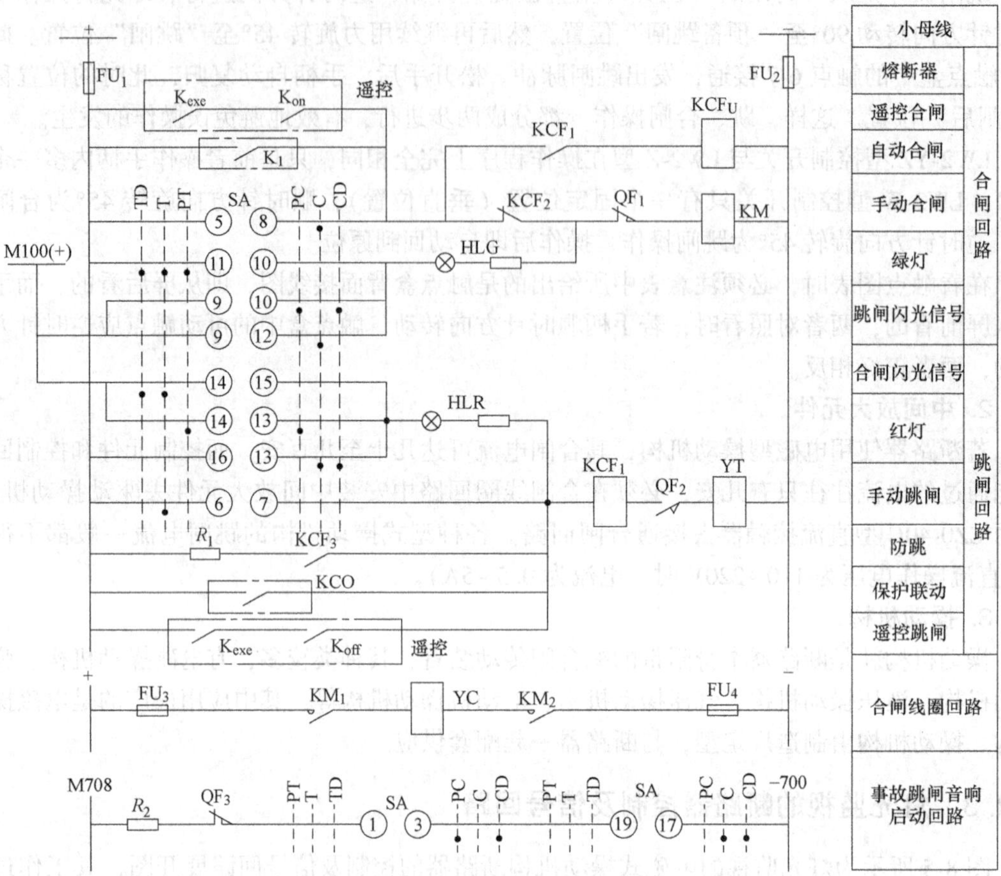

图 8-5　灯光监视的电磁式操动机构断路器的控制及信号回路展开图

SA—控制开关　C—合闸　T—跳闸　PC—预备合闸　PT—预备跳闸　CD—合闸后　TD—跳闸后

KCF—防跳继电器　R_1、R_2—限流电阻　KM—合闸接触器　YC—合闸线圈　YT—跳闸线圈

KCO—保护出口继电器的动合触点　QF_1、QF_2、QF_3—断路器辅助触点

K_1—自动合闸装置的动合触点　K_{on}、K_{exe}—遥控合闸和执行继电器

K_{off}、K_{exe}—遥控跳闸和执行继电器　M100（+）—闪光电源小母线

好性。

2. 手动跳闸

操作前，断路器处于合闸状态，其辅助触点 QF_2 在合位；将控制开关 SA 手柄依逆时针方向转到“预备跳闸”的水平位置，触点 SA13-14 接通，使“闪光电源 M100（+）→SA13-14→HLR→KCF_1→QF_2→跳闸线圈 YT→负电源”形成通路，红灯 HLR 发闪光，核对操作对象是否正确。核对无误后，再依同方向旋转手柄 45°至“跳闸”位置，触点 SA6-7 闭合，使“正电源→SA6-7→KCF_1→QF_2→跳闸线圈 YT→负电源”形成通路，使断路器跳闸。手柄松开后，在弹簧作用下回到“跳闸后”位置，其状态与断路器状态对应，绿灯 HLG 发平光。

3. 自动合闸

架空输电线路的断路器一般都配有自动重合闸装置，当线路故障，断路器跳闸后，继而自动重合闸；发电机回路中的断路器在同期检测装置检测同期条件满足时，自动触发合闸；备用线路或设备在备用电源自动投入装置作用下使其回路中的断路器合闸，备用线路或设备投入运行；执行电网调度中心或集控站的合闸命令，使断路器合闸。这些自动装置以及远动装置动作使断路器合闸时，都属于自动合闸。

若断路器原为跳闸状态，则其辅助触点 QF_1 在合位。当自动合闸装置的触点 K_1 闭合时，短接触点 SA5-8，与手动合闸类似，使断路器自动合闸。

当断路器合闸后，其控制开关的操作手柄仍处在“跳闸后”的水平位置，二者出现不对应。此时，“闪光电源 M100（+）→SA14-15→红灯 HLR→KCF_1→QF_2→跳闸线圈 YT→负电源”形成通路，红灯 HLR 发闪光，说明断路器已自动合闸。运行人员将控制开关的手柄顺时针转到“合闸后”的垂直位置，使控制开关与断路器二者状态对应，红灯 HLR 才变为发平光。

4. 自动跳闸

若线路或设备出现故障，在继电保护作用下，保护出口继电器 KCO 动合触点闭合（或遥控跳闸时，遥控跳闸继电器和执行继电器的动合触点同时闭合），短接触点 SA6-7，与手动跳闸类似，使断路器自动跳闸。此时，出现状态不对应，“闪光电源 M100（+）→SA9-10→绿灯 HLG→QF_1→KM→负电源”接通，绿灯 HLG 发闪光，告知运行人员已发生跳闸，将 SA 逆时针转至“跳闸后”位置。

断路器自动跳闸属于事故性质，除发闪光外，还应发出事故音响引起运行人员注意。断路器跳闸后，其辅助触点 QF_3 闭合，控制开关仍处于“合闸后”位置，SA1-3 和 SA19-17 均处于接通状态，使事故音响信号小母线 M708 与信号回路电源负极（-700）接通，从而起动事故信号装置发出音响。此处 R_2 的作用是为了使事故音响信号能重复动作，其原理在后面的中央事故信号中讲述。

5. “防跳”措施

当断路器合闸后，如果由于某种原因造成控制开关的触点 SA 或自动装置的触点 KM_1 未复归（例如操作手柄未松开、触点焊住等），此时，若发生短路故障，继电保护动作使断路器自动跳闸，则会出现多次的“跳-合”现象，此种现象称为“跳跃”，断路器如果多次“跳跃”，会使断路器毁坏，造成事故扩大。所谓“防跳”就是要采取措施以防止这种“跳跃”的发生，“防跳”措施分为“机械防跳”和“电气防跳”措施。对于 6~10kV 断路器，当用 CD2 型操动机构时，由于机构本身在机械上有“防跳”性能，不需在控制回路中另加“电气防跳”装置，但因调整费时，许多断路器已不再采用；35kV 及以上的断路器常采用“电气防跳”。

“电气防跳”如图 8-5 所示，KCF 为防跳继电器，它有两个线圈：一个是电流起动线圈 KCF_I，接在跳闸回路中；另一个是电压保持线圈 KCF_U，通过本身的一个常开触点 KCF_1 接入合闸回路。

“防跳”装置工作过程为：若断路器手动合闸到永久性故障上，合闸后，保护装置使断路器立即跳闸，跳闸回路中的防跳继电器电流线圈 KCF_1 流过电流，“防跳”继电器起动，其串接于合闸回路中的动断触点 KCF_2 断开而 KCF_1 闭合，将断路器合闸回路断开；断路器跳闸后，其辅助触点 QF_1 又闭合，即使这时操作人员还未放开操作手柄（或触点被卡住以及自动合闸装置的触点被卡住或熔接），SA5-8 仍处于接通状态，断路器也不会再次合闸。

同时 KCF_I 闭合，使防跳继电器电压线圈 KCF_U 励磁，实现自保持，直到操作人员放开操作手柄，SA5-8 断开为止。

任务 8.3　中央信号系统

【任务描述】

事故信号和预告信号都需在主控制室或集中控制室中反映出来，它们是电气设备各种信号的中央部分，通常称为中央信号。本节分析中央事故信号和预告信号装置的工作原理。

【任务实施】

发电厂、变电站仿真实验室。

【知识链接】

在发电厂和变电站中，为了随时掌握电气设备的工作状态，须用信号及时显示当时的情况。当发生事故及出现异常运行状况时，应发出各种灯光及音响信号，提醒运行人员注意，并根据信号使运行人员迅速判明事故的性质、范围和地点，以便做出正确的处理。所以，信号装置具有十分重要的作用。

信号装置按用途来分，有下列几种：

（1）事故信号。如断路器发生事故跳闸时，立即用蜂鸣器发出较强的音响，通知运行人员进行处理。同时，断路器的位置指示灯发出闪光。

（2）预告信号。当运行设备出现危及安全运行的异常情况时，例如，发电机过负荷、变压器过负荷、二次回路断线等，便发出另一种有别于事故信号的音响——铃响。此外，标有故障内容的光字牌也变亮。

（3）位置信号，包括断路器位置信号和隔离开关位置信号。前者用灯光来表示其合、跳闸位置；而后者则用一种专门的位置指示器来表示其位置状况。

（4）其他信号，如指挥信号、联系信号和全厂信号等。这些信号是全厂公用的，可根据实际需要装设。

以上各种信号中，事故信号和预告信号都需在主控制室或集中控制室中反映出来，它们是电气设备各种信号的中央部分，通常称为中央信号。传统的做法是将这些信号集中装设在中央信号屏上。中央信号既有采用以冲击继电器为核心的电磁式集中信号系统；也有采用触发器等数字集成电路的模块式信号系统，而发展方向是用计算机软件实现信号的报警，并采用了大屏幕代替信号屏。

8.3.1　事故信号

事故信号的作用是：当因电力系统事故，在继电保护作用下使相应的断路器自动跳闸时，起动蜂鸣器发出事故音响，通知运行人员处理事故；同时，跳闸断路器的对象灯闪光或绿色位置指示灯闪光，告诉运行人员事故地点。

实现音响方式较多，有交流，有直流，有直接动作，有间接动作；音响解除的方式有个别复归和中央复归；动作连续性又有能重复动作和不能重复动作之分。在小型发电厂和变电站，因线路少且重要性不高，可采用中央复归、不能重复动作的事故信号装置；大中型发电厂和变电站均采用中央复归、能重复动作的事故信号装置。

能重复动作的事故信号装置的主要元件是冲击继电器（或称脉冲继电器）。国内常用的冲击继电器有三种：①利用极化继电器作执行元件的 JC 系列；②利用干簧管继电器作执行元件的 ZC 系列；③利用半导体器件作执行元件的 BC 系列。因极化继电器制造和调试复杂，且灵敏度差，故 JC 系列冲击继电器已被淘汰，且中央信号装置正在逐渐被计算机监控系统所取代。

本书只介绍使用 ZC-23 型干簧继电器作为起动元件所构成的中央事故音响信号装置。

1. ZC-23 型冲击继电器

ZC-23 型冲击继电器主要由变流器 TA、灵敏元件 KRD（单触点干簧继电器）、出口继电器 KC（多触点干簧继电器）和滤波器件等组成，其内部接线如图 8-6 所示。

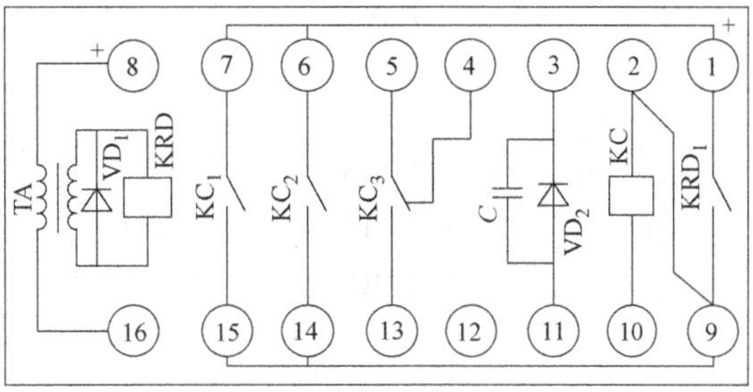

图 8-6 ZC-23 型冲击继电器的内部接线

该继电器的工作原理是，利用串联在直流信号回路中的脉冲变流器 TA，将回路中持续的矩形电流脉冲变成短暂的尖顶电流脉冲去起动灵敏元件 KRD，触点 KRD1 闭合后去起动出口中间元件 KC。

由 ZC-23 型干簧继电器作为起动元件所构成的中央事故音响信号装置电路如图 8-7 所示。

2. 事故音响信号的启动

事故音响信号的起动回路见图 8-7 的右上方部分。在介绍断路器控制回路时已将 M708 与-700 之间的电路做了一些说明，它是事故音响信号的起动电路。由图可见，起动方式有三种：①通过试验按钮 1SB 起动；②由控制室远方控制断路器的辅助常闭触点 $1QF_3$、$2QF_3$、…、nQF_3 起动；③由 10kV（或 6kV）配电装置就地控制断路器的事故信号继电器（触点 $1KCA_1$ 和 $2KCA_1$）起动。

由控制室远方控制断路器的事故音响信号起动回路，都逐个直接接在控制室内中央信号屏的小母线 M708 与-700 之间（而将需发遥信断路器的事故音响信号起动回路接在小母线 M808 与-700 之间）。该回路按不对应原则起动：控制开关在 CD 位置时，SA1-3、SA17-19 闭合；当某台断路器事故跳闸后，其常闭辅助触点（如 $1QF_3$）闭合，不对应条件满足，起动事故音响。

为了简化信号装置，减少信号电缆投资，将 10kV（或 6kV）配电装置就地控制断路器的事故音响信号起动回路不是直接接在控制室内小母线 M708 与-700 之间，而是在 10kV（或 6kV）配电装置内另设小母线 M701、M727I（I 段）和 M727II（II 段），将主母线 I 段和 II 段上的所有断路器的事故音响信号起动回路分别接在小母线 M701 和 M727I 之间和 M701 和 M727II 之间。断路器事故跳闸后，按不对应原则分别起动事故信号继电器 1KCA 和 2KCA，它们的常开触点 $1KCA_1$ 和 $2KCA_1$ 闭合，起动中央事故音响。

在每一起动回路中均串有电阻器 R，其作用是：当已有断路器跳闸，事故音响信号已发出过，在其不对应状态未解除前，又一台断路器跳闸，另一条起动回路连通，并联一个电阻，使音响起动回路总电阻减小，电流增大，冲击继电器起动，再次发出事故音响，实现重复动作。

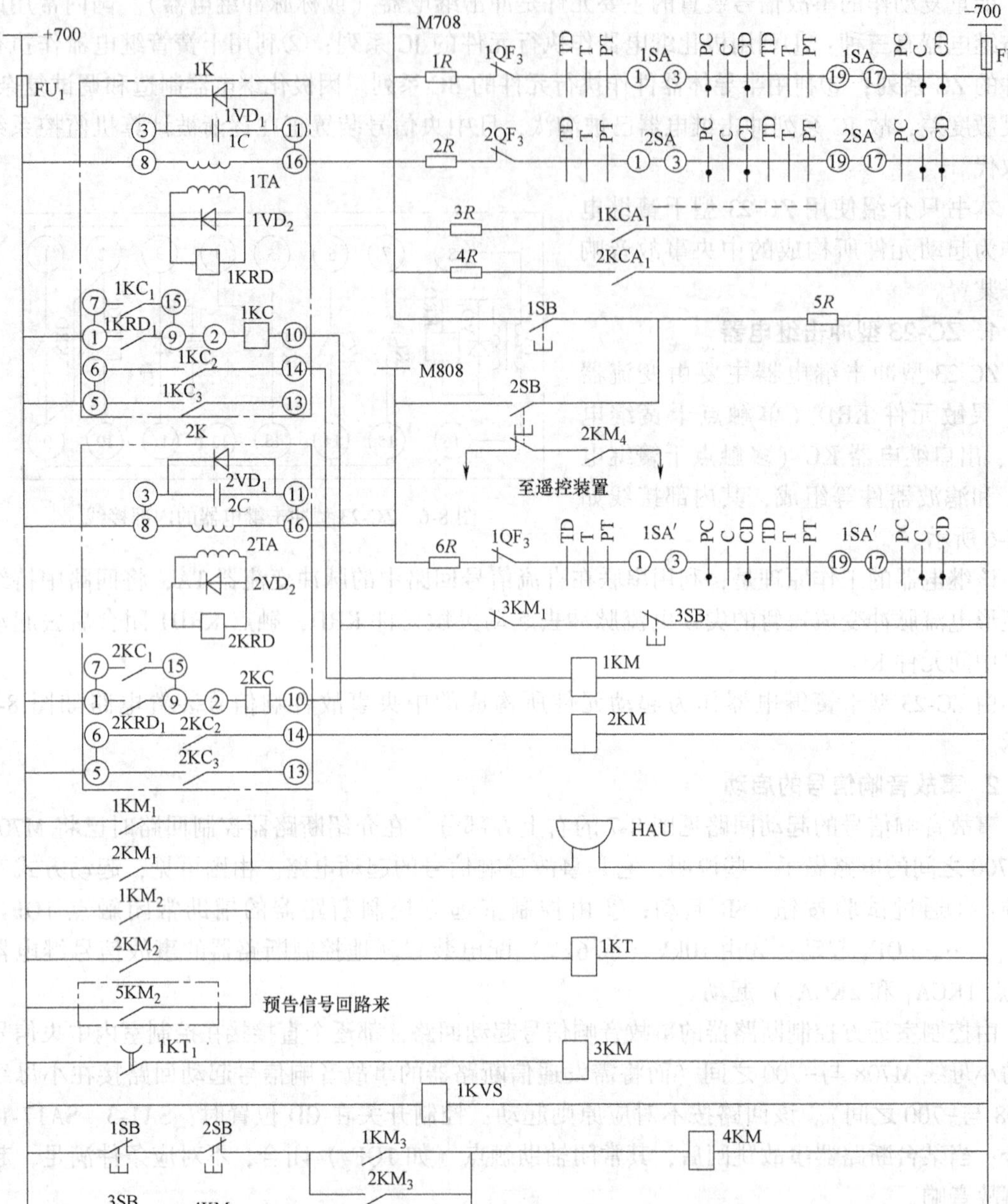

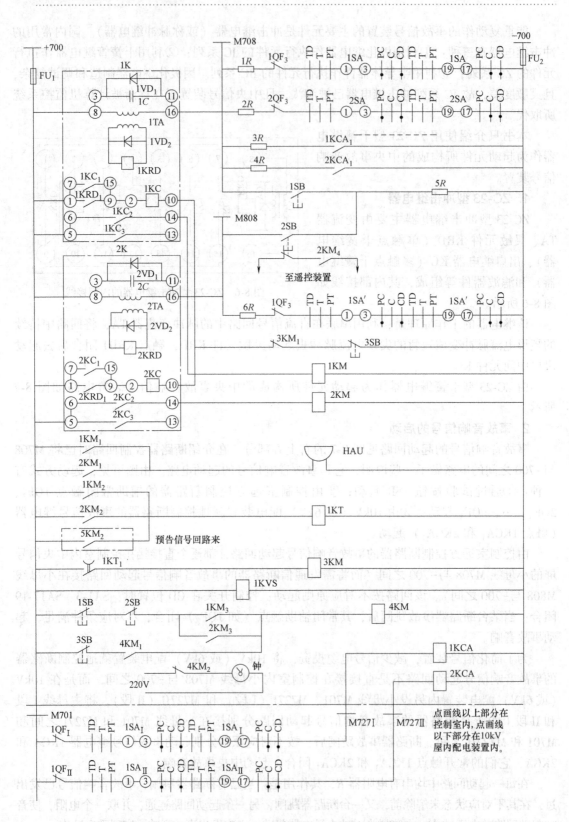

图 8-7　由 ZC-23 型冲击继电器构成的中央事故音响信号电路图

3. 由 ZC-23 型冲击继电器构成的中央事故音响信号装置的工作原理分析

当事故发生断路器自动跳闸时，事故音响的不对应起动回路接通，事故音响小母线 M708（或 M808）与负信号电源母线-700 突然接通，使变流器 TA 一次侧回路出现突增电流，会在 TA 二次侧感应出电压使灵敏继电器 1KRD 动作，其常开触点 $1KRD_1$ 闭合，使出口继电器 1KC 动作。1KC 动作后又使它的三个常开触点闭合（电路中使用了 2 个），其中 $1KC_1$ 与触点 $1KRD_1$ 并联，以实现自保持，因为继电器 1KRD 在变流器二次绕组中的冲击电动势消失后即自行返回；$1KC_2$ 闭合后起动中间继电器 1KM，其触点 $1KM_1$ 闭合起动蜂鸣器 HAU 发出事故音响。1KM 的触点 $1KM_2$ 闭合起动时间继电器 1KT，触点 $1KT_1$ 经延时后闭合，起动中间继电器 3KM，其常闭触点 $3KM_1$ 断开切断了冲击出口继电器 1KC 的自保持回路，音响自动解除，整套装置恢复到原始状态。

中央事故音响也可以手动提前解除，当手动按下音响复归按钮 3SB 时，音响解除。

事故信号装置中设置了事故停钟回路，在起动蜂鸣器发出事故音响的同时，触点 $1KM_3$ 或 $2KM_3$ 闭合，起动事故停钟中间继电器 4KM。触点 $4KM_1$ 闭合，使停钟回路自保持；触点 $4KM_2$ 断开，切断电钟的电源回路，实现事故停钟。事故处理完后，重新投入运行时，按下事故停钟解除按钮 4SB，起动电钟并校准时间指示。事故停钟电路的作用是记录事故时刻和停运时间。

断路器事故跳闸后的事故音响分为发遥信和不发遥信两种。图 8-7 中，1K 和 2K 分别对应发遥信和不需发遥信部分的冲击继电器。不需发遥信的断路器的事故音响起动回路连接在小母线 M708 与-700 之间，事故信号只在本厂或本站发出。需发遥信的断路器的事故音响起动回路连接在小母线 M808 与-700 之间，一方面事故信号在本厂或本站发出；另一方面，由遥信冲击继电器 2K 起动的中间继电器 2KM 的常开触点 $2KM_4$ 闭合，起动遥信装置，向电网调度中心或集控站发送事故信号。

事故信号回路的完好性由监视继电器 1KVS 进行监视。正常情况下，继电器 1KVS 带电；当该装置的电源熔断器熔断时，继电器 1KVS 断电，其常闭触点 1KVS1 闭合，起动预告信号。

图 8-7 中，①二极管 $1VD_1$ 和电容 $1C$ 的作用：保护变流器 1TA，防止变流器 1TA 一次绕组内的电流突然消失时（如试验按钮按下后的松开或音响起动回路的不对应状态消失时），在其内产生高电压而损坏。②二极管 $1VD_2$ 的作用：冲击继电器的灵敏继电器 1KRD 动作无方向性，当变流器 1TA 一次绕组内的电流突然减小或消失时（如音响起动回路的不对应状态消失时），灵敏继电器 1KRD 不应动作，此时二极管 $1VD_2$ 将产生的反方向返回冲击电动势所引起的二次电流旁路掉，使其不流入 1KRD 的线圈，防止了误动作。

8.3.2 预告信号

预告信号的作用是当发电厂或变电站的电气设备发生运行异常时，发出预告信号，通知运行人员进行处理，消除异常情况。预告音响采用声光信号，为与事故音响区别，声信号采用电铃声，其光信号是标有异常内容的光字牌。

电气设备异常运行情况主要有：发电机过负荷；发电机轴承油温过高；发电机转子回路绝缘监视动作；发电机强行励磁动作；变压器过负荷；变压器油温过高；变压器气体保护动作；自动装置动作；事故照明切换动作；交流电源绝缘监视动作；直流回路绝缘监视动作；

交流回路电压互感器的熔断器熔断；直流回路熔断器熔断；直流电压过高或过低；断路器操动机构的液压或气压异常等。

以往通常把预告信号分为瞬时预告信号和延时预告信号两种。多年的运行实践及分析证明，只要使用能重复动作并能自动消除音响的预告信号装置，并且回路中的冲击继电器带有0.3~0.5s 的短延时，不必分为瞬时和延时两种预告信号，也能满足运行要求。这样，简化了预告信号回路的接线，提高了工作的可靠性。

图 8-8 所示为由 ZC-23 型冲击继电器构成的中央预告信号电路接线图，现分析其工作原理。

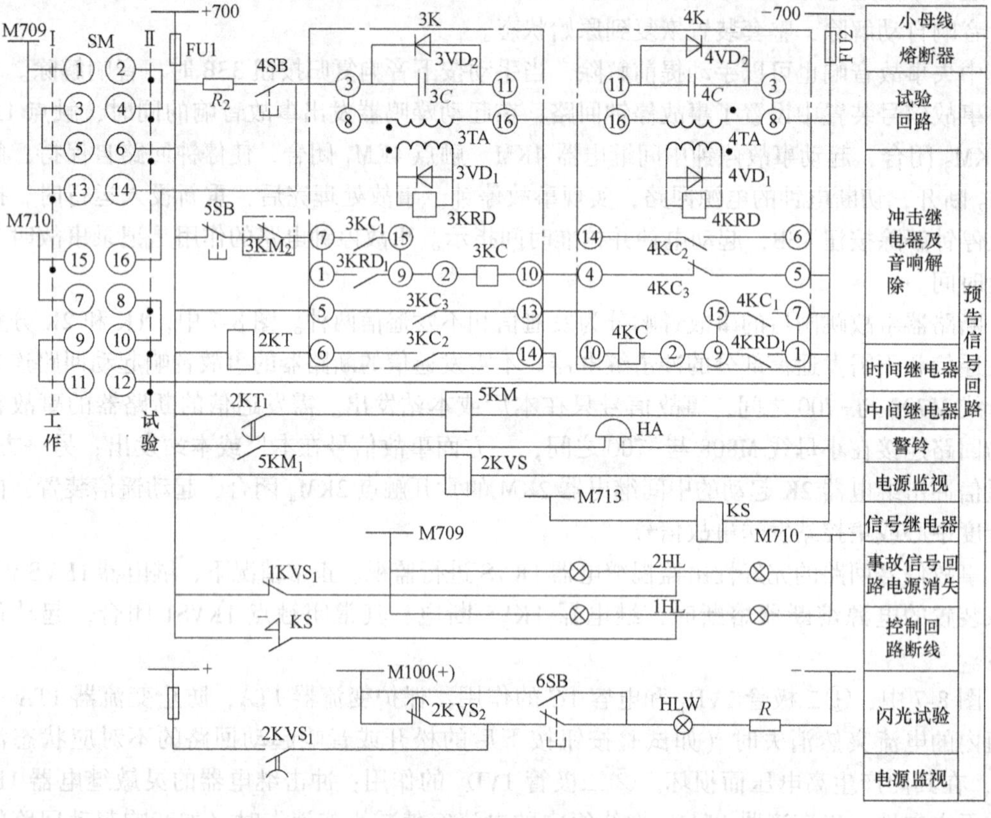

图 8-8 由 ZC-23 型冲击继电器构成的中央预告信号电路图

1. 中央预告信号的起动电路

保护的信号触点 KS 串联在由光字牌 1HL、转换开关 SM 和冲击继电器 3K 所连接成的回路中，便构成预告信号的起动回路，如图 8-9 所示。

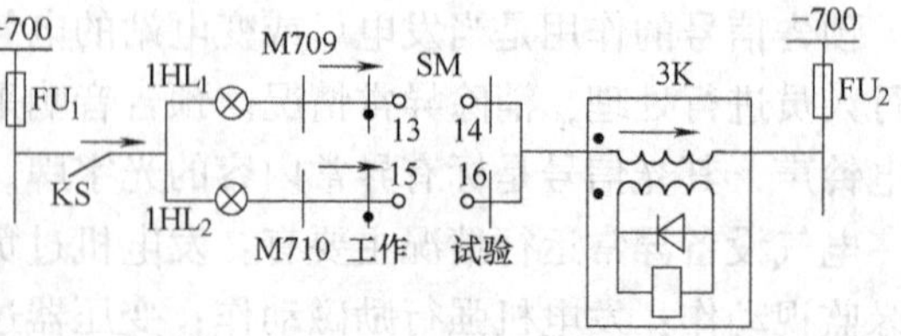

图 8-9 中央预告信号的起动电路

由于全厂（站）的小母线是公用的，所有的光字牌都并联在 M709、M710 预告信号小母线上，任何设备发生异常都使各自的光字牌发光。即使一个异常尚未结束另一个异常又到来时，因在信号电源

（+700）和（-700）之间又并入了新的光字牌，故仍能起动冲击继电器 3K 再一次延时发出预告信号——警铃。

2. 由 ZC-23 型冲击继电器构成的中央预告信号装置的工作原理分析

（1）预告信号的起动。将转换开关 SM 转到“工作”位置（I），SM13-14 和 SM15-16 接通。若发生异常情况，保护的信号继电器触点 KS 闭合，则使+700→KS→光字牌灯 $1HL_1$→M709→SM13-14（或光字牌灯 $1HL_2$→M710→SM15-16）→冲击继电器 3K 一次绕组→冲击继电器 4K 一次绕组→-700 形成通路→出现突增电流→冲击继电器 3K 的干簧继电器 3KRD 动作→$3KRD_1$ 闭合→起动出口干簧继电器 3KC。3KC 动作后，其常开触点 $3KC_1$ 闭合实现自保持；常开触点 $3KC_2$ 闭合→起动时间继电器 2KT→延时 0. 3~0. 5s 闭合触点 $2KT_1$→起动中间继电器 5KM→常开触点 $5KM_1$ 闭合接通电铃 HA 回路，发出预告音响信号。在起动预告音响的同时，串联在起动回路中的光字牌被点亮，指出异常的性质。

（2）预告信号的复归。若 2KT 的延时触点 $2KT_1$ 尚未闭合，而异常消失，保护的信号继电器触点 KS 断开，冲击继电器 3K 和 4K 的变流器 3TA 和 4TA 的一次电流突然减小或消失，在相应的二次侧感应出反方向的脉冲电动势。此时，3K 的干簧继电器 3KRD 被其二极管 $3VD_1$ 短路，3K 不会动作。而 4K 的干簧继电器 4KRD 动作，$4KRD_1$ 闭合起动 4KC，其常开触点 $4KC_1$ 闭合实现自保持，常闭触点 $4KC_3$ 断开，切断 3K 的 3KC 的自保持回路，使其复归，时间继电器 2KT 也随之复归，预告信号不会发出，实现了冲击自动复归。

（3）音响信号的复归。音响信号的复归是指音响信号发出后，经一定时间自动复归。预告信号经 2KT 延时后 5KM 动作，$5KM_1$ 闭合，使电铃发出预告音响；同时，另一对在中央事故信号回路中的常开触点 $5KM_2$ 闭合，起动事故信号回路中的时间继电器 1KT，经延时后 $1KT_1$ 闭合使继电器 3KM 动作，3KM 在预告信号回路中的常闭触点 $3KM_2$ 断开，复归整个预告信号回路中的所有继电器，也解除了音响信号。

按下按钮 5SB，可实现音响信号的手动复归。

（4）预告信号的重复动作。每当异常情况发生，相应的继电器触点闭合，突然将光字牌的灯泡电阻并入起动回路，使流过冲击继电器中变流器的一次电流突增，从而实现重复动作。

（5）预告信号回路的监视。正常时 2KVS 带电，其延时闭合的常开触点 $2KVS_1$ 闭合，使装在中央信号屏上的白色信号灯 HLW 发出平光。当熔断器熔断或回路断线时，2KVS 失电，常开触点 $2KVS_1$ 断开，其常闭触点 $2KVS_2$ 延时闭合，将白色信号灯 HLW 接于闪光小母线 M100（+）上，白色信号灯 HLW 发出闪光。

（6）光字牌检查。将转换开关 SM 转到“试验”位置（II）时，SM 的 1-2、3-4、5-6 接通，使 M709 与+700 连通；同时，SM 的 7-8、9-10、11-12 也接通，使 M710 与-700 连通。于是，“+700→M709→光字牌灯泡（两个灯泡串联）→M710→-700”形成通路，如果光字牌中的灯泡全亮，说明光字牌完好。

（7）闪光装置试验。按下闪光试验按钮 6SB，6SB 的常闭触点断开白色信号灯 HLW 的正电源；同时，其常开触点闭合，使 HLW 接于闪光小母线 M100（+）上，若 HLW 立即发出闪光，表明闪光装置工作正常。

8. 3. 3 新型中央信号装置

近年来，有关厂家开发生产了多种新型中央信号装置，如由集成电路构成的 EXZ-1 型组合式信号报警装置，CHB89 型集中控制报警器，XXS-10A、XXS-11A 及 XXS-12 型闪光信号报警器；由微机控制的 XXS-31 型及 XXS-2A 系列闪光报警器。

现以 XXS-2A 系列微机闪光报警器为例简介如下：该系列装置由信号输入单元、中央处理单元、信号输出单元三部分组成，另外还有电源、光音显示、时钟等辅助部件。输入单元主要是将动合、动断等无源触点信息输入后转换成相应的电输入量，送入中央处理单元；中央处理单元对输入单元送来的信号进行判断、处理；输出单元根据中央处理单元判断结果发出相应的报警信号。

此外，还有以下特殊功能：

(1) 输入单元中，动合、动断可以按 8 的倍数进行设定。

(2) 双色双音报警。光字牌有两种不同颜色（如红、黄色），分别对应两种不同的报警音响（如电笛、电铃），从视、听觉上明显区别事故和预告信号。光字牌采用固体发光平面管，光色清晰、寿命长（一般大于 5 万 h）。

(3) 自锁功能。当信号为短脉冲时，报警装置有记忆功能，保留其闪光和音响信号，确认后保持平光。按复位键后，若信号已消失，则光字牌熄灭。

(4) 自动确认功能。当发生事故时，若对发出的报警信号不按确认键确认，报警器可自动确认，光字牌由闪光转为平光，而音响停止时间可由用户通过控制器调节。

(5) 追忆功能。可在任何时候查询此前 17min 内的报警信号，已报过警的信号按其先后顺序在光字牌上逐个闪亮（1 个/秒）。追忆过程中，若有报警，则追忆自动停止，优先报警。

(6) 清除功能。操作清除键可清除报警器内已记忆的信号。

(7) 断电保护。若报警器在使用过程中发生断电，则记忆信号仍可保存（可保存 60 天）。

(8) 多台报警器并网使用。可根据需要将多台报警器并网使用，共用一套音响和试验、确认、恢复按钮。

任务 8.4　火电厂的计算机监控

【任务描述】

熟悉火电厂计算机监控系统的组成、功能和特点。

【任务实施】

发电厂、变电站仿真实验室。

【知识链接】

电力系统在正常运行时，需要记录大量的运行参数，当负荷发生变动时，需要进行必要的调整、控制和操作。当电力系统发生故障时，系统参数变化量很多，且变化速度很快。随着我国电力系统的不断发展，发电厂的单机容量和总装机容量在日益增大，对可靠性、经济性和灵活性的要求也越来越高，仅仅由运行人员依靠人工监控方式完成上述任务已几乎不可能，以往的人工监控方式正逐步被计算机实时监控方式所取代。在大型火力发电厂中，计算机监控系统已得到广泛应用，使发电厂的自动化水平达到了一个崭新的高度。

20 世纪 80 年代以后，大型火电厂的机组热力设备控制从传统的常规监控系统，逐步采用以计算机为基础的分散控制系统（DCS）。随后，电气监控系统也逐步纳入了分散控制系统的范围。近年来，随着火电厂的规模越来越大，电力市场的初步形成和不断完善，火电厂的自动化程度越来越高，火电厂的监控系统涉及的范围不再仅仅是生产过程状况的监控，还与管理信息、发电报价等系统密切相关。

火电厂的计算机监控系统可分为两部分：一部分是以热工为主的计算机分散控制系统（DCS）；另一部分是与电气主系统有关的网络计算机监控系统（NCS）。

8.4.1 火电厂分散控制系统（DCS）的基本电气监控功能

从电气监控的角度来说，以计算机和可编程序控制器（PLC）为基础的火电厂监控系统的功能，一般包括数据的采集和处理、发电机—变压器组或发电机—变压器—线路组顺序控制、厂用电源系统的顺序控制、通过显示器和键盘（或鼠标）实现的软手操、事故顺序记录和追忆、自动发电控制、自动电压控制、故障和异常及越限报警、在线显示、实时打印和复制、操作指导与培训、系统自诊断和自恢复、时钟同步、性能计算和统计报表等。

按目前的控制及设备水平，DCS 对电气设备的控制通常采用如下方式。DCS 通过 I/O 或网络将控制指令发送到电气控制装置上，DCS 仅实现高层次的逻辑，如与热工系统的联锁、操作员发出的手动操作命令的合法逻辑检查等。其他操作逻辑均由电气控制装置自身来实现。目前，DCS 控制的主要电气控制装置包括电压自动调整装置（AVR）、发电机自动准同期装置（ASS）、厂用电自动切换装置（AAT）、发电机-变压器组继电保护装置、厂用电继电保护装置、断路器防跳回路等。

在单元控制室由 DCS 实现监测和控制的电气设备包括发电机-变压器组、厂用电源系统、主厂房内高低压交流电动机和直流电动机等。

电气量纳入 DCS 控制时，由 DCS 根据所采集的电气设备的各种参数进行分析、判断，做出决定，并对某个设备发出指令；或者对运行人员输入的某个指令根据所采集的数据进行分析判断，决定是否执行该指令。

DCS 应主要实现以下控制功能：

（1）发电机—变压器组的顺序控制和软手操（键盘或鼠标）控制，使发电机由零起升速、升压直至并网带初始负荷，还应能实现发电机自动停机。

（2）对厂用电系统，应能按起动/停止阶段的要求实现程序控制或软手操控制，实现从工作电源到备用电源或从备用电源到工作电源的程序切换或软手操切换。

（3）应能实时显示监督和记录发电机系统和厂用电系统的正常运行、异常运行和事故情况下的各种数据和状态，并提供操作指导和应急处理措施。

（4）电气公用系统能在各机组的分散控制系统上进行监视和控制，并确保在任何时候只能在一个地点发出操作命令。

数据采集与处理（DAS）是实现实时监控的基础，对各系统的数据采集应用能实现 DCS 对各电气系统的实时监测和控制。

数据采集包括模拟量、开关量、脉冲量的采集，其中开关量应分为一般开关量和事件顺序记录量（SOE）。纳入 DCS 监测的电气量包括：

（1）发电机电压、电流、频率、功率、功率因数、电量等。

（2）封闭母线的温度、压力。

(3) 主变压器电压、电流、功率、电量、温度、油位等。

(4) 起动/备用变压器电压、电流、功率、电量、温度、油位等。

(5) 厂用高压变压器电压、电流、功率、电量、温度、油位等。

(6) 发电机—变压器组主断路器状态、油压等。

(7) 起动/备用变压器高压侧断路器状态、油压等。

(8) 励磁系统电压、电流、磁场开关、起励开关等开关状态。

(9) 以上系统各种保护设备的动作状态。

(10) 厂用高压侧 3~10kV 各段母线电压。

(11) 厂用低压工作变压器、公用变压器、照明变压器、检修变压器等电流、功率、温度等。

(12) 厂用低压变压器高低压侧断路器状态。

(13) 厂用低压各段母线电压、各分段断路器状态等。

(14) 以上厂用电源系统保护设备的动作状态。

(15) 保安电源及柴油发电机电压、电流、功率、功率因数、电量等。

(16) 保安电源及柴油发电机各个开关状态等。

(17) 直流系统各开关、蓄电池充电设备各个开关状态及保护设备动作状态。

(18) UPS 系统各设备状态及电压、电流、功率等。

8.4.2 火电厂的网络计算机监控系统

按相关规程规定，大型火力发电厂的网控室均要求配置网络计算机监控系统，其主要功能是完成网络控制系统所要求的全部控制、测量、信号、操作闭锁、事故记录、统计报表、打印记录等功能。

在某些火电厂中采用了常规监控系统和计算机监控系统双重设置的方式，其主要特点如下：

(1) 采用常规的强电一对一的控制、信号方式，常规的测量仪表直接从电压互感器 TV、电流互感器 TA 测量或经变送器测量。

(2) 设置一套单机或双机的计算机监测装置，具有测量、信号显示、事故记录及追忆、打印等功能。

(3) 设置独立远动装置，单独采集数据和信号，向调度所发送信息，与当地常规监控系统不发生关系。

(4) 继电保护装置独立设置，继电保护动作信号同时送至中央信号及网控计算机。

近年来，随着计算机技术的迅速发展，计算机继电保护装置和计算机控制系统的技术渐趋成熟。网络计算机监控系统出现了如下变化：

(1) 网控计算机采用开放式、分散式网络。

(2) 网控计算机具有远动功能，不再另设独立的远动装置 RTU。

(3) 采用计算机继电保护装置，继电保护装置通过软接口与网控计算机相连。

8.4.3 大型火电厂计算机监控系统的结构

对大型火电厂而言，单机容量大，机组台数多，除了各单元机组 DCS、公用系统/辅助车间 DCS 用于实时监控外，一般还应配置厂级监控信息系统（SIS）用于实时生产过程管理。大型火电厂计算机监控系统的结构如图 8-10 所示，该系统为开放式、分层分布式结构，由厂级监控级、单元机组/公用系统/辅助车间监控级、功能组控制级和现场驱动层（图中未画出）组成。

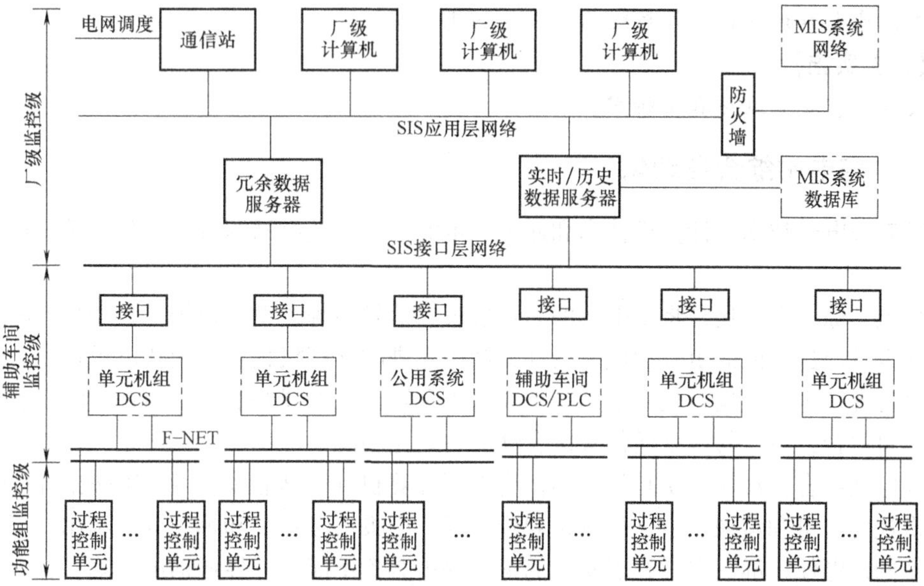

图 8-10 大型火电厂计算机监控系统结构图

厂级监控级即厂级监控信息系统（SIS），主要实现全厂实时生产过程管理，包括实时数据服务、全厂综合性能计算与分析、全厂有功负荷和无功负荷优化调度、机组优化控制、机组寿命管理、状态监视、故障诊断和操作指导等，同时还兼有根据电网调度指令进行机组实时负荷分配，实施自动发电控制（AGC）的功能。厂级监控信息系统可通过远程数据通道与电网调度系统相连，还为厂级管理信息系统（包括发电侧报价辅助系统）提供生产过程信息。

单元机组或辅助车间监控级是以计算机为基础的分散控制系统 DCS 或 PLC，电气监控方面的功能有数据采集与处理、电气系统顺序控制、软手操、事故顺序记录和追忆、故障和异常及越限报警、在线显示、实时打印和复制、系统自诊断和自恢复、时钟同步与人机接口等，主厂房电气监控功能纳入单元机组 DCS，公用系统或辅助车间电气监控功能由相应 DCS 或 PLC 实现，或以子系统的形式纳入单元机组 DCS。

功能组控制级由一系列过程控制单元或智能模块组成，属于电气控制方面的有电气继电保护系统、自动准同期装置、自动电压调整装置、高压厂用电源自动切换装置、机组及高压起动/备用变压器故障录波装置、高压起动/备用变压器有载调压装置控制系统等。发电机—变压器组和厂用电系统的顺序控制系统可作为单元机组 DCS 顺序控制系统的子系统，具有专用的现场采控装置，并有可靠的冗余配置。厂用 6kV 系统的电气量采用具有控制、测量、保护、计量及故障录波、通信功能的智能终端，以现场总线方式组网，用光纤或双绞线直接进入 DCS 主网，或者先进入 DCS 的多功能处理单元，再进入 DCS 主网。

任务 8.5 变电站的计算机监控

【任务描述】

熟悉变电站计算机监控系统的组成、功能和特点。

【任务实施】

发电厂、变电站仿真实验室。

8.5.1 变电站综合自动化

随着微电子技术、计算机技术和通信技术的发展，变电站综合自动化技术也得到了迅速发展。

变电站综合自动化是将变电所的测量仪表、信号系统、继电保护、自动装置和远动装置等二次设备经过功能的组合和优化设计，利用先进的计算机技术、现代电子技术、通信技术和信号处理技术，实现对全变电站的主要设备和输、配电线路的自动监视、测量、自动控制和计算机保护，以及与调度通信等综合性的自动化功能。

变电站综合自动化系统是指利用多台微型计算机和大规模集成电路组成的自动化系统，代替常规的测量和监视仪表，代替常规控制屏、中央信号系统和远动屏；利用计算机保护代替常规的继电保护屏。它弥补了常规的继电保护装置不能与外界通信的缺陷。变电站综合自动化系统可以采集到比较齐全的数据和信息，利用计算机的高速计算能力和逻辑判断功能，可方便地监视和控制变电站内各种设备的运行和操作。

变电站综合自动化系统的优越性主要表现在如下几个方面：

（1）变电站综合自动化系统利用当代计算机技术和通信技术，提供了先进技术的设备，改变了传统的二次设备模式，信息共享，简化了系统，减少了连接电缆，减少了占地面积，降低了造价，改变了变电所的面貌。

（2）提高了自动化水平，减轻了值班员的操作量，减少了维修工作量。

（3）为各级调度中心提供了更多变电站的信息，使其能够及时掌握电网及变电站的运行情况。

（4）提高了变电站的可控性，可以更多地采用远方集中控制、操作、反事故措施等。

（5）采用无人值守管理模式，提高了劳动生产率，减少了人为误操作的可能。

（6）全面提高了运行的可靠性和经济性。

变电站综合自动化的内容应包括电气量的采集和电气设备（如断路器等）的状态监视、控制和调节。实现变电站正常运行的监视和操作，保证变电站的正常运行和安全。发生事故时，由继电保护和故障录波等完成瞬态电气量的采集、监视和控制，并迅速切除故障和完成事故后的恢复正常操作。从长远的观点看，综合自动化系统的内容还应包括高压电器设备本身的监视信息（如断路器、变压器和避雷器等的绝缘和状态监视等）。除了需要将变电站所采集的信息传送给调度中心外，还要送给运行方式科和检修中心，以便为电气设备的监视和制定检修计划提供原始数据。

变电站综合自动化系统需完成的功能归纳起来可分为以下几种功能组：①控制、监视功能；②起动控制功能；③测量表计功能；④继电保护功能；⑤与继电保护有关的功能；⑥接口功能；⑦系统功能。

结合我国的情况，变电站综合自动化系统的基本功能体现在计算机监控子系统、计算机保护子系统、电压/无功综合控制子系统、计算机低频减负荷控制子系统和备用电源自投控制子系统五个子系统的功能中。

8.5.2 变电站计算机监控子系统的功能

变电站计算机监控子系统取代了常规的测量系统（变送器、指针式仪表等）、常规的操作方式（操作盘、模拟盘、手动同期及手控无功补偿等装置）、常规的信号报警装置（中央信号系统、光字牌等）、常规的电磁式和机械式防误操作闭锁装置以及常规的远动装置等。其功能包括以下几部分内容：

1. 数据采集

变电站的数据包括模拟量、开关量和电能量。

（1）模拟量的采集。变电站需采集的模拟量包括各段母线电压、线路电压、电流、有功功率、无功功率，主变压器电流、有功功率和无功功率，电容器的电流、无功功率，馈出线的电流、电压、功率及频率、相位、功率因数等。此外，模拟量还有主变压器油温、直流电源电压、站用变压器电压等。

（2）开关量的采集。变电站的开关量包括断路器状态、隔离开关状态、有载调压变压器分接头的位置、同期检测状态、继电保护动作信号、运行告警信号等。这些信号都以开关量的形式，通过光电隔离电路输入计算机。

（3）电能计量。电能计量即指对电能量（包括有功电能和无功电能）的采集。对电能量的采集，传统的方法是采用机械式的电能表，由电能表盘转动的圈数来反映电能量的大小。这些机械式的电能表无法和计算机直接接口。为了使计算机能够对电能量进行计量，一般采用电能脉冲计量法和软件计算方法。

2. 事件顺序记录

事件顺序记录包括断路器跳合闸记录、保护动作顺序记录、各种异常告警记录等，它是指以事件发生的时间为序进行自动记录。监控系统和计算机保护装置的采集环节必须有足够的内存，能存放足够数量或足够长时间段的事件顺序记录，确保当后台监控系统或远方集中控制中心通信中断时，不会丢失事件信息。

3. 故障记录、故障录波和测距

（1）故障录波与测距。110kV 及以上的重要输电线路距离长、发生故障影响大，必须尽快查找出故障点，以便缩短修复时间，尽快恢复供电，减少损失。设置故障录波和故障测距是解决此问题的最好途径。变电站的故障录波和测距可采用两种方法实现，一是由计算机保护装置兼作故障记录和测距，再将记录和测距的结果送监控机存储及打印输出或直接送调度主站，这种方法可节约投资，减少硬件设备，但故障记录的量有限；另一种方法是采用专用的计算机故障录波器，并且故障录波器应具有串行通信功能，可以与监控系统通信。

（2）故障记录。故障记录是记录继电保护动作前后与故障有关的电流量和母线电压。

4. 操作控制功能

无论是无人值守还是少人值守变电站，操作人员都可通过显示器对断路器和隔离开关(如果允许电动操作的话）进行分、合操作，对变压器分接开关位置进行调节控制，对电容器进行投、切控制，同时要能接受遥控操作命令，进行远方操作；为防止计算机系统故障时，无法操作被控设备，在设计时保留了人工直接跳、合闸手段。

5. 安全监视功能

监控系统在运行过程中，对采集的电流、电压、主变压器温度、频率等量，要不断进行越限监视，若发现越限，应立刻发出告警信号，同时记录和显示越限时间和越限值。另外，还要监视保护装置是否失电，自控装置工作是否正常等。

6. 人机联系功能

（1）变电站采用计算机网络监控系统后，无论是有人值守还是无人值守，最大的特点之一是操作人员或调度员只要面对显示器通过操作鼠标或键盘，就可对全站的运行工况和运行参数一目了然，可对全站的断路器和隔离开关等进行分、合操作，彻底改变了传统的依靠指针式仪表和依靠模拟屏或操作屏等手段的操作方式。

（2）作为变电站人机联系的主要桥梁和手段的显示器，不仅可以取代常规的仪器、仪表，而且可实现许多常规仪表无法完成的功能。显示器可以显示的内容归纳起来有以下几个方面：

1）显示采集和计算的实时运行参数。监控系统所采集和通过采集信息所计算出来的 U、I、P、Q、$\cos\varphi$、有功电能、无功电能及主变压器温度 T、系统频率 f 等，都可在显示器上实时显示出来。

2）显示实时主接线图。主接线图上断路器和隔离开关的位置要与实际状态相对应。对断路器或隔离开关进行操作时，在所显示的主接线图上，对所要操作的对象应有明显的标记(如闪烁等)。各项操作都应有汉字提示。

3）事件顺序记录 SOE 显示。显示所发生的事件内容及发生事件的时间。

4）越限报警显示。显示越限设备名、越限值和发生越限的时间。

5）值班记录显示。

6）历史趋势显示。显示主变压器负荷曲线、母线电压曲线等。

7）保护定值和自控装置的设定值显示。

8）故障记录显示、设备运行状况显示等。

（3）变电站投入运行后，随着送电量的变化，保护定值、越限值等需要修改，甚至由于负荷的增长，需要更换原有的设备，如更换 TA 变比。因此，在人机联系中，必须有输入数据的功能。需要输入的数据至少有以下几种内容：

1）TA 和 TV 变比。

2）保护定值和越限报警定值。

3）自控装置的设定值。

4）运行人员密码。

7. 打印功能

对于有人值守的变电站，监控系统可以配备打印机，完成以下打印记录功能：①定时打印报表和运行日志；②开关操作记录打印；③事件顺序记录打印；④越限打印；⑤召唤打印；⑥抄屏打印；⑦事故追忆打印。

对于无人值守变电站，可不设当地打印功能，各变电站的运行报表集中在控制中心打印输出。

8. 数据处理与记录功能

监控系统除了完成上述功能外，数据处理和记录也是很重要的环节。历史数据的形成和存储是数据处理的主要内容。此外，为满足继电保护专业和变电站管理的需要，必须进行一些数据统计，其内容包括：①主变压器和输电线路有功和无功功率每天的最大值和最小值以及相应的时间；②母线电压每天定时记录的最高值和最低值以及相应的时间；③计算受配电电能平衡率；④统计断路器动作次数；⑤断路器切除故障电流和跳闸次数的累计数；⑥控制操作和修改定值记录。

8.5.3 变电站综合自动化系统的结构

变电站综合自动化系统的结构示例如图8-11所示，该系统为分级分布式系统集中组屏的结构形式。

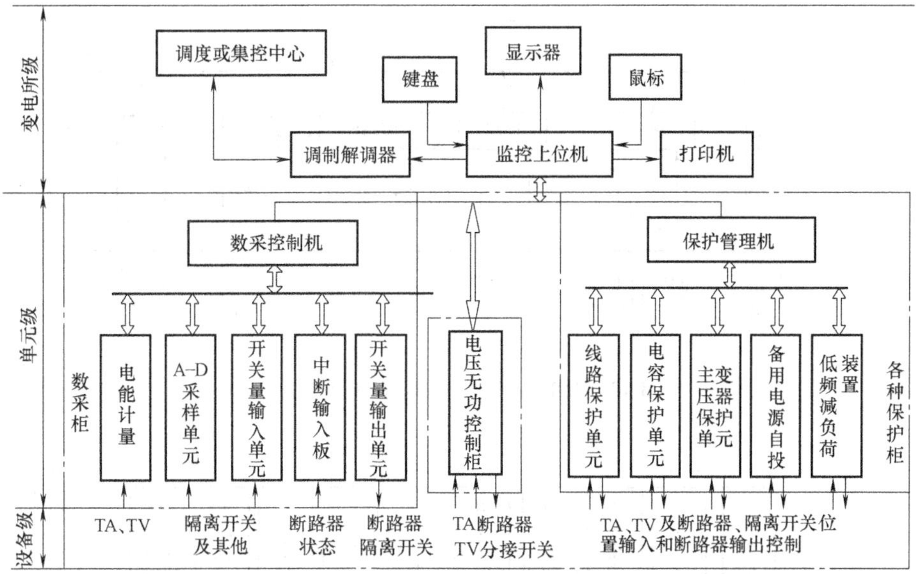

图8-11 变电站综合自动化系统结构图

分级分布式的多CPU的体系结构每一级完成不同的功能，每一级由不同的设备或不同的子系统组成。一般来说，整个变电站的一、二次设备可分为三级，即变电站级、单元级和设备级。图8-12所示为变电站一、二次设备分级结构示意图。图中，变电站级称为2级，单元级为1级，设备级为0级。

设备级主要指变电站内的变压器和断路器，隔离开关及其辅助触点，电流、电压互感器等一次设备。变电站综合自动化系统主要位于1级和2级。

单元级一般按断路器间隔划分，具有测量、控制部件或继电保护部件。测量、控制部件负责该单元的测量、监视、断路器的操作控制和联锁及事件顺序记录等；保护部件负责该单元线路或变压器或电容器的保护、故障记录等。因此，单元级本身是由各种不同的单元装置组成的，这些独立的单元装置直接通过局域网络或串行总线与变电站级联系；也可能设有数采管理机或保护管理机，分别管理各测量、监视单元和各保护单元，然后集中由数采管理机和保护管理机与变电所级通信。单元级本身实际上就是两级系统的结构。

变电站级包括全站性的监控主机、远动通信机等。变电站级设现场总线或局域网，供各主机之间和监控主机与单元级之间交换信息。

分级分布式系统集中组屏的结构是把整套综合自动化系统按其不同的功能组装成多个屏（或称柜），如主变压器保护屏（柜）、线路保护屏、数采屏、出口屏等。

图 8-11 中保护用的计算机大多数采用 16 位或 32 位单片机；保护单元是按对象划分的，即一回线或一组电容器各用一台单片机，再把各保护单元和数采单元分别安装于各保护屏和数采屏上，由监控主机集中对各屏（柜）进行管理，然后通过调制解调器与调度中心联系。集中配屏布置示意图如图 8-13 所示。

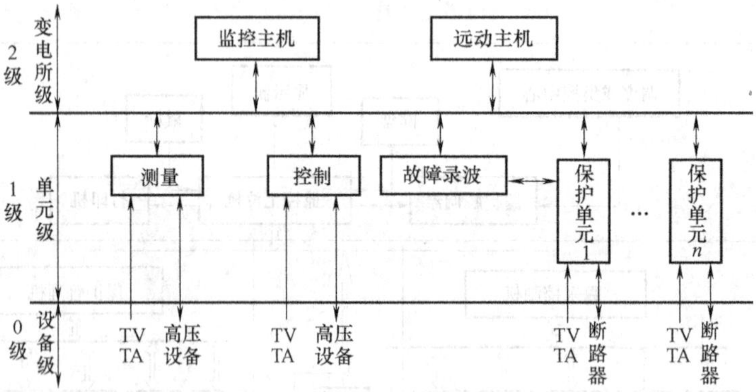

图 8-12 变电站一、二次设备分级结构示意图

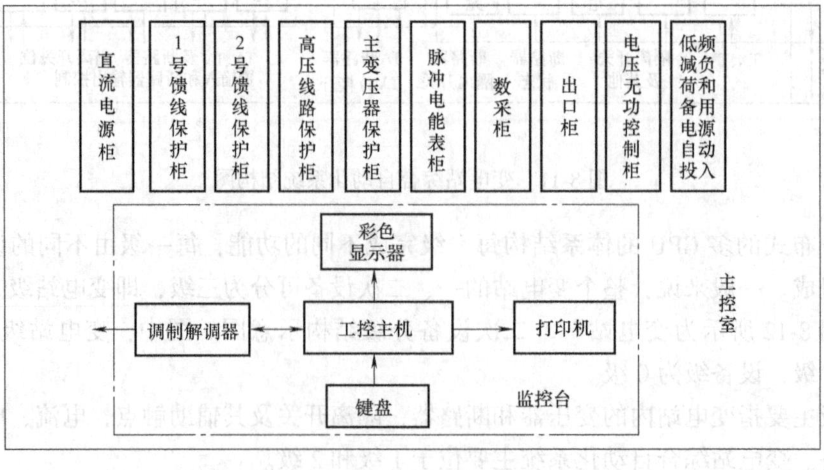

图 8-13 集中配屏布置示意图

分级分布式系统集中组屏结构的特点如下：

（1）分层（级）分布式的配置。为了提高综合自动化系统整体的可靠性，图 8-11 所示的系统采用按功能划分的分布式多 CPU 系统，其功能单元包括各种高低压线路保护单元、电容器保护单元、主变压器保护单元、备用电源自投控制单元、低频减负荷控制单元、电压/无功综合控制单元、数据采集处理单元、电能计量单元等。每个功能单元基本上由一个 CPU 组成，多数采用单片机，有一个功能单元是由多个 CPU 完成的，例如主变压器保护，有主保护和多种后备保护，因此，往往由 2 个或 2 个以上 CPU 完成不同的保护功能，这种按功能设计的分散模块化结构具有软件相对简单、调试维护方便、组态灵活、系统整体可靠性高等特点。

在综合自动化系统的管理上，采取分级管理的模式，即各保护功能单元由保护管理机直接管理。一台保护管理机可以管理 32 个单元模块，它们之间可以采用双绞线用 RS-485 接口连接，也可通过现场总线连接。而模拟量和开入/开出单元，由数采控制机负责管理。

保护管理机和数采控制机是处于变电站级和功能单元间的第二层结构。正常运行时，保护管理机监视各保护单元的工作情况，一旦发现某一单元本身工作不正常，立即报告监控机，并报告调度中心。如果某一保护单元有保护动作信息，也通过保护管理机，将保护动作信息送往监控机，再送往调度中心。调度中心或监控机也可通过保护管理机下达修改保护定值等命令。数采控制机则将各数采单元所采集的数据和开关状态送给监控机和送往调度中心，并接受调度或监控机下达的命令。总之，第 2 级管理机的作用是可以明显地减轻监控机的负担，帮助监控机承担对单元级的管理。

变电站级的监控机通过局部网络与保护管理机和数采控制机通信。在无人值守的变电站，监控机的作用主要负责与调度中心的通信，使变电站综合自动化系统具有 RTU 的功能；完成四遥的任务。在有人值守的变电站，除了仍然负责与调度中心通信外，还负责人机联系，使综合自动化系统通过监控机完成当地显示、制表打印、开关操作等功能。

（2）继电保护相对独立。继电保护装置是电力系统中对可靠性要求非常严格的设备，在综合自动化系统中，继电保护单元宜相对独立，其功能不依赖于通信网络或其他设备。各保护单元要有独立的电源，保护的输入仍由电流互感器和电压互感器通过电缆连接，输出跳闸命令也要通过常规的控制电缆送至断路器的跳闸线圈，保护的起动、测量和逻辑功能独立实现，不依赖通信网络交换信息。保护装置通过通信网络与保护管理机传输的只是保护动作信息或记录数据。为了无人值守的需要，也可通过通信接口实现远方读取和修改保护整定值。

（3）具有与系统控制中心通信功能。综合自动化系统本身已具有对模拟量、开关量、电能脉冲量进行数据采集和数据处理的功能，也具有收集继电保护动作信息、事件顺序记录等功能，因此，不必另设独立的 RTU 装置，不必为调度中心单独采集信息，而将综合自动化系统采集的信息直接传送给调度中心，同时接受调度中心下达的控制操作命令。

（4）模块化结构，可靠性高。由于各功能模块都由独立的电源供电，输入/输出回路都相互独立，任何一个模块故障只影响局部功能，不影响全局，而且由于各功能模块基本上是面向对象设计的，软件结构相对简单，因此，调试方便，也便于扩充。

（5）室内工作环境好，管理维护方便。分级分布式系统采用集中组屏结构，全部屏（柜）安放在室内，工作环境较好，电磁干扰相对开关柜附近较弱，而且管理和维护方便。

思考题与习题

8-1　发电厂的控制方式有哪几种？应用情况如何？

8-2　断路器控制回路应满足哪些基本要求？试以灯光监视的控制回路为例，分析它是如何满足这些要求的。

8-3　什么叫断路器的“跳跃”？在控制回路中，防止“跳跃”的措施是什么？

8-4　在发电厂和变电站中，中央信号的作用是什么？中央信号包括哪几种信号？

8-5　何谓中央事故信号？何谓中央预告信号？

8-6　中央事故信号和中央预告信号各是靠什么起动的？如何实现信号的重复动作？

8-7　试分析闪光电源的工作原理。按下试验按钮时，若发现灯泡不闪光，应当如何处理？

8-8　火电厂计算机监控系统的基本电气监控功能包括哪些内容？

8-9　什么是变电站综合自动化？变电站综合自动化系统的优越性有哪些？

8-10　变电站综合自动化系统需完成的功能包括哪些方面？

8-11　变电站计算机监控子系统的功能包括哪些方面？

8-12　分级分布式系统集中组屏的变电站综合自动化系统的特点是什么？

附录 综合项目设计示例

针对项目一最后一节中提出的“220kV 降压变电站电气一次部分初步设计”任务书的要求，在此给出其设计说明书，供学习参考。

一、对待设计变电所在电力系统中的地位、作用及电力用户的分析

待建变电所在城市近郊，向开发区的炼钢厂供电，在变电所附近还有地区负荷。220kV 有 7 回线路；110kV 送出 2 回路；在低压侧 10kV 有 12 回线路。可知，该所为枢纽变电所。另外，变电所的所址地势平坦，交通方便。

二、主变压器的选择

根据《电力工程电气设计手册》的要求，并结合本变电所的具体情况和可靠性的要求，选用两台同样型号的无励磁调压三绕组自耦变压器。

1. 主变容量的选择

变压器的最大负荷为 $P_M = K_0 \sum P$。对具有两台主变的变电所，其中一台主变的容量应大于或等于 70%的全部负荷或全部重要负荷。两者中，取最大值作为确定主变的容量依据。考虑到变压器每天的负荷不是均衡的，计及欠负荷期间节省的使用寿命，可用于在过负荷期间中消耗，故可先选较小容量的主变做过负荷能力计算，以节省主变投资。最小的主变容量为

$$S_N = 0.7\frac{P_M}{\cos\varphi}$$

2. 过负荷能力校验

经计算，一台主变应接带的负荷为 34350kV·A，先选用两台 31500kV·A 的变压器进行正常过负荷能力校验。

先求出变压器低负荷运行时的欠负荷系数为

$$K_1 = \sqrt{\frac{I_1^2 t_1 + I_2^2 t_2 + \cdots + I_n^2 t_n}{(t_1 + t_2 + \cdots + t_n)}}\frac{1}{K} = 0.90$$

由 K_1 及过负荷小时数 T 查“变压器正常过负荷曲线”得过负荷倍数 $K_2 = 1.08$。

因此，变压器的正常过负荷能力 $S_2 = K_2 S_N = 1.08 \times 31500\text{kV}\cdot\text{A} = 34020\text{kV}\cdot\text{A} < 34350\text{kV}\cdot\text{A}$，故需加大主变的容量，考虑到今后的发展，故选用两台 OSFP7-40000/220 三绕组变压器。

三、主接线的确定

按 DL/T 5218—2012《220~750kV 变电所设计技术规程》规定，“220kV 配电装置出线在 4 回及以上时，宜采用双母线及其他接线”，故设计中考虑了两个方案，方案 1 采用双母线接线，该接线变压器接在不同母线上，负荷分配均匀，高度灵活方便，运行可靠性高，任一条母线或母线上的设备检修，不需要停掉线路，但出线间隔内任一设备检修，此线路需停电。方案 2 采用单母线带旁路母线，该接线简单清晰，投资略小，出线及主变间隔断路器检修，不需停电，但母线检修或故障时，220kV 配电装置全停。

本工程 220kV 断路器采用 SF_6 断路器，其检修周期长，可靠性高，故可不设旁路母线。由于有两回线路，一回线路停运时，仍满足 $N-1$ 原则，本设计采用双母线接线。

对 110kV 侧的接线方式，出线仅为两回，按照规程要求，宜采用桥式接线。以双回线路向炼钢厂供电。考虑到主变不会经常投切，以及母线路操作和检修的方便性，采用内桥式接线。

对 10kV 侧的接线方式，按照规程要求，采用单母线分段接线，对重要回路，均以双回线路供电，保证供电的可靠性。考虑到减小配电装置的占用空间，消除火灾、爆炸的隐患及环境保护要求，主接线不采用带旁路的接线，且断路器选用性能比少油断路器更好的真空断路器。

本设计的变电所电气主接线图如附图 1 所示。

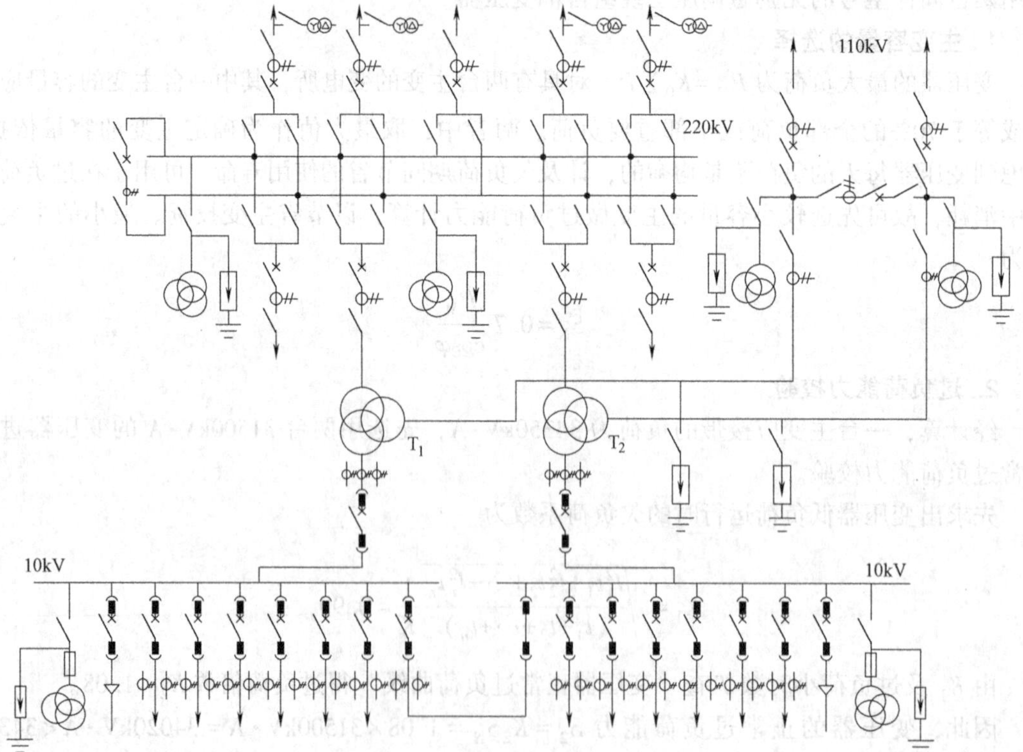

附图 1　变电所电气主接线图

四、短路电流水平

根据本变电所电源侧 5~10 年的发展规划，计算出系统最大运行方式下的短路电流，为母线系统的设计和电气设备的选择做好准备，若短路电流过大，则要考虑采取限流措施。对于继电保护的灵敏度校验时所需的是系统最小运行方式下的短路电流，这里不做计算，其结果见附表 1 和附表 2。

其中高压断路器的全分闸时间计为 0.1s。在这里，短路的持续时间是以最长的过电流保护的动作时间来计算的，显然，如果用主保护的动作时间或主保护存在动作死区时用后备保护的动作时间一定能满足要求。

附表 1 系统最大运行方式下的短路电流 （单位：kA）

短路地点	运行方式	I''	$I_{0.5}$	I_1	$I_{1.5}$	I_2	$I_{2.5}$	I_3	$I_{3.5}$
220kV 侧	两条线路同时运行	15.20	15.18	15.16	15.15	15.15	15.15	15.15	15.15
	一条线路运行	8.78	8.78	8.78	8.78	8.78	8.78	8.78	8.78
110kV 侧	两台主变同时运行	6.13	6.13	6.13	6.13	6.13	6.13	6.13	6.13
	一台主变退出运行	4.15	4.15	4.15	4.15	4.15	4.15	4.15	4.15
10kV 侧	两台主变同时运行	12.19	12.19	12.19	12.19	12.19	12.19	12.19	12.19
	一台主变退出运行	6.21	6.21	6.21	6.21	6.21	6.21	6.21	6.21

附表 2 短路电流的持续时间的最大值 （单位：s）

220kV 侧	110kV 侧	10kV 侧
3.6	3.1	2.1

从以上计算表格可见，各电压级的最大短路电流均在断路器一般选型的开断能力（20kA）之内，所以不必采用价格昂贵的重型设备或者采用限制短路电流的措施。

五、电气设备的选择

根据电气设备选择的一般原则，按正常运行情况选择设备，按短路情况校验设备。同时兼顾今后的发展，选用性能价格比高，运行经验丰富、技术成熟的设备，尽量减少选用设备的类型，以减少备品备件，也有利于运行、检修等工作。

各电气设备的选择和校验结果见附表 3~附表 9。

附表 3 220kV 高压断路器的选择结果

设备选型	计算数据					技术数据				
	U_N /kV	I_{gmax} /A	I'' /kA	i_{sh} /kA	Q_k /kA^2·s	U_N /kV	I_N /A	I_{Nbr} /kA	i_{es} /kA	I_t^2t /kA^2·s
LW6-220	220	1100	15.2	38.76	831	220	3150	50	125	7500
备注										

附表4　220kV 隔离开关的选择结果

设备选型	计算数据				技术数据			
	U_N /kV	I_{gmax} /A	i_{sh} /kA	Q_k /$kA^2\cdot s$	U_N /kV	I_N /A	i_{es} /kA	$I_t^2 t$ /$kA^2\cdot s$
GW4-220	220	1100	38.76	831	220	1600	125	7500
备注								

附表5　110kV 高压断路器的选择结果

设备选型	计算数据					技术数据				
	U_N /kV	I_{gmax} /A	I'' /kA	i_{sh} /kA	Q_k /$kA^2\cdot s$	U_N /kV	I_N /A	I_{Nbr} /kA	i_{es} /kA	$I_t^2 t$ /$kA^2\cdot s$
LW6-110	110	2200	6.13	15.6	116	110	1600	31.5	55	2977
备注										

附表6　110kV 隔离开关的选择结果

设备选型	计算数据				技术数据			
	U_N /kV	I_{gmax} /A	i_{sh} /kA	Q_k /$kA^2\cdot s$	U_N /kV	I_N /A	i_{es} /kA	$I_t^2 t$ /$kA^2\cdot s$
GW4-110D	110	615.8	15.6	116	110	1000	50	980
备注								

附表7　母线桥和汇流的选择结果

设备名称	选择结果				计算结果(参考值)		
	S/mm^2	放置方式	I_y/A (32℃)	σ/($\times10^6$Pa)	I_{gmax} /A	S_{min} /mm^2	σ/($\times10^6$Pa)
母线桥	2(63×10) 矩形铝排	平放	1458	70	780	80	31
汇流母线	80×10 矩形铝排	平放	990	70	825	84	6.3
备注							

附表8　支柱绝缘子、穿墙套管的选择结果

设备名称	安装地点	类型	型号	$0.6F_{PH}$/N	F_j/N
支柱绝缘子	母线桥	户外	ZA-10Y	2205	170
		户内	ZS-10	3000	700
穿墙套管	汇流母线	户外	CLB-10	2500	560
备注					

附表9　互感器选择情况

设 备 名 称	安 装 地 点	型　号
电压互感器	220kV 母线	TYD-220/$\sqrt{3}$-0.005
	桥断路器两侧连接点	JDCF-110WB,0.2/3P 级
	10kV 母线	JSJW-10,0.5 级

（续）

设备名称	安装地点		型 号
电流互感器	110kV 线路	线路保护	LCWB6-110B/300,0.2/P/P 级
		主变保护	LCWD-110/300,0.5/D1/D2 级
	110kV 桥断路器		LCWD-110/300,0.5/D1/D2 级
	220kV 线路		LB1-220W2
	主变 10kV 侧	差动	LMZ1-10/1600,0.5/D 级
		过电流	LMC-10/1600,0.5/D 级
	10kV 出线		LA-10/200,0.5/3 级
	10kV 母联		LMC-10/600,0.5/3 级

六、所用电的接线方式与所用变的选择

1. 所用电的引接

为了保证所用电供电的可靠性，所用电分别从 10kV 的两个分段上引接。为了节省投资，所用变压器采用隔离开关加高压熔断器与母线相连。

2. 所用变的容量

所用变的容量选择，可通过对变电所自用电的负荷，结合各类负荷的需求系数，求得最大需求容量来选取容量。在这里假定选用两台 S9-50/10 可满足要求，其型号选择的计算结果见附表 10。

附表 10 10kV 所用变、压变高压侧熔断器选择情况列表

安装地点	型号	选择结果 I_{Nbr}/kA	计算结果 I''/kA
所用变高压侧	RN1-10/10	20	12.2
压变高压侧	RN2-10/0.5	100	12.2

七、配电装置的选型

双母线接线的 220kV 配电装置采用屋外高型布置。

内桥式接线的 110kV 配电装置采用屋外中型布置。

10kV 的单母线分段接线采用屋内成套开关柜 JYN-10 型手车式开关柜单层布置。

配电装置的配置图、平面图和断面图（略）。

八、互感器的配置

按照监视、测量、继电保护和自动装置的要求，配置互感器。

1. 电压互感器的配置

电压互感器的配置应能保证在主接线的运行方式改变时，保护装置不得失电压，同期点的两侧都能提取到电压。

每相母线的三相上装设电压互感器。

出线侧的一相上应装设电容式电压互感器。利用其绝缘套管末屏抽取电压，则可省去单相电压互感器。

2. 电流互感器的配置

所有断路器的回路均装设电流互感器，以满足测量仪表、保护和自动装置要求。变压器的中性点上装设一台，以检测零序电流。电流互感器一般按三相配置。对 10kV 系统，母线分段回路和出线回路按两相式配置，以节省投资同时提高供电的可靠性。

参考文献

[1] 熊信银，朱永利. 发电厂电气部分 [M]. 4版. 北京：中国电力出版社，2009.

[2] 姚春球. 发电厂电气部分 [M]. 2版. 北京：中国电力出版社，2013.

[3] 刘宝贵，等. 发电厂变电所电气部分 [M]. 2版. 北京：中国电力出版社，2012.

[4] 马永翔，等. 发电厂变电所电气部分 [M]. 2版. 北京：北京大学出版社，2014.

[5] 牟道槐. 发电厂变电站电气部分 [M]. 重庆：重庆大学出版社，1996.

[6] 西北电力设计院. 电力工程电气设计手册（电气一次部分）[M]. 北京：中国电力出版社，1989.

[7] 西北电力设计院. 电力工程电气设计手册（电气二次部分）[M]. 北京：中国电力出版社，1991.

[8] 电力工业部电力规划设计总院. 电力系统设计手册 [M]. 北京：中国电力出版社，1998.

[9] 余建华，谭绍琼. 发电厂变电站电气设备 [M]. 北京：中国电力出版社，2014.

[10] 刘增良. 电气设备及运行维护 [M]. 北京：中国电力出版社，2007.

[11] 许珉，孙丰奇. 发电厂电气主系统 [M]. 北京：机械工业出版社，2006.

[12] 高翔. 智能变电站技术 [M]. 北京：中国电力出版社，2012.

[13] 刘振亚. 智能电网知识问答 [M]. 北京：中国电力出版社，2010.

[14] 林莘. 现代高压电器技术 [M]. 2版. 北京：机械工业出版社，2012.

[15] 曹云东，等. 电器学原理 [M]. 北京：机械工业出版社，2012.

[16] 本手册编写组. 工厂常用电气设备手册：上册 [M]. 2版. 北京：中国电力出版社，1997.

[17] 本手册编写组. 工厂常用电气设备手册：上册补充本 [M]. 2版. 北京：中国电力出版社，2003.

[18] 西北电力设计院. 电力工程电气设备手册（电气一次部分）[M]. 北京：中国电力出版社，1998.

[19] 西北电力设计院. 电力工程电气设备手册（电气二次部分）[M]. 北京：中国电力出版社，1996.

[20] 白忠敏，等. 电力工程直流系统设计手册 [M]. 北京：中国电力出版社，2009.

[21] 张玉诸. 发电厂及变电所的二次接线 [M]. 北京：中国电力出版社，1980.

[22] 宋继成. 220~500kV变电所二次接线设计 [M]. 北京：中国电力出版社，1996.

[23] 陈跃. 电气工程专业毕业设计指南：电力系统分册 [M]. 2版. 北京：中国水利水电出版社，2008.

[24] 国家能源局. 220~750kV变电站设计技术规程：DL/T 5218—2012 [S]. 北京：中国计划出版社，2012.

[25] 中华人民共和国国家标准化管理委员会. 高压开关设备和控制设备标准的共用技术要求：DL/T 11022—2011 [S]. 北京：中国标准出版社，2012.

[26] 中华人民共和国国家发展和改革委员会. 导体和电器选择设计技术规定：DL/T 5222—2005 [S]. 北京：中国电力出版社，2005.

[27] 中华人民共和国国家发展和改革委员会. 高压配电装置设计技术规程：DL/T 5352—2006 [S]. 北京：中国电力出版社，2007.

[28] 中华人民共和国国家发展和改革委员会. 火力发电厂设计技术规程：DL 5000—2000 [S]. 北京：中国电力出版社，2000.

[29] 中华人民共和国国家发展和改革委员会. 火力发电厂厂用电设计技术规定：DL/T 5153—2002 [S]. 北京：中国电力出版社，2002.

[30] 国家能源局. 火力发电厂、变电所二次接线设计技术规程：DL/T 5136—2012 [S]. 北京：中国计划出版社，2013.

[31] 中华人民共和国国家经济贸易委员会. 电测量及电能计量装置设计技术规程：DL/T 5137—2001 [S]. 北京：中国电力出版社，2001.